ROUTLEDGE LIBRARY EDIT
ACCOUNTING

Volume 51

ACCOUNTING IN FRANCE/ LA COMPTABILITÉ EN FRANCE

ACCOUNTING IN FRANCE/
LA COMPTABILITÉ EN FRANCE

Historical Essays/Etudes Historiques

Edited by
YANNICK LEMARCHAND
AND R.H. PARKER

Routledge
Taylor & Francis Group

LONDON AND NEW YORK

First published in 1996

This edition first published in 2014
by Routledge
2 Park Square, Milton Park, Abingdon, Oxfordshire OX14 4RN

and by Routledge
711 Third Avenue, New York, NY 10017

First issued in paperback 2015

Routledge is an imprint of the Taylor & Francis Group, an informa business

British Library Cataloguing in Publication Data
A catalogue record for this book is available from the British Library

ISBN: 978-0-415-53081-1 (Set)
ISBN: 978-1-138-98821-7 (pbk)
ISBN: 978-0-415-71560-7 (hbk) (Volume 51)

Publisher's Note
The publisher has gone to great lengths to ensure the quality of this book but points out that some imperfections in the original copies may be apparent.

Disclaimer
The publisher has made every effort to trace copyright holders and would welcome correspondence from those they have been unable to trace.

ACCOUNTING IN FRANCE/
LA COMPTABILITÉ EN FRANCE

HISTORICAL ESSAYS/ETUDES HISTORIQUES

Edited by
Yannick Lemarchand
and
R.H. Parker

Garland Publishing, Inc.
New York and London 1996

Library of Congress Cataloging-in-Publication Data

Accounting in France : historical essays = La compatabilité en France : études historiques
/ edited by Yannick Lemarchand and R.H. Parker.
    p. cm. — (New works in accounting history)
    Contributions and summaries in English and French.
    Includes bibliographical references (p.).
    ISBN 0-8153-2270-4 (alk. paper)
    1. Accounting—France—History. I. Lemarchand, Yannick. II. Parker, R.H. (Robert
Henry) III. Series.

| HF5616.F7A55 | 1996 | 95-51118 |
| 657'.0944—dc20 | | CIP |

Design by Marisel Tavarez

Printed on acid-free, 250-year-life paper.
Manufactured in the United States of America.

TABLE DES MATIÈRES/
TABLE OF CONTENTS

Les plus anciennes archives comptables de marchands/The oldest business accounting records

Les premiers auteurs comptables français/The first French accounting authors

Colbert, Savary et l'Ordonnance du Commerce/Colbert, Savary and the Ordinance for Commerce

Financement et choix comptables au XIXᵉ siècle/ Financing and accounting choices in the 19th century

La comptabilité des coûts/Accounting for costs

Le Plan comptable général/The national accounting plan

La comptabilité nationale/National accounting

La comptabilitee publique/Public sector accounting

La théorie comptable/Accounting theory

ACKNOWLEDGMENTS

The editors, the series editor, and the publisher of this volume wish to thank the following authors, institutions, journals, and publishers for their kind permission to reprint the copyright materials in this volume. Every effort has been made to trace authors and publishers.

P. Durdilly, "Nouveaux fragments du livre de comptes d'un marchand lyonnais," *Revue de linguistique romane*, t.XXVIII, 1965, pp. 375–407. Reprinted with permission of the publisher.

E. Stevelinck and R. Haulotte, "Pierre Savonne," *La documentation commerciale et comptable*, vol. 15, no. 171, 172 et 173, 1959, pp. 19–26, 17–20, et 19–27.

P. Jouanique, "Un classique de la comptabilité au siècle des lumières, la Science des négociants de Mathieu de la Porte," *Etudes et documents* (Comité pour l'Histoire économique et financière), 1993, pp. 339–361.

S.E. Howard, "Public rules for private accounting in France, 1673 and 1807," *The Accounting Review*, vol. VII, no. 2, 1932.

A. Tessier, "Notes sur les livres de commerce d'après l'Ordonnance de Colbert-Savary," *Bulletin de l'Institut National des Historiens Comptables*, no. 7, 1982, pp. 28–33.

R.H. Parker, "A note on Savary's Le Parfait Négociant," *Journal of Accounting Research*, 1966, pp. 260–261.

Y. Lemarchand, "The dark side of the result, self-financing and accounting choices within XIXth century French industry," *Accounting, Business and Financial History*, vol. 3, no. 3, 1993.

R.S. Edwards, "A survey of French contributions to the study of cost accounting during the 19th century," *The Accountant*, Supplement to *The Accountant*, June 1937, 36 p. Reprinted with permission of Lafferty Publications Ltd., Dublin.

M. Nikitin, "Setting up an industrial accounting system at Saint-Gobain (1820–1880)," *Accounting Historians Journal*, 1990, vol. 17, no. 2, pp. 73–93.

A. Bhimani, "Indeterminacy and the specificity of accounting change: Renault 1898–1938," *Accounting, Organizations and Society*, vol. 18, no. 1, 1993, pp. 1–39. Reprinted with permission of Elsevier Science Ltd., Pergamon Imprint, Oxford, England

P. Standish, "Origins of the Plan comptable général: a study of cultural intrusion and reaction," *Accounting and Business Research*, 1990, vol. 20, no. 80, pp. 337–351.

A. Fortin, "The 1947 Accounting Plan: origins and influences on subsequent practice," *The Accounting Historians Journal*, vol. 18, no. 2, 1992, pp. 1–23.

J. Richard, "De l'histoire du plan comptable français et de sa réforme éventuelle," in R. Le Duff et J. Allouche (eds.), *Annales du management*, Economica, Paris, 1992, vol. 2, p. 69–82.

A. Sauvy, "Historique de la comptabilité nationale," *Economie et Statistique*, no. 15, September 1970, pp. 19–32.

V. de Swarte, "Essai sur l'histoire de la comptabilité publique en France," *Bulletin de la Société de statistique de Paris,* vol. 26, no. 9, August 1885, pp. 317–352.

B. Colasse and R. Durand, "French accounting theorists of the twentieth century," in J.-R. Edwards (ed.), *Twentieth Century Accounting Thinkers*, Dublin, Routledge, 1994.

ABSTRACTS

P. DURDILLY. "Nouveaux fragments du livre de comptes d'un marchand lyonnais" [New fragments of the account book of a merchant of Lyon] *Revue de linguistique romane,* vol. XXVIII, 1965, pp. 375–407.

In 1964, the curator of the Library at Vienne (on the Rhône, south of Lyon) discovered a fragment of an account book, which was seen to belong probably to the ledger of a Lyon merchant. Another fragment of this ledger had been studied in 1906. Relating to the period 1320–1323, it is one of the oldest examples of a mercantile account book known in France.

It seems that this book was that of a partnership between Johanym Berguen and Bernert Barauz, who may have practised as drapers. The fragment is too short to give a complete picture of the commercial activity of the two partners. On the other hand, the document provides interesting linguistic information since it is written in the Franco-Provençal dialect, which is very rare. It also supplies valuable material for research into place names and personal names.

After a brief introduction, the paper provides a transcription of the document and a glossary of the terms used in it.

Ernest STEVELINCK and Robert HAULOTTE. "Pierre Savonne." *La documentation commerciale et comptable,* vol. 15, no. 171, 172 and 173, 1959, pp. 19–26, 17–20, and 19–27.

The first French treatise on bookkeeping was published at Antwerp, in 1567, by Christopher Plantin, a printer from Touraine. The work of Pierre Savonne, a native of Lyon, it was republished, reset and enlarged, in 1581, 1588 and 1608. Also the author of a work on arithmetic republished several times, Savonne had travelled widely and claimed to have been employed to keep the books of a large number of merchants.

The first edition of his *Instruction et manière de tenir livres de comptes par parties doubles* (Instruction and manner of keeping books of account by double entry) shows the use of a relatively complete accounting framework, but the procedure for determining profit or loss does not appear correctly mastered. The technique is clearly set forth in the 1581 edition. In the 1588 edition, the function of a secret auxiliary ledger is described, recording the individual standing of partners vis–à–vis the firm.

The four known editions all contain a section devoted to *carnets de foires* (fair books). In Savonne's time, Lyon was the premier financial centre in Europe. Payments of bills of exchange were made at clearing house sessions held in Lyon at the time of the four great annual fairs. The function of the private account books used during these events by merchants is fully described by Savonne. They contained independent accounts linked to the principal accounts by the technique of *comptes réfléchis* (reflexive accounts).

Pierre JOUANIQUE. "Un classique de la comptabilité au siècle des lumières, la Science des négociants de Mathieu de la Porte' [An accounting classic from the Age of Enlightenment: *la Science des négociants* of Mathieu de la Porte], *Etudes et documents* (Comité pour l'Histoire économique et financière), 1993, pp. 339–361.

Born at Nijmegen, in the Netherlands, about 1660, Mathieu de la Porte came to France at the end of the 1670s. 'Bookkeeper to His Majesty," he renounced his Protestantism in 1683 and was received, the following year, into the guild of Maîtres experts et jurés écrivains de Paris (sworn expert writing masters of Paris). In 1685, he published his first accounting work, the *Guide des négociants et teneurs de livres* (Merchants and bookkeepers guide), but his most important work was published in 1704: *la Science des négociants et teneurs de livres* (Mercantile and bookkeeping science). This work went through twenty editions and exercised a very strong influence on the authors of his time. Contained within it is one of the first attempts at account classification. Accounts are divided into three classes: the accounts of the proprietor; real accounts (cash, stock, fixed assets); agents' accounts. De la Porte formulated general rules regarding the accounts of persons and of goods, at the same time explaining how to debit and credit certain accounts. After describing accounting for different sorts of transactions, the paper emphasizes the entries relative to partnerships. It then looks at closing entries and the different account books recommended by de la Porte. An appendix provides an updated presentation of the accounts classification proposed in de la Porte's book.

Stanley E. HOWARD. "Public Rules for Private Accounting in France, 1673 and 1807," *Accounting Review*, June 1932.

Title 3 of the Ordinance *Pour le Commerce* (1673) contains ten articles setting out a list of accounting rules to be followed by tradesmen and merchants. The principal author of the Ordinance was Jacques Savary, whose book *Le Parfait Négociant* (1st ed. 1675) is in part an explanation of and commentary on the provisions of the Ordinance. The accounting rules of the Napoleonic Commercial Code strongly resemble those of the 1673 Ordinance.

Neither the Ordinance nor the Code established any administrative procedures for the enforcement of the rules prescribed, although there were penal sanctions for those who failed to keep properly authenticated books of accounts. In practice non-observance of the law was officially tolerated. A possible indirect means of enforcement was the use of private accounting records in litigation.

Translations into English are provided of the ten articles of the Ordinance and of relevant articles from the Code of 1807.

André TESSIER. "Notes sur les livres de commerce d'après l'Ordonnance de Colbert-Savary" [Notes on the account books required by the Colbert-Savary Ordinance] *Bulletin de l'Institut National des Historiens Comptables*, no. 7, 1982, pp. 28–33.

During the reign of Louis XIV, Colbert carried out a considerable program of legislation. This was to inspire the Napoleonic codes and still imbues French legislation. Among the various laws passed, the Ordinance of 1673 on non-maritime commerce contained the first accounting rules with a national application.

One of the principal members of the Council for the reform of commerce, which prepared the Ordinance, was Jacques Savary. This former merchant played a very important role in its composition, to such an extent that it has been given the name of the "Code Savary". He followed this with a work entitled *le Parfait Négociant* (The Complete Merchant), in which he commented on and set out in detail a multitude of regulations related to commercial activity.

A comparison of the accounting requirements of the Ordinance and of the articles of the Commercial Code in force in 1982 brings out many similarities between them [editorial note: the law of 30 April 1983, which accompanied the revision of the national accounting plan in 1982, brought about substantial modifications and important extensions to these requirements].

The rules imposed on traders by the Ordinance were not new. They could be found in the usages and customs of certain towns, notably those which concerned the role of account books as proofs. As a work of legislative unification, the Ordinance extended them to the whole of the country.

R.H. PARKER. "A Note on Savary's 'Le Parfait Négociant,'" *Journal of Accounting Research*, v. 4, 1966, pp. 260–261.

According to Littleton's translation of Jacques Savary's *Le Parfait Négociant*, the book recommends, puzzlingly, that if inventory has not decreased in price it should be recorded "at the current price" (*au prix courant*). Littleton's translation is from the sixth edition of 1712. Reference to earlier editions, including the first edition of 1675, suggests that *au prix courant* is a misprint for *au prix coustant, au prix coûtant* (at the cost price).

Y. LEMARCHAND. "The Dark Side of the Result, Self-financing and Accounting Choices within XIXth Century French Industry," *Accounting, Business and Financial History,* vol. 3, n° 3,1993, pp. 303–325.

From the 1820s to the First World War, French industrial companies established their growth by self–financing. This paper describes the role of accounting in implementing such a financial policy. What seems easily achievable in family concerns is sometimes more difficult in joint stock companies. Thus, to obtain optimal retention of funds, the directors used the accounting tool to maximize the "hidden" part of the profit. But some shareholders were not satisfied by the information delivered and the dividend policy adopted, as "secret" reserves were not always really secret. By different ways, most investment expenses were immediately written off. Such accounting choices stem from an underlying accounting paradigm which gives pre–eminence to cash flow, an inheritance of charge and discharge accounting, which removes any significance of worth from the balance sheet. The accounting tool, which was both used for and shaped by self–financing, simply sanctioned financial decisions. The accounting entry does not express the economic nature of the operation, viz. investment, but its means of financing.

Ronald S. EDWARDS. *A Survey of French Contributions to the Study of Cost Accounting During the l9th Century* (London, 1937), 36 pp.

During the 19th century, French writers considerably advanced the study of cost accounting, particularly in relation to agriculture. The first important work was Payen's *Essai sur la tenue des livres d'un manufacturier* (1817). Later books in which cost accounting was discussed included: de Cazaux, *De la comptabilité dans une entreprise industrielle et spécialement dans une exploitation rurale* (1824); Godard, *Traité général et sommaire de la comptabilité commerciale* (1827); de la Tasse, *Comptabilité rurale* (1825); Jeannin, *Traité de la comptabilité* (1829); Simon, *Méthode complète de la tenue des livres* (1832); Malo, *Eléments de comptabilité rurale* (1841); Laurent, *Tenue des livres aux exploitations rurales* (1844); Monginot, *Nouvelles études sur la comptabilité commerciale industrielle et agricole* (1854); Mézières, *Comptabilité industrielle et manufacturière* (5th ed. 1862); Saintoin-Leroy, *Manuel de comptabilité agricole* (1861); Guilbaut, *Traité de comptabilité et d'administration industrielles* (1865); Dugué, *Traité de comptabilité et d'administration à l'usage des entrepreneurs de bâtiments et de travaux publics* (1872); Lefèvre, *La comptabilité* (1883); and Claperon, *Cours de comptabilité* (1886).

Many extracts (in French, not translated into English) are reproduced from the books cited. In contrast to France, the British literature during the first three quarters of the 19th century was almost barren of ideas on cost accounting, but the influence of the French studies on later British methods was probably slight.

M. NIKITIN. "Setting up an industrial accounting system at Saint-Gobain (1820–1880)," *Accounting Historians Journal,* 1990, vol. 17, n° 2, pp. 73–93.

In 1820, the *Manufacture Royale des Glaces,* founded in 1665 and also named *Compagnie de Saint-Gobain,* opted for double entry bookkeeping and cost accounting. At that time, both economic (industrial revolution) and juridical (abolition of the privileges and emergence of competition) events explain that change of accounting methods. From 1820 to 1880, the accounting system was progressively improved; most of today's cost accounting problems were discussed by the Board of Directors and in 1880 the accounting system was already very similar to today's full cost method.

A. BHIMANI. "Indeterminacy and the specificity of accounting change: Renault 1898–1938," *Accounting, Organizations and Society,* vol. 18, n° 1, 1993, p. 1-39.

This essay focuses on the manner in which an enterprise's accounting practices may be affected by a complex of independent and disparate external factors interacting with internal forces to create a sustained dynamic of change within the organization. As its object of enquiry, the French motor car manufacturer Renault is studied over a forty-year period immediately preceding the Second World War. The conditioning influences of scientific management and statistical information and their interplay with Renault's costing concerns are examined. The study suggests that accounting change at Renault was dependent on a complex set of relationships and preconditions and that the specificity of the company's accounting controls was tied to both contemporary and historically distant influences rather than to notions of functional requirements dictated by processes internal to the organization. As such, accounting change is argued to have been determined by circumstance as opposed to essence.

P. STANDISH. "Origins of the Plan comptable général: a study of cultural intrusion and reaction," *Accounting and Business Research,* 1990, vol. 20, n° 80, pp. 337–351.

This study examines the origins of the present-day French *Plan comptable général,* the first national accounting code in the world to be adopted under normal peacetime conditions. Its origins occurred during the Second World War when the Vichy Government appointed a commission to develop and implement a national accounting code. The intention was that the code be made obligatory for all enterprises and the commission would advise on adaptations of the code to meet the needs of particular industries. The original inspiration for the wartime project was the Goering Plan, the pre-war German national accounting code adopted in 1937 by the Nazi Government. Until now, the circumstances of the wartime French project have been largely unknown or forgotten due to the dispersal or disappearance of relevant official archives and other contemporary source documents. The object of this study is to throw light on why the Vichy Government undertook the project, and how it proceeded. From examination of records of the commission and other documents of the period, it is possible to make judgements about the relative influence of the German Occupation authorities and indigenous French priorities on the development of the Plan.

A. FORTIN. "The 1947 Accounting Plan: origins and influences on subsequent practice," *The Accounting Historians Journal,* vol. 18, n° 2, 1992, pp. 1–25.

The first official French Accounting Plan, adopted in 1947, had a marked influence in several countries. Its impact can still be felt today and many of its features have been retained in the 1982 French Accounting Plan. The article highlights the economic, political and accounting influences on the development of the 1947 Plan. The main characteristics of the Plan are also described. After presenting an overview of the events that marked the evolution of French accounting subsequent to the adoption of the 1947 Plan, the paper concludes with a comparison of the 1947 Plan with the latest French Plan (1982).

Jacques RICHARD. "De l'histoire du plan comptable français et de sa réforme éventuelle" [The history of the French accounting plan and its possible reform] in LE DUFF Robert and ALLOUCHE José (ed.), *Annales de management,* Economica, Paris 1992, vol. 2, pp. 69–82.

The first French accounting plan dates from 1942. Prepared under the German occupation, it was strongly influenced by the accounting plan adopted in Germany in 1937, itself derived from the work of Eugen Schmalenbach. Arranged in accordance with the pattern of circulation of goods within an enterprise, it integrated financial accounting and management accounting into one whole.

The 1947 Accounting Plan was very different, financial accounting and cost accounting being totally separated. This Plan is generally regarded as an original product of French standardizers. However, here again, it seems that the German example played a role. The accounting plan imposed by the Third Reich, in 1940, on small and medium enterprises was also "dualist". Some of the principal originators of the 1947 Plan had already participated in the preparation of the 1942 Plan and had knowledge of this German plan, which might therefore have influenced them. Consequently, in the opinion of the author, the French input was marginal.

The usual explanation for the choice of "dualism" is the technical difficulties of integrating financial and cost accounting. But management's taste for secrecy and the government's care to make the Plan an instrument serving law and taxation are better explanations of the choice made in 1947. Unfortunately, this has had disastrous consequences for teaching, since productive activity is excluded from the field of vision offered by financial accounting. It is also one of the reasons for the weak development of cost accounting in firms.

Today, one can envisage a reform of the Accounting Plan, since information technology allows us to eliminate most of the technical difficulties, but reform would have the inconvenience of being costly and of coming up against ingrained habits. In order to counterbalance the negative pedagogic effects of the dualist plan, it would be necessary to introduce the teaching of accounting history into our courses and to begin by presenting to students a general accounting framework, with the French model regarded as no more than a special case.

Alfred SAUVY. "Historique de la Comptabilité nationale [History of national accounting] *Economie et Statistique,* **no. 15, September 1970 pp. 19-32.**

Vauban and Boisguilbert introduced the concept of national income and were the first to attempt to measure it. It remained for François Quesnay, founder and leader of the physiocratic school, to express in 1758 the first dynamic accounting representation of a whole economy. Measurements of national income were increasing on the eve of the Revolution. Indicators of the progress of statistical method, they also reflected the general disquiet and the intensity of the dispute about income distribution.

At the beginning of the 19th century, Jean-Baptiste Say defined total income as the sum of all individual monetary incomes, an amount equal to the value of production. After the fall of Napoleon, liberal economic doctrine carried the day and statistical research declined. Statistics were considered likely to give inopportune temptations to interventionists .

After the crisis of 1847 and the revolution of 1848, economists strove to understand crises and to predict them; Clément Juglart (1819–1905) attempted to measure their periodicity. Work on forecasting increased at the beginning of this century. At the same time, the concept of national income was refined, and broad agreement was reached on the need to include services therein. Attempts were also made to understand income distribution.

Between the two World Wars, research on forecasting continued, as much in the United States as in Europe. But France was an exception: in management circles, economic observation was synonymous with intervention. The influence of the ideas of Keynes and the failures of economic policies taken in the absence of relevant data, soon led to the idea of accounting for the whole economy. An accounting framework was worked out during the Occupation. After the Liberation, research started up again within the framework of the *Commissariat général au plan.* At the *Conseil supérieur de la comptabilité,* a committee was given the task of establishing a link between national accounting and enterprise accounting. Various organizations and committees worked on improvements in methodology; the overall result was a relatively original French national accounting model.

Victor de SWARTE. "Essai sur l'histoire de la comptabilité publique en France" [Essay on the history of public sector accounting in France] *Bulletin de la Société de statistique de Paris,* vol. 26, no. 8, August 1885, pp. 317–352.

After quite a long introduction devoted to the history of taxation in Antiquity, followed by a section on the feudal period under the first French kings, this paper describes the organization of the administration of the public finances from the time of Philip the Fair (1285–1314) at the beginning of the 14th century. The oldest known state budget dates from 1311. But it appears that it was necessary to wait until the reign of Charles VIII (1483–1498) for the form in which the accounts were to be rendered to be fixed. During the Renaissance, Francis I (1515–1547) reorganized the administration of the public finances. In each of the sixteen *généralités* (the administrative divisions of the time), a receiver-general collected direct taxes, whilst the indirect taxes were farmed out for a fixed fee.

The absence of effective controls often led to the embezzlement of the state revenues to the profit of private interests. At the very beginning of the 16th century, putting the public finances in order was one of the major preoccupations of Sully (the minister of Henry IV). Amongst other measures, he prescribed the keeping by accountants of a standardized journal, but this had little effect on practice. Colbert (the minister of Louis XIV) also undertook to reform the public finances and he reorganized the accounting. His successors also tried to do so, with varying success.

The Revolution saw the disappearance of the tax farmers, and few receivers-general escaped the guillotine. But the changes introduced into the organization of the public finances did not eliminate corruption and abuse. Not until the First Empire (1804–1814) did Mollien put in place an organization which ensured a more effective control of the handling of the state finances. Double entry was introduced into Treasury accounting. The basic principles of public sector accounting were henceforth fixed; and, in particular the separation of the paymaster from the accountant, i.e., between the person deciding that an expense be incurred and the person responsible for it being paid.

B. COLASSE and R. DURAND. "French accounting theorists of the twentieth century," in J.-R. Edwards (ed.), *Twentieth Century Accounting Thinkers,* London, Routledge, 1994.

During the 1940s, standardization of enterprise accounting practices to conform to the newly issued accounting code *(Plan comptable général)* disturbed the natural evolution of French accounting theory. Although the beginning of the century had been a period of theoretical effervescence, marked by such thinkers as Jean Dumarchey, Gabriel Faure, and Jean Bournisien, the 1950s and 1960s were years of stagnation, during which all but a few specialists devoted themselves to work on standardizing and popularizing the accounting code.

Résumés

P. DURDILLY. "Nouveaux fragments du livre de comptes d'un marchand lyonnais" *Revue de linguistique romane,* **vol. XXVIII, 1965, pp. 375–407.**

En 1964, le conservateur de la Bibliothèque de Vienne (Isère) découvrit un fragment d'un livre de comptes, dont on s'aperçut qu'il appartenait vraisemblablement au grand livre d'un marchand lyonnais; registre dont un autre fragment avait été étudié en 1906. Portant sur la période 1320–1323, il s'agit de l'un de plus anciens exemples de livres de comptes de marchands connus en France.

Il semble que ce livre était celui d'une société entre un certain Johanym Berguen et un nommé Bernert Barauz, lesquels auraient pratiqué le commerce des draps. Le fragment est trop court pour avoir une idée d'ensemble de l'activité commerciale des deux associés. En revanche, écrit en dialecte franco-provençal, ce qui est très rare, ce document apporte des renseignements intéressants dans le domaine linguistique. Par les noms de lieux et de personnes qu'il comporte, il fournit également un matériau de valeur aux études de toponymie et d'anthroponymie.

Après une brève présentation, on trouvera une transcription du document et un glossaire des termes utilisés.

Ernest STEVELINCK and Robert HAULOTTE. "Pierre Savonne." *La documentation commerciale et comptable,* **vol. 15, no. 171, 172 and 173, 1959, pp. 19–26, 17–20, and 19–27.**

Le premier traité français de tenue des livres fut publié à Anvers, en 1567, par l'imprimeur tourangeau Christophe Plantin. Œuvre du Lyonnais Pierre Savonne, il fut réédité, refondu et enrichi, en 1581, 1588 et 1608. Egalement auteur d'un ouvrage d'arithmétique plusieurs fois réédité, Savonne avait beaucoup voyagé et prétendait avoir été employé à tenir les livres d'un grand nombre de négociants.

La première édition de l'*Instruction et manière de tenir livres de compte par parties doubles* montre l'utilisation d'un cadre comptable relativement complet, mais la procédure de détermination du résultat ne parait pas correctement maîtrisée. Le mécanisme en est clairement exposé dans l'édition de 1581. Dans celle de 1588, on trouve décrit le fonctionnement du livre secret, grand livre auxiliaire décrivant les situations individuelles des associés vis-à-vis de la société.

Les quatre éditions connues contiennent toutes une partie consacrée aux carnets de foires. A l'époque de Savonne, Lyon était la première place financière de l'Europe. Les payements de Lyon étaient des séances de compensation des effets de commerce qui se tenaient au moment des quatre grandes foires annuelles. Le fonctionnement des livres particuliers, utilisés en cette circonstance par les négociants, est abondamment décrit par Savonne. On y découvre une comptabilité autonome liée à la comptabilité principale par un mécanisme de comptes réfléchis.

Pierre JOUANIQUE. "Un classique de la comptabilité au siècle des lumières, la Science des négociants de Mathieu de la Porte," la Science des négociants of Mathieu de la Porte], Etudes et documents (Comité pour l'Histoire économique et financière), 1993, pp. 339–361.

Né à Nimègue, en Hollande, vers 1660, Mathieu de la Porte vint en France à la fin des années 1670. "Teneur de livres de Sa Majesté", il abjura du protestantisme en 1683 et fut reçu, l'année suivante, dans la communauté des Maîtres experts et jurés écrivains de Paris. En 1685, il fit paraître son premier ouvrage de comptabilité, le *Guide des négociants et teneurs de livres,* mais son œuvre la plus marquante fut publiée en 1704: *la Science des négociants et teneurs de livres.* Cet ouvrage connut une vingtaine de rééditions et exerça une très forte influence sur les auteurs de son temps. On y trouve l'une des toutes premières tentatives de classification des comptes. Ceux-ci sont divisés en trois classes: les comptes du chef; les effets en nature (disponibilités, marchandises et immobilisations); les comptes des correspondants. De la Porte formule des règles générales d'imputation concernant les comptes de personnes et de biens, de même qu'il explicite le débit et le crédit de certains comptes. Après avoir décrit la comptabilisation de quelques opérations, l'article met l'accent sur les écritures relatives aux sociétés en participation. Il étudie ensuite les opérations de clôture, puis les différents registres préconisés par de la Porte. On trouve en annexe une présentation actualisée de la classification des comptes proposée dans l'ouvrage.

Stanley E. HOWARD. "Public Rules for Private Accounting in France, 1673 and 1807," Accounting Review, June 1932.

Les dix articles du titre III de l'*Ordonnance pour le Commerce* (1673) établirent un ensemble de règles comptables s'imposant aux négociants et marchands. L'auteur principal de l'Ordonnance était Jacques Savary, dont l'ouvrage intitulé *Le Parfait Négociant* (première édition en 1675) constitue, pour une part, un commentaire explicatif des dispositions de l'Ordonnance. Les règles comptables du Code de Commerce napoléonien sont très proches de celles de l'Ordonnance.

Ni l'un ni l'autre de ces textes ne contiennent de dispositions destinées à assurer le respect des ces règles, mais il y avait cependant des sanctions pénales pour les faillis n'ayant pas une comptabilité régulièrement tenue. En pratique, l'inobservation de la loi était officiellement tolérée. La possibilité d'utiliser les livres de comptes dans le réglement des litiges a peut-être été un moyen indirect d'imposer le respect des prescriptions légales.

André TESSIER. "Notes sur les livres de commerce d'après l'Ordonnance de Colbert-Savary" *Bulletin de l'Institut National des Historiens Comptables,* **no. 7, 1982, pp. 28–33.**

Sous le règne de Louis XIV, Colbert réalisa une œuvre législative considérable. Elle devait inspirer le codification napoléonienne et imprègne toujours la législation française. Parmi les divers textes édictés, l'Ordonnance de 1673 sur le commerce terrestre contient les premières règles comptables d'application nationale.

L'un des principaux membres du Conseil pour la réforme du commerce, lequel prépara l'Ordonnance, était Jacques Savary. Cet ancien négociant joua un rôle très important dans sa rédaction, à tel point que l'on baptisa ce texte du nom de "Code Savary". Il rédigea ensuite un ouvrage intitulé *le Parfait Négociant,* dans lequel il commente et détaille une foule de prescriptions relatives à l'exercice du commerce.

Un parallèle entre les dispositions comptables de l'Ordonnance et les articles du Code de commerce en vigueur en 1982 font apparaître de grandes similitudes (note des éditeurs: accompagnant la mise en œuvre du Plan comptable général de 1982, la loi du 30 avril 1983 est venue apporter de substantielles modifications et d'importants compléments à ces dispositions).

Les règles imposées aux commerçants par l'Ordonnance ne sont pas nouvelles. On les retrouve dans les usages et coutumes de certaines villes, notamment celles qui concernent le rôle d'instrument de preuve des livres de commerce. Œuvre d'unification législative, l'Ordonnance les a donc étendues à l'ensemble du territoire.

R.H. PARKER. "A Note on Savary's 'Le Parfait Négociant,'" *Journal of Accounting Research,* **v. 4, 1966, pp. 260–261.**

Si l'on s'en réfère à la traduction qu'en donne Littleton, dans son *Parfait Négociant,* Jacques Savary recommande, curieusement, que les marchandises en stocks soient inscrites dans l'inventaire "at the current price" (au prix courant), si leur prix de marché n'a pas diminué depuis leur achat. Littleton a utilisé la sixième édition, datée de 1712. L'examen des éditions antérieures, dont la première, celle de 1675, conduit à penser que l'expression "au prix courant" n'est que le résultat d'une coquille d'impression, en lieu et place de "au prix coustant".

Y. LEMARCHAND. "The Dark Side of the Result, Self-financing and Accounting Choices within XIXth Century French Industry," *Accounting, Business and Financial History,* **vol. 3, n° 3,1993, pp. 303–325**

"La face cachée du résultat, autofinancement et choix comptables dans l'industrie française au XIXe siècle."

Le rôle primordial de l'autofinancement dans la croissance industrielle du siècle dernier est un fait largement établi. De l'essence même des sociétés familiales, une forte rétention des bénéfices est parfois moins bien admise par les actionnaires des sociétés de capitaux. Pour parvenir à leurs fins, les dirigeants utilisent à la fois la dissimulation et la persuasion. Dans un univers comptable où la réglementation est réduite au strict minimum, un large éventail de choix permet aux administrateurs de jouer, ainsi qu'ils l'entendent, du rapport entre partie "cachée" et partie "visible" du résultat. Le jour de l'assemblée générale, il faut expliquer et convaincre, le choix des méthodes et du vocabulaire doit intégrer les éventuelles réactions de l'actionnaire. Mais certaines des pratiques fréquemment observées, notamment dans les secteurs métallurgiques et miniers, finissent par ôter toute signification patrimoniale au bilan. Il en est ainsi de l'amortissement des immobilisations dans l'année même de leur acquisition, ou dans un délai extrêmement bref. On aboutit alors à un modèle comptable dans lequel l'écriture ne vient pas identifier la nature économique de l'opération—l'investissement—, mais sanctionner son mode de financement.

Ronald S. EDWARDS. *A Survey of French Contributions to the Study of Cost Accounting During the l9th Century* **(London, 1937), 36 pp.**

Durant le XIXe siècle, les auteurs français firent énormément progresser l'étude de la comptabilité des coûts, en particulier dans le domaine de l'agriculture. Le premier ouvrage important est l'*Essai sur la tenue des livres d'un manufacturier* de Payen (1817). Parmi les ouvrages ultérieurs qui abordèrent la question du calcul de coûts, figurent: de Cazaux, *De la comptabilité dans une entreprise industrielle et spécialement dans une exploitation rurale* (1824); Godard, *Traité général et sommaire de la comptabilité commerciale* (1827), de la Tasse, *Comptabilité rurale* (1825); Jeanin, *Traité de la comptabilité* (1829); Simon, *Méthode complète de la tenue des livres* (1832); Malo, *Eléments de comptabilité rurale* (1841); Laurent, *Tenue des livres aux exploitations rurales* (1844); Monginot, *Nouvelles études sur la comptabilité commerciale, industrielle et agricole* (1854): Mézières, *Comptabilité industrielle et manufacturière* (5ème édition, 1862); Saintoin-Leroy, *Manuel de comptabilité agricole* (1861); Guilbault, *Traité de comptabilité et d'administration industrielles* (1865); Dugué, *Traité de comptabilité et d'administration à l'usage des entrepreneurs de bâtiments et de travaux publics* (1872); Lefèvre, *La comptabilité* (1883); et Claperon, *Cours de comptabilité* (1886).

De nombreux extraits des ouvrages cités (non traduits en anglais) sont reproduits dans l'article. Contrairement à la France, la comptabilité des coûts est quasiment absente de la littérature comptable britanique des trois premiers quarts du XIXe siècle, mais l'influence des travaux français sur l'évolution ultérieure des méthodes britanniques a sans doute été très faible.

M. NIKITIN. "Setting up an industrial accounting system at Saint-Gobain (1820–1880)," *Accounting Historians Journal,* 1990, vol. 17, n° 2, pp. 73–93.

Fondée en 1665, la *Manufacture Royale des Glaces,* également connue sous le nom de *Compagnie de Saint-Gobain,* n'a adopté la partie double et calculé des prix de revient qu'à partir de 1820. A cette époque, des facteurs économique (révolution industrielle) et juridique (abolition du privilège et apparition de concurrents) expliquent ce changement de méthodes comptables. De 1820 à 1880, le système a été progressivement perfectionné; nombre des questions actuelles relatives au calcul de coûts furent examinées par le Conseil d'administration; en 1880, le système comptable était très proche des méthodes actuelles de calcul de coûts complets.

A. BHIMANI. "Indeterminacy and the specificity of accounting change: Renault 1898–1938," *Accounting, Organizations and Society,* vol. 18, n° 1, 1993, pp. 1-39.

Cet essai est consacré à la manière dont les pratiques comptables d'une entreprise peuvent être influencées par un ensemble de facteurs externes, disparates et indépendants, mis en interaction avec des forces internes, pour créer une dynamique de changement au sein de l'organisation. Objet de l'enquête, la firme automobile française Renault y est étudiée sur les quarante années qui précèdent la Seconde Guerre Mondiale. On y examine l'influence du mouvement pour l'organisation scientifique du travail et des pratiques d'utilisation des informations statistiques, dans leur interaction avec les préoccupations de calculs de coûts de Renault. L'étude montre que le changement de méthode comptable chez Renault dépendait d'un ensemble complexe de relations et de pré-conditions et que la spécificité des procédures de contrôle comptable de la firme était liée à des influences tant contemporaines qu'historiquement lointaines, beaucoup plus qu'aux exigences fonctionnelles dictées par les processus internes à l'organisation. On en conclut que le changement comptable est davantage une question de circonstances que d'essence.

P. STANDISH. "Origins of the Plan comptable général: a study of cultural intrusion and reaction," *Accounting and Business Research,* 1990, vol. 20, n° 80, pp. 337–351.

Cette étude analyse les origines du Plan comptable général, le premier plan comptable national dans le monde qui fut adopté en temps de paix. Le Plan prit naissance au cours de la Deuxième Guerre Mondiale lorsque le Gouvernement de Vichy créa une commission chargée de l'élaboration et la mise en place d'un plan comptable national. Les intentions étaient donc de l'imposer dans toutes les entreprises et la Commission devait conseiller et faire en sorte qu'il soit adapté aux besoins de certaines industries. Ce projet s'inspira du Plan Goering, le code comptable national allemand adopté en 1937 par le gouvernement nazi. Jusqu'à présent, les circonstances qui menèrent les Français à réaliser ce projet durant la guerre sont, dans une large mesure, ou inconnus, ou oubliés, vu la disparité et la dispersion de certaines archives officielles et d'autres documents de base contemporains de cette époque. Cet exposé mettra en lumière la raison pour laquelle le gouvernement de Vichy entreprit ce projet et comment il se déroula. Après avoir consulté les archives de la commission et d'autres documents contemporains de cette époque, il est possible d'apprécier les influences respectives de la politique de l'Occupant et des priorités du gouvernement français sur le développement du Plan.

A. FORTIN. "The 1947 Accounting Plan: origins and influences on subsequent practice," *The Accounting Historians Journal,* **vol. 18, n° 2, 1992, pp. 1-23.**

Adopté en 1947, le premier Plan comptable général a eu une influence notable sur les réglementations comptables d'un certain nombre de pays. Son impact est toujours visible et la plupart de ses traits subsistent dans le Plan comptable français de 1982. L'article met l'accent sur les éléments économiques, politiques et comptables, qui ont influencé le développement du Plan 1947. Ses principales caractéristiques sont également décrites. Après un panorama des événements qui ont marqué l'évolution de la comptabilité française à la suite de l'adoption du Plan 1947, l'étude se termine par une comparaison du Plan 1947 avec l'actuel plan français, édicté en 1982.

Jacques RICHARD. "De l'histoire du plan comptable français et de sa réforme éventuelle' in LE DUFF Robert and ALLOUCHE José (ed.), *Annales de management,* **Economica, Paris 1992, vol. 2, pp. 69-82.**

Le premier plan comptable français date de 1942. Préparé sous l'occupation allemande, il est fortement inspiré du plan comptable adopté par l'Allemagne en 1937, lui-même dérivé des travaux d'Eugène Smalenbach. Agencé selon le schéma de circulation des biens à l'intérieur des entreprises, il intègre dans un même ensemble comptabilité financière et comptabilité de gestion.

Le Plan comptable de 1947 est très différent, comptabilité générale et comptabilité analytique y sont totalement dissociées. Il est généralement présenté comme un produit original des normalisateurs français. Pourtant, là encore, il semble que l'exemple allemand ait joué. Le plan comptable imposé par le 3ème Reich, en 1940, aux petites et moyennes entreprises artisanales était aussi un plan de type dualiste. Certains des principaux concepteurs du Plan 1947 avaient déjà participé à la préparation du Plan 1942 et avaient eu connaissance de ce plan allemand; celui-ci les aurait donc inspiré. En conséquence, l'apport français apparaît marginal à l'auteur.

Pour expliquer le choix du dualisme, on invoque généralement les difficultés techniques de l'intégration des comptabilités. Mais le goût du secret du patronat et le souci des gouvernants de faire du Plan un instrument au service du droit et de la fiscalité, expliquent plus sûrement l'option prise en 1947. Malheureusement, ce choix a des conséquences néfastes dans le domaine pédagogique, car l'activité de production est exclue du champ de vision offert par la comptabilité générale. C'est aussi l'une des raisons de la faiblesse du développement de la comptabilité analytique dans les entreprises.

Aujourd'hui, une réforme de Plan comptable est envisageable, car l'informatisation permet d'éliminer nombre de difficultés techniques, mais elle aurait l'inconvénient d'être coûteuse et de se heurter à des habitudes qu'il est normal de respecter. Pour contrebalancer les effets pédagogiques négatifs du plan dualiste, il faudrait introduire l'enseignement de l'histoire de la comptabilité dans les programmes officiels et commencer par présenter aux étudiants un cadre comptable général, le modèle français n'étant alors qu'un cas particulier.

Alfred SAUVY. "Historique de la Comptabilité nationale," *Economie et Statistique,* **no. 15, September 1970, pp. 19-32.**

Vauban et Boisguilbert introduisent le concept de revenu national mesurable et avancent les premières évaluations. Il revient à François Quesnay, fondateur et chef de file de l'école physiocratique, de concevoir en 1758 la première représentation comptable dynamique d'un ensemble économique. Les évaluations du revenu national se multiplient à la veille de la Révolution. Traduisant le progrès de la méthode statistique, elles reflètent également l'inquiétude générale et l'intensité des querelles de répartition.

Au début du XIXᵉ siècle, Jean-Baptiste Say définit le revenu global comme la somme de tous les revenus monétaires, individuels, montant équivalent à la valeur de la production. Après la chute de Napoléon, la doctrine libérale économique l'emporte et les recherches statistiques connaissent un certain reflux. On considère que la statistique est susceptible de donner de fâcheuses tentations aux interventionnistes.

Après la crise de 1847 et la révolution de 1848, les économistes s'efforcent de comprendre les crises et de les prévoir; Clément Juglart (1819–1905) tente d'en mesurer la périodicité. Le début de ce siècle voit se multiplier les travaux de prévision. Parallèlement, le concept de revenu national s'affine, un accord assez large se réalise sur la nécessité d'y inclure les services. On tente également de connaître la répartition des revenus.

Entre les deux guerres, les recherches sur la prévision continuent, tant aux Etats-Unis qu'en Europe. Mais la France fait alors exception; dans les milieux patronaux, l'idée d'observation économique est synonyme d'intervention. L'influence des idées de Keynes et les échecs de politiques économiques menées en l'absence de données pertinentes, conduisent bientôt à l'idée d'une comptabilité d'ensemble. Un cadre comptable est mis au point durant l'occupation. Après la libération, les recherches reprennent dans le cadre du *Commissariat général au plan.* Au *Consile supérieur de la comptabilité,* une commission est chargée d'établir le lien entre la comptabilité nationale et la comptabilité des entreprises. Divers organismes et commissions vont participer aux perfectionnements méthodologiques; l'ensemble débouchera sur un modèle français de comptabilité nationale relativement original.

Victor de SWARTE. "Essai sur l'histoire de la comptabilité publique en France" *Bulletin de la Société de statistique de Paris,* **vol. 26, no. 8, août 1885, pp. 317–352.**

Après une assez longue introduction consacrée à l'histoire de la fiscalité dans l'Antiquité, puis à l'époque de la féodalité et sous les premiers rois de France, ce texte décrit l'organisation de l'administration des finances à partir de Philippe le Bel, au début du XIVe siècle. Le plus ancien budget de l'Etat que l'on connaisse est daté de 1311. Mais il semble qu'il faille attendre Charles VIII pour que la forme dans laquelle devaient être effectuées les redditions de comptes soit fixée. A la Renaissance, François Ier réorganise l'administration des finances. Dans chacune des seize généralités— circonscriptions administratives du moment—, un receveur général percevait les impôts directs, tandis que les impôts indirects étaient affermés contre une redevance fixe.

L'absence de contrôles efficaces se traduisait souvent par la dilapidation des deniers publics au profit des intérêts privés. Au tout début du XVIe siècle, la remise en ordre des finances fut l'une des préoccupations majeures de Sully. Entre autres mesures, il prescrivit aux comptables la tenue d'un registre-journal d'après un modèle uniforme, mais cela ne modifia guère les comportements. Colbert entreprit également de réformer le fonctionnement de l'institution et réorganisa la comptabilité. Ses successeurs s'y essayèrent aussi, avec des fortunes diverses.

La Révolution voit la disparition des fermiers généraux et les receveurs généraux échappent de peu à la guillotine. Mais les modifications introduites dans l'organisation des finances ne suppriment pas davantage la corruption et les abus. Il faut attendre l'Empire pour que Mollien mette en place une organisation qui assure un contrôle plus efficace du maniement des deniers publics. La technique de la partie double est introduite dans la comptabilité du Trésor. Les principes de base de la comptabilité des fonds publics sont désormais fixés. En particulier, celui de la séparation entre l'ordonnateur et le comptable, entre celui qui décide d'une dépense et celui qui en assure le paiement.

B. COLASSE and R. DURAND. "French accounting theorists of the twentieth century," in J.-R. Edwards (ed.), *Twentieth Century Accounting Thinkers,* **Londres, Routledge, 1994.**

Durant les années 1940, l'uniformisation des pratiques comptables de l'entreprise, en conformité avec le nouveau Plan comptable général, a entravé l'évolution naturelle de la théorie comptable française. Si le commencement du siècle fut une période d'effervescence théorique—marquée par des auteurs comme Jean Dumarchey, Gabriel Faure et Jean Bournisien—, les années 1950 et 1960 constituèrent une époque de stagnation, durant laquelle une poignée de spécialistes se consacrèrent exclusivement au travail de normalisation et à la diffusion du Plan comptable.

INTRODUCTION

Our main purpose in compiling this volume of studies on the history of accounting in France is to encourage more research into French accounting history and to do this both by drawing attention to what has already been achieved and by making suggestions as to what remains to be done.

Nobes and Parker (1995), following Mason (1978), regard France as one of the six countries whose agreement is "vital" to any project for international harmonization, the other countries being the U.S., the U.K., Germany, the Netherlands and Japan. All six were, along with Australia, Canada, and Mexico, founding members of the International Accounting Standards Committee in 1973. Anglo-Saxon and French styles of accounting are often regarded as choices between which developing countries can choose. In the international accounting literature these styles of accounting have been contrasted as micro-fair-judgmental, based on business practice and professional rules on the one hand, and macro-uniform, government-driven, tax-dominated, plan-based on the other (Nobes, 1995). The French style was preferred by Pierre Bérégovoy, when he was the French finance minister, in the following terms:

> Standardization procedures vary from country to country. Sometimes specific standards applying to each of the main problems taken in isolation are worked out by the accounting profession, which may consult other interested parties but remains solely responsible for the decisions taken. On the contrary, accounting may be purely and simply government-regulated. Lastly, an intermediate method is adopted in some countries, including France, with systematic consultations among all the parties concerned. In many cases a consensus can be reached. Where this is not possible, government intervention preserves the public interest. It seems to use to be perfectly reasonable that the government should have the last word in deciding on the main points of standardization and make sure that no one interest group can "lay down the law" to others (OECD, 1986, pp. 9–10).

To understand these contrasting styles it is necessary to know their origins. This is much easier for the U.K. and the U.S. than it is for France. The English language accounting history literature is relatively abundant in general histories of accounting (as discussed below) and in national histories of U.K. and U.S. accounting, notably J.R. Edwards, *A History of Financial Accounting* (1989) and G.J. Previts and B.D. Merino, *A History of Accounting in America* (1979). There is only one general history of accounting in the French language: the Belgian author J.-M. Vlaemminick's *Histoire et doctrines de la comptabilité*, published in Brussels in 1956. There is no national history of accounting in France. Such histories must of necessity be based on detailed research. Since this has been lacking in France until recently it has been very difficult to write a national history.

In this introduction we take the opportunity to demonstrate the relative ignorance shown in the Anglo-Saxon literature of the history of accounting in France; to show that this history is of interest; to suggest some topics for research; and finally to discuss who has written, who is writing, and who might write this history.

A History Unrecognized . . .

Not surprisingly the writers of general (as distinct from national) accounting history texts have paid little attention to the French contribution, although the research of the English writer R.S. Edwards in the 1930s has ensured some recognition of the merits of French 19th century texts on cost accounting. General works on accounting history suggest that France has played a small part in the history of accounting. Contributing to Brown's *A History of Accounting and Accountants* (1905), Row Fogo went so far as to state that:

> France on the whole has played a very small part in the development of book-keeping, possibly owing to the fact . . . that at an early date the legislature of that country saw fit to make an attempt to check fraud by issuing stringent laws regulating the methods of keeping accounts. The necessity of conforming to these requirements naturally hampered improvement, so that, for tracing the historical progress of the art of book-keeping, it has deprived French treatises of a great deal of interest (p. 145).

Row Fogo goes on to refer briefly to Colbert and to Irson's text of 1678.

Not only was French bookkeeping regarded as deficient but also French professionalism. Later in the same book Brown himself explains that in France:

> Till within the last few years, the profession of accountant was considered by the public as something altogether inferior. With a few exceptions it was practised by people of little education, and of a generally mediocre standing, both intellectually and socially—people who tried, without special training, to gain a livelihood by this means after having failed in other careers (pp. 290–291).

Brown mentions the establishment of the Société Académique de Comptabilité but sums up by pointing out that French accountants were "still far from any regular organization, although the need for it appears more and more" (p. 293).

In Littleton's *Accounting Evolution to 1900*, published in New York in 1933 by the American Institute of Accountants, the only continuous reference to French accounting is to Payen's *Essai sur la tenue des livres d'un manufacturier* (Paris, 1817) which is discussed at some length (pp. 323–333). There are also scattered references to the 6th ed. (1712) of Jacques Savary's *Le parfait négociant*. Littleton's references to Payen are taken up by Garner in his *Evolution of Cost Accounting to 1925* (Alabama, 1954) who in writing his text also made use of R.S. Edwards' survey of 1937. Extracts are given by Garner (pp. 43–62) not only from Payen but also from other 19th century French authors.

Littleton and Yamey's edited work *Studies in the History of Accounting* (London, 1956) ranges from the Ancient World to 19th century Japan but contains no essay on any aspect of French accounting, although de Roover (pp. 160–3) refers briefly to surviving 14th century French account books and Yamey (pp. 322–4) discusses Degrange's *La tenue des livres rendue facile . . .* (1795) and its *Supplément* (1804). Chatfield's *A History of Accounting Thought*

(1974, rev. 1977) arranged his text by concentrating on the "economically dominant nation of the time" (p. iii). France is not regarded as such a nation. Like Littleton, Chatfield's French references are mainly to Savary and Payen. He also refers briefly, however, to governmental budgeting (p. 191).

The only rival to the English language literature on accounting history is that written in Italian. Melis devotes the greater part of his standard general work *Storia della ragioneria* (1950) to Italian developments but refers briefly (pp. 721–5) to a number of French authors, especially Degrange.

The first general work in French on accounting history, Vlaemminck's *Histoire et doctrines de la comptabilité* (1946), is, as already noted, of Belgian not French origin, but, as might be expected, devotes more space to French accounting than do the British, American and Italian authors cited above. Vlaemminck (pp. 113–5) finds little to admire in the 17th century French accounting literature but, whereas Row Fogo could find no French text later than Irson worthy of mention, for Vlaemminck (pp. 138–144) the 18th century belongs undeniably to France. He also devotes much space (pp. 130–170) to the development of accounting literature in France in the 19th century.

. . . But Nevertheless a History Worth of Interest

The above survey suggests two hypotheses: either France did indeed play a very small part in the history of accounting or the part that it played has been obscured and hidden by the lack of research into French accounting history. There are some hints that the latter is the more plausible hypothesis. For example, in most European languages other than English the French terms *actif* and *passif* have been adopted as the main headings in balance sheets.

Edwards (1937) showed that French cost accounting literature in the 19th century was more comprehensive and advanced than that in Britain. The catalogue of the library of the Institute of Chartered Accountants in England and Wales, *Historical Accounting Literature*, devotes 26 pages to accounting texts published in French, a number exceeded only by texts published in English or in German. Whilst British accounting was carried across the world by virtue of Britain's naval supremacy, French accounting was carried across Continental Europe by the power of Napoleon's armies and later to the French empire. Former British colonies still practise British style accounting; former French colonies still practise French style accounting. Colonized countries had little choice. Others, notably Japan, had the power to choose. Double entry bookkeeping was introduced into Japan by French as well as British and American accountants. Two French naval accountants served from 1865 to 1873 in the post of chief accountant at the newly established Yokosuka Steel Works (Nishikawa, 1956, p. 382). When it needed a body of commercial law the Japanese government adopted a modified form of the Napoleonic code.

We therefore have no doubt that French accounting is important. The fact that it differs in many ways from "Anglo-Saxon" accounting makes it all the more interesting. It is misleading however, to concentrate only on the ways that French and Anglo-Saxon accounting have differed and still differ. The many similarities also demand attention. British accountants, like French accountants, have practised both double entry and charge and discharge accounting and have had to choose between them. In Britain as well as in France there is a long tradition of legislative intervention in accounting. In the 19th century, recourse to self-financing often led to similar accounting practices, metallurgical and mining enterprises frequently writing off capital expenditures in the period in which they were incurred. During the same period and despite a few small differences, railway companies adopted comparable accounting procedures. These are just some of the similarities; there are certainly others.

To understand the present through a study of the past is not necessarily to justify the present through the past. Research may reveal that "traditional" practices prove not to have deep roots. Both the influence of income taxation on company financial reporting and the national accounting plan are innovations of the 20th century and date from the events of, respectively, the First and Second World Wars. They are not inevitable and their origins are not even wholly French. What they may represent is a longer tradition of intervention by the state in accounting. The crucial period in French accounting history is, we suggest, the 17th century and begins with the Ordonnance de Commerce of Colbert and Savary in which all merchants were required to keep accounts. As Howard and Tessier show in their contributions to this volume, the provisions of Napoleon's Code de Commerce were closely based on those of the Ordonnance. No similar events ever took place in Britain.

The history of accounting is the product of a set of complex phenomena the appreciation and comprehension of which necessitate in-depth study. There are many aspects of French accounting history which call for new research. But before suggesting the research directions which appear to us desirable, it is worth underlining that the history of accounting can be of interest to mainstream as well as specialized historians. Referring to some of the difficulties peculiar to historical research carried out in accounting archives, Jacques Magaud (1992) has written: "We badly lack a history of accounting, of its rules, of its constraints and of their relationship to the different entities it is concerned with." Some economic historians have demonstrated a remarkable technical mastery in their use of accounting data, but the interpretation of the financial documents of the past is sometimes difficult (Parker, 1991) and the accountant sufficiently familiar with the history of his discipline can provide considerable help. The study of the profitability and financing of business enterprises using account books, or, worse, published financial statements, as the starting point, is always very dangerous. The establishment of time series aimed at providing some kind of graphical representation of development can only be undertaken with the greatest care, given the conditions under which the figures being used were produced. The role played by depreciation in income smoothing and the establishment of hidden reserves are well-known. It is important for the historian to possess some knowledge of the different ways in which capital expenditure is recorded in the accounts and of the depreciation policies historically adopted by firms. Whatever the problem, the study of accounting history can be used to help the historian who is faced with accounting records.

Possible Research Directions

Without attempting to be exhaustive—we have left to one side management accounting, given the amount of work which is currently being devoted to this area—we set out below a list of areas in which we believe more research would be fruitful. We have grouped them under four headings:

- financial accounting and the preparation of financial statements: new research in this field should take account of the influence of such factors as taxation, sources of finance, financial scandals, and state intervention (including the national accounting plan);
- accountants: we must ask why autonomous professional accountancy bodies did not develop in late 19th century France and why the history of professional accountancy in France is so different from that in Britain; education and training and the place of women in accounting are other matters related to this topic which also require attention;
- sectoral studies: we would like in particular to see more research carried out into the history of public sector accounting, but there are many other sectors where one could carry out interesting research, e.g. banking, insurance, and even (why not?) agriculture: France until very recently was a predominantly agricultural nation but accounting for agriculture has scarcely been studied;
- miscellaneous: we include here two questions which appear to us to be important, but difficult to attach to any of the categories above. First, France's part in the history of calculating machines is quite well known, but what role have these machines played in the development of accounting? Secondly, what influence has French accounting had on that in other countries, both in Europe and overseas?

Before enlarging on these different topics, we stress that it is up to our readers and to researchers to extend our list further.

Financial Accounting and the Preparation of Financial Statements

The present day influence of taxation on corporate financial reporting is well-known but unlike Germany there was no development in France in the 19th century of a *Massgeblichkeitsprinzip*. Unlike Britain, however, which had an income tax 1799–1802, 1803–1815 and from 1842 onwards, there was from the 1920s a tendency to let tax considerations override reporting considerations. According to Haddou (1991) there was a long period during which corporate tax law was pre-eminent, with, from 1939, an undeniable "pollution" of accounting. From 1965 onwards he sees a slowly developing reasonable coexistence between two relatively autonomous disciplines. One aspect of this is undoubtedly the growth in importance of consolidated accounts, which are drawn up independently of any tax considerations.

More generally, it seems necessary to undertake more detailed research into the accounting practices related to the preparation of company financial statements. Apart from railway companies and public utilities, few French companies raised money from the capital market in the nineteenth century. It would be useful to study the influence on company accounting practices of the methods of finance which can be observed at the beginning of the twentieth century and above all after the First World War. At the same time, the extent of the impact of the various financial scandals which adorn the history of the first forty years of the present century could be investigated.

It is undeniable that the national accounting plan is in the main line of the interventionist tradition of the French state, but it should not be forgotten that nineteenth century France was one of the most liberal countries in Europe in accounting matters. The 1807 Code de Commerce obliged business enterprises to keep accounts but did not lay down any techniques for so doing. The accounting provisions of the 1867 Companies Act required only the communication of a balance sheet and a profit and loss account to the shareholders at the date of the annual general meeting. From the 1880s onwards there were attempts to impose stricter rules on enterprises, but all these attempts were doomed to failure.

Between the two world wars, various draft laws which attempted to impose some form of accounting regulation, or to organize the profession on the lines of the chartered accountants in Great Britain—who were reputed to have a de facto monopoly of company audit—, were systematically turned down by parliament. Only insurance companies had regulations imposed upon them. However, attitudes change and during the thirties a movement took shape more strongly in favor of the standardization of accounting methods. The factors which played a fundamental role in the process which led to the 1947 accounting plan included: the development of industrial agreements as a means of fighting against the effects of competition; the growth of an elite of "technocrats" who thought that the crisis could be resolved by the reorganization of the economy within a more rigid framework; and the concept of corporatism which provided an overall ideological coherence.

Only after the War, the Occupation, and then the Liberation did the state get round to imposing this accounting plan on business enterprises. Even then it took care not to include an area that businessmen were likely to wish to keep to themselves, that of the calculation of costs. A strict separation was made between financial accounting *(comptabilité générale)*, with a trading account based on the allocation of charges based on their nature, and cost accounting *(comptabilité analytique)*, with an allocation of charges based on function, and with a technique for cost calculations. Only provisions relating to financial accounting were considered desirable; cost accounting was left completely optional. The researches of Fortin, Standish and Richard have thrown light on the genesis of these accounting plans, but there remains the task of linking these phenomena to the profound technical, social, political and ideological disturbances which took place during the first half of this century.

Accountants

In both France and the U.K. the Second World War was a critical period in the history of professional accountancy. In the U.K., the council of the Institute of Chartered Accountants in England and Wales, faced with new accounting problems at the same time that many of its members were in the Armed Forces, began the publication of Recommendations on Accounting Principles. In France, the Vichy government created the Ordre des Experts Comptables et Comptables Agréés and set up a commission entrusted with the task of drawing up a national accounting plan.

Despite two recent works (Pinceloup, 1993; CNCC-OECCA, 1993) the history of the French accountancy profession remains to be written, for these books really throw light only on the more recent part of that history. *Expert comptables* are the distant heirs of the *maîtres écrivains* (writing masters) who, organized as a guild up till the 1789 Revolution, practised accounting, within the framework of judicial procedures, as an extension of their tasks as teachers and as bookkeepers. At the end of the nineteenth century, the future *experts comptables* had not yet become judicial experts and liquidators. Among the founder members of the Société Academique de Comptabilité, in 1881, there was only one *expert comptable liquidateur,* alongside five company accountants and one teacher. We know that in Great Britain the rise of the independent accountancy profession was facilitated by the development of the railways and the public utilities, whereas the French state, which was one of their suppliers of funds, exercised its own accounting control over these companies. In France always, the audit function, in companies limited by shares, was generally exercised by shareholders chosen from those attending the annual general meeting. It was only after the First World War that things began to change, notably because of the accumulation of financial scandals, and also because the establishment of the income tax offered an opening to *experts comptables.* It was necessary nevertheless for the Vichy Government to undertake the organization so that, at last, a national grouping, having disciplinary powers over its members, emerged from the multitude of societies and other local associations of *experts comptables. As* for company accountants, something is known of certain of their organizations but almost nothing is known of their work; their history also remains to be written.

Education and training deserve special study. The theses of Philippe Maffre (1984) and Marc Meuleau (1992) have already dealt with a number of matters related to education and training but they are written in general terms and are concerned only with higher commercial education. The question should be tackled not only in terms of institutions, but also in terms of teaching content and the evolution of methods of instruction. The national accounting plan has been imposed quite as much by the fact that, since the 1950s, every generation of apprentice accountants has been steeped in it, as by the force of a legal text. It is indispensable to study the leading role which teaching has played in standardization. In particular, the attempt should be made one day to evaluate the perverse effects of teaching which has too often been that of the accounting plan and not of accounting.

The relationship between women and accounting is a subject for study which has never been tackled in France. The work of Chassagne (1981), Nikitin (1993) and Lemarchand (1993) has made Madame de Maraize, who was responsible for keeping the books of Oberkampf's textile factory at Jouy at the end of the 18th century, quite well known to us. By comparison, what do we know of Mademoiselle Malmanche, author of a *Manuel pratique de tenue des livres* which went through numerous editions? Or of Mademoiselle Leroy, who presented a remarkable paper on the calculation of cost price in railways at the 1923 congress of the Organisation scientifique de travail? Quite apart from these particular persons, what has been the status of women in the profession? How have they exercised their profession, whether in companies or in professional offices? There are so many questions at present without an answer.

Sectoral Studies

Public sector accounting is certainly one of the most interesting topics, because of the controversies which mark its history. There are many possible approaches but in particular there is important work to be done on the interactions between public sector accounting and private sector accounting. For more than three centuries, the necessity of introducing private sector accounting methods into those of central or local government has been a recurring but insufficiently examined theme. Attempts at adaptation mark the history of accounting, but there is no global study of this. This would be a good opportunity to discuss the relevance of this grafting which has been so often desired, and to see if there are principles in public sector accounting which could be made use of in private sector accounting.

Railway accounting is close to public sector accounting in spirit if not in form and is a topic in no way exhausted. There are so many areas to explore: accounting organization, the calculation of the cost price of transport and its connection with the setting of railway rates, relationships with the state and audit, the struggles between the groups and the publication of capital market oriented accounting information, the impact on the functioning of the capital market. More generally, we would welcome the development of research on all public services, in both the 19th and the 20th centuries.

In his seminal article, R.S. Edwards accorded a quite important place to work on agricultural accounting. It is surprising to note that, as early as the first half of the 19th century, numerous authors discussed agricultural questions, and sometimes in terms more innovative than those who addressed problems of commercial and industrial accounting. As early as 1808, the Société royale et centrale d'agriculture offered a prize for a good treatise on rural accounting (Royer, 1840, p. 214); it was awarded in 1813 to a certain Gabiou. The Société offered another prize in 1840 and this time it was a work by Malo, *Eléments de comptabilité rurale,* published in 1841, which won. The first schools of agriculture, which were created in the 1820s and 1830s, all provided for the teaching of accounting, at a time when the teaching of that subject remained generally the task of private teachers. Mathieu de Dombasle, founder of the first school of agriculture in France, played a fundamental role in this respect. In the *Annales de Roville,* published yearly during the eight year period 1824 to 1832, he gives us his reflections on accounting, based on his experience. In the methods he presents and discusses can be found all the ingredients of integrated cost accounts, with all the required sophistications: profit centers, allocation of general overheads, use of imputed expenses, transfer prices, etc. A study is needed of the link with present day practice in agricultural accounting.

Miscellaneous Topics

Turning to other matters, the evolution of the technological hardware of accounting (calculating machines, bookkeeping machines, multicopying, IT) does not seem to have been studied in any depth and from an historical perspective. The pioneers of calculating machines include Blaise Pascal and Charles Xavier Thomas of Colmar, inventor of the arithmometer, the first commercially produced calculator, but the use of calculating machines in commerce was pioneered in the United States rather than in Europe. The language of computers is American English.

Finally, accounting is international not just national and France has both exported and imported accounting. Developments in French commercial and company law have influenced other countries in Europe. It has sometimes been argued that French style accounting is more appropriate to developing countries than is Anglo-Saxon style accounting, but there is little empirical evidence of this superiority. In 1970, the fourteen French speaking African members of OCAM (Organisation commune africaine et malgache) adopted an accounting plan based on that of France. It has been claimed (Anson-Meyer, 1974) that this plan was not only not an "appropriate technology" but, adapted as it was to the needs of foreign multinationals, was an instrument of neo-colonialism.

Our list of topics is not at all exhaustive, but researchers will need to be found!

Who Writes Accounting History?

We conclude this introduction by looking briefly at who has written the history of French accounting in the past and who might write it in the future. Although they might not have regarded themselves as such, the first to take on the work of historian were those few authors who cited their sources, although with few exceptions, such as Irson (1678) who cited about thirty authors, it was much more common to mention predecessors only in order to criticize them in order to show off the value of one's own work. There was still little historical writing even by the end of the 19th century. In 1875, Auguste Hurbin Lefebvre delivered at Lyon a lecture on the *Origines de la comptabilité et du change,* a booklet which remains perhaps the oldest reference to the history of accounting in the French language. The first detailed work is the bibliography drawn up by Reymondin in 1909, which is still today a useful work of reference, in spite of some obvious mistakes and imperfections. J. Dumarchey devoted about fifty pages of his *Théorie positive de la comptabilité* (1914) to the history of accounting theories. The lectures given by Albert Dupont to the Société comptabilité de France (1925, 1930, 1931) are remarkable exercises in style which remain models of the genre. In a *Que sais-je?** that has today reached its 19th edition and has sold more than 150,000 copies, Jean Fourastié (1943, p. 59) accorded an important place to the history of accounting; as did also Pierre Garnier, who in his celebrated work, *La comptabilité, algèbre du droit* (1947) gave an impressive overview of the evolution of accounting literature. After quite a long period of silence, accounting history rather timidly reappeared in the mid 1970s, with the setting up of the Institut national des historiens comptables de France and the publication of a *Bulletin* which appeared seven times between 1978 and 1982 and in which are to be found in particular papers by Pierre Jouanique, Camille-Charles Pinceloup, Ernest Stevelinck and André Tessier.

Some jurists and historians also produced works whose scope sometimes surpassed that of the studies to that date by accountants. But, with rare exceptions, all that we have just mentioned remains marginal, incidental and bitty. It is not until the end of the 1980s that we see the beginnings of a wider movement with the setting up within the OECCA of a Groupe d'études d'histoire de la comptabilité, which immediately established links with the universities. At the same time, papers on accounting history have become more and more common at the conferences of the Association française de comptabilité. In 1992–93, the award of two doctoral theses on accounting history (to Nikitin and Lemarchand) illustrated the potential offered by the opening up to university based researchers of this field of investigation. Other works are already in progress: DEA (pre-doctoral) dissertations, doctoral theses and post-doctoral research, including some in partnership with British academics.

Que sais-je? is a popular paperback series covering a very wide range of non-fiction subjects.

The present volume illustrates the research not only of French accountants (Colasse, Durand, Jouanique, Lemarchand, Nikitin, Richard, Tessier) but also the work of Belgian authors writing in French (Stevelinck, Haulotte) and of French non-accountants (de Swarte, Durdilly, Sauvy). The work of British and North American academics, writing in English, on French accounting history is also illustrated from the 1930s (Howard, Edwards), through to the 1960s (Parker) and the more recent researches of Standish, Fortin and Bhimani. Our expectation and hope is that the history of accounting in France will continue to be written not only by French accountants but also by non-accountants and by researchers outside France. The present volume is intended as a fruitful Franco-British collaboration and as an invitation to others to follow the same route.

The contributions to this volume have been arranged both chronologically and thematically, as follows: the earliest business accounting records; the first French accounting authors; Colbert, Savary and the Ordonnance de Commerce; the eighteenth century; the nineteenth century; cost accounting; the national accounting plan; national income accounting; government accounting; accounting theory. An abstract of each contribution is given in both English and in French.

INTRODUCTION

En rassemblant ces études sur l'histoire de la comptabilité en France, notre principal objectif est d'encourager de nouvelles recherches en ce domaine, en attirant l'attention sur les travaux déjà effectués et en formulant des suggestions sur ce qui reste à faire.

A la suite de Mason (1978), Nobes et Parker (1995) rangent la France parmi l'un des six pays dont l'adhésion est indispensable à tout projet international d'harmonisation comptable; les autres étant les Etats-Unis, le Royaume-Uni, l'Allemagne, les Pays-Bas et le Japon. Tous les six figuraient en 1973 parmi les membres fondateurs de l'International Accounting Standards Committee, aux côtés de l'Australie, du Canada et du Mexique. Les modèles comptables anglo-saxon et français sont souvent considérés comme les deux termes du choix qui s'offre aux pays en voie de développement. Dans la littérature comptable internationale, ces deux modèles ont été fréquemment opposés. Le premier comme reposant sur la liberté d'appréciation de l'entreprise et sa sincérité présumée, fondé sur la pratique des affaires et les règles édictées par la profession comptable; le second comme obéissant à une logique macroéconomique, laissé à l'initiative de l'Etat, dominé par la fiscalité et codifié par un plan (Nobes, l995). Alors qu'il était ministre des finances, Pierre Bérégovoy a exprimé sa préférence pour le modèle français en ces termes:

> Les procédures de normalisation sont variables selon les pays. Dans certains d'entre eux, des normes ponctuelles, s'appliquant à chacun des principaux problèmes pris isolément, sont élaborées par les seuls professionnels de la comptabilité. Sans doute les professionnels comptables consultent-ils d'autres milieux concernés, mais ils conservent la maîtrise de la décision relative à la solution à retenir.
>
> A l'opposé, c'est parfois l'objet d'une réglementation pure et simple des pouvoirs publics.
>
> Une méthode intermédiaire consiste, enfin, dans certains pays, dont la France, à organiser une consultation systématique de toutes les parties intéressées. Dans de nombreux cas, un consensus général peut être obtenu; dans l'hypothèse inverse, l'arbitrage se fait dans le sens de l'intérêt général. L'intervention des pouvoirs publics pour entériner les aspects les plus importants de la normalisation et veiller à ce que qu'aucun groupe particulier ne puisse faire la loi aux autres nous paraît, quant à nous, tout à fait raisonnable. (OCDE, p. 9–10).

Pour comprendre ces deux modèles si contrastés, il est nécessaire de connaître leurs origines. Ceci est plus facile pour le Royaume-Uni et les Etats-Unis que pour la France. L'historiographie comptable de langue anglaise est relativement abondante, tant en histoires "internationales" de la comptabilité (auxquelles il est fait référence dans les paragraphes ci-après) qu'en histoires "nationales" de la comptabilité en Grande-Bretagne ou aux Etats-Unis.

Citons en particulier les ouvrages de J.R. Edwards, *A History of Financial Accounting* (1989) et de G.J. Previts et B.D. Merino, *A History of Accounting in America* (1979). En comparaison, il n'existe qu'une seule histoire "internationale" de la comptabilité en langue française: celle de l'auteur belge J.-M. Vlaemminck, *Histoires et doctrines de la comptabilité*, publiée à Bruxelles en 1956, et il n'existe aucune histoire "nationale" de la comptabilité en France. Ce type de synthèse est nécessairement fondé sur des recherches approfondies; or jusqu'à une époque récente, il n'y en avait guère en France, il était donc difficile d'y entreprendre un tel travail.

Cette introduction nous donnera successivement l'occasion de souligner la relative ignorance de la littérature anglo-saxonne vis-à-vis de l'histoire de la comptabilité en France; de mettre en évidence l'intérêt que peut présenter cette histoire; de proposer quelques thèmes de recherche; enfin d'évoquer ceux qui ont écrit, écrivent ou écriront cette histoire.

Une histoire méconnue . . .

On constate sans étonnement que les auteurs d'histoires "internationales" n'ont porté que peu d'attention à la contribution française, bien que les recherches menées, durant les années 1930, par le britannique R.S. Edwards, aient assuré une certaine reconnaissance aux mérites des ouvrages français du XIXe siècle consacrés à la comptabilité des coûts. La lecture des histoires "internationales" laisse à penser que la France n'a joué qu'un faible rôle dans l'histoire de la comptabilité. Dans sa contribution à l'ouvrage dirigé par Brown, *A History of Accounting and Accountants* (1905), Row Fogo est même allé jusqu'à écrire:

> *Au total, la France n'a joué qu'un très petit rôle dans l'histoire de la comptabilité, ceci est probablement dû au fait . . . que, très rapidement, la législation de ce pays a entrepris d'éliminer la fraude en édictant des règles rigoureuses sur la tenue des livres de comptes. La nécessité de respecter ces exigences a naturellement entravé tout progrès, de telle façon que les ouvrages français sont de peu d'intérêt pour rendre compte de l'évolution historique de l'art de la comptabilité. (p. 145).*

Row Fogo continue et termine en faisant brièvement référence à Colbert, puis au traité d'Irson publié en 1678.

Ce n'est pas seulement la comptabilité française qui est considérée comme déficiente, mais également l'organisation de la profession. Plus loin, dans le même ouvrage, Brown nous explique qu'en France:

> *Jusqu'à ces dernières années, la profession de comptable était considérée comme une situation inférieure. En dehors de quelques exceptions, elle était pratiquée par des gens peu éduqués et d'un rang généralement médiocre, tant intellectuellement que socialement—des individus sans formation spécifique, qui tentaient ainsi de trouver un gagne-pain, après avoir échoué dans d'autres carrières.*

Il évoque la fondation de la Société Académique de Comptabilité, mais conclut en insistant sur le fait que les comptables français sont *"encore loin d'une organisation adéquate, bien que le besoin s'en fasse de plus en plus sentir "* (p. 290–1).

Dans *Accounting Evolution to 1900,* de Littleton, publié à New-York en 1933 par l'American Institute of Accountants, la seule évocation notable de la comptabilité française concerne l'*Essai sur la tenue des livres d'un manufacturier* de Payen (Paris, 1817), auquel est consacrée une dizaine de pages (p. 323-33). On y trouve également quelques mentions éparses à la sixième édition du *Parfait négociant* de Jacques Savary (1712). Dans *Evolution of Cost Accounting to 1925* (Alabama, 1954), Garner réutilise le travail de Littleton sur Payen, ainsi que celui de R.S. Edwards (1937). Il présente des extraits de l'ouvrage de Payen et des écrits de quelques auteurs français du XIXe siècle (p. 43–62).

Le recueil édité par Littleton et Yamey, *Studies in the History of Accounting* (Londres, 1956), couvre un champ qui va de l'Antiquité au Japon du XIXe siècle, mais ne contient aucune étude sur un quelconque aspect de la comptabilité française. Ceci, bien que de Roover fasse un bref inventaire des livres de comptes français du XIVe siècle (p. 160-3) et que Yamey (p. 322-4) fasse référence à *La tenue des livres rendue facile . . .* de Degrange (1795), ainsi qu'à son *Supplément* (1804). Dans *A History of Accounting Thought* (1974, édition révisée 1977), Chatfield choisit d'organiser son discours en fonction de la nation économique dominante à chaque période qu'il étudie (p. iii). Seulement la France n'a jamais occupé une telle position. Les principales références françaises de Chatfield sont les mêmes que celles de Littleton: Payen et Savary. Il évoque néanmoins brièvement les procédures budgétaires de l'Etat (p. 191).

En matière d'histoire de la comptabilité, la seule rivale de la littérature de langue anglaise est l'italienne. Melis consacre la majeure partie de son ouvrage de référence, *Storia della ragioneria* (1950), aux développements de la comptabilité dans son pays, mais ne mentionne que brièvement quelques auteurs français (p. 721–5), en particulier Degrange.

Ainsi que nous l'avons déjà précisé, la première histoire "internationale" de la comptabilité écrite en français, *Histoires et doctrines de la comptabilité* de Vlaemminck (1956), est l'œuvre d'un belge, non d'un français. Mais comme on pouvait le prévoir, la comptabilité française y occupe davantage de place que dans les ouvrages britanniques, américains et italiens, cités plus haut. Vlaemminck (p. 113–5) ne trouve guère de sujet d'émerveillement dans la littérature comptable française du XVIIe siècle, mais tandis que Row Fogo estime qu'il n'y a plus aucun auteur digne d'être mentionné après Irson, Vlaemminck considère que le XVIIIe est incontestablement le siècle des auteurs français (p. 138–44). Il accorde également une place importante aux développements de la littérature comptable française au XIXe siècle.

. . .une histoire néanmoins digne d'intérêt

Le tour d'horizon ci-dessus suggère deux hypothèses: soit la France a effectivement joué un rôle très faible dans l'histoire de la comptabilité, soit la part qu'elle a prise est restée ignorée et dissimulée du fait de l'absence de recherches en ce domaine. Quelques indices montrent que cette dernière hypothèse est la plus plausible. En voici des exemples. Dans la plupart des langues européennes autres que l'anglais, les termes français *actif* et *passif* ont été adoptés comme intitulés des deux parties du bilan. Edwards (1937) a montré que la littérature comptable française du XIXe siècle était plus avancée que la britannique et plus complète par l'éventail des thèmes traités. Le catalogue de la bibliothèque de l'Institute of Chartered Accountants of England and Wales, *Historical Accounting Literature,* consacre 26 pages à des ouvrages de comptabilité écrits en français, un total qui est dépassé uniquement par les livres en anglais ou en allemand. Tandis que le modèle comptable des Britanniques s'est répandu tout autour du monde, par la vertu de leur suprématie navale, celui des Français a été diffusé à travers l'Europe continentale par le biais des conquêtes napoléoniennes, puis exporté plus tard en direction de leur empire colonial. Les anciennes colonies de la Couronne utilisent aujourd'hui le modèle britannique, et celles de la France, le modèle français. Les pays colonisés n'avaient guère le choix. D'autres contrées eurent la possibilité de choisir, c'est en particulier le cas du Japon. La partie double y fut introduite aussi bien par des comptables français que par des comptables britanniques ou américains. Entre 1865 et 1873, deux marins français se succédèrent au poste de chef comptable des aciéries Yokosuka (Nishikawa, 1956, p. 382). Lorsqu'il décida de mettre en place une législation commerciale, le gouvernement japonais réalisa une adaptation du Code de Commerce napoléonien.

Nous ne doutons donc pas de l'importance de la tradition comptable française. Le fait qu'elle diffère sur de nombreux points de la comptabilité anglo-saxonne la rend encore plus intéressante. Mais ce serait faire fausse route que de ne s'intéresser qu'aux différences passées et actuelles entre les deux modèles. Les nombreuses similarités requièrent également l'attention. Les Britanniques, comme les Français, ont utilisé simultanément la partie double et la comptabilité en recette et dépense et ont eu à choisir entre ces deux techniques. En Grande-Bretagne comme en France, il y a une longue tradition d'intervention législative dans la comptabilité. Au XIXe siècle, le recours à l'autofinancement se traduisait souvent par des pratiques comptables voisines, les entreprises métallurgiques et minières considéraient fréquemment leurs investissements comme des charges de l'exercice. A la même époque et malgré quelques légères différences, les compagnies de chemins de fer adoptèrent des modèles comptables comparables. Ce sont là quelques points de ressemblance, il y en a certainement bien d'autres.

Comprendre le présent à travers l'étude du passé ne signifie pas nécessairement justifier le présent par le passé. La recherche peut montrer que les pratiques "traditionnelles" n'ont pas toujours des racines profondes. La fiscalisation de la comptabilité et l'instauration d'un plan comptable national sont des innovations du XXe siècle et datent respectivement de la Première et de la Seconde Guerre Mondiale. Ces phénomènes n'avaient rien d'inéluctable et leurs origines ne sont pas spécifiquement françaises. Ils s'intègrent néanmoins dans une longue tradition d'intervention de l'Etat dans la comptabilité. Le XVIIe siècle nous semble être à cet égard une période essentielle de l'histoire de la comptabilité en France, avec l'Ordonnance du Commerce de Colbert et Savary, qui oblige les marchands à tenir une comptabilité. Ainsi que le montrent les textes d'Howard et de Tessier, reproduits dans ce volume, les dispositions du Code de Commerce napoléonien étaient étroitement basées sur celles de l'Ordonnance. On ne rencontre aucun événement similaire en Grande-Bretagne.

L'histoire de la comptabilité est le produit d'un ensemble de phénomènes complexes dont l'appréhension et la compréhension nécessitent des études approfondies et beaucoup d'aspects du cas français appellent de nouvelles recherches. Mais avant d'évoquer les orientations qui nous paraissent souhaitables, on doit souligner le fait que l'histoire de la comptabilité peut intéresser tout autant les historiens généralistes que les spécialistes. Evoquant certaines des difficultés propres aux recherches historiques menées sur les archives comptables, Jacques Magaud (1992) a écrit: "Nous manquons cruellement d'une histoire de la comptabilité, de ses règles, de ses obligations et de leur respect par les différentes entités concernées par elle . . ." Certains historiens de l'économie on fait preuve d'une maîtrise technique remarquable dans l'utilisation de données comptables, mais l'interprétation des documents financiers du passé est parfois délicate (Parker, 1991) et le comptable suffisamment familiarisé avec l'histoire de sa discipline peut fournir une aide appréciable. L'étude de la rentabilité et du financement des entreprises à partir de leurs livres de comptes ou, pire, des documents publiés est un exercice toujours très périlleux. L'établissement de séries chronologiques visant à faire apparaître un quelconque profil d'évolution ne peut être envisagé qu'avec d'infinies précautions, compte tenu des conditions de production des chiffres utilisés. On connaît en particulier le rôle joué par l'amortissement dans le lissage des résultats et la constitution d'importantes réserves occultes. Il est important pour l'historien de posséder une certaine connaissance des différentes modalités de comptabilisation des investissements et des amortissements historiquement utilisées par les firmes. Quel que soit le problème envisagé, les travaux d'histoire de la comptabilité peuvent aider l'historien confronté à des archives comptables.

Quelques orientations possibles

Sans prétendre aucunement être exhaustif—nous avons d'ailleurs laissé de côté la comptabilité de gestion, compte tenu du nombre de travaux qui lui sont actuellement consacrés—, nous avons établi une liste de thèmes susceptibles de donner lieu à de fructueuses investigations. Nous les avons regroupés sous quatre rubriques:

- la comptabilité financière et la préparation des états financiers: de nouvelles recherches en ce domaine doivent prendre en compte l'influence de facteurs tels que la fiscalité, l'origine des financements, les scandales financiers et l'intervention de l'Etat (plan comptable y compris);

- les comptables: on doit se demander pourquoi un corps de professionnels indépendants ne s'est pas développé en France à la fin du XIXe siècle et pour quelles raisons l'histoire de la profession comptable française est aussi éloignée de celle de son homologue britannique; l'enseignement et la formation, ou encore la place des femmes dans la comptabilité, sont autant de sujets à rattacher à ce thème;

- les études sectorielles: nous souhaiterions en particulier voir se développer des recherches concernant l'histoire de la comptabilité dans le secteur public, mais il est bien d'autres activités sur lesquelles on pourrait réaliser d'intéressantes études, que ce soit par exemple la banque ou les assurances ou même,—pourquoi pas?—, l'agriculture: la France fut jusqu'à une époque récente une nation à prédominance agricole or la comptabilité agricole n'a guère été étudiée;

- les figures libres: nous avons rangé ici deux questions qui paraissent importantes mais difficiles à rattacher à l'une ou l'autre des catégories ci-dessus; d'abord, si l'on connaît assez bien la part prise par la France dans l'histoire des machines à calculer, on ne connaît guère le rôle que celles-ci ont joué dans le développement de la comptabilité; ensuite, il faut tenter de faire le point sur l'influence de la comptabilité française sur celles d'autres pays, que ce soit outremer ou en Europe.

Avant de développer ces différents thèmes, soulignons qu'il ne tient qu'aux lecteurs et chercheurs d'allonger encore cette liste.

Comptabilité financière et préparation des états financiers

L'influence actuelle de la fiscalité sur les états financiers des sociétés est bien connue, mais il n'y a pas eu en France, au XIXe siècle, de phénomène analogue au développement du *Massgeblichkeitsprinzip* en Allemagne. A la différence de la Grande-Bretagne, qui a néanmoins connu plusieurs expériences de taxation des revenus—de 1799 à 1802, de 1803 à 1815, puis de 1842 à nos jours—, on observe en France, à partir des années 1920, une nette tendance à laisser les considérations fiscales guider la comptabilité. Selon Haddou (1991), une longue période de prééminence de la fiscalité aboutit, à partir de 1939, à une incontestable "pollution" de la comptabilité. Après 1965, cet auteur considère qu'une sorte de coexistence raisonnable s'instaure lentement entre les deux disciplines. L'importance croissante donnée aux comptes consolidés, établis indépendamment de toutes considérations fiscales, est l'un des aspects les plus significatifs de cette évolution.

Plus largement, il semble nécessaire d'entreprendre des recherches plus approfondies sur les pratiques des entreprises en matière de confection des états financiers. En dehors des compagnies de chemins de fer et des sociétés concessionnaires de services publics, rares sont les entreprises françaises qui firent appel au marché financier au XIXe siècle. Il faudrait étudier l'influence de l'évolution des modes de financement, que l'on observe au début du siècle suivant, puis, surtout, après la Première Guerre, sur les pratiques comptables des entreprises. Parallèlement, on peut se demander quel a été l'impact effectif des divers scandales financiers qui émaillèrent la chronique des quarante premières années de ce siècle.

Que le Plan comptable français soit dans le droit fil de la tradition interventionniste de l'Etat, c'est incontestable, mais on ne saurait oublier que la France des années 1900 est l'un des pays les plus libéraux d'Europe en matière de comptabilité. Le Code de Commerce de 1807 oblige les entreprises à tenir une comptabilité, mais sans en préciser les modalités techniques. Quant aux prescriptions comptables de la loi de 1867 sur les sociétés commerciales, elles se réduisent à l'obligation de communiquer un bilan et un compte de pertes et profits aux actionnaires lors de l'assemblée générale. A partir des années 1880, certains tentent d'imposer aux entreprises des règles plus contraignantes, mais toutes leurs tentatives sont vouées à l'échec.

Entre les deux guerres, les divers projets de lois qui tentent d'instaurer une quelconque réglementation comptable ou d'organiser la profession sur le mode des Chartered Accountants de Grande-Bretagne—lesquels étaient réputés disposer d'un monopole de fait sur le contrôle des comptes des sociétés—, sont systématiquement repoussées par le Parlement. Seules les compagnies d'assurance se verront imposer quelques règles. Pourtant, les mentalités changent et les années trente voient se dessiner un mouvement de plus en plus fort vers l'uniformisation des méthodes comptables. Le développement des ententes industrielles, dont les promoteurs voient dans cette uniformisation un moyen de lutter contre la concurrence sauvage, la mobilisation d'une élite "technocratique" qui pense pouvoir résoudre la crise par la réorganisation de l'économie dans un cadre plus rigide, le corporatisme qui donne à l'ensemble sa cohérence idéologique, sont autant d'éléments qui ont joué un rôle fondamental dans le processus qui a abouti au Plan comptable 1947.

Mais il faut la Guerre, l'Occupation, puis la Libération, pour que l'Etat parvienne à imposer aux entreprises ce plan comptable. Encore prend-on soin d'éliminer un volet que les entrepreneurs souhaitaient vraisemblablement garder pour eux, celui du calcul de coûts. On sépare alors formellement la comptabilité générale, avec un compte d'exploitation fondé sur une ventilation des charges en fonction de leur nature, de la comptabilité analytique, avec une répartition des charges selon leur destination et un mécanisme de calcul des coûts. Seul le respect des dispositions relatives à la comptabilité générale est considéré comme souhaitable, l'autre volet est totalement optionnel. Les travaux de Fortin, Standish et Richard viennent éclairer la genèse de ces plans, mais il reste à relier ces phénomènes aux profonds bouleversements techniques, sociaux, politiques et idéologiques que l'on observe durant la première moitié de ce siècle.

Les comptables

En France comme en Grande-Bretagne, la Seconde guerre mondiale a d'ailleurs été une période cruciale pour l'histoire de la profession. Au Royaume-Uni, confronté à de nouveaux problèmes comptables, le conseil de l'Institute of Chartered Accountants in England and Wales entamait la publication des recommandations relatives aux principes comptables, alors même que beaucoup de ses membres se trouvaient mobilisés. En France, le Gouvernement de Vichy créait l'Ordre des Experts Comptables et Comptables Agréés et désignait une commission chargée d'élaborer un plan comptable général.

Malgré deux ouvrages récents (Pinceloup, 1993; CNCC-OECCA, 1993), l'histoire de la profession comptable française reste à écrire, car ils ne nous éclairent réellement que sur sa partie la plus contemporaine. Les experts comptables sont les lointains héritiers des maîtres écrivains qui, organisés en corporation jusqu'à la Révolution de 1789, exerçaient des missions d'expertises de comptes, dans le cadre de procédures judiciaires, au-delà de leurs tâches d'enseignants et de teneurs de livres. A la fin du XIXe, les futurs experts comptables ne sont encore que des experts judiciaires et des liquidateurs. Parmi les membres fondateurs de la Société Académique de Comptabilité, en 1881, on ne trouve qu'un seul "expert comptable liquidateur," aux côtés de cinq comptables d'entreprises et d'un enseignant. On sait qu'en Grande-Bretagne, l'essor de la profession comptable indépendante a été favorisé par le développement des chemins de fer et des compagnies concessionnaires de services publics, alors que l'Etat français, qui était l'un de leurs pourvoyeurs de fonds, a exercé son propre contrôle comptable sur les compagnies. En France toujours, le commissariat aux comptes, dans les sociétés de capitaux, était généralement exercé par des actionnaires choisis parmi la majorité de l'assemblée générale. Ce n'est qu'après la Première Guerre que les choses commencent à évoluer, notamment du fait de l'accumulation des scandales financiers, et aussi parce que l'instauration de l'impôt sur les bénéfices vient offrir un débouché aux experts comptables. Il faudra néanmoins que ce soit le Gouvernement de Vichy qui entreprenne cette organisation, et qu'enfin, un groupement national, ayant un pouvoir disciplinaire sur ses membres, émerge de la multitude de compagnies et autres associations locales d'experts comptables. Quant aux comptables d'entreprises, on les connaît un peu par certaines de leurs organisations, on ne les connaît quasiment pas dans leur travail; leur histoire reste également à écrire.

La formation mérite une étude particulière. Déjà les thèses de Philippe Maffre (1984) et Marc Meuleau (1992) apportent nombre d'éléments, mais elles sont généralistes et ne concernent que le seul enseignement commercial supérieur. Il faudrait aborder la question non seulement en terme d'institutions, mais également de contenu de l'enseignement et d'évolution de la pédagogie. Le Plan comptable général s'est imposé tout autant par le fait que, depuis les années 1950, toutes les générations d'apprentis comptables se sont abreuvées à sa source, que par la force d'un texte de loi. L'enseignement a joué un role de vecteur de l'uniformisation qu'il est indispensable d'étudier. Il faudra bien, en particulier, tenter un jour d'apprécier les effets pervers d'un enseignement trop souvent conçu comme celui du Plan comptable et non de la comptabilité.

Les relations entre les femmes et la comptabilité est un sujet d'études qui n'a jamais été abordé en France. Par les travaux de Chassagne (1981), Nikitin (1992) et Lemarchand (1993), on connaît assez bien Madame de Maraize, associée d'Oberkampf à qui revenait la responsabilité de la tenue des livres de la Manufacture de toiles peintes de Jouy, à la fin du XVIIIᵉ siècle. Mais que sait-on, en revanche, de Mademoiselle Malmanche, auteur d'un *Manuel pratique de tenue des livres* qui connut de nombreuses rééditions ? Ou encore de Mademoiselle Leroy, qui présenta une communication remarquée sur le calcul du prix de revient dans les chemins de fer au congrès de l'Organisation scientifique du travail de 1923 ? En dehors même de ces personnalités, quel était le statut de la femme dans la profession ? combien ont exercé ce métier ? dans quel cadre: entreprise ou cabinet ? Autant de questions actuellement sans réponses.

Etudes sectorielles

La comptabilité publique est certainement l'un des sujets les plus passionnants qui soient, par les controverses qui jalonnent son histoire. Les angles d'attaque sont multiples, mais il y a en particulier un travail important à effectuer sur les interactions comptabilité publique-comptabilité privée. Depuis plus de trois siècles, la nécessité d'introduire les méthodes de la comptabilité privée dans celle de l'Etat ou des collectivités locales est une sorte de leitmotiv rarement remis en cause. Les tentatives d'adaptation jalonnent l'histoire comptable, mais il n'en existe aucune étude globale. Ce serait là une bonne occasion de s'interroger sur la pertinence de cette greffe tant souhaitée et de voir s'il n'y a pas, dans la comptabilité publique, des principes dont pourrait s'inspirer la comptabilité privée.

Proche de la comptabilité publique par l'esprit sinon par la forme, la comptabilité des chemins de fer est un thème nullement épuisé. L'organisation comptable, le calcul du prix de revient du transport en liaison avec la tarification, les rapports avec l'Etat et le contrôle des comptes, la lutte entre les groupes et la diffusion d'informations comptables orientées, l'impact sur le fonctionnement du marché financier, . . . autant de sujets à explorer. D'une façon plus générale, il est à souhaiter que se développent des recherches sur l'ensemble des grands services publics, au XIXᵉ siècle comme au XXᵉ.

Dans son article fondateur, R.S. Edwards a accordé une assez grande place aux ouvrages de comptabilité agricole. Il est en effet assez surprenant de constater que, dès la première moitié du XIXᵉ siècle, de nombreux auteurs ont traité des questions agricoles, et parfois dans des termes plus novateurs que ceux qui ont abordé les problèmes de la comptabilité commerciale et de la comptabilité industrielle. Dès 1808, la Société royale et centrale d'agriculture avait offert un prix pour un bon traité de comptabilité rurale (Royer, p. 214); il fut décerné en 1813 à un certain Gabiou. La Société recommença en 1840 et c'est l'ouvrage de Malo, *Eléments de comptabilité rurale,* publié en 1841, qui fut couronné. Les premières écoles d'agriculture, créées dans les années 1820 et 1830, dispensaient toutes un enseignement de comptabilité, à une époque où l'enseignement de cette discipline restait généralement le fait de professeurs particuliers. Mathieu de Dombasle, fondateur de la première école d'agriculture en France, a joué un rôle fondamental à cet égard. Dans les *Annales de Roville,* dont les huit livraisons s'étalent de 1824 à 1832, il nous livre ses réflexions sur la comptabilité, au fur et à mesure de son expérience. On trouve dans les méthodes présentées et discutées tous les ingrédients d'une comptabilité des coûts intégrée à la comptabilité générale, avec toutes les sophistications requises: centres de profit, répartition de frais généraux, utilisation de charges supplétives, prix de cession interne, etc. A quand une synthèse qui ferait le lien avec les choix actuels de la comptabilité agricole?

Figures libres

Dans un autre ordre d'idées, les incidences de l'évolution des moyens techniques utilisés par la comptabilité: machines à calculer, machines comptables, mécanographie, informatique, . . . ne semblent pas avoir encore été étudiées de façon approfondie et dans une perspective historique. Blaise Pascal, puis Charles Xavier Thomas de Colmar, l'inventeur de l'arithmomètre, la première calculatrice commercialisée, figurent parmi les pionniers des machines à calculer. Mais c'est aux Etats-Unis et non en Europe que l'on développa l'utilisation commerciale de ces machines. Le langage des ordinateurs est anglo-américain.

Enfin la comptabilité n'est pas simplement nationale mais internationale et la France se trouve avoir été en la matière à la fois importatrice et exportatrice. Les évolutions du droit commercial français, du droit des sociétés en particulier, ont influencé les législations de certains pays européens. On a parfois dit que le modèle français de comptabilité était plus approprié aux pays en voie de développement que le modèle anglo-saxon, mais il y a peu de preuves empiriques de cette supériorité. En 1970, les quatorze membres francophones de l'OCAM (Organisation de la Communauté Africaine et Malgache) ont adopté un plan comptable issu du plan français. Or, selon Anson-Meyer (1974), non seulement ce plan ne semblait guère approprié du point de vue technique, mais en outre, par son adaptation aux besoins des multinationales, il constituait un instrument du néo-colonialisme.

Notre liste n'est pas du tout limitative, mais il reste à trouver les chercheurs!

Qui écrit cette histoire?

Nous terminerons cette introduction en nous arrêtant brièvement sur ceux qui se sont penchés jusqu'à ce jour sur l'histoire de la comptabilité française, tout en nous demandant qui est susceptible de le faire dans l'avenir. A défaut de se vouloir comme tels, les premiers à faire œuvre d'historiens furent les rares auteurs qui citaient leurs sources, mais en dehors de quelques exceptions, comme Irson (1678) qui cite environ une trentaine d'auteurs, il est beaucoup plus fréquent de ne mentionner ses prédécesseurs que pour les critiquer afin de faire valoir son propre travail. Il y a encore peu d'écrits historiques à la fin du XIXe siècle. En 1875,

Auguste Hurbin Lefebvre prononça à Lyon un discours sur les *Origines de la comptabilité et du change,* il en reste une brochure qui est peut-être la plus ancienne évocation de l'histoire de la comptabilité en langue française. Le premier travail de fond fut la bibliographie établie par Reymondin en 1909; elle reste aujourd'hui une œuvre de référence, malgré d'évidentes erreurs et imperfections. En 1914, J. Dumarchey consacra une cinquantaine de pages de la *Théorie positive de la Comptabilité* à l'histoire des théories comptables. Les conférences d'Albert Dupont à la Société de comptabilité de France (1925, 1930, 1931, . . .) sont de remarquables exercices de style qui restent des modèles du genre. Dans un *Que-sais-je ?* qui en est aujourd'hui à sa dix-neuvième édition et s'est vendu à plus de cent cinquante mille exemplaires, Jean Fourastié (1943, p. 59) accordait une large place à l'histoire de la comptabilité; de même que Pierre Garnier, dans sa célèbre thèse *La comptabilité, algèbre du droit* (1947), donnait un saisissant aperçu de l'évolution de la littérature comptable. Après une assez longue période de mutisme, le mouvement a refait une timide apparition au milieu des années 1970, avec la création de l'Institut national des historiens comptables de France et la publication d'un *Bulletin* qui connut sept livraisons de 1978 à 1982 et dans lequel on rencontre notamment les signatures de Pierre Jouanique, Camille-Charles Pinceloup, Ernest Stevelinck et André Tessier.

On trouve également, parmi les écrits des juristes et des historiens, des travaux dont l'envergure dépasse parfois celle des études réalisées jusque-là par les comptables. Mais, à de rares exceptions près, tout ce que nous venons d'évoquer reste marginal, incident, parcellaire. Il faut attendre la fin des années 1980 pour voir s'amorcer un mouvement de plus grande ampleur avec la constitution d'un Groupe d' études d'histoire de la comptabilité auprès de l'OECCA, qui s'est immédiatement ouvert sur l'Université. Parallèlement, l'histoire de la comptabilité s'est faite de plus en plus présente dans les Congrès de l'Association française de comptabilité. Fin 1992–début 1993, les soutenances de deux thèses d'histoire de la comptabilité (Nikitin et Lemarchand) sont venues illustrer les potentialités offertes par l'ouverture de la recherche universitaire sur ce champ d'investigation. Déjà, d'autres travaux sont engagés: mémoires de DEA, thèses et recherches post-doctorales, dont certaines en partenariat avec des britanniques.

Le présent recueil illustre non seulement les recherches des comptables français (Colasse, Durand, Jouanique, Lemarchand, Nikitin, Richard, Tessier), mais également celles d'auteurs belges francophones (Stevelinck, Haulotte) et de français non-comptables (de Swarte, Durdilly, Sauvy). Le travail réalisé par les universitaires britanniques et nord-américains sur l'histoire de la comptabilité française est représenté par une série d'écrits de langue anglaise allant de textes des années 1930 (Howard, Edwards), aux récentes recherches de Standish, Fortin et Bhimani, tout en passant par les années 1960 (Parker). Notre voeu est que cette histoire continue d'être écrite non seulement par des comptables français, mais aussi par des non-comptables et des non-nationaux. La diversité des regards ne peut qu'enrichir nos connaissances. Exemple d'une collaboration fructueuse entre un britannique et un français, ce recueil est une invitation à poursuivre dans cette voie.

Les contributions de ce volume ont été ordonnées de façon chronologique et thématique, de la façon suivante: les plus anciennes archives comptables marchandes; les premiers auteurs comptables français; Colbert, Savary et l'Ordonnance du Commerce; le XVIIIe siècle; le XIXe siècle; la comptabilité des coûts; le Plan comptable général; la Comptabilité nationale; la comptabilité publique; la théorie comptable. Il y a pour chaque article deux résumés, l'un en anglais et l'autre en français.

References/Références bibliographiques

M. Anson-Meyer, *Mécanismes de l'exploitation en Afrique: l'exemple du Sénégal* (Paris: Cujas, 1974).

R. Brown (ed.). *A History of Accounting and Accountants* (Edinburgh: Jack, 1905).

M. Chatfield, *A History of Accounting Thought* (Huntington, New York: Robert E. Krieger Publishing, 1977).

S. Chassagne, *Une femme d'affaires au XVIIIᵉ siècle* (Toulouse: Privat, 1981).

CNCC-OECCA, *Histoire de la profession comptable* (Paris: Malesherbes, 1993).

J. Dumarchey, *Théorie positive de la comptabilité* (Lyon: Rey, 1914).

A. Dupont, *Contribution à l'histoire de la comptabilité. "Luca Paciolo," l'un de ses fondateurs* (Paris: SCF, 1925).

A. Dupont, *Les auteurs comptables du XVIᵉ siècle dans l'Empire germanique et les Pays Bas* (Paris: SCF, 1930).

A. Dupont, *Quelques documents et quelques ouvrages comptables français antérieurs au règne de Louis XIII, ayant trait à la morale, à la doctrine et à la comptabilité commerciales* (Paris: SCF, 1931).

J.R. Edwards, *A History of Financial Accounting* (London: Routledge, 1989).

R.S. Edwards, *A Survey of French Contributions to the Study of Cost Accounting During the 19th Century* (London, 1937).

J. Fourastié, *La comptabilité* (Paris: PUF, collection Que-sais-je?, 1943).

H. Gabiou, *Comptabilité par tableau. Modèle d'un registre à l'usage des cultivateurs* (Paris: Huzard, 1813).

S.P. Garner, *Evolution of Cost Accounting to 1925* (University, Alabama: University of Alabama Press, 1954).

G. Haddou, "Fiscalité et comptabilité. Evolution législative depuis 1920," *Revue française de comptabilité*, juillet-août, 1991.

C. Irson, *Méthode pour bien dresser toutes sortes de comptes à parties doubles* (Paris, 1678).

Y. Lemarchand, *Du dépérissement à l'amortissement. Enquête sur l'histoire d'un concept et de sa traduction comptable* (Nantes: Ouest Editions, 1993).

T. Leroy, "Essai de détermination du prix de revient des transports par chemins de fer, Esquisse d'une tarification résultant de la connaissance du prix de revient," in *L'organisation scientifique*, Congrès de juin 1923 (Paris: Ravisse, 1923).

A.C. Littleton, *Accounting Evolution to 1900* (New York: American Institute Publishing Co., 1933).

A.C. Littleton and B.S. Yamey (eds), *Studies in the History of Accounting* (London: Sweet & Maxwell, 1956).

P. Maffre, *Les origines de l'enseignement commercial supérieur en France au XIXe siècle* (Thèse 3éme cycle, Paris I, 1984).

J. Magaud, "Anarchie monographique et histoire totalisante," *Entreprises et Histoire*, no. 2, 1992.

M.H. Malmanche, *Manuel pratique de tenue des livres* (Paris: Hachette, 1915, 11ème édition).

A. Malo, *Eléments de comptabilité rurale théorique et pratique* (Paris: Hachette, 1841).

A.K. Mason, *The Development of International Financial Reporting Standards* (Lancaster: ICRA Paper, No.17, 1978).

M. Meuleau, *Les HEC et l'évolution du management en France (1881–années 1980)* (Thèse Paris IX, 1992).

F. Melis, *Storia della ragioneria* (Bologna: Dott. Cesare Zuffi, 1950).

M. Nikitin, *La naissance de la comptabilité industrielle en France* (Thèse, Paris IX, 1992).

K. Nishikawa, "The Early History of Double-Entry Book-keeping in Japan," in A.C. Littleton and B.S. Yamey, *Studies in the History of Accounting* (London: Sweet & Maxwell, 1956).

C.W. Nobes and R.H. Parker, *Comparative International Accounting* (Hemel Hempstead: Prentice Hall, 4th ed. 1995).

C.W. Nobes, "International Classification of Financial Reporting," in Nobes and Parker (1995).

OECD, *Harmonization of Accounting Standards* (Paris: OECD, 1986).

R.H. Parker, "Misleading Accounts? Pitfalls for Historians," *Business History*, October 1991.

J. -B. Payen, *Essai sur la tenue des livres d'un manufacturier* (Paris: 1817).

C. -C. Pinceloup, *Histoire de la comptabilité et des comptables* (Nice: EDI-Nice, 1993).

G.J. Previts and B.D. Merino, *A History of Accounting in America* (New York: Ronald Press, 1979).

G. Reymondin, *Bibliographie méthodique des ouvrages en langue française parus de 1543 à 1908 sur la science des comptes* (Paris: Giard-Briere, 1909).

Royer, *Traite théorique et pratique de comptabilité rurale* (Paris: Bouchard-Huzard, 1840).

J.-M. Vlaemminck, *Histoire et doctrines de la comptabilité* (Brussels: Editions de Treurenberg, 1956)

LES PLUS ANCIENNES ARCHIVES COMPTABLES DE MARCHANDS/
THE OLDEST BUSINESS ACCOUNTING RECORDS

P. Durdilly

"Nouveaux fragments du livre de comptes d'un marchand lyonnais," *Revue de linguistique romane*, t.XXVIII, 1965, pp. 375–407

NOUVEAUX FRAGMENTS
DU LIVRE DE COMPTES
D'UN MARCHAND LYONNAIS

En l'année 1906, P. Meyer et G. Guigue avaient publié dans le n° 35 de *Romania* des extraits[1] d'un livre de comptes qu'ils avaient intitulés « Fragments du grand livre d'un drapier de Lyon ». De nouveaux fragments, provenant sans doute du même livre de comptes, ont été découverts l'an passé, par suite d'un heureux hasard, grâce surtout à la perspicacité de M. Lécutiez, conservateur de la bibliothèque de Vienne. Ils avaient, en effet, subi un sort commun à la plupart des documents de ce genre, documents privés que l'on ne cherchait pas à conserver. C'est ainsi que le livre-journal d'Ugo Teralh[2], drapier de Forcalquier et celui de Joan Saval[3], drapier de Carcassonne, sont réduits à quelques feuillets endommagés[4]. Notre manuscrit était donc, lui aussi, en fort mauvais point, lorsqu'on le découvrit, transformé en un simple tampon de papier et servant à consolider l'emballage d'un dossier. M. Lécutiez s'étant avisé que ce tampon de papier semblait couvert d'une écriture ancienne fit nettoyer et remettre en état ces précieux feuillets. On s'aperçut alors qu'il devait s'agir d'un livre de comptes paraissant appartenir à la région lyonnaise ; une étude plus minutieuse de ce texte n'a pu que confirmer ces premières impressions.

Ce manuscrit a maintenant trouvé la place qu'il mérite à la bibliothèque

---

1. L'original appartenait à un fonds non classé des Archives départementales du Rhône. Nous n'avons pu le retrouver.

2. Le *livre journal de Maître* Ugo Teralh, *notaire et drapier à Forcalquier* (1330-1332) publié par P. Meyer, Paris, Klincksieck, in-4, 42 p., avec planche (tiré des *Notices et extraits des manuscrits*, t. XXXVI).

3. *Bulletin historique et philologique*, année 1901, p. 423-49. *Le livre journal de Jean Saval, marchand drapier à Carcassonne* p. p. M. Ch. Portal.

4. Seul le livre de comptes des frères Bonis, marchands de Montauban, nous est parvenu en bon état. Il a été publié par E. Forestié pour la Société historique de la Gascogne (*Archives historiques de la Gascogne*, années, 1890, 1893, 1894).

de Vienne sous la cote M-226. Il se compose de 14 pages, soit 7 feuillets qui ont un peu plus de 40 cm de hauteur, la largeur est variable, 30 à 31 cm pour les feuillets bien conservés, à peine 26 cm lorsque le bord a été rogné au cours des aventures multiples que ce texte a dû subir. Il est écrit sur papier et sur deux colonnes ; nous constatons que ce livre ne doit pas être un livre-journal car les comptes sont groupés par noms de débiteurs et non par ordre chronologique. Il comporte malheureusement un certain nombre de lacunes, soit que le papier ait été déchiré, soit que l'écriture ait été très effacée, il subsiste cependant suffisamment de bons passages pour justifier l'étude et la publication de ces extraits.

Remarquons tout d'abord que ces fragments font vraisemblablement partie du même livre de comptes que ceux qui avaient été publiés dans *Romania* 35 (année 1906), p. 428-444. Ils portent sur la même période (1320-1323 pour le texte déjà paru, 1320-1324 pour le manuscrit récemment découvert) et font apparaître bien souvent les mêmes personnages : Estevenez de Meunay, Bernert de les Molles, Bozonez, Peros de Montluel, pour n'en citer que quelques uns ; nous retrouvons dans les uns et les autres des orthographes semblables, par exemple les formes *mont* et *sont* pour l'adjectif possessif de la première et de la troisième personne.

Les extraits publiés en 1906 laissent croire qu'il s'agit du livre de comptes d'un drapier. Ce que nous pouvons penser, pour notre part, c'est qu'il existait une association (*li compagny*) entre un certain Johanym Berguen et un nommé Bernerz Barauz. Johanym Berguen est celui qui tient les comptes ; son nom ne figurait pas dans les premiers fragments, mais il se nomme ici clairement dès le début du texte (*Remenbramci seyt a mey Johanym Berguen*). Bernerz Barauz est son associé « mos compains » répète-t-il à plusieurs reprises dans les premiers extraits. Ici Bernerz Barauz est mentionné une fois, avec son seul prénom (Bernert, au cas régime), mais il n'est pas permis de douter que ce soit le même personnage, car la phrase dit nettement : *dey que li compagny de mey et de Bernert fut comencia.* D'autre part le nom de Barauz apparait aussi une fois dans les fragments donnés en appendice (voir fragment B). Cette association était-elle simplement un commerce de drap ? Le présent texte ne permet pas de l'affirmer avec certitude. En fait, les transactions portent souvent sur des tissus, mais il est question (§ 66) d'une somme due pour 4 ânées d'orge, au § 50 on paie xxj s. iiij. d. pour un florin d'or de Florence, assez souvent aussi on ne nous dit pas en échange de quoi telle somme est due. Nous pouvons difficilement nous rendre compte, d'après de si courts fragments, de ce que représentait ce commerce et de son importance. On pourrait imaginer que, tout comme le commerce des frères Bonis, marchands de Montauban, il était étendu et comprenait, à côté des tissus, un certain nombre de choses, que les deux associés pouvaient être aussi, comme les frères Bonis, banquiers, courtiers et prêteurs sur gages. Souhaitons que de nouveaux fragments viennent nous éclairer et nous aider à trouver la solution de ce problème.

Si, à ce point de vue, notre curiosité n'est pas tout à fait satisfaite, ce texte nous apporte dans le domaine linguistique des renseignements intéressants. Il est écrit en dialecte francoprovençal. Où a-t-il été composé ? Certainement dans la région lyonnaise, très probablement même à Lyon. En effet, la plupart des localités mentionnées, qu'elles soient du Rhône ou des départements limitrophes, sont généralement assez proches de Lyon et certains quartiers ou monuments de Lyon (*Sant Just* § 39, *Sant Vymcent* § 73, *Sant Nizies* § 24) sont cités sans indication de la ville dont ils font partie, ce qui semble signifier que cette indication n'était pas utile parce que l'on était sur place.

Comme l'avait déjà remarqué P. Meyer dans l'introduction de son article, la phonétique et la morphologie ne vont pas à l'encontre des faits relevés par Philipon dans *Romania* 13 et 30. Le *t* final non étymologique, qui apparaît ici régulièrement au cas régime singulier des possessifs *mont* et *sont*, est fréquent en lyonnais (voir Philipon *R*[1] 13, 565). La forme d'adjectif possessif *mi*, *si*, que l'on trouve assez souvent au cas régime du fémin singulier est connue aussi (voir Philipon *R*[1] 30, 228). Le lexique montre plus d'originalité ; beaucoup de mots sont consignés dans ce texte, noms de tissus, de vêtements, de métiers pour la plupart, ainsi que quelques termes se rapportant aux institutions ; à titres divers ils peuvent nous être précieux.

Signalons premièrement quelques noms d'étoffes, que nous n'avons retrouvés, jusqu'à présent, nulle part ailleurs. Qu'étaient, en effet, la *bergereta* et l'*emplugme*, qu'entendait-on par *tagne*, par *tramarim* ? Sans doute des tissus ayant connu une mode passagère, ce qui expliquerait que leur nom ait été peu répandu, car on ne peut guère supposer que ces noms qui servaient à désigner des étoffes fabriquées en d'autres lieux, étaient des termes régionaux.

---

1. *R* = *Romania*.
Revue de linguistique romane.   25

Par contre, le masculin *dedos* « dette », particulier à ce livre de comptes, (*FEW* [1] 3, 22, DEBITUM, cite *dedo* d'après les premiers extraits de ce livre de comptes, publiés par *R* 35) est un terme spécifiquement franco-provençal présentant le traitement normal, dans notre région, du latin DEBITU.

Mota qui se trouve au § 77 dans la phrase : *deyt mays Johannez Guatez lx s. v. pretas que li portiet li mota de ches euz*, n'apparaît pas dans les textes de cette époque parus à ce jour, mais il semble que ce soit aussi un mot francoprovençal désignant le jeune garçon, comme Puitspelu *mottet* et *DTF* [2] 4034 *motè*.

Le participe passé *avatus* que l'on jugea au premier abord énigmatique car on ne l'avait jamais rencontré, s'explique bien si on le rattache au verbe *avatre*, forme francoprovençale signalée par Mgr Devaux, pou *abattre*. Le livre de comptes des frères Bonis connait des formules du même genre : *abatut lo loguier de l'osdal* (*Archives historiques de la Gascogne*, fasc. 20, 21, p. 33).

Ce sont, parmi d'autres, quelques exemples de l'intérêt de ce texte. Mais ces nouveaux fragments, plus longs et peut-être mieux conservés que les premiers, nous rendent encore un autre service en nous permettant de rectifier le sens de certains mots mal interprétés dans le glossaire publié par *Romania* 35 : *li compagny*, terme qui se trouvait, *R* 35, dans une phrase incomplète et que les auteurs de l'article avaient cru pouvoir traduire par *Compiègne*, désigne ici nettement (§ 1) l'association formée par Johanym Berguen et Bernert.

Le terme transcrit *recondire* dans *R* 35 et défini par « qualité d'un certain Bozonez » doit être *retomdire* « tondeur de draps », cas sujet dont la forme de cas régime *retondour* apparaît au § 3 pour désigner le métier de ce certain Bozonez. Cette forme de cas sujet est consignée au § 23 de ces nouveaux extraits, dans le terme simple *tondire*. Les formes de *t* et de *c* sont parfois assez proches pour avoir provoqué cette erreur.

Le mot que l'on avait lu *dranz* dans les premiers fragments et que l'on avait, par conséquent, essayé d'expliquer sans aucun succès, n'est autre que *drauz* « drap », bien connu dans notre région à cette époque. On sait en effet que *n* et *u* se confondent souvent dans l'écriture de nos anciens manuscrits, comme ils se confondent souvent encore dans nos écritures modernes.

---

1. *FEW* = *Französisches Etymologisches Wörterbuch*.
2. *DTF* = *Dictionnaire des patois des Terres Froides*.

Il paraît probable aussi que l'on peut corriger *sant Clayre* cité au § 70 des anciens fragments en *sant Elayre* « saint Hilaire » fréquent dans notre manuscrit et très clairement écrit, alors que *e* initial a pu être confondu avec *c* dans un texte moins net.

Ce texte offre enfin bon nombre de noms de lieux et de personnes dont la valeur n'est pas négligeable pour les études de toponymie et d'anthroponymie. A ce propos on remarquera comment, au § 61, *Johanz de Miribel* devient *Johannez Miribex*, nom dans lequel le mot qui indiquait primitivement le lieu d'origine, *Miribel*, prend la forme du cas sujet et semble se transformer en nom de famille.

Ce sera le rôle des historiens et des spécialistes de la vie économique de nous dire ce que ce manuscrit peut apporter à leurs études. Nul doute qu'ils n'y trouvent d'utiles renseignements sur l'économie domestique et la vie de tous les jours et nous pouvons penser que, dans ce domaine encore, ces nouveaux extraits viennent compléter fort heureusement un document précieux puisqu'il est le seul connu, à ce jour, en francoprovençal.

TABLE DE CONCORDANCE
ENTRE LES PARAGRAPHES DE LA PRÉSENTE ÉDITION
ET LES PAGES ET COLONNES DU MANUSCRIT.

P. 1, colonne de gauche : du § 1 au § 9.
P. 1, colonne de droite : du § 10 au § 21.
P. 3, colonne de gauche : du § 22 au § 27.
P. 3, colonne de droite : du § 28 au § 33.
P. 4, colonne de gauche : du § 34 au § 40.
P. 4, colonne de droite : du § 41 au § 43.
P. 5, colonne de gauche : du § 44 au § 47.
P. 5, colonne de droite : du § 48 au § 51.
P. 6, colonne de gauche : du § 52 au § 56.
P. 6, colonne de droite : du § 57 au § 59.
P. 7, colonne de gauche : fragments A.
P. 9, colonne de gauche : du § 60 au § 62.
P. 9, colonne de droite : du § 63 au § 69.
P. 10, colonne de gauche : du § 70 au § 71.
P. 10, colonne de droite : du § 72 au § 74.
P. 11, colonne de gauche : fragments B.
P. 11, colonne de droite : du § 75 au § 78.
P. 12, colonne de gauche : § 79.
P. 12, colonne de droite : fragments C.
P. 13, colonne de gauche : du § 80 au § 82.
P. 14, colonne de droite : du § 83 au § 85.

TABLE DE CONCORDANCE
ENTRE DIVERS PARAGRAPHES DU MANUSCRIT.

Notre manuscrit se présente en doubles colonnes ; nous avons toujours transcrit la colonne de droite à la suite de la colonne de gauche, mais comme il arrive que les articles de la colonne de droite complètent les articles de la colonne de gauche, nous donnons ici la table de concordance de ces articles :

art. 22	complété par	art. 28
art. 23	—	art. 29
art. 24	—	art. 30
art. 25	—	art. 31
art. 26	—	art. 32
art. 27	—	art. 33
art. 36	—	art. 41
art. 38	—	art. 42
art. 39	—	art. 43
art. 44	—	art. 48
art. 45	—	art. 50
art. 46 et 47	—	art. 51
art. 52	—	art. 57
art. 53	—	art. 58
art. 56	—	art. 59

TEXTE [1]

[1] Remenbramci seyt a mey Johanym Berguen que ju dey a l'ovrour per gemz a cuy jo devym say en areres, deys que li compagny de mey et de Bernert fut comencia tro lo jor de festa Nostra Dama de setembro m ccc xxij, en set paper premeriment dey...

[2] Item deyt per Berlyon lo maczon de que ly ecrit et avatus say arerz, sus luy, el follet de xj, soma xx s. v.

[3] Item deyt mays per j de Mayzeu qui los devyt per la mollier Berllyon Luquet de Sant Pero de Moyffon de que ly ecriz et avatus say arerz sus Bozonet lo retondour, el follet de xiiij, soma xxviij s. v.

[4] Item deyt mays a l'ovrour per j de Mayzeu qui los devit per Guillermet Guychert de Mayzeu, de que ly ecriz et avatus sus G. Guichert, say arerz en set paper, el follet de lxxvj, soma xxviij s. v.

---

1. Nous avons remplacé les lacunes du texte par des points de suspension (cf. §§ 10, 11, etc.).

[5] Item deyt mays a l'ovrour per Estevenet Cornu [lo] taverner qui los devit say arerz en set paper de que li ecriz et a[va]tus sus luy, el follet de xxvj, soma xxv s. v.

[6] Item deyt mays a l'ouvrour per Estevenet de Champagny paneter qui los devit per drauz say arerz en set paper, el follet de xlij de que ly ecriz et avatus sus luy, soma x lb. et xiiij s. vyan.

[7] Item deyt a l'ovrour per Estevenet Grillet, lo marchiant de verz Ron, per xxv ¹ lb. de fromajos que ju pris ches luy.

[8] Item deyt a l'ovrour per Guychert, lo nevur Martinetan forneri, de que ly ecriz et avatus sus luy say arerz, en set paper, el follet de lxiiij, soma vj s. et vj d.

[9] Item deyt mays a l'ovrour per Johannet, lo [fi]l al Jayre, qui los devyt per drauz, say arerz en set paper, el follet de iiijˣˣ et j, de que ly ecriz et avatus sus luy, soma viiij s. v.

[10] Item [deyt] mays a l'ovrour per Jaquemy[n] del ² :....., lo chapuys, cuy j[u] [l]o [d]ey de que soz ecriz et ...ɟ. en set paper, el follet de iiijˣˣ iij, soma......

[11] Item deyt mays a l'ovrour per Johan de Sant...... de que ly ecriz et avatus sus luy say [arerz] [en] set paper, el follet de iiijˣˣ et xij, s[oma]......

[12] Item deyt m[a]ys a l'ovrour per Johanym, lo pa......de que ly ecriz et avatus sus luy, say ar[erz] [en] set ³ paper, el follet de iiijˣˣ et xiij, som[a]......

[13] Item deyt mays a l'ovrour [per] Johanym..... de que ly ecriz et avatus s[us] luy say ar[erz] [en] set paper, el fo[ll]et de c et v, soma......

[14] Item deyt mays a l'ovrour per Johannetam Pomcet, a...ri de que ly ecriz et......en set paper, el [fo]llet de c et vij....

[15] Item deyt mays per l[o] petit P[e]ro, lo mayzele[r], [de] [que] ly ecriz et avatus sus luy, say arerz, e[n] [set] [paper], el follet de c et xvj, soma.....

1. Il y a un espace assez grand entre xxv et lb., ce qui laisse supposer qu'une partie du chiffre a été effacée.

2. Le bord du papier de la colonne de droite de la page 1 est déchiré, toutes les fins de lignes présentent donc des lacunes.

3. Ms. : sep.

[16] Item deyt mays a l'ovrour per Mosse Guychert de que li ecriz et avatus sus luy, say arerz, e[n set paper], el follet de vj^{xx} et xix, soma.....

[17] Item deyt mays a l'ovrour per Mosse Guyche[rt] de que ly ecriz et avatus sus luy, say ar[erz], [en] [set] [paper], el follet de vij^{xx} et xiiij, soma......

[18] Item deyt mays a l'ovrour per Mosse Johan... de que soz ecriz et avatus sus luy, say ar[erz], [en] [set] paper, el follet de vij^{xx} et xviiij, s[oma]......

[19] Item deyt mays a l'ovrour per Perony[n]......fauros de rua Nova qui los devyan s[ay] [arerz] [en] [set] paper, el follet de viij^{xx} iiij, soma.....

[20] Item deyt mays a l'ovrour per la mollier...... trollour per sont dedo qui et avatus .... en set paper, el follet de vij^{xx}.....

[21] Item deyt j mays a l'ovrour per frar[e]...... de Bellavylla qui per lo romanent de son[t] [dedo] avatus sus luy say avant.... el follet de iij^{xx} ⁱ xij, soma.....

[22] Amdreus Gybelins y Estevena sa molliers de Savygneu deyvont per lo romanent de lur dedo qui et el paper vyeyl pelus, vij lb. et xij s. v., el follet de ix, soma lxij, s. v. qui sont remua sus Amdreu, say arerz en set paper el follet de iij.

[23] Amgnes li flandra de Vinicies et Jaquemez de Vinicies tondire d'utra Sauna, deyvont lxj s. v. bons per lo romanent de lur dedo qui et el paper vyeyl pelus, el follet de x.

Item deyt iij s. v. per lo romanent de dime a. ² de bloy que prit Agnes.

Item deyt mays ix s. v. per ij tierz de bloy de [C]halons qu'illi prit et Jaquemez de Vinicies de que li ecriz et avatus sus Jaquemet de Vinicies, say arerz el follet de iiij^{xx} vj.

Item deyt iiij s. per mession de letres, soma lvij s. v. qui sont remua sus Peronet Raufrey sont maris say arers et en set paper, el follet ³ de ix^{xx} x.

[24] Aymonez li mueta, marchyamz, qui yte davant Sant Nizies deyt

---

1. Le chiffre n'est pas très net.
2. a = aune.
3. Ms. : el follet el follet de xj.

vj lb. *et* xvij s. vj d. v. p*er* sont dedo qui et el paper pelus, el follet de xj, a r. [1] a la sant Michiel.

[25] Aymonez li pechare qui [yt]e verz la Torreta deyt xij s. v. p*er* lo romanent de sont dedo q*u*i et el paper pelus vyel el follet de xj. Paya v s. v. contanz Johanneta sa moll*ier*s la veylli de Chalendes m ccc xxj, soma vij s. v.

Item deyt mays x s. v. p*er* ij *tierz* de bloy de Tornay, p*er* ij chapi-rons a luy y al cimap q*ue* il pritront lo veyndros davant Pente-costes m ccc xxij.

[26] Bernerz de la Guarda domzeus diz de la Bueri, parochins de Polleu en Foreys y Estevenins del Puey citiens de Lyan deyvont xj lb. *et* xiij s. de bons torn. petiz p*er* lur dedo q*u*i et el paper pelus, el follet de xvj a r. a la me ost, letr*a* q*ue* a Vimcemz d'Amsa lo sando apres la Trinita.

[27] Bertholomeus de les Molles nes B*er*nert de les Molles de Balon *et* Bernerz de les Moles soz emolos, borgeys de Montluel deyvont vij lb. *et* iij s. v. p*er* lur dedo q*u*i et el p*a*per vyeyl pelus el follet de xxv.

Item deyt p*er* j d'Ayreu q*u*i lay fut *et* p*er* j romcim ij s. vj d.

[28] P*a*ya l s. v. contanz Estevena lo sando apres la Maudeley[na].

Item xl s. v. pay*a* contanz Amdreus Gybellins, lo marz apres la sant Bertholomeu m ccc xx.

[29] Paya xv s. v. comtanz Agnes li flandra, lo sando davant la sant Michel m ccc xx, soma lij s. v.

Item v s. v. paia contanz Angnes li flandra, lo jor de festa s. Anthoyno.

[30] Paya l s. v. contanz Aymonez li mueta, lo mercros apres la sant Michiel m ccc xx, *per* ij agnex d'or.

Item xxv s. v. paia *contanz* Peronez li mueta sel meymo jor.

Item xxv s. v. paia contanz Aymon[ez] li mueta p*er* j agnel, lo jos apres festa samti Katerina m ccc xx.

Item xxv s. v. paia contanz Aymonez lo sando davant Chal[en]des m ccc xx.

Item xij s. vj d. v. paia contanz lo jos apres la Ch[an]deluza m ccc xx.

[31] Remua sus Aymonet lo pechour el paper novo *ver*meyl, el follet de .... la veylli de la Chandeluza m ccc xxiij.

---

1. a r. doit signifier « à rendre ».

13

[32] Paia vj lb. v s. v. contanz Estevenins del Puey, lo veyndros davant [la] sant Lorent m ccc xx.

Item xxv s. v. paia contanz Estevenins del Puey sel meymo jor.

Item lxx s. v. paia contanz Estevenins lo mercros apres festa Notra Dama de setembro m ccc xx.

Item lxxj s. iij [d.] v. contanz paya contanz Estevenins, lo marz apres la sa[nt] Michiel m ccc xx.

[33] Paya vj lb. et xiij s. v. contanz Guillermyns de les Molles, fiuz Bernert de les Molles, lo jor de festa sant Luc avangelita.

Item xij s. vj d. v. paia contanz Bernerz lo jor de la sant Elayre m ccc xx.

[34] [B]oniffaci d'Ornaceu y Uguonez soz frare et Perros¹ de Vannouri codurerz qui yte en la chapelleri deyvont per lo romanent de lur dedo qui et el paper pelus vyeyl el follet de xxviij, xxv lb. v. bons.

Item deyt per j commandament del conto ij s. vj d. v.

[35] Item deyt Uguonez de Myribel per lo romanent de sont dedo qu'el deyt el paper vyeyl pelus per lo romanent de les robes a soz ecuerz et de cey et de si mollier li quauz et el follet de ixˣˣ et viij, soma x lb. et vj s. et ij s. et vj d. per lo commandamenz. Cit duy dedo sont remua sus Uguonet de Myribel, vij follez say avant.

[36] Uguonez Rypauz, li chamjare d'utra Sauna, deyt per Bernert Durant l'ecuer al seygnour d'Anjo, el paper vyel pelus, el follet de xxix, soma x s. v.

[37] Item deyt per lo romanent de sont dedo qu'el deyt el paper vyeyl pelus, el follet de cc iij, soma xxviiij s. v.

[38] Bernerz de les Molles, borgeys, deyt per sont dedo qu'el deyt el paper vyeyl pelus, el follet de xxx, soma vj lb. v s. e viij d. v.

Item deyt xxiiij s. v. per j a. de quamelim vyolet de Malines que pritront si duy fil, lo marz apres la s. Mychyel m ccc xxj, soma c s. viij d. de romanent.

[39] Bertholomeus de Montex et Jaquemeta sa molliers, ecoffert qui ytont en la poya quant on vayt a Sant Just et Marguarita li cirventa Mosse Girert d'Illins qui yte verz les ecloysons deyvont per lo romanent de lur dedo qui et el paper pelus lonc, el follet de xxx, soma xlviij s. v.

[40] Soma per lo romanent de cet dedo que deyt Bertholomeus de

1. Ms.: Perrros.

Momtex xxviij s. v. qui sont remua sus luy, el paper novo vermeyl, el follet de xij [1].

[41] Paya x s. v. contanz Ugu[onez] Ripauz, lo jos apres l'oytava de la Chandeluza m ccc xx.

[42] Paya xxxix s. v. contanz Johanz Gennerz lo jos davant la Thosanz.

Item x s. v. paia contanz Johanz Bollers de Montluel los jos davant la Cha[n]deluza m ccc xx.

Item c s. viij d. v. paia contanz Bernerz de les Molles, lo jos apres la Thossanz m ccc xxj.

[43] Paya iiij s. v. contanz Marguarita la veylli de la me ost.

Item iiij s. v. paya contanz Marguarita lo jor de la s. Michiel.

Item iiij s. v. paya contanz Marguarita lo veyndros davant festa s. Symon et Juda m ccc xx.

Item iiij s. v. paia contanz Marguarita lo marz apres la s. Andreu.

Item iiij s. v. paia contanz Marguarita lo jos davant la C[ha]ndeluza.

[44] Berauz de la Fontanna chanoynos de [Sa]nt Joh[an] qui fut fiuz [R]eynaldet de la Fontanna et Guycherdez de la Plateri deyvont xij lb. et iiij s. v. per lo romanent de sont dedo qui et el paper pelus, el follet de xxxj, a r. a la Thossanz.

Item ...... xviij d. per l'ecritura de la letra de set dedo.

Item deyvont xix ...... bons per dime a. de pers emcro et per dime a. de quamelim d'Aubenton [que] prit soz frare et Guycherz de la Plateri lo jos davant la [sant] Amdreu m ccc xx, soma xiij lb. et iiij s. vj d. v.

Item dey[vont]... xviij s. v. per dime a. de say guandia [2] et per dime a. de .... que pritront soz frare e G. de la Plateri lo veyndros apres la [3] Maudeleyna m ccc xxj, soma xiij lb. ij s. vj d. v. qui sont remua say arerz.....

...... l'epicerz qui yte de soz Mosse Amsel[me] de Durchi ..... s. v. per lo d[edo] qui et el paper pelus vyeyl, el follet de xxxj.

[45] Cornus li tavernerz qui vent los vins a mayzon, deyt per lo romanent de sont dedo qui et el paper pelus vyeyl, el [fo]llet de xxxiij, soma iiij s. v.

1. Ce dernier paragraphe est écrit sur toute la largeur de la page.
2. On pourrait à la rigueur lire guanteria.
3. Depuis « Maudeleyna » jusqu'à « say arerz » la phrase est écrite sur la colonne de droite.

[D]eyt mays Cornus *per* Uguonet Bont de Culleu qui los .... paper, el follet de cc et xviij.

[46] [D]ama Marguarita, dama de Montluel *et* de Colonpnya *et* J[ocer]amz de Loyetes, citiens de Lyan, deyvont xliiij lb. *et* v s. vj d. *per* lo romanent de lur dedo q*ui* et el paper pelus vyeyl, el follet de xl. It*em* deyt Joceranz de Loyetes qu'el repondit *per* Peron Corteys qui los devit say [a]rer[z], el follet de viij*xx* vj, soma viij lb. v. Soma *per* .... dama deMontluel lij lb. v s. vj d.

[47] It*em* deyt Joceramz de Loyetes lvij s. v. *per* j a. dime de reya de ......a fayt males cotes li sire de Montluel *et* per j a. dime de tagne *per* la mala cota p*art*ia Peronyn de Vyllurbanna q*u'el* prit lo jor de festa s. Denys. Cez dedos et remuas sus luy el paper ¹ .... pelus.

[48] .... cet paper el follet de vij*xx* vj, remua sus Mosse Beraut de [la] Fontanna, say ar*er*z en set paper, el follet de viij*xx* vj. R ².

[49] Paya vij s. v. contanz B*er*nerz la veylli d'anua m ccc et xx e ju li rendis sont madre.

[50] Paya xxj s. iij d. v. contanz Cornus lo marz del seyno de la Thossanz m ccc xx *per* j flor. d'or de Floremci.

It*em* iij s. viiij d. v. paia ³ contanz Cornus la veylli de la Thossanz *et* czo fut *per* Uguonet lo guout de Culleu.

[51] Paya x lb. *et* xvj s. v. contanz Joceramz de Loyetes, lo luns ap*res* l'oytava de la sant Bertholomeu m ccc xx.

It*em* x lb. v. paya contanz Joceramz de Loyetes, lo mercros ap*res* festa Notra Dama de setembro.

It*em* xiij lb. v. paia contanz Joceramz de Loyetes lo luns apres f[e]sta sant Matheu de setembro m ccc xx.

It*em* x lb. v. paya contanz Joceranz de Loyetes *per* madama lo marz apres la sant Amdreu m ccc xx.

It*em* xxiiij s. viij d. ⁴ v. paya los quauz ju li devyn en sont *contio* de lay.

It*em* xl s. vj d. paya Estevenez de Meunay *per* luy sel meymo jor.

---

1. Le mot précédent « pelus » est très effacé, on peut vraisemblablement sous-entendre « vyeyl ».

2. R doit être pour « recet », voir § 74.

3. Ms. : paya paya contanz.

4. Ms. : xxiiij s. viij s. v.

Item c *et* iiij s. *et* iiij d. v. paya contanz Joceranz de Loyetes lo luns davant Chalend[es] m ccc xx.

Soma p*er* los paymenz q*ue* a fa[it] Joceranz de Loyetes ...... ¹.

[52] Martina qui fut moll*ier*s Peronet Lyatout *et* Johanz Lyatouz soz frare de Montluel deyvont viiij lb. vij s. v. *per* lo romanent de lur dedo q*u*'il devyant el paper pelus vyeyl, el follet de lix, soma viij lb. v. qui sont remues sus Johan Lyatout, say ar*er*s en set pap*er*, el follet de c *et* j. R.

[53] Mosse Peros de Salins, chap*ellan* de Sant Nizies deyt xxj s. iij d. v. *per* lo romanent de sont dedo qui et el paper pelus vyeyl, el *follet* de lx*i*ij, los quauz a repondu de p*a*yer maytre Johanz de Gamges.

[54] Phelippos de Sant Peros, codurerz, q*u*i yte el mayzel deyt viij s. v. *per* lo romanent de sont dedo qui et el paper pelus vyeyl, el follet de lxv.

[55] It*em* deyt *per* Guillermetan, la cerour Guyonet Bo de Janayria *per* lo romanent de sont dedo q*u*'illi deyt el paper vyeyl pelus, el follet de iiij˟˟ iiij, soma xv s. viij d. v. Guajo j* guarlanda.

[56] Frare Uguos Daneres, comunerz de l'Ila, deyt *per* sont premer dedo qui et el paper vyeyl pelus, el follet de lxv, soma xxviij s. iij d. v.

It*em* deyt vj s. v. *per* dime a. de blanc de Sant Denys q*u*'el prit lo jos davant la sant Amdreu m ccc xx. Guajo j flo[r]in d'or qui et croys.

It*em* deyt frare Uguos xj s. v. *per* ij letres de dedo *et per* ix letres de *con*jungimenz.

It*em* deyt *per* sont segont dedo qui et el paper pelus vyeyl, el follet de lxvij, soma lxx s. v.

It*em* deyt el *et* frare Guillermos ² Daneres, soz frare, priorz de Vylleta soz Chatillon, xliij s. v. *per* lo *romanent* de lur dedo q*u*i et el paper pelus vyeyl, el follet de lxviij.

Soma vij lb. xiiij s. v.

[57] Paya xxvij s. v. contanz Matheus Lyatouz frare de Peronet ...... apres la Chamdeluza m ccc xx.

[58] Paya xxj s. iij d. v. contanz maytre Johanz de Guamges .... davant la Tossanz m ccc xx.

---

1. La dernière ligne tout entière est effacée.
2. Ms. : Guill*er*mos Grillermos Daneres.

[59] Paya vj s. v. contanz frare Uguos Daneres sel meymo j[or] e ju li rendis sont flor*in*.

Item iiij lb. iiij s. v. paya contanz frare Uguos Daner[es], lo luns davant la sant Elayre m ccc xx.

Item lxx s. v. paya contanz frare Uguos Daneres, lo [san]do apres la Chamdeluza m ccc xx.

[60] Item xvj s. v. paia contant Johanz Yzeus, lo veyndros [apre]s festa d .... ruys de may soma xxx s. v. q*u*i sont remua sus .... el pap[er] *vermeyl* el follet de vj^{xx} xij ¹.

Johanz Yzeus, clers de la parochy d'Albrella deyt xliiij s. v. *per* lo romanent de vj a. de quamelim de Malines, a rayzon de xxiiij s. v. l'a. a r. a Pemtecostes, *primc*ipauz payares n'et frare Johanz de Framchelens ..... de czo ay letra que recit Amthoynos Fencheons ly .... lo veyndros apres la Thossamz m ccc et xxij.

Item deyt mays vj lb. v. *per* vj a. de quamelim de Malines qu'el prit sel meymo jor, soma viij lb. iiij s. v. a r. la meytia [a qu]areymentrant lo vyeyl *et* l'atra meytia a Pentecostes, *letra* de rey *et* de l'official que recit Johanz de Macon sel [m]eymo jor de sus.

Item deyt mays lxxij s. v. per.ij a. de bergereta de Sant Denys *per* lo corset a sa filli *et per* iij a. de maubre d'Uy *per* lo corset a sa sirventa q*u*'el prit lo mercros apres quareymentrant lo vyel m ccc xxij, soma *per* tot xj lb. xvj s. v. bons.

Paya iiij lb. v. comtanz Guiller*myms* de Mulims e Mosse Matheus de Stalaru, lo jor de festa Nostra Dama de marz m ccc xxiij, soma vij lb. xvj s. v.

Item iiij lb. v. *con*tant Joha*mz* Yzeus, lo mercros apres festa sant Jorjo m ccc *et* xxiij, soma lxxvj s. v. a r. a la sant Michiel.

Paia xxx s. v. contant Martims ly arbalethierz, lo jor de festa sant Jorjo m ccc xxiiij y el deyt payer atros xxx s. v. am semannes de Paq*ue*s.

[61] Johanz de Miribel, futherz de rua Nova, deyt c *et* vij s. vj d. v. *per* vij a. e i quart de quamelim d'Uy *per* sont ciricot *et per* celuy si mollier *et per* dime a. de blanc qu'el prit lo veyndros davant la Thossanz m ccc xxij.

Paya iiij lb. vj s. viij d. v. comtant Johannez Miribex, lo jos apres festa s. Barnabe m ccc xxiij.

---

1. Cette phrase semble avoir été ajoutée après coup dans l'espace libre au sommet de la page.

Item deyt mays Johannez Miribex xlix s. vj d. v. per iij a. j quart menz de pers de Sanz, xviij s. v. l'a., per sa guanachi qu'el prit la veylli de la s. Johan m ccc xxiij, soma lxx s. iiij d. v. qui sont remua el paper novo verme[y]l, el follet de iiij^{xx} iij.

[62] Jennerz de Colomber deyt xlij s. v. per ij ¹ a. dime de flur de peys de Sanz qu'el prit lo veyndros davant festa sant Thomas l'apostro m ccc xxij, Bozonez l'a a r. a me quareyma, primcipauz ly panczua de ceta vylla.

Item deyt vij s. v. per dime a. de jauno qu'el prit lo veyndros davant Chalendes, soma xlviiij s. v.

Paya xlij s. v. comtanz li pansua lo sando davant la Maudeleyna m ccc xxiij.

Item vij s. v. n'a meys a sont contio...... qui sont meys en sont contio say avant en set paper, el follet de xj^{xx} ².

[63] Johannez Geneveys, ecofferz qui y[te] [ut]ra la ruyzeta d[eyt] viij lb. et ... s. ij d. v. per vj a. et dime de vert erbus de Lovaymg per la roba si moll*er* qu'el prit lo veyndros apres la Thossanz m ccc xxij.

Item deyt xxxvj s. v. per iij a. de tramarim de Sanz per sont guonel qu'el prit sel meymo jor, soma viiij lb. xviij s. vj d. v. Paya xxxviij s. vj d. v. contanz que ju recevys.

[64] Item deyt Mayet xxv s. v. per j a. de sel meymo vert qu'el prit lo veymdros apres la sant Martim m ccc xxij, soma viiij lb. v s. v.

Item deyt mays viiij s. .... pers vert emcro de Sanz qu'el prit per ses chauces lo mercros davant la Maudeleyna m ccc xxiij.

[65] Item lx s. v. paya contanz Johannez Geneveys, lo luns davant festa Nostra Dama de setembro m ccc xxij.

Item deyt mays xlviiij s. iiij d. v. per iiij a. et dime de contrafille blanc de Sanz, xj s. v. l'a., per sa mala cota et per celle a sont fil qu'el prit lo mercros apres festa sant Luc avangelita m ccc et xxiij, soma viiij lb. iij s. vj d. v. paya xlviiij s. vj d. v. comtanz Johannez lo luns davant festa santi Katelina m ccc xxij. Paya lx s. v. contanz Johannez Geneveys, lo luns apres l'oytava de la Madeleyna m ... soma lxxiiij, s. v. Paya xl s. v. comtanz Johannez Geneve[ys] .... m ccc xxiij, soma xxxiiij s. qui sont remua..... Joham ....

---

1. On croit pouvoir lire ij, mais le chiffre est très effacé.
2. La première ligne de cette colonne est illisible.

[66] Johan Matheu de Brignayes, Amdrevez li geneveys, futerz de rua Nova, deyvont viiij lb. v. [bo]ns *per* iiij an*n*es d'uerjo compranz *et* vendamz a rayzon de vij s. ... j ¹ d. v. lo bichet a r. a la sant Michiel, de czo ay letra [que] r[eci]t Anthoynos Fencheons, lo jos davant me quareyma m ccc *et* xx...

[67] [P]aya xl s. v. contanz Johanneta Matheva la semana dava*nt* Chale[ndes] m ccc xxiij.

Item xl s. v. p*a*ia conta*n*z Johanneta lo sando apres [la] sant Elayre m ccc xxiij; soma c s. v. que a repondu [p]ayer Mosse Peros deuz Louz.

Item lx s. v. pa[y]a contant Mosse [Peros] [deuz] Louz sel [meymo] jor de sus, soma x s. v.

[68] *Item* .... s. v. [paya] [con]tant Mosse Umberz de la Buyceri, chapella*n* de Sant Nizies, lo jor......ant Blayvo m ccc *et* xxiij.

[69] Johanz de.. ..... li pechare deyt v̈iij s. v. *per* dime a. de p*er*s de Montch[ant] *per* ses chauc*es* q*u*'el prit lo luns de Rueysons m ccc *et* xxiij.

Item deyt ... s. v. *per* j t*ier*z de byffa de Provyms q*u*'il prit, paya v s. v. .....

Deyt xxx s. v. *per* lo ro*m*anent de vj a. de biffa de Provyms q*u*'el prit lo jor festa sant Nicolas m ccc xxiij, s*o*ma xxxviij s. v. bons.

Paya xxx... contant Johanneta sa mo*l*l*iers* la [vey]ll[i] [de] Ranpauz.

Paya .... s. v. contant Johanneta sa molli*er*s, lo marz sanz m ccc ....

[70] Johannez Barez de .... nez *et* ly guan.... ....deyvont iiij lb. v s. v. bons *per* v a. de p*er*s azurim de Sanz, xvij s. v. l'a.

Item deyvo*nt* mays liiij s. v. bons *per* iij a. de bruneta paunesci de Sanz q*u*'il duy pritront si fil, lo mercros apres l'oytava de Chalendes m ccc xxij, soma vij lb. xij d. m*en*z. Paya vij lb. xij d. menz comtant Johannez Barez, soz frare, lo jos davant me quarema m ccc xxij.

[71] Johanyms ly epicerz qui y̆te sus lo pont deyt xviij lb. x s. v. *per* v a. *et* dime d'acole de Malines, xxviij s. v. l'a., *per* sa roba *et* *per* vj a. de tagne de Sanz, xiiij s. v. l'a., *per* la roba curta si mollier *et* *per* vj a. de reya vermeyl de Guam, xxij s. v. l'a., *per* la roba a Est[evenin] sont .... que p*r*it Johanyms .... m ccc xxij.

Bozonez l'a paya xlvj ² s. ....d. v. *per* lo romanent de les *parties* qu*e*

---

1. Le nombre de deniers ne peut être lu en entier, par suite d'une déchirure du papier.
2. Le chiffre est bien xlvj, mais on trouve écrit plus loin, en lettres, 47 sous et 7 d.

ju li devym en sont hovrour [quant] ¹ lay avyt preys per ma maladi, los quauz quarant et set souz et set d. ju ay meys a mont contio en czo que ju deyt a l'ovrour.

Item xv lb. v. paya comtanz Johanyns ly epicerz sel meymo jor, soma xxiij s. v.

Item deyt mays c et x s. vj d. v. per x [a.] et dime d'emplugme de Sanz, xj s. v. l'a., qu'el prit lo jor de la sant Amdreu m ccc xx. Paya c x s. v. comtanz Johanyms sel meymo jor, s[om]a xxiij s. vj d. v.

Item [deyt] [m]ays Joha[nyns] .... v. per j a. de quamelin d'Uy per ses chauces et per .... nym sont nevur qu'el prit lo mercros apres la Maud[eleyna] m ccc xxiij.

Item deyt iiij lb. v. per iij a. dime de quamelim de Brucella per sont guardacorz et per ses chauces, lo mercros davant la sant Martim m ccc xxiij.

Item iij s. v. paia comtant Johanyms, la veylli de festa ² .... Thomas l'apostre m ccc xxiij, soma iiij lb. vij s. v. ju li dey a l'ovrour per mey et per Katelinam mi serour ³.

[72] ...amellos de Sant Bel y Uguonez Sarazims de cel meymo l[ua] deyvont ij s. v. bons per ij a. de pers de Troyes a. r. a Pentecostes qu'il duy pritront lo marz davant la sant Martim m ccc xxij.

Item deyt iij s. v. per .... letres de conjungimenz qui nos rematront. Item ay meys cet dedo en czo que ju dey a l'ovrour, el quer pelus.

[73] Johannez ly otos qui yte v[e]rz Sant Vymcent deyt xxvij s. vj d. v. per ij a. et dime de chemcemci de Sanz, xj s. v. l'a., per cota si mollier qu'el prit lo jor de la sant Elayre m ccc xxij.

Item deyt mays xvj s. vj d. v. per j a. dime d'emplugme de Sanz qu'el prit lo jor de festa s. Luc avangelita m ccc xxiij.

Paya xxx s. v. comtanz Johannez li otos, la veylli de la sant Martim m ccc xxiij.

Item xiiij s. v. paia comtant Johannez ly otos, l'endeman de la sant Martim m ccc xxiij.

[74] Johannez fiuz a la Qualabra de Dissines et Johanz Qu[a]labra soz pare et Johanz fiuz Martim Sibua de Dissines deyvont vj lb. vj s. v. per vij a. de pers de Montchant, xvj s. v. l'a. et per iij quart de bruneta de

---

1. Ms. : qō; le sens demande « quant ».
2. Ms. : de festa de festa.
3. Ms. : misserour.

21

Sanz a rayzon de xiiij s. v. los iij quarz a r. a la sant Julim, de czo aven letra que recit Johanz de Macon, lo jor de la sant Elayre m ccc xxij.

Paya iiij lb. v. comtanz Estevena li molliers Johan Sibua de Disines, lo jos apres la s. Michiel m ccc xxiij.

Item deyt ij s. viij d. v. per la mession de ... cunjungiment, soma....

Paya xxiiij s. v. contanz Estevena molliers Johan Sybua, lo jor de festa Nostra Dama de marz m ccc xxij, soma xxiiij s. viij d.

Paya xiiij s. v. bons Johanez fius Martin Sibua, lo sando davant la Tossans m ccc xxv, souma x s. viij d. v. recet.

Item x s. v. paya comtanz Johannez, sel meymo jor, soma viij d.

Paya viij d. v. comtamz Johannez Sibua, sel meymo jor y el en portiet v letres de cunjungimenz et la letra del dedo que monte la mession vij s. v. qu'el a paya, del fim de czo ly ay ju dona l'aucion de xxxij s. v. ota lo chanjo deuz xiiij s. v.

[75] Johamz Pros de Montaymgne deyt lx s. v. per iij a. de pers emcro d'Envrours et per dime a. de pers de Sanz, a r. a l'oytava de Paques, de czo ay letra que recit Amthoynos Fencheons, lo sando davant Chalendes m ccc xxij. Paya lx s. v. contant Johanz Prot, lo mercros davant Rueyssons m ccc et xxiiij e ju me tigno per payes de luy tro a cel jor.

[76] Johannez fiuz Guillermo de Sella Nova de Saycel deyt iiij lb. et x s. v. per iij a. et j tierz de quamelim de Brucella, a r. a quareymentrant, principal payhour sont Johanz de Bonayre y Umbert de Viniceu, codurerz de Saycel, letra que recit li clers Vimcemt d'Amsa, lo mercros davant Chalendes m ccc xxij. Paya iiij lb. x s. v. contanz Peros de Chaleya et Johanz Blans, clerc procurour, lo sando sanz m ccc xxiij et ju lur rendis la letra de cet dedo.

[77] Johannez Guatez li drapierz deyt xij gros per iij quarz de quamelim de Lovaymg qu'el prit lo jos davant Chalemdes m ccc xxij.

Item deyt mays lx s. v. per iiij a. j quart menz de bruneta ney[ra] [de] Ponthoyze, xvj s. v. per sont guardacorz qu'el prit la dyomeyni davant la Maudeleyna m ccc xxiij, soma iiij lb. v.

Item deyt mays Johannez Guatez lx s. v. pretas que li portiet li mota de ches euz, la veylli de la me ost m ccc xxiij, soma vij lb. v. Paya lx s. v. contant J. Guatez, lo jor de la me ost.

[78] Johannez Beczons mos hottos deyt vj lb. xv s. v. bons per iiij a. dime [de] pers azur de Sanz xx s. v. l'a per lo corset a si mollier et per

iij a. de [qua]melim d'Uy *per* la cota de si mol*lier* q*u'el* p*r*it lo mercros davant Rampauz m ccc xxij. Paya xlv s. v. comtanz sel meymo jor, soma iiij lb. x s. v. It*em* iiij lb. x s. v. paya contanz Johanz Beczons, lo luns apres la sant Vi*n*cent m ccc *et* xxiij.

[79] Terczolez qui fut fiuz Jacer .... omzel ....de Chamdeu deyt vj lb. ... s. v. *per* v a. dim*e* de quamelin vermeyllet d'Aubenton, xiiij s. v. l'a. *per* la roba de sont fraro lo clerc *et* *per* iij a. e j *tierz* de degniza de Sant Denis, xvj s. v. l'a. *per* sa malacota qu'el p*r*it lo jor de les Merevylles, de q*ue* ju ay letra vyeylli qui et de xliij lb. xvj s. v. a r. a la me ost m ccc xx y el deyt el paper pelus.

Item deyt xj s. v. *per* j *tierz* de p*er*s emcro de Chalons e *per* j *tierz* de quamelin d'Uy *per* les chauces a Lidon y a si mol*lier* q*ue* prit Johannez de Mayzeu, lo marz dava*n*t la sant Lorent m ccc xx.

Item d*e*yt Terczolez viiij s. v. bons *per* dime a. de tagne encro de Ponthoyze *per* ses chauces que prit Johannez de Mayzeu, lo marz apres la s*an*t Bertholomeu m ccc xx.

Item deyt Terczolez xxij s. v. bons *per* j a. de quamelim vermeyllet de Malines *per* ses chauces *et* *per* celles q*u'el* donet Jocerant de la Ryguauderi, lo marz davant la Maudeleyna m ccc *et* xx.

Item deyt Terczolez xxiij s. v. *per* lo romanent de ij a. e j bezeync de chaqua de Langny, xj s. v. l'a. *et* *per* lo romanent de ij a. de byffa de Provyns *per* sa clochi forra q*u'el* prit lo jor de les Merevylles m ccc xx, soma viiij lb. xv s. v.

Item deyt mays xv lb. xv s. viij d. *per* lo romanent de sont dedo qui et avatus sus sont paro, say arerz en set paper el follet de iiij^{xx} v.

Item deyt xxx s. v. *per* la messi*o*n de la letra del dedo *et* *per* x payri de letres de cunju*n*gimenz *et* *per* lo comandament de la cort secular.

Item deyt vj s. vj d. que ju li p*re*tay *per* la solicion de J. Cerlon *et* de Terczolet, soma xxvij lb. vij s. ij d. qui sont remues say arerz en set paper sus Johanyn C*er*lont, el follet de iiij^{xx} vj.

[80] Peronez Jolys de .... deyt vj ... v. les quauz el a repomdu de payer *per* dama Byatrysa de Marzeu q*ui* fut mol*lier*s Uguonym de Gleteyms, les quauz ylli devit *per* Pomcet de Rochitayllia mari de sa filli, a r. lo jos ap*re*s l'oytava de la sant Julym m ccc xxiij *et* czo repomdit lo jos apres la sant Bertholomeu m ccc xxiij, primcipauz payeris et Aymgnes q*ui* fut mol*lier*s Estevent de Chalamont.

Paya l s. v. comtanz Peronez Jolis, lo veyndros apres festa[1] Nostra Dama de setembro m ccc xxiij, soma lxx s. v.

Item xxx s. v. paya contant Peronez Jolis, lo veyndros apres la sant Michiel m ccc xxiij.

Item xl s. v. bons paya comtant Peronez Jolis, lo veyndros davant Chalendes m ccc xxiij.

[81] Peronez cellarerz de Marcylleu las Chazey et Johannez Guatez deyvont iiij lb. R.

[82] Peronyms li clerz de Sant Bel deyt iiij lb. xvj s. v. bons per vj a. de biffa maubrea vert de Provyns xvj s. v. l'a. per la roba a Guillermet Fuchier, a r. a la quimzeyna de Paques, de czo ay letra que recit Johanz de Macon, lo jos apres la sant Martim m ccc et xxiij. Paya iiij lb. xvj s. v. comtant Peronyns li clerz, lo veyndros davant Pentecostes m ccc xxiiij.

[83] Peronez de Ruaffola qui et frare maytre Johan de [Mont]luel[2] et Yzabex sa molliers de Montluel deyvont xv lb. v. per vj a. de quamelim vermeyl guota de neyr de Bru ......, l s. v. l'a. per la roba de sa filli et per vj a. de quamelim vert [de] [Pr]ovyms xvj s. viij d. v. l'a., per la ceġunda roba de sa filli et per ...... de quamelim vermeyl de Malines xxv s. v. l'a. per iiij payri de [chau]ces et per v a. et dime de dore de Sanz x s. v. l'a. per fayre cu .... qu'illi prit et Bertez Boyssons et Bertholomeus de Moram, lo marz apres la sant Martim m ccc xxiij, Bozonez la .... [q]uareymentrant lo vyeyl, de czo ay letra qui et el non de ..... ęllan si mollier que recit Johanz de Macon lo sel meymo jor.

Item deyvont mays xx s. v. per ij a. deu dore de Sanz que prit [Pheli]ppos de Sanz Pero lo veyndros apres festa Nostra Dama d'Avenz m ccc xxiij, paya xx s. v. contanz Phelipos, lo mercros [apre]s Chalendes, paya xxv lb. v s. v. la veylli de la Chandeluza [m ccc] xxiij.

[84] [Pero]nez del viver d'Ullyms deyt xviij s. v. per j a. de pers de Sanz qu'el prit [lo] [j]os apres la Thossanz m ccc xxiij, paya xviij s. v. contamz Peronez [del] viver, lo luns apres la sant Amdreu m ccc xxiiij.

[85] [Per]os Archymbauz de la parochy de Sant Bel deyt xiiij [s.] v. per j a. de byffa de Provyns qu'el prit lo jos sanz m ccc [xx] ij, a r. a Pentecostes, paya xiiij s. v. comtant Peros [Arc]himbauz, lo mercros davant la Chandeluza m ccc et [xx]ij.

---

1. Ms. : apres festa Nostra Dama apres festa Nostra Dama.
2. Montluel répété au début de la ligne suivante.

FRAGMENTS

Trois pages du manuscrit ont été très endommagées et sont réduites à quelques fragments (A, B, C) que nous donnons en appendice. Le fragment A présente les débuts de lignes de la colonne de gauche (p. 7). Le fragment B présente les fins de lignes de la colonne de gauche (p. 11). Le fragment C présente les débuts de lignes de la colonne de droite (p. 12).

FRAGMENT A.

Peros de ...... falcon ...
a de bl ... et de ...
cros apres la san ...
no les a. Item deyt mays ...
iiij a. de degniza de sant De ...
... aro et per j. a. de pers de ...
fraro lo moyno y a sont paro ...
Johanz de Macon lo sand[o] apres l ...
lb. xiij s. vj d. v. y el de m ...
remua sus luy et sa ...
meyl el follet de iiij*xxiij* ...
Peros Corjons y Hugos ...

lxxvj s. vj d. v. per iiij ...
qu'il pritront per coyr ...
chapiron a Uguon lo luns ...
et xxiij a r. a la Thossanz ...
Peros Corjons lo mercr[os] ...
m ccc xxiij. Item deyvont iij ...
de dore de Brucella per ij ...
chauces a una fenna que pr ...
la sant Vincent m ccc xx ...
contant Uguonez Corjons lo ...
may m ccc xx iiij. Soma xxj s. ...
Uguos Corjons l'oytava de ...

FRAGMENT B.

...... marz da
.... paya iij s. iiij.

.... deyt vij lb.
.... xxiiij s. v.
.... rz Barauz
.... cc xxij cez
.... el follet de

.... eygnour l aba de sa
.... rs de Stornay per chapi
.... ant festa de sant Tho
.... d. v. contant. Item

.... l'endeman de la

.... guatet et remuas
.... erz sant Jorjo
.... [m]aubre de Guam
.... lo jos apres me
.... lx s. v. per
.... roba de sa filli. Item
.... de reya de Ypra
.... samti Katelina
.... paya vj lb.
.... xviij s.

FRAGMENT C.

Amthoynos de Genas...
lo ....
Genas lo veyndr[os] ...
soma iij s. viiij d. ...
set dedo *et* per uns ...
paia vj s. v. contan ...

Thomas Blans qui ...
I quart de reya ...
apres festa s. Deny[s] ...

v. comtanz Peron ...
festa Nostra Dama ...

..... li nauc ...
los quauz el m'a r...
los me devit *per* lo romanent ...
Brucella *et* lo dit ...
Jorjo m ccc xxij pa ...
clers de Montluel ...
ccc xxij

GLOSSAIRE [1]

a 1, 4, 5, 6, 7, 8, 9, 10, 11... *à, préposition, marquant dans ce texte : l'attribution (ex.* ju dey a l'ovrour 1), *le lieu (ex.* quant on vayt a Sant Just 39), *le moment (ex.* a la Sant Michiel 34), *l'appartenance (ex.* lo corset a sa filli 60).

acole (de Malines) 71, *drap à raies doubles très rapprochées.*

agnel (d'or) 30, *monnaie d'or dont le type était un agneau pascal, rég. sg* ; agnex 30, *rég. pl.*

al 9, 25, 36, *au, art. contracté avec la préposition à marquant un rapport de parenté ou de possession.*

am 60, *voir* en.

annes 66, *dnées.*

anua 49, *voir dans du Cange* annua « *expletio anni* ». *Dans le Livre de Recettes du péage de Rochetaillée* annua (*dans la phrase :* lo jos en que fut annua) *se place la semaine après Noël et correspond à notre jour de l'an.*

apostro 62, apostre 71, *apôtre.*

apres 26, 28, 30, 32, 38, 41, 43..., *après.*

arbalethierz 60, *arbalétrier.*

areres, *voir* say en areres.

arerz, *voir* say arerz.

atros 60, *autres, masc., rég. pl.* ; autra 60, *fém. rég. sg.*

aucion 74, *voir* Godefroy VIII, 236 auction, *augmentation.*

avangelita 33, 65, 73, *évangéliste.*

avant, *voir* say avant.

Avenz 83, *Avent.*

et avatus 2, 3, 4, 5, 6, 8... *Cette forme qui apparaît le plus souvent dans l'expression* de que ly ecriz et avatus, *est la 3e pers. du sg. de l'indicatif présent passif de* avatre, *ancienne forme frpr. pour* abattre (*voir Comptes consulaires de Grenoble de* Devaux *et* Ronjat *p.* 160). *Nous pensons pouvoir traduire par : est porté.*

ay 60, 66, 75, 79, 82, 83 (*et comme auxiliaire* 71, 72, 74), ai ; a 26, 52 (*et comme*

1. Les significations des noms de vêtements ont été empruntées à Enlart, *Le Costume* in *Manuel d'archéologie française*, Auguste Picard, éditeur, Paris, 1916.

Les significations des noms de tissus ont été empruntées à Kurt Zangger, *Contribution à la terminologie des tissus en ancien français.*

auxiliaire 47, 51, 62) *a* ; *aven* 74, (*j'*) *avais* ; *avyt* (*comme auxiliaire* 71), *avait*.

azur 78, *couleur d'azur, bleu clair*.

azurim 70, *couleur d'azur*.

bergereta 60, *nom d'étoffe*.

bezeync 79, *semble une division de l'aune*.

bichet 66, *bichet, mesure de capacité pour les grains*.

blanc 56, 61, *étoffe n'ayant reçu aucune teinture*.

blanc 65, *blanc* (*adj.*).

bloy (de Chalons) 23, ... (de Tornay) 25, *étoffe de couleur bleue*.

bons 23, 26, 44, 60, 66, 69..., *bons*.

borgeys 27, 38, *bourgeois*.

bruneta (paunesci) 70, ... (de Sanz) 74, ... (neyra) 77, *brunette, drap fin qui tire son nom de sa teinte voisine du noir*.

byffa (de Provyns) 69, 79, 85, biffa 82, *drap léger d'un tissu peu serré, souvent rayé en travers. Voir cependant* biffa maubrea 82, *c'est-à-dire marbrée*.

cel, *voir* sel.

cegunda 83, *voir* segont.

cellarerz 81, *cellérier, religieux préposé aux provisions*.

celle 65, *celle, rég. sg.* ; celles 79, *rég. pl.*

celuy 61, *celui*.

cerour 55, serour 71, *sœur*.

ceta 62, *cette*.

cey 35, *soi, dans l'expression* les robes a soz ecuerz et de cey, *les robes de ses écuyers et la sienne*.

cez 47, *ce, masc. suj. sg.* ; set 1, 4, 5, 6, 8, 9, 10, 11..., cet 40, 48, 72. 76. *rég. sg.* ; cit 35, *ces, suj. pl.*

chamjare 35, *changeur*.

chanjo 74, *change*.

chanoynos 45, *chanoine*.

chapellan 53, 68, *prêtre chargé d'une paroisse*.

chapelleri 34, *chapellerie*.

chapirons 25, *chaperons* ; chapiron A.

chapuys 10, *charpentier*.

chaqua (de Laugny) 79, *échiqueté, drap à carreaux*.

chauces 64, 69, 71, 79, 83, A *chausses*.

chemcemci (de Sanz) 73, *sorte d'étoffe*.

ches 7, 77, *chez*.

cimap 25, ?

ciricot 61, *surcot*.

cirventa 39, sirventa 60, *servante*.

citiens 26, 46, *citoyen*.

clers 60, 76, clerz 82, *clerc, suj. sg.* ; clerc 79, *rég. sg.* ; clerc 76, *suj. pl.*

clochi 79, *cloche, manteau de voyage*.

codurerz 34, 54, 76, *couturier*.

comandament 79, commandament 34 commandamenz 35, *commandement*.

fut comencia 1, *fut commencée*.

compagny 1, *association ; voir de même dans les Livres de comptes des frères Bonis* (p. 2) « el libre pelos de la companhia de mi e de mos conhat ».

compranz 66, *achetant, dans l'expression* compranz et vendanz.

comunerz 56, *communier, personne qui comptait parmi les bourgeois d'une commune*.

conjungimenz 56, 72, cunjungimenz 74, 79 cunjungiment 74, *dans l'expression* : letres de conjungimenz.

contanz 25, 28, 30, 32, 33, 41, 42..., comtanz 29, 60, 62, 65, 73..., contamz 84, contant 60, 67, 68, 69..., comtant 61, 70, 71, 82, *comptant*.

contio 51, 62, 71, *compte*.

conto 34, *comte*.

contrafille 65, *sorte d'étoffe*.

corset 60, 78, *robe longue à manches larges et courtes*.

cort secular 79, *cour laïque, par opposition à la cour de justice de l'official*.

cota 73, 78, *cotte, vêtement porté sur la chemise et sous le surcot, par les deux sexes, à partir de 1200 environ*.

croys 56, *mot connu de l'alyon. au sens de « petit », « de mauvaise qualité ». Il peut s'agir soit d'un florin abîmé, soit d'un florin rogné : un projet d'ordonnance de 1314 mentionne des florins de 72 au marc alors que les florins de Florence étaient de 70 au marc, et un mémoire de 1320 dit* qu'on a introduit en France des florins rognés ou de mauvais poids.

curta 71, *courte*.

cuy 1, 10, *relatif rég. ind. employé après une préposition* (1), *sans préposition* (10).

czo 50, 60, 66, 71, 72, 74... *ce cela, pron. dém. neutre*.

dama 46, 80, *dame*.

davant 24, *devant* ; davant à 25, 29, 30, 32, 42, 43, 44, 51... *marque le temps, avant*.

de 1, 2, 3, 4, 5... *de*.

dedos 47, *dette, suj. sg.* ; dedo 20, 21, 22, 23, 24, 25, 26, 27, 34..., *rég. sg.* ; dedo 35, *suj. pl.*

degniza (de Sant Denis) 79, A, *nom d'étoffe*.

del 34, 50, 85, deu 83, *du, art. contracté avec la préposition de* ; deuz 67, 74, *des*.

dey 1, 10, 71, 72, deyt 71 *(je) dois* ; deyt 24, 25, 36, 37, 38, 40, 53, 60..., *(il) doit* ; deyt 2, 3, 4, 5..., *doit (probablement formule de comptabilité)* ; deyvont 22, 26, 27, 34, 39, 44, 46..., *doivent* ; devym 1, 71, devyn 51, *(je) devais* ; devit 4, 5, 6, 46, 80, C, devyt 3, 9, *devait* ; devyan 19, devyant 52, *devaient. La forme de pl.* devyan à 19 *suppose qu'il y a un autre suj. que* Peronyn.

deys que 1, *depuis que*.

dime 23, 44, 47, 56, 61, 62..., *demi*.

diz (de la Bueri) 26, *dit*.

domzeus 26, *donzeau*.

donet 79, *donna* ; ay dona 74, *ai donné*.

dore (de Sanz) 83, dore (de Brucella) A, *tissu orné d'or*.

drapierz 77, *drapier*.

drauz 6, 9, *draps, étoffes*.

duy 35, 38, 70, 72, *deux*.

dyomeyni 77, *dimanche*.

(les) ecloysons 39, *rempart de Lyon entre la poterle de la Torrete et la porte de la Pescherie, dans le quartier des Terreaux*.

ecofferz 63, *ouvrier en cuir, suj. sg.* ; ecoffert 39, *suj. pl.*

ecritura 44, *acte d'écrire*.

ecriz 3, 4, 5, 6, 8, 9..., ecrit 2, *écrit, dans*

l'expression li ecriz et avatus, *la mention est portée*.

ecuer 36, *écuyer, rég. sg.* ; ecuerz 35, *rég. pl.*

el 35, 37, 38, 46, 47, 56, 60, 61, 62, 63, 64, 65..., il 69, *il, pron. pers. suj. sg.* ; lo 10, le, *rég. sg.* ; li 49, 51, 59, 71, 77, 79, *lui, rég. ind. sg.* ; luy 2, 5, 6, 7, 8, 9..., *rég. ind. sg., après une préposition* ; il 25, 52, 70, 72, *ils, suj. pl.* ; los 3, 4, 5, 6, 9..., les, *rég. pl.* ; lur 76, *leur, rég. ind. pl.* ; eux 77, *eux, rég. ind. pl., après une préposition*.

el 2, 3, 4, 5, 6, 8..., *en le, dans le, au, art. contracté avec la préposition en*.

emcro 44, 64, 75, 79, encro 79, *sombre, foncé, couleur d'encre*.

emolos 27 ?

emplugnie (de Sanz) 71, 73, *sorte d'étoffe*.

en 1, 4, 5, 6, 8, 9, 10..., *en, dans, am 60, en, pendant*.

endeman 73, B, *lendemain*.

epicerz 44, 71, *épicier*.

erbus 63, *couleur d'herbe*.

et 22, 23, 27, 28... *(et comme auxiliaire 2, 3, 4, 5...) est* ; sont 76 *(et comme auxiliaire 22, 23, 35, 40...) sont* ; fut 45, 50, 52, 79, 80 *(et comme auxiliaire 1), fut* ; seyt 1, *soit*.

et 1, 6, 9, 11, 12, 13, 14..., e 75, 79, y *devant voyelle à* 22, 25, 34, 60, 72, 74, 76, 79, *et*.

fauros 19, *forgeron*.

fayre 83, *faire* ; a fayt 47, 51, *a fait*.

fenna A, *femme*.

festa 1, 29, 30, 32, 33, 41, 43, 47, 51..., *fête*.

filli 60, 80, 83, B, *fille*.

fim 74, *fin*.

fiuz 33, 44, 74, 76, 79, fius 74, *fils, suj. sg.* ; fil 9, 65, *rég. sg.* ; fil 38, 70, *suj. pl.*

flandra 23, 29, *terme employé comme surnom*.

florin 56, 59, *florin*.

flur de peys (de Sanz) 62, *tissu de couleur fleur de pois. On trouve de même : « fleur de vece »,* Zangger, *p. 60*.

follet 2, 3, 4, 5, 6, 8, 9... *feuillet rég. sg.* ; follez 35, *rég. pl.*

forneri 8, *fém. de* forner, *fournier, boulanger.*

forra 79, *fourrée.*

frare 34, 44, 52, 56, 59, 60, 70, 83, *frère, suj. sg.* ; frare 21, fraro 79, *rég. sg. Ce terme exprime la parenté à* 21, 34, 44, 52, 56, 70, 79, 83. *C'est un titre donné à un religieux à* 56, 59 (frare Uguos...) *et à* 60.

fromajos 7, *fromages.*

futhers 60, futers 66, *fûtier, artisan travaillant le bois, charpentier, menuisier ou tonnelier.*

gemz 1, *gens.*

geneveys 66, *genevois.*

gros 77, *gros (monnaie).*

guajo 55, 56, *gage.*

guanachi 61, *garnache, vêtement de dessus avec ou sans manches.*

guardacorz 71, 77, *garde-corps, vêtement de dessus qui se portait l'hiver.*

guarlanda 56, *couronne.*

guonel 63, *vêtement de dessus long.*

guota 83, *tacheté. D'après* C. Enlart, *Le costume (p. 7), les draps goutés seraient des étoffes à pois.*

guout 50 ?

illi 55, 83, ylli 80, *elle.*

jauno 62, *tissu de couleur jaune.*

jor 1, 29, 30, 32, 33, 43, 47, 51, 59..., *jour.*

jos 30, 41, 42, 44, 56, 61..., *jeudi,* jos sanz 85, *jeudi saint.*

ju 1, 7, 10, 49, 51, 59, 63, 71, 72, 75, 76, 79, jo 1, *je, pron. pers. suj.* ; me 75, *me pron. pers. rég.* ; mey 1, 71, *pron. pers. rég. accentué employé après une préposition.*

las 81, *près de, à côté de.*

lay 27, 51, 71, *là.*

letra 26, 44, 60, 66, 74..., *lettre, rég. sg.* ; letres 23, 56, 72, 79, lettres 74, *rég. pl. Pour l'expression* lettres de conjungimenz, *voir* conjungimenz ; letres de dedo, *reconnaissance de dette.*

li 5, 16, 23, 25, 36, 45..., ly 2, 3, 4, 6, 8, 9, 11, 12, 13, 14... *le, suj. sg.* ; lo 1, 2, 3, 5, 7, 8, 9, 10..., l'1, 4, 5, 6..., *le, rég. sg.* ; los 45, 51, 74, *les, rég. pl.*

li 1, 23, 24, 29, 39, 74, *la, suj. sg.* ; la 20, 24, 25, 26, 28, 29, 30, 39..., *rég. sg.* ; les 35, 39, 71, *les, rég. pl. Nous considérons que li 24 est bien un article fém. puisqu'il est suivi de* mueta, *terme fém.*

lonc 39, *long.*

lua 72, *lieu.*

luns 51, 59, 65, 69, 78, 84, *lundi.*

lur 22, 23, 26, 27, 34, 39, 46, 52, *leur.*

ly 74, *pronon personnel régime indirect atone de la 3e personne du singulier.*

ma 71, mi 71, *ma, rég. sg. On remarquera que la forme* mi *est suivie d'un nom de personne.*

maczon 2, *maçon,*

madama 51, *madame.*

madre 49, *ce mot semble avoir désigné d'abord une matière précieuse que l'on croit être l'agate onyx ou une imitation de cette matière, secondairement une sorte de vase à boire (voir* Godefroy V, 63). *Il doit s'agir ici d'une coupe qui aurait été donnée en gage.*

mala cota 65, 79, *sorte de jupe, rég. sg.* ; males cotes 47, *rég. pl.*

maladi 71, *maladie.*

marchyamz 24, *marchand, suj. sg.* ; marchiant 7, *rég. sg.*

maris 23, *mari, suj. sg.* ; mari 80, *rég. sg.*

marz 28, 32, 38, 43, 50, 51... *mardi,* marz sanz 69, *mardi saint.*

marz 60, 74, *mars.*

maubre (d'Uy) 60, *drap multicolore dont le dessin affectait la forme des veines du marbre,* maubre (de Guam) B.

maubrea 82, *marbrée (adj.).*

may 60, *mai.*

mays 3, 4, 5, 6, 9, 10, 11..., *encore.*

maytre 53, 58, 83, *maître.*

mayzel 54, *boucherie.*

mayzeler 15, *boucher.*

(a) mayzon 45, *à la maison, chez lui.*

me, mey, *voir* ju.

menz 61, 70, 77, *moins.*

me ost 26, 43, 77, 79, *mi-août.*

me quareyma 62, 66, me quarema 70, *mi-carême.*

mercros 30, 32, 51, 60, 64, 65..., *mercredi.*

message 23, 74, 79, *frais, dépenses.*

meymo 30, 32, 51, 59, 60, 63, 64, 67..., *même.*

ay meys 71, 72, *ai mis* ; a meys 62, *a mis*, sont meys 62, *sont mis.*

meytia 60, *moitié.*

molliers 22, 25, 52, 69, 74, 80, 83, *femme, suj. sg.* ; mollier 3, 20, 35, 61, 63, 71... *rég. sg.*

monte 74, *s'élève.*

mos 78, *mon, suj. sg.* ; mont 71, *rég. sg.*

mosse 16, 17, 18, 48, 53, 68, *monseigneur, monsieur.*

mota 77, *jeune garçon, voir* Puitspelu, *mottet « petit garçon ».*

moyno A, *moine.*

mueta 24, 30, *muette, terme employé comme surnom.*

nes 27, *neveux, suj. sg.* ; nevur 8, 71, *rég. sg.*

neyr 83, *noir* ; neyra 77, *noire.*

non 83, *nom.*

nos 72, *nous, pron. pers. rég.*

novo 31, 40, 61, *neuf.*

official 60, *official.*

on 39, *on.*

or 30, 50, 56, *or.*

otos 72, hottos 78, *aubergiste, hôte.*

ovrour 1, 4, 5, 6, 7, 8, 9..., hovrour 71, *atelier, ouvroir.*

oytava 41, 51, 65, 70, 75, 80, A, *octave.*

panczua, pansua 62, *pansu.*

paneter 6, *boulanger.*

paper 1, 4, 5, 6, 8..., *papier, plus précisément ici, livre,* paper vyeyl pelus *ou* paper pelus 22, 23, 24, 25, 26, 27..., *vieux livre couvert de peau : voir dans les livres de comptes des frères Bonis p. 2, el libre pelos ;* paper novo vermeyl 31, 40, 60, 61, *livre neuf à couverture rouge.*

pare 74, *père, suj. sg.* ; paro 79, *rég. pl.*

parochins 26, *paroissien.*

parochy 60, 85, *paroisse.*

partia 47, *ce qualificatif s'applique à un vêtement divisé verticalement par moitié en deux couleurs de draps.*

parties 71, *parties.*

paunesci 70, *couleur bleu paon.*

payares 60, *payeur, suj. sg.* ; payhour 76, *suj. pl.*

payer 53, 60, 67, *payer* ; a paya 71, *a payé* ; paya 25, 28, 29, 41, 42..., *payé* ; payes 75, *payé, dans l'expr.* ju me tigno per payes.

payeris 80, *payeuse.*

paymenz 51, *paiements.*

payri 79, 83, *paires.*

pechare 25, 69, *pêcheur, suj. sg.* ; pechour 31, *rég. sg.*

pelus 22, 23, 26, 27, 35, 36, 37, 38..., *garni de poils.*

per 1, 2, 3, 4, 5, 6..., *pour.*

pers 44, 61, 64, 69, 70, 72..., *tissu de couleur généralement bleu foncé ou bleu tirant sur le vert. Voir* pers vert emcro 64, pers de Sanz 61, 75, 84, pers de Montchant 74, pers emcro de Chalons 79.

petit 15, *petit, rég. sg.* ; petiz 26, *rég. pl.*

pont 71, *pont.*

portiet 77, *porta,* en portiet 74, *emporta.*

poya 39, *montée, côte.*

premer 56, *premier.*

premeriment 1, *premièrement.*

pretay 79, *prêtai* ; pretas 77, *prêtés.*

primcipauz 60, 62, *principal, suj. masc. sg.* ; principal 76, *suj. pl.* ; primcipauz 80, *principale, suj. fém. sg.*

priorz 56, *prieur.*

pris 7, *(je) pris* ; prit 23, 44, 47, 56, 61, 62, 63, 64..., *prit* ; pitront 25, 38, 44, 70, 72, A, *prirent* ; avyt preys 71, *avait pris.*

procurour 74 *dans l'expression* clerc procurour, *clerc procureur.*

quamelim 38, 44, 60, 61, 71..., quamelin 71, 79, *camelin, sorte d'étoffe. On remarquera dans notre texte des camelins* d'origines *variées* (d'Aubenton 79, de Brucella 71, 76, de Lovaymg 77, de Malines 60, 79, 83, de Provyms 83, d'Uy 61, 71, 78, 79), *et de couleurs variées* (vermeyl 83, vermeyllet 79, vermeyl guota de neyr 83, vert 83).

quant 39, *quand, lorsque.*

quarant et set 71, *quarante sept.*

quareymentrant 76, *début du carême*, quareymentrant lo vyeyl 60, 83, *dimanche de la Quinquagésime.*

quart 61, 77, *quart, rég. sg* ; quarz 74, 77, quart 74, *rég. pl.*

(li) quauz 35, *lequel, suj sg.* ; los quauz 51, 53, 71, C, les quauz 80, *rég. pl.*

que 7, 23, 25, 26, 38, 40, qu'*devant voyelle* 23, 35..., *que, relatif rég.* ; que 74, *relatif employé au sens de dont.*

que 2, 3, 4, 5, 6, 8..., *quoi (après une préposition, le plus souvent dans l'expression de* que li ecriz et avatus sus luy). *Voir* Foulet, *Petite syntaxe de l'ancien français*, § 256.

que 1, *que, conjonction.*

quer 72, *cahier, livre.*

qui 3, 4, 5, 6..., *qui, relatif suj.*

quimzeyna 82, *quinzaine.*

(a) rayzon de 60, 66, 74, *à raison de.*

recevys 63, *(je) reçus* ; recit 60, 66, 74, 75, 76, 82, 83, *reçut* ; recet 74, *reçu.*

rematront 72, *remirent.*

remenbramci 1, *souvenir, mémoire.*

et remuas 47, *est reporté* ; sont remua 22, 23, 35, 40, 44, 60, 61, *sont reportés* ; sont remues 79, *sont reportées* ; remua 31, 48, *reporté.*

rendis 49, 59, 76 *(je) rendis.*

repomdit 80, repondit 46, *répondit, au sens de s'engagea, promit* ; a repondu 53, 67, a repomdu 80, *a répondu.*

retondour 3, *retondeur, ouvrier qui retond une pièce de drap.*

rey 60, *roi, dans l'expression* letra de rey.

reya 47, 70, B, C, *drap rayé, catégorie de draps très répandue.*

roba 71, 79, 82, 83, B, *robe, rég. sg.* ; robes 35, *rég. pl.* ; roba curta 71, *robe courte.*

romanent 21, 22, 23, 25, 34, 35, 37, 38, 39..., *reste, reliquat.*

romcim 27, *cheval (de charge ou de trait).*

rua 19, 61, *rue.*

ruyzeta 63, *semble désigner un petit ruisseau.*

sa 22, 25, 69, 83, *sa, suj. sg* ; sa 60, 61, 71, 79, 80, si 35, 61, 63, 71, 73, 78, 79, 83, *sa, rég. sg.* ; ses 64, 69, 71, 79, *ses, rég. pl. Dans ce texte la forme* si *de fém. sg. rég. est toujours suivie d'un nom de personne.*

sando 26, 28, 29, 30, 59.... *samedi*, sando sanz 76, *samedi saint.*

sant 6, 28, 29, 30, 32, 33, 51, 59..., *sanz* 69, 76, 85, *saint* ; samti 30, santi 65, *sainte.*

say (guandia ?) 44, *étoffe de laine inférieure.*

say, *ça, voir les expressions* say arerz, say avant.

say arerz 2, 3, 4, 5, 6, 8, 9..., say arers 23, 52, *ci dessus, cette mention signifie que le compte se trouve reporté à des folios précédents.*

say en areres 1, *il y a quelque temps, auparavant.*

say avant 21, 35, 62, *ci dessous, cette mention doit signifier que le compte se trouve reporté à des folios suivants. Voir* R 35, 429.

secular, *voir* cort secular.

segont 56, *second* ; cegunda 83, *seconde.*

sel 30, 32, 51, 59, 60, 63, 64..., cel 72, 75, *ce.*

semana 67, *semaine, rég. sg.* semannes 60, *rég. pl.*

set 71, *sept.*

setembro 1, 32, 51, 65, 80, *septembre.*

seyno 50, *synode.*

si, *voir* soz, sa.

sire 47, *seigneur.*

solicion 79, *paiement.*

somà 2, 3, 4, 5, 6, 8, 9, 10..., souma 74, *somme.*

sont, *voir* soz.

souz 71, *sous.*

soz 10, 18, 27, 34, 44, 52, 56, 70, 74, *son*, *suj. sg.* ; sont 20, 23, 24, 25, 35, 37, 38, 44, 45, 49, 51... *son*, *rég. sg.* ; si 38, 70, *ses*, *suj. pl.* ; soz 35, *ses*, *rég. pl.*

(de) soz 44, *sous*.

sus 2, 3, 4, 5, 6, 8, 9, 11..., *sur* ; à 67 *dans l'expression* sel meymo jor de sus, *le jour dont il est question ci-dessus*.

tagne 47, ... (de Sanz) 71, ... (de Ponthoyze) 79, *sorte d'étoffe*.

tavernerz 45, *aubergiste, suj. sg.* ; taverner 5, *rég. sg.*

tierz 23, 25, 69, 76, 79, *tiers, mesure pour les étoffes qui doit représenter ici le tiers de l'aune*.

tigno 75, *dans l'expression* ju me tigno per payes, *je me tiens pour payé*.

tondire 23, *tondeur*.

tot 60, *tout*.

tramarim (de Sanz) 63, *sorte d'étoffe*.

tro 1, 75, *jusqu'à, jusque*.

trollour 20, *celui qui tient le pressoir banal*.

uerjo 66, *orge*.

utra 23, 36, 63, *outre*.

vayt 39, *va*.

vent 45, *vend* ; vendanz 66, *vendant, dans l'expression* compranz et vendanz.

vermeyl 31, 40, 60, 61, 71, 83, *rouge vermeil*.

vermeyllet 79, *rouge vermeil*.

vert (de Lovaynng) 63, ... (de Sanz) 64, *drap de couleur verte*.

vert 64, 82, 83, *vert (adj.)*.

verz 25, 39, 73, *vers* ; de verz 7, *du côté de*.

veylli 25, 31, 43, 49, 50, 61..., *veille*.

veyndros 25, 32, 43, 44, 60, 61, 62..., veymdros 64, *vendredi*.

vins 45, *vins*.

viver 84, *vivier*.

vyeyl 22, 23, 27, 34, 35, 37, 38, 44, 45..., vyel 25, *vieux* ; vyeylli 79, *vieille, ancienne*.

vylla 62, *ville*.

vyolet 38, *violet*.

yte 24, 25, 34, 39, 44, 54, 63, 71, 73, *demeure* ; ytont 39, *demeurent*.

NOMS DE FÊTES SERVANT DE DATE

Chalendes 25, 30, 51, 62, 67, 70..., Chalemdes 76, 77, *Noël*.

Chandeluza 30, 31, 41, 42, 43, 83, 85, Chamdeluza 57, 59, *Chandeleur*.

(la) Madeleyna 65, Maudeleyna 28, 44, 62, 64, 71, 77, 79, *sainte Madeleine, le 22 juillet*.

(les) Merevylles 79, (les) Merveilles, *fête à la fois religieuse et profane qui se déroulait à Lyon le 24 juin en l'honneur des martyrs lyonnais de 177*.

Nostra Dama d'Avenz 83, *Notre-Dame d'Avent, le 8 décembre*.

Nostra Dama de marz 60, 74, *Notre-Dame de mars, le 25 mars*.

Nostra Dama de setembro 1, 65, 80, Notra Dama de setembro 32, 51, *Notre-Dame de septembre, le 8 septembre*.

Paques 60, 75, *Pâques*.

Pentecostes 25, 60, 72, 82, 85, Pemtecostes 60, *Pentecôte*.

Rampauz 78, Ranpauz 69, *le dimanches des Rameaux*.

Rueysons 69, Rueyssons 75, *Rogations*.

sant Amdreu 44, 51, 56, 71, 84, s. Andreu 43, *saint André, le 30 novembre*.

s. Anthoyno 29, *saint Antoine, le 17 janvier*.

sant Barnabe 61, *saint Barnabé, le 11 juin*.

sant Bertholomeu 28, 51, 79, 80, *saint Barthélemy, le 24 août*.

Blayvo 68, *on pourrait lire aussi bien* Blayno ; *la place de ce terme dans la phrase semble indiquer qu'il s'agit d'une fête*.

s. Denys 47, *saint Denis, le 9 octobre*.

sant Elayre 33, 59, 67, 73, 74, *saint Hilaire, le 14 janvier*.

s. Johan 61, *saint Jean, le 24 juin*.

sant Jorjo 60, B, C, *Saint Georges, le 23 avril*.

sant Julim 74, sant Julym 80, *saint Julien*.

santi Katelina 65, samti Katerina 30, samti

Katelina B, *sainte Catherine, le 25 novembre.*

sant Lorent 32, 79, *saint Laurent, le 10 août.*

sant Luc (avangelita) 33, 65, s. Luc 73, *saint Luc, le 18 octobre.*

sant Martim 64, 71, 72, 73, 82, 83, *saint Martin, le 11 novembre.*

sant Matheu 51, *saint Mathieu, le 21 septembre.*

sant Michiel 24, 30, 32, 43, 60, 66..., sant Mychyel 38, sant Michel 29, *saint Michel, le 29 septembre.*

sant Nicolas 69, *saint Nicolas, le 6 décembre.*

s. Symon et Juda 43, *saints Simon et Jude, le 28 octobre.*

sant Thomas 62, 71, *saint Thomas, le 21 décembre.*

sant Vimcent 78, A, *saint Vincent, le 22 janvier.*

Thossanz 44, 50, 61, 63, 84, A, Thossamz 60, Thosanz 42, Tossans 74, *Toussaint.*

Trinita 26, *Trinité.*

NOMS DE PERSONNES

Amdreus Gybelins 22, Amdreus Gybellins 28, *suj.* ; Amdreu 22, *rég.*

Amdrevez (li geneveys) 66.

Amgnes li flandra, Agnes 23, Agnes li flandra 29.

Amthoynos Fencheons 60, 75, Anthoynos Fencheons 66.

Amthoynos de Genas C.

(Mosse) Anselme de Durchi 44.

Archymbauz, *voir* Peros.

Aymgnes 80.

Aymonez li mueta 24, 30.

Aymonez li pechare 25, *suj.* ; Aymonet lo pechour 31, *rég.*

Barauz B, *il doit s'agir de* Bernerz Barauz, *l'associé de* Johanym Berguen.

Barez, *voir* Johannez.

Beczons, *voir* Johanz.

Berauz de la Fontanna 44, *suj.* (Mosse) Beraut de la Fontanna 48, *rég.*

Bergueu, *voir* Johanym.

Berllyon Luquet 3.

Berlyon lo maczon 2.

Bernert 1, *il s'agit de* Bernerz Barauz *associé de* Johanym Berguen, *voir* R 35, 439.

Bernert Durant 36, *il est désigné comme étant* : l'ecuer al seygnour d'Anjo.

Bernert de les Molles (de Balon) 27.

Bernerz 49.

Bernerz de la Guarda (domzeus diz de la Bueri) 26.

Bernerz de les Moles 27, Bernerz de les Molles 38, 42, Bernerz 33, *suj.* ; Bernert de les Molles 33, *rég., il doit s'agir dans tous ces cas de* Bernerz de les Molles *que l'on dit bourgeois de Montluel* ; *à 33 cette indication n'est pas spécifiée, mais il est père de* Guillermyns, *comme dans* R 35, p. 435.

Bertez Boyssons 83.

Bertholomeus de les Molles 27.

Bertholomeus de Montex 39, (de Momtex) 40.

Bertholomeus de Moram 83.

Blans, *voir* Johanz, Thomas.

Bollers, *voir* Johanz.

Bonayre, *voir* Johanz.

Boniffaci d'Ornaceu 34.

Boyssons, *voir* Bertez.

Bozonez 62, 71, 83, *suj.*, ; Bozonet (lo retondour) 3, *rég.*

(dama) Byatrysa de Marzeu 80.

Cerlon, Cerlont, *voir* Johanyn.

Corjons, *voir* Peros, Uguos.

Cornus (li tavernerz) 45, 50, *suj.* ; Estevenet Cornu (lo taverner) 5, *rég.*

Corteys, *voir* Peron.

Daneres, *voir* Guillermos, Uguos.

Durant, *voir* Bernert.

Durchi, *voir* Anselme.

Estevena 22, 28.

Estevena (li molliers Johan Sibua) 74.

Estevenet Cornu, *voir* Cornus.

Estevenet de Champagny 6.

Estevenet Grillet 7.

Estevenez de Meunay 51.

Estevenins del Puey 26, 32, Estevenins 71.

Estevent de Chalamont 80.

Fencheons, *voir* Amthoynos.

Fuchier, *voir* Guillermet.

Gamges, Guamges, *voir* Johanz.

Geneveys, *voir* Johannez.

Gennerz *voir* Johanz. *On pourrait lire* Genverz.

(Mosse) Girert d'Illins 39.

Grillet, *voir* Estevenet.

Guatez, *voir* Johannez.

Guillermet Fuchier 82.

Guillermet Guychert 4.

Guillermetan 55.

Guillermo de Sella Nova 76.

Guillermos Daneres 56.

Guillermyms de Mulims 60.

Guillermyns de les Molles 33.

Guycherdez de la Plateri 44.

Guychert, *voir* Guillermet.

Guychert 8.

(Mosse) Guychert 16, 17.

Guycherz de la Plateri 44.

Guyonet Bo 55.

Gybelins, Gybellins, *voir* Amdreus.

Jaquemeta (*femme de* Bertholomeus de Montex) 39.

Jaquemez de Vinicies 23, *suj.* ; Jaquemet de Vinicies 23, *rég.*

Jaquemyn 10.

Jayre 9.

Jennerz de Colomber 62 *on pourrait lire* Jenverz.

Joceramz de Loyetes 46, 47, 51, Joceranz de Loyetes 46.

Jocerant de la Ryguauderi 79.

Johamz Pros, Johanz Prot 75.

Johamz Yzeus, Johanz Yzeus 60.

(Mosse) Johan 18.

Johan de Sant... 11.

Johan Matheu (de Brignayes) 66.

Johan de Montluel 83.

Johannet (lo fil al Jayre) 9.

Johanneta (*femme de* Aymonez li pechare) 25.

Johanneta (*femme de* Johanz li pechare) 69.

Johanneta Matheva 67.

Johannetam Pomcet 14.

Johannez (fiuz Guillermo de Sella Nova) 76.

Johannez (fiuz a la Qualabra) 74.

Johannez (ly otos) 73.

Johannez Barez 70.

Johannez Geneveys 63, 65.

Johannez Guatez 77, 81.

Johannez de Mayzeu 79.

Johanym 12, 13.

Johanym Berguen 1.

Johanyms, Johanyns (li epicerz) 71.

Johanyn Cerlont 79.

Johanz (li pechare) 69.

Johanz Beczons, Johannez Beczons 78.

Johanz Blans 76.

Johanz Bollers (de Montluel) 42.

Johanz de Bonayre 76.

Johanz de Framchelens 60.

Johanz de Gamges 53, Johanz de Guamges 58.

Johanz Gennerz 42.

Johanz Lyatouz 52, *suj.* ; Johan Lyatout 52, *rég.*

Johanz de Macon 60, 74, 82, 83.

Johanz (fiuz Martim Sibua) 74, *suj.* ; Johan Sibua, Johan Sybua 73, *rég. Le même personnage est désigné par un diminutif*, Johannez Sibua, Johanez (fiuz Martin Sibua) 74.

Johanz de Miribel 61, Johannez Miribex 61.

Johanz Qualabra 74.

Jolys, Jolis, *voir* Peronez.

Katelinam 71.

Lidon 79.

Luquet, *voir* Berllyon.

Lyatouz, *voir* Johanz. Lyatout, *voir* Johanz, Peronet.

Marguarita (li cirventa) 39, 43.

(dama) Marguarita 46.

Martim Sibua, Martin Sibua 74.

Martims (ly arbalethierz) 60.

Martina (qui fut molliers Peronet Lyatout) 52.

Martinetan 8.

Matheu, *voir* Johan.

Matheus 57.

(Mosse) Matheus de Stalaru 60, *Mathieu de Talaru, voir Tables des Chartes du Forez* p. 317.

Matheva, *voir* Johanneta.

Mayet 64.

(lo petit) Pero 15.

Peron C.

Peron Corteys 46.

Peronet Lyatout 52.

Peronet Raufrey 23.

Peronez (cellarerz de Marcylleu) 81.

Peronez Jolys, Peronet Jolis 81.

Peronez li mueta 30.

Peronez de Ruaffola 83.

Peronez (del viver d'Ullyms) 84.

Peronyms, Peronyns (li clerz) 82.

Peronyn 19.

Peronyn (de Vyllurbanna) 47.

Peros Archymbauz 85.

Peros de Chaleya 76.

Peros Corjons A.

(Mosse) Peros deuz Louz 67.

(Mosse) Peros de Salins 53.

Perros de Vannouri 34.

Phelippos de Sant Peros 54, Philippos de Sanz Pero 83.

Pomcet, *voir* Johannetam.

Pomcet de Rochitayllia 80.

Pros, Prot, *voir* Johamz.

(la) Qualabra 74.

Qualabra, *voir* Johanz.

Raufray, *voir* Peronet.

Reynaldet de la Fontanna 44.

Rypauz, Ripauz, *voir* Uguonez.

Sarazims, *voir* Uguonez.

Sibua, *voir* Johanz, Martim.

Terczolez 79.

Thomas Blans C.

Uguonet Bont, 45, Uguonet lo guout 50.

Uguonez (*frère de* Boniffaci d'Ornaceu) 34.

Uguonez de Myribel 35, *suj* ; Uguonet de Myribel 35, *rég.*

Uguonez Rypauz 36, Uguonez Ripauz 41.

Uguonez Sarazims 72.

Uguonym de Gleteyms 80.

Uguos, Hugos Corjons A.

Uguos Daneres 56, 59.

Umbert de Viniceu 76.

(Mosse) Umberz de la Buyceri, 68.

Vimcemz d'Amsa 26, (li clers) Vimcemt d'Amsa 76.

Ysabex 83.

Yzeus, *voir* Johamz.

NOMS DE LIEUX

Albrella 60, *L'Arbresle, chef-lieu de canton du Rhône à 25 km de Lyon.*

Amsa 76, *Anse, chef-lieu de canton du Rhône, près de Villefranche.*

Anjo 36, *Anjou, commune du canton de Roussillon (Isère).*

Aubenton 44, 79, *Aubenton.*

Ayreu 27, *Heyrieux, chef-lieu de canton de l'Isère, arrondissement de Vienne.*

Balon 27, *Balan, commune du canton de Miribel (Ain).*

Bellavylla 21, *Belleville, chef-lieu de canton du Rhône, à 14 km de Villefranche.*

Brignayes 66, *Brignais, commune du Rhône à 12 km de Lyon.*

Brucella 71, 76, A, *Bruxelles.*

(la) Bueri 26, *probablement La Bury à Pouilly-lès-Feurs, voir Tables des Chartes du Forez* p. 96, *Boeria (La).*

(la) Buyceri 68, (la) *Buissière. Il existe de nombreuses localités de ce nom.*

Chalamont 80, *chef-lieu de canton de l'Ain.*

35

Chaleya, *il existait près de Miribel une localité de ce nom, aujourd'hui disparue.*

Chalons 23, 79, *Châlons-sur-Marne.*

Chamdeu 79, *Chandieu. Voir Saint-Pierre-de-Chandieu, commune du canton d'Heyrieux (Isère). Voir aussi Chandieu ou Champdieu dans le canton de Montbrison (Loire).*

Champagny 6, *soit Champagne, commune au nord de Lyon, soit Champagneux, village disparu, au sud de Lyon sur la route de Vienne (7ᵉ arrondissement actuel).*

Chazey 81, *Chazay d'Azergues.*

Colonpnya 46, *Colonge(s), Collong(es), les localités et lieux-dits de ce nom sont nombreux.*

Culleu 45, 50 ; *probablement Écully, commune limitrophe de Lyon au nord-ouest.*

Dissines, Disines 74, *Décines, commune du canton de Meyzieu (Isère), dans la banlieue de Lyon.*

Envrours 75, ?

Floremci 50, *Florence.*

Foreys, 26, *Forez.*

Framchelens 60, *Francheleins, commune du canton de Saint-Trivier-sur-Moignans (Ain).*

Genas C, *commune de l'Isère, limitrophe de Bron.*

Gleteyms 80, *hameau de la commune de Jassans (Ain).*

Guam 71, B, *Gand.*

(l') Ila 56, *probablement l'Ile-Barbe où se trouvait la plus ancienne abbaye du diocèse de Lyon.*

Illins 39, *probablement Illins, hameau près de Luzinay (Isère) qui était au moyen âge une châtellenie.*

Janayria 55, *Janneyrias, commune de l'Isère, près de Lyon.*

Langny 79, *Lagny (Seine-et-Marne).*

Lovaymg 63, 77, *Louvain.*

Loyetes 46, 47, 51, *Loyettes, commune du canton de Lagnieu (Ain).*

Lyon 26, 46, *Lyon.*

Macon 60, *Mâcon.*

Malines 60, 71, 79, *Malines.*

Marcylleu las Chazey 81, *Marcilly d'Azergues, village du département du Rhône situé près de Chazay d'Azergues.*

Marzeu 80, *Marzé, voir Tables des Chartes du Forez, p. 227.*

Mayzeu 3, 4, 79, *Meyzieu, chef-lieu de canton de l'Isère, dans la banlieue de Lyon.*

Meunav 51, *Mionnay, commune du canton de Trévoux (Ain).*

Miribex 61 (*suj.*) ; Myribel 35, Miribel 61 (*rég.*), *Miribel, commune du canton de Montluel (Ain).*

Montchant 74.

Montex 39, Momtex 40, *probablement Monthieux, commune du canton de Villars-les-Dombes (Ain).*

Montluel 27, 42, 46, 47, 52, *Montluel, chef-lieu de canton de l'Ain, dans la banlieue de Lyon.*

Mulims 60, *probablement Mullin, petite localité du département du Rhône, plutôt que Moulins (Allier).*

rua Nova 19, 61, *rue Neuve, rue de Lyon existant encore aujourd'hui.*

Ornaceu 34, *Ornacieux, commune du canton de La Côte Saint-André (Isère).*

(la) Plateri 44, *La Platière, ancien faubourg de Lyon sur la rive gauche de la Saône.*

Polleu (en Foreys) 26, *Pouilly-lès-Feurs (Loire).*

Ponthoyze 77, 79, *Pontoise.*

Provyns 79, 82, 85, Provyms 69, 83, *Provins.*

Rochitayllia 80, *probablement Rochetaillée, commune du Rhône près de Lyon.*

Ron 7, *Rhône.*

Salins 53, *Salins.*

Sant Bel 72, 82, 85, *Sain Bel, commune du Rhône à 24 km de Lyon.*

Sant Denys 50, 60, C, sant Denis 79, *Saint Denis.*

Sant Johan 44, *Saint Jean.*

Sant Just 39, *Saint Just.*

Sant Nizies 24, 53, 68, *Saint Nizier.*

Sant Pero de Moyffon 3, *Moifond, de la commune de Pusignan (Isère)*.

Sanz Pero 83, *Saint Pierre*.

Sant Vymcent 73, *Saint Vincent*.

Sanz 61, 62, 63, 65, 70, 71, 73, 75, 78, 83, 84, *Sens*.

Sauna 23, 36, *Saône*.

Savygneu 22, *probablement Savigny, commune du Rhône près de l'Arbresle*.

Saycel 76, *probablement Seyssel* (Ain).

Stalaru 60, *Talaru hameau de la commune de Saint-Forgeux (Rhône) qui a donné son nom à la famille de Talaru. Voir de même* Stornay *pour* Tornay.

Tornay 25, Stornay B, *Tournai*.

Torreta 25, *probablement poterle de la Torrete à l'entrée des « ecloysons »* (à Lyon).

Troyes 72, *Troyes*.

Ullyms 84, *Oullins, commune du Rhône de la banlieue de Lyon*.

Uy 60, 61, 71, 78, 79, *Huy, ville de Belgique*.

Vinicies 23, Viniceu 76, *Vénissieux, commune du Rhône dans la banlieue de Lyon*.

Vylleta soz Chatillon 56, *Villette-sous-Chatillon*.

Vyllurbanna 47, *Villeurbanne, commune du Rhône dans la banlieue de Lyon*.

Ypra B, *Ypres*.

P. DURDILLY.

LES PREMIERS AUTEURS COMPTABLES FRANÇAIS/ THE FIRST FRENCH ACCOUNTING AUTHORS

E. Stevelinck and R. Haulotte

"Pierre Savonne," *La documentation commerciale et comptable*, vol. 15, no. 171, 172 et 173, 1959, pp. 19–26, 17–20, et 19–27

Pierre SAVONNE

. NOTES HISTORIQUES ET BIOGRAPHIQUES.

Lyon, déjà célèbre à Rome au temps de sa splendeur, vit son commerce sombrer avec la chute de son alliée, mais plus heureuse que cette dernière, elle ne tarda pas à rétablir son crédit et son négoce.

C'est aux Italiens que la ville de Lyon doit son établissement. Ceux-ci, nés pour le négoce, et se vantant d'ailleurs d'en avoir appris toute la finesse aux autres nations, profitèrent du marasme dans lequel la chute de Rome avait plongé le négoce des Lyonnais pour venir le partager avec eux.

Ayant dans la suite obtenu de grands privilèges et ayant fait de substantiels profits, ils s'en emparèrent tout à fait. Ils devinrent pour ainsi dire les maîtres de la ville et s'y cantonnèrent par nation.

Par la suite, les Suisses et les Allemands s'introduisirent aussi dans le commerce de la ville de Lyon (1) et y devinrent presque aussi puissants que les Italiens jusqu'à ce que les Lyonnais, instruits par ces diverses nations et se sentant suffisamment forts, se passèrent enfin des uns et des autres. Les privilèges accordés aux étrangers furent d'abord modérés puis supprimés, tout le négoce restant finalement dans les mains des Français.

Foyer commercial, Lyon ne pouvait manquer d'être un foyer comptable et c'est cette ville qui contribua pour beaucoup à mettre en évidence PIERRE SAVONNE, le premier auteur comptable français. D'ascendance italienne, originaire peut-être de la ville de Savonne en Ligurie, assez proche de la Provence, la famille Savone ou Savonne (on trouve les deux orthographes) émigra en France, s'y établit comme marchands à Avignon et fut ennoblie. On voit suivant testament du 17-12-1524 (Avignon Etude Martin n° 418) qu'un certain Galiot de Savone,

marchand, lègue ses biens à ses enfants parmi lesquels figure un nommé Manauld de Savone, époux de Dame Catherine Daume.

Ce Manauld de Savone aura lui-même quatre enfants : Jacques (Marchand), Louis, Alexandre et Pierre (Maître arithméticien). C'est ce dernier qui nous intéresse. Né en Avignon, ancienne capitale du Comtat Venaisin, il épousa une demoiselle de Casses et un enfant bénit leur union qui porta le même nom que son père : Pierre de Savonne.

Afin de les différencier toutefois, le père est surnommé Pierre de Savonne dict Talon (2) pour le distinguer de son fils Pierre de Savonne dict Cadet, lequel deviendra docteur en droit et restera vraisemblablement célibataire, puisque nous le voyons par testament du 28-10-1592 laisser son bien à son oncle Jacques (Marchand) et au fils de celui-ci Manaud (prénom donné en souvenir de son grand père). (Avignon - Pons. 1543 fol. 843).

Il est en outre spécifié dans l'acte que le père de Pierre dit Cadet était mort à cette date et qu'ils ont tous deux demeuré en la ville de Toulouse.

Pierre SAVONNE, dict Talon, qui exerçait la profession de « maître arithméticien » avait déjà « mis en lumière une nouvelle INSTRUCTION D'ARITHMETIQUE abrégée, propre à tous marchands et banquiers », lorsqu'il décida de se rendre à Anvers où l'on excellait dans la tenue des comptes.

L'Histoire nous apprend en effet qu'au 16e siècle la France déchirée dans son sein par les guerres de religions fut sourde à tout autre sentiment qu'à celui de sa douleur. Par contre, la liberté de conscience et les franchises dont jouissait la ville d'Anvers y avaient attiré un grand nombre de Français et d'Allemands qui, dans cette terre étrangère, eurent souvent comme ressource le commerce et l'enseignement.

A Anvers, Pierre SAVONNE acquit la confiance d'un marchand de la ville, Gilles Hooftman, l'un des premiers armateurs pour la Mer Blanche, bien connu aussi comme ami de Guillaume Ier comte de Nassau et prince d'Orange surnommé le Taciturne (1533-1584).

Pierre SAVONNE a beaucoup voyagé. Il dit avoir été en Flandres, en Angleterre, en Espagne et dans d'autres pays. Il dit aussi avoir été employé à dresser les comptes et écritures d'un grand nombre de marchands, commissionnaires, facteurs et autres, menant de grands négoces. Il s'en serait tiré à leur

---

(*) La publication de cette série d'articles a commencé dans « Documentation » n° 148, page 30, (1956).

(1) Louis XI accorda aux marchands suisses le privilège d'être exemptés de la douane de Lyon et de tous droits d'entrée pour les marchandises originaires de leur pays. Ces privilèges furent confirmés par le traité qu'ils firent en 1516 avec François Ier. Ce dernier roi avait d'ailleurs accordé la même exemption un an plus tôt aux marchands allemands (cf. Dictionnaire géographique de la Martinière).

(2) Pierre dict **Talon** avait fait **souche** ! D'où vient cependant ce sobriquet ? Pierre, grâce à son système de comptabilité, notamment son « carnet » dont nous parlerons dans un prochain article, n'arrivait-il pas à « talonner » ses débiteurs et à les importuner ?

satisfaction en suivant une instruction particulière qu'il exposa — plusieurs fois remaniée — dans les différentes éditions de son œuvre comptable.

En tant qu'arithméticien, voici la liste des livres dont il est l'auteur :

1563 Nouvelle Instruction d'Arithmétique abrégée propre à tous Marchands et Banquiers. A Paris, chez Nicolas du Chemin. Cet ouvrage, en lequel sont contenues « plusieurs règles briefves et subtiles pour les trafiques de plusieurs pays » a été très estimé. Il fut réédité plusieurs fois jusqu'en 1672.

Nous avons relevé notamment les dates de 1565 — 1571 — 1585 — 1588 — 1604 — 1619 — 1630 — 1632 et 1672.

David Murray nous apprend qu'en ce qui concerne l'Arithmétique de Pierre Savonne, l'auteur est qualifié dans le privilège royal de « Maître et instructeur dans l'art de l'arithmétique ».

Savonne revendique que longue expérience et pénétration l'on rendu capable de fournir nouvelles et meilleures méthodes que celles en usage. Quiconque, dit-il, qui a étudié avec lui ou qui lit son livre peut en sûreté commercer partout en Europe et dans toutes les sortes de marchandises, soit en gros ou en détail, et même avec des banquiers ou des changeurs, et autres faisant commerce de l'argent.

1604 Instruction et manière de trouver le compte du toysage de Lyon pour servir à tous maistres massons, toyseurs et autres. Imprimé à Lyon, in folio, par Jean de Tournes. Cette instruction est paginée en continu avec l'Arithmétique éditée en 1604, la page de titre comptant comme page 297; sa fin est la page 336.

1583 Instructions de l'ordre militaire, traictant de bataillons carrez d'hommes. Lyon, in 4º, de l'imprimerie de Thibaud Ancelin.

? Instructions de l'ordre militaire... Un second livre imprimé de même.

Dupont y ajoute un ouvrage édité en

1600 Table du poids du pain, qui se vend et débite ordinairement en la ville et cité de Bordeaux, selon la valeur du blé, à mesure qu'il croît ou diminue... Publié par ordonnance de MM. les Maires et Jurats Gouverneurs de la dite ville. Chez S. Millanges de Bordeaux.

« Le principal intérêt de cet ouvrage est de nous
» révéler que la réputation de Savonne était grande
» et s'étendait loin de sa résidence, puisque dit
» Albert Dupont, si j'ai bien compris les événements
» auxquels se rattache cette publication, les magis-
» trats de Bordeaux s'adressaient à lui pour inter-
» poser son autorité de calculateur émérite entre

» les boulangers de la ville et une population tu[
» bulente qui les accusait de l'affamer et pill[
» leurs boutiques. »

Il faut toutefois remarquer les contradictions su[
vantes : Albert Dupont nous parle d'un Pierre S[
vonne, lyonnais par élection de résidence, alors q[
d'après nos recherches il habitait en la ville de To[
louse, ne se trouvant à Lyon qu'en certaines occ[
sions, notamment pour des visites en foires et ch[
son imprimeur Jean de Tournes. En outre, il lui fa[
écrire une table en 1600 alors que la date de [
mort se situe antérieurement à 1592 (3).

En tant que comptable, Pierre SAVONNE publ[
un important traité qu'il remania plusieurs fois [
cours des ans. La première édition parut en 156[
à Anvers à l'imprimerie Christophle Plantin av[
privilège du Roy (4).

Ci-dessous reproduction du frontispice de cet[
première édition :

(3) Peut-être s'agit-il en fait d'une œuvre posthume ou [
fils qui aurait suivi les traces de son père dans le doma[
de l'arithmétique.

(4) Scellé du sceau royal en cire jaune sur simple queue.

Une deuxième édition parut en 1581 à Lyon sous le titre :

INSTRUCTION ET MANIERE DE TENIR LIVRES DE COMPTE PAR PARTIES DOUBLES

soit en Compagnie, ou en Particulier,

avec plusieurs belles parties de commissions, remises & traictes de changes de divers lieux. Ensemble un moyen facil et brief de dresser Carnet de payements de parties virées & rencontrées sur les places de change, pour raison des débiteurs & créditeurs qui sont escheus en quelque payement de foire : ainsi qu'ordinairement se pratique à Lyon aux payements des quatre foires de l'année.

Laquelle instruction servira de vray exemplaire à tous Marchands, Commissionnaires, Facteurs & autres qui voudront faire profession de bien tenir livres. par Pierre SAVONNE, dit TALON, natif d'Avignon. A Lyon, par Jean de Tournes, imprimeur du Roy.

Une troisième édition parut en 1588 à Lyon, sous le titre :

BRIEVE INSTRUCTJON DE TENIR LIVRES DE RAISON OU DE COMPTE

par parties doubles, c'est-à-dire en débit et crédit, soit en compagnie ou en particulier : avec un subtil moyen de dresser un livre secret, pour raison de ceux qui se mettent en Compagnie, qui toutesfois ne veulent estre nommés à la négociation d'icelle. Dans laquelle instruction sont contenues plusieurs belles parties, tant de ventes, achats à terme, compfant, trocques, que autres conditions d'envoyer et recevoir marchandises par commission, soit en compagnie pour quelque portion ou autrement : de dresser compte à un facteur, qu'on envoyeroit tant à la recepte & emploicte, que pour vendre, achetter & négocier suivant l'ordre de ses maîtres. Se voyent aussi en ce livre plusieurs parties de remises & traictes par lettres de change, qui dépendent des commissions. Aussi le vray ordre de dresser un livre intitulé, Carnet, avec son Bilan, pour virer et rencontrer parties sur la place du change de Lyon, qui se fait ordinairement au payement de chaque foire. Et plusieurs autres parties mentionnées à la déclaration de cette instruction, comme le tout est mis pour exemple aux cinq livres qui s'ensuyvent. Outre lesquels sont mis encor à la fin de la déclaration quelques advertissements proffitables & nécessaires à tous marchands.

par Pierre de SAVONNE, natif d'Avignon.

Enfin une quatrième édition fut publiée en 1608 sous le même titre que la troisième, mais revue en plusieurs endroits et augmentée d'un sixième livre. (Le titre de la quatrième édition reprend donc six livres au lieu de cinq dans la troisième) (5).

2. ŒUVRE COMPTABLE.

Pierre Savonne ayant progressivement remanié le texte de ses ouvrages, force nous sera d'analyser brièvement chacune des éditions afin de suivre l'évolution dans le temps de l'exposé comptable.

A) Première édition - Anvers 1567 (6).

INSTRUCTION ET MANIERE DE TENIR LIVRES DE RAISON OU DE COMPTES PAR PARTIES DOUBLES :

Avec le moyen de dresser Carnet pour le virement & rencontre des parties qui se font aux foires es payements de Lyon & autres lieux :

Livre nécessaire à tous marchands & autres personnes, qui s'entremectent d'aucunes affaires ou négoces affectées a quelques conférences ou rendition de comptes.

par Pierre SAVONNE dict Talon, natif d'Avignon, Conté de Venisse A Anvers. De l'imprimerie de Christophle Plantin. M.D.L.X.V.I.I. avec privilège du Roy.

Nous savons que Pierre Savonne avait pris arrangement avec l'imprimeur et qu'il obtint 45 florins et 100 exemplaires de son ouvrage. (7)

Une incursion dans la comptabilité de Christophle Plantin nous apprend également que le coût total de l'impression s'éleva à 286 fl 6 s. et que cette édition rapporta 1200 fl (7).

Une partie des couvertures de l'ouvrage fut tirée avec l'adresse parisienne de l'office plantinien, (Au Compas d'Or. Rue St-Jacques à Paris. MDLXVII) selon frontispice ci-après et se vendit donc à Paris (7).

Introduction.

Voici le texte de la préface de cette première édition :

« A l'honorable seigneur Gilles Hooftman, marchand en la ». Tres renommée ville d'Anvers, salut.

» En suivant la coutume louable de maints grands personnages, qui n'ont épargné leurs pas, coust, ne travaux pour aller
» es Pais loingtains ouir et cognoistre ceux que par la renommée
» ils entendoient exceller en la science dont ils faisoyent pro-

(5) G. Reymondin cite d'autres éditions, mais nous ignorons jusqu'à quel point on peut lui faire confiance parce qu'il situe la première édition à Lyon, ce qui est faux, et la deuxième en 1591, ce qui est également faux. D'autre part, Reymondin parle d'une édition sortie des presses de Christofle Plantin à Paris et à Genève en 1605 et d'une dernière édition sortie en 1614 dont, pour notre part, nous n'avons jamais rien entendu. Un lecteur érudit nous obligerait en nous envoyant des précisions éventuelles à cet égard.

(6) Se trouve notamment à la Bibliothèque Royale à Bruxelles — réserve précieuse — II 14.065 in 4°. Cet exemplaire est dans un état de fraicheur remarquable, sous reliure parchemin avec deux lacets de fermeture. Il faut avoir eu en main un ouvrage imprimé par Plantin pour comprendre et pouvoir comparer le génie de cet artisan d'avec la façon d'opérer de certains imprimeurs de la même époque, restés obscurs pour de bonnes raisons.

(7) Voir le livre de MAX ROOSES : « Christophe Plantin, imprimeur anversois ».

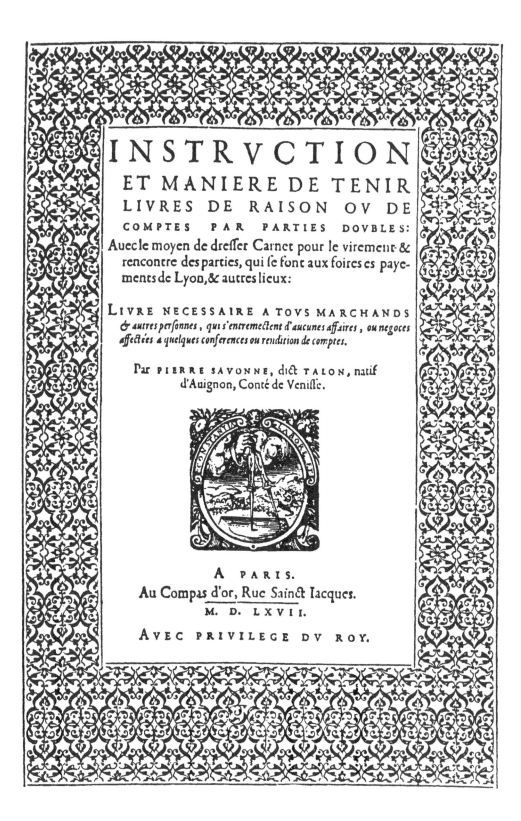

INSTRVCTION

ET MANIERE DE TENIR
LIVRES DE RAISON OV DE

COMPTES PAR PARTIES DOVBLES:

Auec le moyen de dreſſer Carnet pour le virement & rencontre des parties, qui ſe font aux foires es paye-ments de Lyon, & autres lieux:

LIVRE NECESSAIRE A TOVS MARCHANDS & autres perſonnes, qui s'entremeſlent d'aucunes affaires, ou negoces affeſtees a quelques conferences ou rendition de comptes.

Par PIERRE SAVONNE, diſt TALON, natif d'Auignon, Conté de Veniſſe.

A PARIS.

Au Compas d'or, Rue Sainct Iacques.

M. D. LXVII.

AVEC PRIVILEGE DV ROY.

» fession, je n'ay peu (après avoir practiqué et conféré avec les
» plus experts de la France et y avoir mis en lumière une nou-
» velle Instruction d'Arithmetique abrégée propre à tous Mar-
» chands et Banquiers) ne deu moins faire, pour bien parvenir
» au but que je me suis proposé de trouver et enseigner à qui-
» conque le désire, un facile moyen de faire et dresser ses
» comptes, que de me transporter en ceste tant noble et renom-
» mée Ville d'Anvers. La ou estant arrivé & m'estant mis à
» considérer et contempler si ie trouverois la vérité de ce que
» paravant i'avois entendu de son abondance en diverses sortes
» et quantités de marchandises, et en excellence de marchans
» bien entendus et rusés à faire leurs comptes & les coucher
» fidèlement par escrit, pour rendre à chacun le sien; i'ai en
» peu de jours assés aperceu. Seigneur très honorable, que l'ef-
» fect surpasse tellement le bruict & la renommée, qu'au lieu
» qu'on la dict estre une ville fort marchande, on la pourroit
» bien dire estre une mer de toutes marchandises & une vraye
» source de bons marchands; d'autant que d'icelle et en icelle
» sortent et abordent si grandes quantités de marchandises, qu'il
» seroit impossible de l'exprimer : & qu'elle est si peuplée de
» bons et loyaux marchands, & si experts & prompts tant en la
» science practique de l'arithmétique que de tenir nettement
» fidèlement et clèrement leurs comptes, & livres de raison, que
» ie ne puis assés admirer leur prudence et intégrité : chose
» qui me diminue l'occasion de m'esmerveiller davantage de si
» grande affluence de marchandises et maniemens d'affaires
» d'importance que i'y voy. Car c'est la prudence diligente, et
» la loyauté du compte des marchans qui faict prospérer; et
» rendre célèbre la Ville où ils demeurent. Esmeu donques à
» ceste occasion de continuer à faire quelque service au com-
» mun; & principalement à ceux, qui n'ont le moyen de voyager,
» ne d'apprendre par l'expérience et la fréquentation des plus
» experts; i'ay voulu publier ceste instruction, & recueil par
» moy practiqué : auquel ie demonstre comme au doigt la plus
» facile et seure manière de tenir livres de comptes dont pour
» le présent je me sois advisé. Et pourtant, Monseigneur, que
» c'est chose bienseante, voire, & quasi nécessaire à quiconque
» s'entremect de bailler quelques escriptures au public, de choi-
» sir homme d'auctorité, & d'expérience, en la matière qu'il
» traicte, pour luy dedier son oeuvre, afin d'en pouvoir juger,
» & la defendre ou donner raison du fondement d'icelle, a qui
» le nieroit, ou en auroit quelque doute : ie ne pouvois, à qui
» mieux présenter & dedier ce mien premier labeur en l'art de
» tenir Livres de raison qu'à vous Monseigneur très honoré, qui
» pour le degré que vous tenés entre une infinité de bons et
» loyaux marchands tant en ceste noble ville d'Anvers, qu'en
» plusieurs autres provinces et contrées lointaines pouvez autori-
» ser mon livre. Et pour la vraie expérience que vous avez en
» l'art tant assuré que j'y traite, pouvez nonseulement faire foy
» à un chacun, combien il est nécessaire à quiconques se veuille
» mesler d'aucun maniement d'affaires. Mais aussi en juger a
» droict et m'avertir de ce qui pourrait être utile d'en oter ou
» d'y ajouter etc. etc.

SAVONNE souhaite ensuite « Ioye et félicité au
lecteur » et puis viennent deux poèmes à la louange
de l'auteur.

Voici l'un d'eux :

Sonnet de Jehan Lemoyne Ecrivain
à Pierre Savonne.

Savonne, si l'esprit éternel quand à soy
Se met de corps en corps, comme le dit Pythagore
Je pense que son âme et de Platon encore
Aye pris sa retraite aujourd'hui dedans toi

Car si quelqu'un connaît parfaitement la loi
des nombres, c'est toi seul que notre siècle honore :
Qui par ton nouvel art, les anciens déshonore :
De quoi tes beaux écrits nous en ferons la foi.

Qui en veut donc avoir parfaite connaissance
Et laisser les vieux pas d'une lourde ignorance
Viennes voir tes écrits. Il verra de combien
Les anciens tu devances et il verra encore
Que toi seul tu sais ce que le monde ignore
Et que les plus savants près de toi ne sont rien.

A sa propre louange, Pierre SAVONNE énonce
d'autre part :

« Je veux bien que tu saches, ami lecteur, que deux
» choses principalement m'ont incité à te commu-
» niquer ce secret des nombres et comptes que j'ai
» le premier révélé, par une grâce singulière, que
» je reconnais tenir de Dieu...
» ...Je me sentirais coupable d'une vilaine ingrati-
» tude si comme le veut le bon père Ennius (8) je
» ne montrais gracieusement le chemin à celui qui
» est égaré et fourvoyé, comme ma lampe allumant
» la sienne ».
« Mais tu pourras apercevoir la grandeur du fruit
» que tu cueilleras de ce mien labeur... ».

Préceptes généraux.

SAVONNE déclare :

« L'ordre et moyen duquel j'use pour tenir mes li-
» vres de raison, comptes et escriptures doubles est
» d'une autre méthode ou stille que n'est celui dont
» aucuns ont usé par cy devant ».

Il est besoin de tenir trois livres, dit-il :

1º Le « Memorial » auquel j'escris comme un chacun des miens. Et quant aux deux autres livres, il
n'y a que moy qui les tienne. De ces deux sortent
et dépendent toutes les raisons. Il faut les tenir
nettement et sans raclures.

2º J'appelle le second livre « Journal » parce qu'il
faut que celui qui tient les livres soit soigneux tous
les jours de tirer les parties qui seront sur le memorial pour les rapporter sur le dit Journal afin d'ob-
vier qu'il n'y survienne quelque erreur : et ainsi les
dites parties tirées et duement mises et couchées
au net sur le dit journal,on vient à les rapporter sur
le troisième ou dernier livre, chacune en bon ordre
comme elles seront escrites cy-après plus ample-
ment.

3º Le tiers livre est appelé « l'extraict du Journal »
autrement dit le Grand-Livre; comme vraiment il se
doit bien appeler à cause que c'est celuy qui donne
la fin et closture des autres précédents avec la vraye
raison et ballance.

Lesquels livres sont en Italie, Espaigne & autres
lieux, où est la coustume d'en user, tenus en telle
réputation que foy y est adioustée & sont receus en
Iustice comme choses certaines & raisonnables &
même comme si c'estoit une obligation ou instrument passé par devant notaires.

(8) Ennius — un des plus anciens poètes latins (240-169
av. J.C.).

SAVONNE expose ensuite que :

« Avant d'écrire dans les Livres, il faut faire premièrement un inventaire en un feuillet de papier a part ».

Et il explique :

« La Caisse est débitrice de l'argent que je lui baille,
» sa rencontre pour créditeur sera de moy Pierre
» Savonne pour mon compte de Capital ».

« Et faut poursuivre de coucher ainsi toutes les par-
» ties extraictes dudit Inventaire sur le Journal et
» au dit Grand Livre baillant à chacun son compte
» et sa rencontre au Compte Capital de moy Pierre
» SAVONNE ».

« Ainsi mon Journal et mon Grand Livre sont en
» train de recevoir toutes parties de mes négoces
» & affaires que j'y voudrai coucher au net ».

Autrement dit, Savonne fait usage d'une « Balance d'Entrée ». Il poursuit :

« Pour faire la « balance du livre », il faut que
» toutes les parties aient leur rencontre (contre-
» partie), c'est-à-dire que la somme qui est en débit
» se rencontre bien semblable en crédit où elle est
» renvoyée.
» Puis on doit souder (solder) toutes les parties
» ouvertes pour porter leurs restes (soldes) au der-
» nier folio du livre.
» On dresse un compte intitulé «Balance du Livre».
» qui reçoit les restes des parties soudées dudit li-
» vre. »

Autrement dit, Savonne fait usage d'une « Balance de Sortie ».

Excepté pour le Mémorial, énonce encore SAVONNE, on doit tenir les autres livres (Journal et Grand-Livre) soi-même à l'exclusion de toutes autres personnes. Le Grand-Livre est, selon lui, de grande importance car non seulement l'Inventaire doit être tenu secret, mais aussi des comptes, tels : frais, pertes et profits, caisse, que d'autres n'ont nul besoin de connaître. Pour cela, il faut avoir soin de ne pas faire apparaître sur un même folio du Grand Livre, des comptes de débiteurs et créditeurs ensemble avec des comptes de marchandises ou des comptes de frais, car un tiers à qui l'on montrerait son compte dans le Grand Livre pourrait jeter un coup d'œil sur un autre compte avec lequel il n'a rien à voir.

A propos de la forme extérieure des livres, Savonne dit :
— le Mémorial est long et étroit;
— le Journal et le Grand Livre sont plus carrés.
Pour ce qui concerne le lignage :
— le Journal a une première colonne réservée à l'inscription d'une fraction dont le numérateur et le dénominateur renvoient aux folios du Grand Livre.
— Le Grand Livre a une colonne réservée à l'inscription de l'indication du folio où figure le compte de contrepartie.

— Les Comptes de Marchandises ne sont pas ligr
spécialement pour faire apparaître les mou
ments quantitatifs.

SAVONNE donne un exemple de ces livres et est à remarquer que contrairement aux auteurs p cédents dont nous avons parlé, il ne fait pas d'al sion à Dieu. De même dans l'exposé qui précè l'exemple, SAVONNE ne se borne pas com Ympyn à énoncer les préceptes généraux, renvoy. à l'exemple pour le détail des écritures, il comme les opérations indiquant le folio du Mémorial celui du Journal où les articles sont passés, les tit et folios des comptes débités et crédités au Gra Livre.

L'exemple du Journal développe 132 articles de voici le premier :

Le 15 de septembre 1566
Caisse d'Argent comptant es
1   mains de Pierre Savonne doibt
—   12.450 £ 10 s. 6 d. qu'il met
2   pour compte de son Capital
Créditeur le dit Savonne   £ 12.450.10

Comme on le voit, chaque article du Journal p sente :

en premier le nom du débiteur;
en second, la déclaration du contenu;
en finale, le nom du créditeur.

Cette manière de faire avait déjà été préconis précédemment par Valentin Mennher de Kempt

Le Grand Livre est précédé d'une table alphab tique qui comporte 66 comptes parmi lesquels no relèverons à titre d'exemple, les suivants qui so caractéristiques par leur libellé.
Aduaris de Marchandises
Antoine de Mas pour compte de temps et coura
Jehan Murari pour compte de temps
Jehan Murari pour compte courant
Jehan Murari pour compte marchandise envoyée
Marchandise de compte Jehan Murari de Veronne

On doit remarquer que la série de comptes pr sentée par Savonne est très complète et très rema quable. Ainsi Savonne différencie le « Compte Capital » et le « Compte Privé » (9).

Le premier est le compte de la fortune, dans l quel on retrouve au Grand Livre les différents post provenant de l'inventaire qui fut fait sur un feuil à part ainsi que nous l'avons vu. Le second est u sorte de compte courant où sont passés les prél vements et versements effectués par le chef d'e treprise dans la Caisse, indépendamment des d penses de ménage, qui sont elles portées au comp « Despenses de Maison ».

Voici pour illustrer la forme des comptes Grand Livre, la reproduction de ce compte « De penses de Maison ».

(9) Pierre Savonne compte de capital
et —   propre compte.

48

Au débit :

16

1566

Despence de maison doibt donner de 18 d'octobre 127 £ baillé comptant, à lehan François boucher pour soude d'ung compte de chair, qu'il a fourni pour la maison, depuis le 15 mars jusques au jour présent. Créditeur la Caisse à   F 1 £ 127 0 0
Le 22 novembre 125 £ baillées comptant à Laurens Charles, apotiquaire pour soude d'ung compte de medecines, sucres & espiceries, qu'il a fourni pour la Maison depuis le premier de May jusques au jour présent. Créditeur la Caisse à F 18 £ 125 0 0
£ 252

Au Crédit :

1567   16

Despence doibt avoir ce 17 may 252 £ pour soude de ce compte a la balance de ce livre a   F 58 £ 252 0 0
£ 252

Les frais de commerce sont eux enregistrés dans un compte baptisé « Advaris de Marchandises ». Quant aux Marchandises que l'on reçoit d'un principal en tant que facteur, elles sont enregistrées « pour mémoire » au Mémorial, mais les frais provoqués par leur réception sont portés au débit d'un compte « Marchandises du compte de X... ». Lors de la vente à terme des Marchandises ce compte est crédité pour le montant de la recette à encaisser du débiteur et le solde (donc recettes moins frais) est alors reporté dans un compte « X... pour compte de temps ». Si la vente se fait au comptant, le solde du compte « Marchandise du compte de X... » est viré dans un compte « X... compte courant ».

Clôture.

Chez Savonne, la clôture des livres se fait à une date arbitraire. Ainsi l'exemple débute le 15 septembre 1566 et se termine le 16 mai 1567. A la date du 17 mai une Balance est établie. Cette Balance s'établit par le report de tous les soldes des comptes dans un nouveau compte à la fin du Grand Livre, les soldes débiteurs au débit et les soldes créditeurs au crédit. C'est donc une simple « Balance pour soldes » qui ne donne pas une vue d'ensemble de la fortune de l'entreprise, car le compte de Pertes et Profits est incomplet.

Ce dernier compte n'est en effet pas ouvert lors de la clôture, mais bien dans le courant de la période comptable, car dès qu'un stock de marchandises est entièrement vendu ou les opérations d'un voyage terminées, le compte intéressé est immédiatement soldé par virement au compte « Gains et Pertes ». Les comptes marchandises qui ne sont pas apurés

lors de la date de la clôture, c'est-à-dire, qui représentent des marchandises encore en stock — même si une partie du stock initial est déjà vendue — sont clôturés par virement au compte « Balance ».

Les soldes des comptes de frais sont également virés directement au compte « Balance ». Or, il est clair que dans les Comptes de Marchandises ainsi que dans les Comptes de Frais qui apparaissent à la Balance, il y a des montants qui intéressent le compte « Gains et Pertes ». Le solde de ce dernier compte qui apparaît à la Balance n'est donc nullement le solde réel des Pertes et Profits.

Résultat.

Savonne lui-même semble constater cette anomalie car après la rédaction de la Balance, il faut, dit-il, calculer le résultat. Selon lui, deux méthodes peuvent être employées :

1° soit la comparaison des montants auxquels s'élève le Capital (argent comptant, marchandises et créances, moins dettes) au commencement et à la fin de la période comptable;

2° soit en déduisant du solde créditeur du compte « Gains et Pertes » les soldes débiteurs des comptes « Despenses de Maison » et « Aduaris de Marchandises ».

Et ceci ne laisse pas d'intriguer. En effet :

— dans la première manière de faire, la différence entre les deux capitaux qui représente la valeur du Résultat est influencée par les gains et pertes réalisés sur les marchandises dont une partie du stock initial est déjà vendue;

— dans la seconde manière, le Résultat n'est que le solde résultant des gains et pertes sur marchandises dont le stock est totalement vendu, diminué ou augmenté selon le cas, des frais de ménage et des frais sur marchandises, puisque les soldes des comptes Marchandises non apurés sont virés au compte « Balance » et non à « Pertes et Profits » ainsi que nous l'avons vu.

En résumé, lors de l'existence d'un résultat bénéficiaire, celui-ci serait plus élevé dans le premier cas que dans le second, et selon ce que nous concevons de nos jours, le résultat le plus réel.

Or Savonne à propos de la première méthode, dit que la différence obtenue représente le Solde du Compte Capital qui devra être repris lors de l'ouverture des comptes pour la période comptable suivante. Et il est bizarre de remarquer que Savonne dans son exemple ne donne pas de « Compte Rectification du Capital » ni avant ni après l'établissement de la Balance.

En outre, selon Savonne, la seconde méthode serait la plus simple. En principe ceci est en effet exact, puisque le Résultat pourrait s'obtenir facilement par la Comptabilité et sans avoir recours à un Inventaire extra-comptable. Mais comme il oublie de faire entrer dans le compte de Pertes et Profits les gains et les pertes sur marchandises dont seule une partie du stock initial est vendue, on comprend mal ce qui influence le choix de Savonne pour la seconde méthode puisque le Résultat qu'il obtiendra ne sera pas le résultat le plus proche de la réalité.

On doit conclure que dans cette première édition, la détermination du Résultat et des écritures qui s'y rattachent laissant fort à désirer.

Réouverture.

Ainsi donc, la Balance des Comptes de Savonne n'est rien d'autre qu'une preuve des sommes, laquelle sert aussi pour reporter les comptes de l'ancien Grand Livre dans le nouveau Grand Livre. Et la Balance d'ouverture n'est donc littéralement rien d'autre que l'inverse de la Balance de clôture. L'habitude d'effectuer les reports au moyen d'une Balance d'Ouverture était encore peu commune à l'époque et Savonne donne à ce sujet les explications que voici :

1° On ne doit jamais débiter ou créditer sans un contrepartie dans le même livre;

2° A la fin du livre, on doit habituellement pointe les postes afin d'apprécier si la Balance est bie confectionnée. Résultat qui ne serait pas atteir sans que les postes ne correspondent entre eux Si les premiers postes dans le livre n'avaient pa de contrepartie, c'est qu'alors on n'aurait pa effectué un bon pointage. (Ceci est en fait un émanation du point 1 ci-avant. Il résulte aus de la première phase du point 2 que Savonne n considère l'établissement d'une Balance comm nécessaire que lorsque les livres sont remplis.

3° Il est très facile d'avoir des livres bien ordon nés, du fait qu'en tous temps on peut voir d'o vient un poste en débit ou en crédit. On trouv en effet la Balance sur la première page du livr et on n'est pas obligé de reprendre les ancien livres pour faire des recherches.

**

B) 2me édition - Lyon 1581.

Ci-dessous reproduction du frontispice de cet ouvrage.

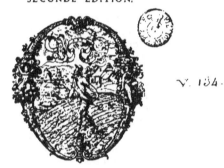

INSTRVCTION ET
MANIERE DE TENIR

liures de compte par parties doubles , soit en
compagnie ou en particulier.

Collegii Parisiensis ❦❦❦ *Societatis Iesu.*

Auec plusieurs belles parties de commissions, remises, & traictés de changes
de diuers lieux. Ensemble vn moyen facil & brief de dresser Carnet de
payements de parties virées & rencontrees sur les places de change, pour
raison des debiteurs & crediteurs qui sont escheus en quelque payement
de foire ainsi quordinairement se pratique à Lyon aux payements des
quatre foires de l'annee.

Laquelle instruction seruira de vray exemplaire à tous Marchands , Commissionnaires, Facteurs , & autres qui voudront faire profession de bien tenir liures.

par Pierre Sauonne, dit Talon, natif d'Auignon.

SECONDE EDITION.

V. 134.

A LYON, PAR IEAN DE TOVRNES,
IMPRIMEVR DV ROY.
M. D. LXXXI.

Auec priuilege.

Ces liures se vendent au logis de l'Auteur.

Introduction.

La « dédicace » de ce livre est adressée au seigneur Claude Pigeon, marchand bourgeois de la Ville de Lyon. Elle est formulée dans le style emphatique habituel à ces sortes d'hommages, comme nous l'avons vu à propos de l'édition d'Anvers : « Grâce » à mon instruction s'il t'advient quelque différend, » tu en pourras facilement sortir à ton honneur. » Après ton décès, tes héritiers seront grandement » soulagés de trouver tes livres ainsi bien ordonnés » pour les montrer à tes débiteurs et créditeurs, » afin de ne pas tomber en tant et tant de procès que nous voyons journellement advenir aux pauvres femmes, veuves, enfants, orphelins et autres héritiers, à leur grande perte, ruine et désolation ».

Nous pouvons remarquer que ce n'est pas la première fois que nous entendons ce langage, Déjà, Impyn l'avait tenu en plusieurs chapitres de son œuvre. « Je n'oserais cependant, dit Albert Dupont, en conclure que Savonne le lui a emprunté parce que ces idées sont trop naturelles pour qu'il soit nécessaire de leur chercher un inspirateur ».

Les préceptes énoncés par Savonne dans cette deuxième édition diffèrent assez sensiblement de ceux qu'il avait formulés dans la précédente. Albert Dupont en a donné un excellent commentaire que nous reproduisons ci-après.

Préceptes généraux.

Savonne prescrit bien encore la tenue de trois livres, mais ce ne sont plus les mêmes; ce ne sont plus le Mémorial, le Journal et le Grand-Livre.

« Je ne ferai mention, dit-il, que de trois livres » qui sont les plus requis et nécessaires à tenir, à » sçavoir du Grand-Livre, Livre de Vente et Livre » d'Achat. »

Qu'il ne parle pas ici du Mémorial, il n'y a là rien qui nous heurte. Ce n'est pas qu'il en proscrive l'emploi, il le mentionnera incidemment plus tard ainsi que d'autres livres secondaires ou auxiliaires que, dira-t-il : « Je n'ay voulu faire sortir en lu- » mière, à cause que l'instruction en est facile à » chacun ». Ce n'est qu'un livre de première écriture, une ébauche; il a compris qu'il ne faisait pas partie intégrante de l'édifice comptable et, à vrai dire, nous ne nous en soucions plus guère aujourd'hui.

Voici le thème comptable : trois marchands de Lyon font Compagnie pour un certain temps. Ils apportent diverses valeurs : l'argent et les marchandises sont immédiatement portés au crédit de leur compte Capital, les créances ne le seront qu'au fur et à mesure de leur entrée et figureront en attendant au crédit d'un autre compte à leur nom, dit « compte de temps ».

Puis l'auteur en arrive aux opérations courantes : il décrit nombre d'achats et de ventes dont il diversifie les formes avec un grand luxe d'imagination. Sur toutes les écritures à passer il donne les explications détaillées et les plus claires. Nous ne nous y attarderons pas, parce que là n'est pas la partie originale de cette œuvre. Parmi les comptes qu'il fait jouer, il faut citer ceux de « Profits et Pertes de Marchandises pour les escomptes » et « Profits et Pertes de Change » qui sont des subdivisions du compte primitif de Gains et Pertes.

Dans le cours de ses explications et toujours avec la même netteté, il montre comment on doit **remuer** un compte lorsqu'il est **plein**; entendez par là : comment on doit transporter le solde d'un compte à un folio nouveau, lorsque la page est remplie. Il recommande à cette occasion de bien spécifier à quelle échéance ce solde doit être payé pour ne pas avoir à remonter à l'ancien folio.

Résultat.

Dans la première édition de Savonne, la déter-

le solde de « Marchandises envoyées à Nicolas du Renel » fournit le résultat de l'opération que l'on vire à Pertes et Profits.

mination du bénéfice et les écritures qui s'y rattachent laissaient fort à désirer. La seconde édition n'encourt pas le même reproche. Il suffit pour le démontrer de donner la parole à notre auteur.

« Item, quelque temps après qu'on a eu faict
» plusieurs négoces dont l'on veut voir le proffit
» qui s'est faict durant la dite traffique & sur ce
» qui a été vendu des marchandises de la compa-
» gnie de cette raison, ie viens à procéder en cette
» sorte : c'est qu'en premier lieu ie présuppose
» que la compagnie a faict un inventaire des mar-
» chandises restantes en boutique & magasin lequel
» monte 15369 écus 6 sols 9 deniers & d'autant
» **fais débiteur** un compte nouveau des dites mar-
» chandises restantes que ie dresse sur le Grand
» Livre à f° 2 & créditeur le vieux compte de mar-
» chandises de la dite compagnie dressé à la même
» feuille. En après ie viens à sommer ce que se
» montent toutes les parties qui sont escrites du
» côté du crédit qui est la vente en le mettant sur
» un papier à part pour venir à sommer les parties
» qui sont escrites du côté du débit qui est l'achat,
» aussi sur le dit papier à part : et trouve que les
» parties du crédit se montent plus que celles du
» débit de 2713 écus 16 sols 1 denier qui est le
» proffit qui s'est faict sur le compte des marchan-
» dises de la compagnie. Laquelle partie de proffit
» s'escrit en débit au dit compte de marchandises à
» F° 2 pour soude d'iceluy & passe son rencontre
» en crédit au compte de profits et pertes à la même
» feuille : qui est le vray moyen de trouver le prof-
» fit qui s'est faict sur les marchandises qui ont
» été vendues de la compagnie. »

Le compte « Marchandises restantes » semble bien avoir été emprunté à Ympyn, chez qui il s'appelait, nos lecteurs s'en souviendront, « Remanance de biens ».

La méthode exposée est parfaitement correcte. Il est vrai que dans ce passage, la détermination des bénéfices n'est pas liée à l'arrêté général des écritures. Mais en somme cette liaison est imposée par l'usage plutôt qu'elle ne résulte d'une nécessité logique. Savonne a raison de ne pas créer entre les deux opérations une association fatale. Il serait à désirer que le bénéfice fut déterminé à des intervalles plus rapprochés que la durée d'un exercice. En fait, dans l'exemple qu'il donne, il ne sépare pas les deux opérations l'une de l'autre.

Clôture et Réouverture.

Après avoir expliqué la façon de calculer le profit, Savonne dit comment on doit **souder** (solder) le Grand Livre A et transférer les soldes au Grand Livre B. Il fait un « premier extraict » des débiteurs et créditeurs du premier et le **soude** (solde) en y ouvrant un compte de sortie. Puis il fait un « second extraict » qui n'est que le développement du pre-

mier, en y indiquant les dates auxquelles les pai[ments] doivent avoir lieu. Il établit le Grand Livre en portant d'abord au folio 1 le « compte d'e[n]trée », mais sans indiquer le temps des payemen[s] puis avec le second extrait, il porte aux compt[es] intéressés les débits et crédits qui y figurent [en] accusant les comptes du vieux livre d'où les parti[es] ont été extraites.

∴

C) 3ᵐᵉ édition - **Lyon 1588** (10).

Ci-contre   reproduction du frontispice de [ce] traité.

Introduction.

La « dédicace » de cet ouvrage qui se retrou[ve] aussi dans la quatrième édition est adressée au s[ei]gneur Horatio Micheli, gentilhomme Lucquois, [lou]vante les Mathématiques, science divine do[nt] l'Arithmétique est le vrai fondement. Elle est dat[ée] à Lyon du 3 novembre 1587.

Dans cette troisième œuvre, Savonne presc[rit] maintenant la tenue de cinq livres :

1° **le Grand Livre**, accompagné de son répertoi[re] constitue l'organe essentiel : « On y portera [en] débit et en crédit les parties des autres livr[es] qui s'ensuivront. »

2° **le Journal** : « où seront écrits les ventes et [les] achats, parties reçues et payées, traites et r[e]mises de change et aussi autres parties néce[s]saires, pour puis les extraire d'iceluy Journ[al] pour les passer ou porter au dit Grand Livre a[ux] comptes qu'il appartiendra ».

Savonne note ainsi au Journal :

——— du 17 janvier 1587 ———

4 **Francis Scarron** doit 632 livres
— pour les marchandises ci-après à £
2 lui vendues à payer par cédule aux prochains paiements des Rois, à savoir.....

(énumération des marchandises livrées) Créditeur **Marchandises** de notre compte . . . . . . 632. — . .

Comme d'habitude, le Journal utilisé ne co[m]porte qu'une seule colonne de sommes; le tex[te] commence par la désignation du compte débi[té] « Francis Scarron » et détermine par l'énonciati[on] du compte crédité « Marchandises »; en marge, [il] a inscrit les folios du Grand Livre où figurent c[es] comptes : le numérateur correspond au compte dé[bité], le dénominateur au compte crédité.

(10) se trouve à la bibliothèque principale de la Ville de L[yon]
(N° 22629). Nous croyons qu'il s'agit d'un exempla[ire] unique.

Nous tenons à adresser nos remerciements à Messie[urs] René Lafont, professeur de l'Enseignement Techniqu[e à] Lyon et J.-P. Ledro, inscrit au tableau de l'Ordre Natio[nal] des Experts-Comptables et Comptables agréés de la rég[ion] de Lyon pour l'aide qu'ils nous ont apportée pour [la] rédaction de ce chapitre.

BRIEVE INSTRVCTION
DE TENIR LIVRES DE
RAISON OV DE COMPTE

par parties doubles, c'est à dire, en debit & credit, soit en compagnie, ou en particulier: auec vn subtil moyen de dresser vn liure secret, pour raison de ceux qui se mettent en compagnie, qui toutesfois ne seruent estre nommez à la negociation d'icelle.

Dans laquelle instruction sont contenues plusieurs belles parties, tant de ventes, achets à terme, comptant, trocques, que autres conditions d'enuoyer & receuoir marchandises par commission, soit en compagnie pour quelque portion, ou autrement: de dresser compte à vn facteur, qu'on enuoyeront tant à la recepte & emploicte, que pour vendre, achetter, & negocier suyuant l'ordre de ses maistres. Se voyent aussi en ce liure plusieurs parties de remises & traictes sur lettres de change, qui dependent des commissions. Aussi le vray ordre de dresser vn liure intitulé, Carnet, auec son Bilan, pour virer & rencontrer parties sur la place du change de Lyon, qui se fait ordinairement au payement de chaque foire. Et plusieurs autres parties mentionnees à la declaration de ceste instruction, comme le tout est mis pour exemple aux cinq liures qui s'ensuyuent. Outre lesquels sont mis encor à la fin de la declaration quelques aduertissements profitables & necessaires à tous marchands.

par pierre de Savonne, natif d'Auignon.

TROISIEME EDITION.

QVOD TIBI
FIERI NON
VIS, ALTERI
NE FECERIS.

M. D. LXXXVIII.
PAR IEAN DE TOVRNES, IMPRIMEVR
DV ROY, A LYON.

Ces liures se vendent au logis de l'Auteur.

Au Grand Livre, on aura au folio 4 :
Francis Scarron doit, du 17 janvier, 632 £ pour les marchandises à lui vendues, à payer par cédule aux prochains paiements des Rois, comme il appert au Journal à feuille 1. En ce livre créditeur **Marchandises** à . . . F 2   632.—.—

3° **Le livre de copie de comptes** « où seront copiés
» les comptes de ventes et achats de marchan-
» dises qui seront envoyées ou reçues du dehors,
» tant pour compte propre qu'en commission
» soit en compagnie ou autrement, puis pour
» après extraire du dit livre les parties qui se-
» ront requises pour les porter sur le Grand
» Livre aux comptes qu'il appartiendra ».
Il s'agit en quelque sorte, d'un facturier d'achats et de ventes qui enregistre les opérations traitées avec l'extérieur.

4° **Le Livre Secret** « servant à ceux qui font compagnie, où seront écrits particulièrement les parties du fonds capital de la compagnie, pour puis après les porter sur le Grand Livre en somme grosse, à cette fin qu'elles soient inconnues ».

5° Le **carnet des payements** (11).

(11) Nous traiterons de ce carnet dans un prochain article.

L'ouverture des comptes.

Lorsqu'il s'agit d'un particulier, Savonne recommande de procéder d'abord à un inventaire des Marchandises en magasin, Débiteurs, Créditeurs, etc... On utilise au Grand Livre un « compte d'ouverture » : les Comptes Marchandises, Débiteurs, Caisse sont débités par le crédit du « compte d'ouverture »; Créditeurs, Capital sont crédités par le débit de ce même compte qui se trouve ainsi soldé.

Lorsqu'il s'agit d'une « Compagnie », les comptes des parties sont débités de ce qu'elles ont promis d'apporter, par le crédit de Capital. Lorsque les apports sont effectués, on crédite les comptes des parties par le débit des comptes des valeurs apportées (Marchandises, Caisse, etc...) et on vire le montant de l'apport du crédit du compte Capital au crédit d'un compte Capital ouvert à chacun des associés.

Mais il est préférable, estime Savonne, lorsqu'il s'agit d'une Compagnie d'utiliser le Livre Secret. Les comptes des parties et le compte Capital sont alors tenus au Livre Secret. Au moment de la réalisation des apports, on crédite les comptes des parties par le débit du compte : « Sortie de Livre Secret »; au Grand Livre, on débite les comptes des valeurs apportées par le crédit d'un compte intitulé « Entrée de ce Livre ».

Ainsi, la liaison entre les deux comptabilités est assurée; le Capital social et les parts respectives de chaque associé n'apparaissent pas en comptabilité ordinaire.

Les opérations décrites.

Elles concernent plus particulièrement les affaires en commission et en participation.

1° **Les marchandises adressées à un commissionnaire pour être vendues** sont inscrites au débit d'un compte spécial : « Marchandises envoyées à Nicolas du Renel » (par exemple) par le crédit du compte « Marchandises ».
Les dépens, préalablement enregistrés sur un livre auxiliaire, sont portés au débit du compte « Marchandises envoyées à Nicolas du Renel » par le crédit du compte Caisse.
Le montant de ce compte (Brut-Depens-Provinaire est copié intégralement sur le « Livre de copie de comptes ». Il se termine par la formule :

« Vous plaira visiter ce compte. Le trouvant
» juste en passerez écriture pour aller d'accord
» et y trouvant erreur m'en avertirez. Dieu vous
» garde.
» Nicolas du Renel. »

Le montant de ce compte (Brut-Répens-Provision) est reporté au débit du compte du commissionnaire par le crédit de « Marchandises envoyées à Nicolas du Renel ». On évalue les marchandises restant chez le commissionnaire; le montant en est viré à un nouveau compte et

2° **Les marchandises achetées par l'intermédiaire d'un commissionnaire** font l'objet d'un compte d'achat, transcrit sur le Livre de copie de comptes. Le montant en est reporté au débit d'un compte « Marchandises envoyées de Marseille »· (par exemple), par le crédit du compte du commissionnaire (on ouvre à celui-ci trois comptes distincts : un compte courant, un compte de temps et un compte de troc). Après imputation des dépens payés à l'arrivée, le solde du compte « Marchandises envoyées de Marseille » est viré au débit du compte général « Marchandises ».

3° **Dans le cas de marchandises vendues pour le compte d'un correspondant** (commettant), on enregistre d'abord les dépens au débit du compte du commettant par le crédit du compte Caisse. Au moment de la vente, on débite les comptes acheteurs par le crédit de « Marchandises vendues pour le compte de ..... ». Le compte de vente est copié sur le Livre de copie de comptes et son montant est reporté :
— au débit de « Marchandises vendues pour le compte de ..... »;
— au crédit du compte du correspondant (pour le montant net) ;
— au crédit de Pertes et Profits (pour le montant de la provision).

4° S'il s'agit de **marchandises achetées pour le compte d'un correspondant** (commettant), on débite, au moment de l'achat, le compte « Marchandises achetées pour ... » par le crédit des comptes des vendeurs. Le compte d'achat est copié sur le livre de copies de comptes. Le compte « Marchandises achetées pour ... » est débité :
— des dépens, par le crédit du compte Caisse;
— du montant de la provision, par le crédit de Pertes et Profits. Il est ensuite soldé par le débit du compte du correspondant.

5° L'auteur donne, par ailleurs, une description détaillée de la **comptabilité des opérations en participation.**
Ainsi dans le cas de marchandises envoyées par un correspondant Jean Boucher, pour être vendues en participation (3/4 pour le commerçant, 1/4 pour le correspondant), le compte Marchandises envoyées par Jean Boucher » prend en charge les 3/4 de la valeur des marchandises et les dépenses de transport payées à l'arrivée. Le compte est ensuite crédité du 1/4 de ces dépenses par le débit du compte de Jean Boucher. Savonne ouvre un compte « Ventes » crédité du montant de la vente et débité des courtages payés par le crédit du compte « Dépenses de marchandises ». Le solde du compte Ventes est imputé pour 1/4 au crédit de Jean Boucher et pour 3/4 au crédit de « Marchandises envoyées » par Jean Boucher. Après quoi, le solde de ce dernier compte est viré à Pertes et Profits.

La comptabilité des règlements nécessite une or-

ganisation comptable particulière. Pour enregistr[er] ces règlements, Savonne prévoit la tenue d'un [...] livre qu'il intitule « Carnet des Paiements », do[nt] nous parlerons ultérieurement.

Pour déterminer le bénéfice réalisé, Savonne uti[li]se simultanément deux méthodes :
1° lorsqu'il s'agit d'achats et de ventes à la com[mis]sion ou en participation, **le résultat est d[é]gagé par opération;**
2° lorsqu'il s'agit d'achats et de ventes effectué[s] par le marchand pour son compte personnel, détermination du résultat s'effectue au bo[ut] d'une certaine période. On procède à un inven[taire] des marchandises restant en magasin. L[a] valeur en est portée au débit d'un nouveau comp[te] de « Marchandises » par le crédit de l'ancie[n] compte. Le solde de ce dernier fournit alors [le] bénéfice qui est viré au comptes Pertes et Pro[fits], mais le Journal n'enregistre aucune écritur[e] de ces opérations.

Certaines charges sont passées directement a[ux] comptes Pertes et Profits; d'autres sont enregistrée[s] dans des comptes particuliers qui seront soldés e[n] fin d'exercice par Pertes et Profits, ainsi
« Provisions » enregistre les commissions;
« Assurances » enregistre les primes payées;
« Dépens de marchandises » enregistre les cour[tages], salaires des serviteurs, dons, etc.

On peut noter une certaine confusion dans l'en[re]gistrement des charges :
— les escomptes sont passés tantôt à « Marchan[di]ses » tantôt à « Pertes et Profits ».
— les courtages sont imputés tantôt à « Marchandise[s] générales » tantôt à « Dépens de Marchandises »[.]

A la liquidation de la compagnie, le solde d[u] compte « Pertes et Profits » est viré au crédit de[s] comptes de Capital ouverts aux associés. Chaqu[e] associé prend en charge le règlement d'une parti[e] des dettes : on solde donc les comptes des Crédi[i]teurs par le crédit des comptes de Capital. De même[,] chaque associé reçoit mission de recouvrer une par[-]tie des créances : les comptes des Débiteurs son[t] donc soldés par le débit des comptes de Capita[l.] Enfin, les associés se partagent l'existant en Caiss[e] et Marchandises.

Conclusion.

La méthode décrite par Savonne se caractéris[e] donc essentiellement :
— par la **division du Journal** résultant de l'utilisa[-]tion du Livre de copie de comptes;
— par la **division du Grand Livre** : certains compte[s] figurent en permanence sur le « Livre Secret »[,] d'autres étant périodiquement groupés sur l[e] « Carnet des Paiements »;
— par l'**utilisation simultanée de deux méthode[s] permettant de faire apparaître le résultat** : résul[-]tat par opération et résultat d'ensemble dégag[é] périodiquement à la suite d'un inventaire.

∴   (à suivre)

54

D) 4ᵐᵉ édition — 1608.

Ci-dessous frontispice de cet ouvrage.

BRIEVE INSTRVCTION
DE TENIR LIVRES DE
raison, ou de compte.

par parties doubles, c'est à dire, en debit & credit, soit en compagnie, ou en particulier : auec vn subtil moyen de dresser vn liure secret, pour raison de ceux qui se mettent en compagnie, qui toutesfois ne veulent estre nommés à la negociation d'icelle.

Dans laquelle instruction sont contenues plusieurs belles parties, tant de ventes, achets à terme, comptant, troqués, que autres conditions d'enuoyer & receuoir marchandises par commission, soit en compagnie pour quelque portion, ou autrement : de dresser compte à vn facteur, qu'on enuoyeroit tant à la recepte & emploicte, que pour vendre, achetter, & negocier suyuant l'ordre de ses maistres. Se voyent aussi en ce liure plusieurs parties de remises & traittes par lettres de change, qui dependent des commissions. Aussi le vray ordre de dresser vn liure intitulé, Carnet, auec son Bilan, pour virer & rencontrer parties sur la place du change de Lyon, qui se fait ordinairement au payement de chaque foire. Et plusieurs autres parties mentionnees à la declaration de ceste instruction, comme le tout est mis pour exemple aux six liures qui s'ensuyuent. Outre lesquels sont mis encor à la fin de la declaration quelques aduertissements profitables & necessaires à tous marchands.

par Pierre de Sauonne, natif d'Auignon.

Quatrieme edition, reueuë en plusieurs endroits, & augmentee d'un sixieme liure.

PAR IEAN DE TOVRNES
M. DC. VIII.

Introduction.

Si cette édition diffère grandement de la 2ᵉ, elle s'apparente fortement à la 3ᵉ dont elle reproduit bien des passages, y compris la dédicace. Dans cette édition, le Journal a retrouvé son unité, mais le nombre des livres est cette fois porté à six au lieu de cinq : le Journal, le Grand-Livre, le Livre de copie de comptes où seront copiés les comptes de ventes

---

(*) La publication de cette série d'articles a commencé dans « Documentation » nᵒ 148, page 30, (1956).

et d'achats de marchandises qui seront envoyées et reçues du dehors.

« Le quatrième livre sera intitulé Livre Secret
» servant à ceux qui font compagnie, où seront
» escrites particulièrement les parties du fonds
» Capital de la Compagnie pour puis après les por-
» ter sur le Grand Livre en somme Grosse ».

Le cinquième livre est le « Carnet des payements des Rois » et le sixième un grand livre pour l'achat d'un fonds.

Après avoir donné ces indications préliminaires, l'Instruction commente les écritures passées. Des titres assez nombreux et, à la fin, une « table des sommaires ou chapitres de cette Instruction » donnent à l'œuvre une apparence plus didactique que dans les premières éditions.

Les innovations portent en somme, malgré certaines apparences contraires, sur des points accessoires et n'altèrent pas profondément la méthode qui reste essentiellement la même.

Résultats sur Marchandises.

Pour ce qui concerne la détermination du Résultat sur Marchandise, voici la description qu'a donnée Albert Dupont du compte « Marchandises de notre Compagnie » donné dans cette 4ᵉ édition.

Notons d'abord, dit-il, quelques particularités de forme. Le titre du compte n'est pas inscrit en tête; il ne figure in extenso qu'au premier article de débit; au crédit, il est abrégé avec référence au débit. Il n'y a d'autre indication chronologique que le millésime en tête du compte et en marge du premier article de chaque année. On doit avouer que cette absence de dates constitue une assez fâcheuse lacune.

Les formules employées ne sont pas rigoureusement invariables. Au débit, la préposition « à » figure habituellement deux fois, d'abord devant le titre, puis devant le folio du compte crédité. Mais elle est parfois remplacée par le mot « Créditeur » ou « Créditrice ». Au crédit, on remarque l'expression « Ont d'avoir ». La préposition « à » se retrouve devant le folio du compte débité, tandis que le titre de ce compte est habituellement précédé de la préposition « pour ». Mais il arrive que cette dernière annonce le motif de l'écriture (Marchandises vendues en payements des Rois) au lieu du compte débité, et la mention de ce dernier est alors annoncée par une périphrase, telle : « comme appert... en ce livre au compte dudit Carnet ».

L'auteur donne dans les termes suivants des éclaircissements sur la monnaie de compte utilisée :

« Et il faut noter que des parties qui se mettent
» aux susdits livres de cette instruction, les sommes
» seront mentionnées par écus, sols et deniers d'or,
» l'escu de 20 sols d'or qui valent 60 sols tournois.
» qui est à raison de 3 sols tournois pour 1 sol d'or,
» et cela se fait pour ce que, lorsque la **troisième**
» **édition** s'imprimait, on comptait ainsi en France.»

Le compte se solde en quantité et en valeur et le profit se détermine conformément aux principes énoncés dans le passage de la 2ᵉ édition que nous avons donné ci-avant.

Livre Secret.

Pour ce qui concerne le Livre Secret, on peut relever qu'en tête de ce livre qui ne doit être connu que des associés se trouve la « Teneur de Compagnie » c'est-à-dire l'Acte de Société. Les conventions excellemment rédigées prévoient tout avec un soin minutieux; elles contiennent ce qu'on appelle aujourd'hui, dit Albert Dupont, la clause compromissoire, c'est-à-dire l'engagement de se soumettre à un arbitrage en cas de différend. Elles nous apprennent enfin que le sens de la solidarité humaine n'est pas une acquisition toute récente, puisque dans cet acte, vieux de trois cent cinquante ans et qui est sans doute d'un modèle courant à l'époque, les pauvres ne sont pas oubliés. Ils profitent d'abord pour moitié de la pénalité de cinq cents écus infligés à celle des parties qui contreviendrait au jugement des arbitres.

« Et en outre voulons et accordons que chacun an
» il sera levé sur la dite compagnie cinquante escus,
» qui seront payés moitié aux pauvres de l'Hostel-
» Dieu de Marseille et l'autre moitié aux pauvres
» de l'Hostel-Dieu et aumosne générale de Lyon,
» car ainsi l'avons convenu et accordé...
» A Lyon, ce premier janvier mil cinq cent huic-
» tante sept. » (12).

En résumé, le Livre Secret est un Grand Livre partiel mais non éphémère comme le « Carnet des Paiements », il dure autant que la Compagnie. Les situations individuelles des associés à l'égard de la Société, les opérations qui les modifient et le partage des bénéfices y sont tenus loin des regards indiscrets. Au Grand Livre ordinaire, la Compagnie se présente aux Tiers, et s'il y a lieu aux investigations de la justice, en un bloc dont les éléments sont indiscernables. Quant à la façon dont les écritures du Livre Secret et du Grand Livre s'emboîtent les unes dans les autres, c'est là une chose que tout

---

(12) De toutes les belles parties qu'annonce un peu naïvement l'auteur dans son titre, celle des pauvres, dit encore A. Dupont, parait la plus belle, mais à un point de vue différent de celui où il s'est placé. En présence de ce don librement et généreusement consenti — 50 écus étaient une somme à cette époque — on se prend à regretter que notre égoïsme nous ait condamné à perdre le mérite et le bénéfice de cette spontanéité.

---

comptable peut comprendre sans qu'il soit néces[saire] de l'expliquer ici.

Carnet des payements des Rois.

Nous développerons ci-dessous la fonction [de ce] tel Carnet. Disons cependant déjà que su[r ce] Carnet, on inscrit les comptes débiteurs avec [les] sommes qu'ils doivent verser, les comptes crédit[eurs] avec les sommes qui doivent être versée[s. Il] existait, à l'époque, à Lyon, quatre échéances [: les] paiements des Rois (en janvier), de Pâques [(en] avril), d'Août (en août) et des Toussaints (en [no]vembre). Ceci explique la dénomination «des R[ois] employée par Savonne dans ce cas.

Grand Livre pour l'achat d'un fonds.

Le Grand Livre pour l'achat d'un fonds re[lève] d'une conception analogue, basée sur la discrét[ion] à celle qui a fait tenir le « Livre Secret ».

* *

Après avoir analysé la partie « instruction [et] manière de tenir livres de raison ou de comptes [à] parties doubles » dans chacune des éditions de l'[ou]vrage de Pierre SAVONNE, nous traiterons main[te]nant de l'autre partie que l'auteur intitule « [Le] moyen de dresser carnet pour le virement et r[en]contre des parties qui se font aux foires es pa[ie]ments de Lyon et autres lieux ».

Cette manière de procéder dans notre étude [de] SAVONNE nous a permis de suivre l'évolution d[ans] le temps de son exposé comptable sans qu'elle [ait] été coupée par des considérations sur le « carne[t »] et, de pouvoir étudier maintenant à loisir, ce qu'[est] ce « carnet » dont l'intérêt comme on le verra [est] assez curieux. Toutefois, avant d'aborder cette étu[de] et afin de faciliter la compréhension des extraits [de] SAVONNE que nous donnons, nous dirons quelq[ues] mots sur ce qu'étaient les « foires » de Lyon.

DE L'OUVERTURE DES PAIEMENTS EN FOIRE DE LYON.

Charles, Dauphin de France, Régent du Royaum[e] pendant la démence de Charles VI son père, acco[rda] à la ville de Lyon par Lettres patentes du 9-2-14[...] l'autorisation d'y établir deux foires annuelles, l'[une] commençant le lundi d'après le quatrième diman[che] de Carême et l'autre le 15 novembre; toutes de[ux] continuées pendant six jours :

« Et une chacune d'icelles, franche, quitte [et]
» délivrée par tous marchands, denrées et marcha[n]
» dises quelconques ensorte que les dites march[an]
» dises et denrées qui y seraient amenées, vend[ues]
» ou échangées, s'en puissent aller pleinement [et]
» purement, sans fraude, de toutes aides, impô[ts]
» tailles, coutumes, maltotes, ou autres impositio[ns]
» mises ou à mettre. »

Mais par Lettres patentes de février 1443, [ce] même Charles VII octroyait à la Ville de Lyon tr[ois] foires franches, chacune de vingt jours, à comme[...]

cer, l'une le 1er lundi d'après Pâques, l'autre le 26 juillet et la troisième le 1er décembre.

Enfin Louis XI, son fils, ajouta la concession d'une quatrième foire et quantité de nouveaux privilèges (Lettres patentes de mars 1462).

Ces quatre foires qui ne durèrent plus que quinze jours se tinrent, l'une le premier lundi après la quasimodo, l'autre le 4 août, la troisième le 3 novembre et la quatrième le premier lundi après la fête des Rois.

Durant ces quatre foires de Lyon, toutes monnaies étrangères y avaient cours. A l'origine, le Bailli de Mâcon fut nommé conservateur et gardien des dites foires, charge qui passa ensuite aux Prévôts des Marchands et Echevins de la Ville de Lyon. Chaque commerçant avait le droit d'y tenir Banc de change public.

La ville de Lyon jouit paisiblement de ses quatre foires et de toutes leurs franchises jusqu'à la mort de Louis, mais elle s'en vit dépouillée sous le règne de Charles son fils au bénéfice de la ville de Bourges, capitale du Berry.

Cependant, par Lettres patentes de juin 1494, les foires furent rendues à la ville de Lyon et quantité de droits et privilèges lui furent entièrement confirmés.

C'est de ces quatre foires qui furent si célèbres dans toute l'Europe que l'on entendait parler dans le commerce des Lettres de change, quand on disait que ces lettres étaient « payables à Lyon dans les foires », ce qui, en terme de négoce, s'appelait « Payements ». Ces « Payements » nommés du nom des foires voyaient leur ouverture faite avec grande cérémonie.

Nous avons vu précédemment que les Italiens dominèrent à un moment donné le commerce de la ville de Lyon et qu'on leur avait donné de grands privilèges. C'est ainsi qu'on leur accorda même la distinction de faire l'ouverture des payements en foire. Ce droit appartint longtemps aux Florentins, un Gênois l'eut ensuite et après lui un Piémontais.

Lorsque les Lyonnais reprirent le dessus, l'ouverture des payements se fit par le prévôt des marchands (13). Ce magistrat se rendait dans la Loge du Change, accompagné de son Greffier et des six Syndics des Nations, à savoir deux Français, deux Italiens, deux Suisses (ou deux Allemands). Il faisait aux assistants un petit discours pour leur recommander la probité dans le négoce et l'observation des règlements de la place. On lisait ensuite ces règlements et un procès-verbal était dressé de l'ouverture des payements. Les paiements eux-mêmes nécessitaient la tenue de multiples annotations dont Pierre SAVONNE nous entretient longuement dans les diverses éditions de son traité .

(13) et par les Echevins de la ville de Lyon (qu'on appelait aussi le Consulat).

Il sera suivi en cela d'abord par Claude BOYER qui dans sa « Briefve Methode et Instruction pour tenir livres de raison par parties doubles » (1627) « nous donnera entre autres choses son Instruction » pour dresser un livre intitulé carnet des paiements » des Foires de Lyon », ensuite, par Pierre POURRAT qui dans son traité « Le Bilan ou Science des Contes Doubles » de 1676 dissertera également sur le même sujet.

BILAN DE CHANGE ET CARNET DES PAYEMENTS EN FOIRE DE LYON.

Il est intéressant d'examiner en quoi se composaient ces opérations qui ont laissé au monde comptable les mots CARNET et BILAN que tout le monde emploie, souvent sans en connaître l'origine.

Le **BILAN** était **uniquement** au début un livre dans lequel les marchands, négociants et banquiers renseignaient leurs dettes, actives et passives, c'est-à-dire ce qui leur était dû et ce qu'ils devaient.

Ce livre qui était du nombre de ceux qu'on appelait livres d'aides ou livres auxiliaires a connu par la suite des temps diverses autres appellations telles que carnet —livre des mois — livre des payements — et enfin livre des échéances ou échéancier.

Autrefois, les marchands, négociants et banquiers de la ville de Lyon portaient sur la place du Change un petit livre qu'ils appelaient bilan des acceptations sur lequel ils écrivaient toutes les lettres de changes qui étaient tirées sur eux à mesure qu'elles leur étaient présentées.

Leur acceptation consistait à mettre une croix à côté de la lettre enregistrée dans leur bilan et qui signifiait « accepté ».

S'ils voulaient délibérer sur l'acceptation, ils mettaient un V qui signifiait « Vue ». S'ils ne voulaient pas l'accepter, ils écrivaient S.P. qui signifiait « sous protêt », c'est-à-dire que celui qui en était porteur devait la faire protester dans les trois jours après le payement échu (c'est-à-dire le 3 du mois suivant).

Les lettres payables dans les temps des foires de la ville de Lyon que l'on appelait « Payements » ne s'acceptaient pas par écrit. Celui sur qui elles étaient tirées disait verbalement : « vu sans accepter pour répondre au temps » et le porteur en faisait mention sur son bilan. A cause des contestations qui arrivaient sur ces sortes d'acceptation verbale par la mauvaise foi des accepteurs, il fut inséré un article dans la règle de la place du Change de la Ville de Lyon (2-6-1667) que les acceptations se feraient par écrit, datées et signées.

Cet usage fut étendu ensuite aux autres places du Royaume.

Le **CARNET** qui au début était synonyme de Bilan tire son nom du latin Quaternum. Il était composé de quatre parties se rapportant aux quatre foires et dans lesquelles s'inscrivaient les engagements relatifs à chacune des dites foires.

Par la suite, le carnet a complètement perdu son premier sens et se disait simplement d'un petit livre que les marchands portaient dans les foires et marchés, sur lequel ils écrivaient les affaires qu'ils faisaient, les marchandises vendues, leur recette et leur dépense journalières.

Moyen de dresser carnet pour le virement et rencontre des parties qui se font aux foires ès payements.

Dans chacune de ses éditions, SAVONNE a soin de nous éclairer sur l'usage de ce petit cahier de deux feuilles sur lequel sont écrites les « parties escheutes estant venu le temps des payements ». Il le qualifie « Bilan de Change » et à notre époque on appellerait cela une feuille de compensation. D'un côté figurent tous les débiteurs, de l'autre tous les créanciers qui doivent régler ou être réglés à cette échéance.

Nous rappellerons qu'à cette époque, Lyon était le siège d'un énorme trafic de marchandises et un grand marché d'argent. C'était la métropole financière du royaume de France.

Après chaque foire, avait lieu le temps des «Payements» et les marchands avaient coutume de fixer leurs échéances à l'un de ces quatre « Payements ». Les traites étaient domiciliées en foire de Lyon et pour éviter un trop grand maniement de numéraire, on avait l'habitude de solder les créances par compensation et de ne payer que les différences entre deux montants compensés.

Pour ce, il fallait commencer par sortir du Grand Livre non pas toutes les créances, ni toutes les dettes, mais seulement celles qui tombaient à échéance au prochain « payement » et par les inscrire dans un petit livre spécial dénommé « Billan du Change » ou « Billan des payements de la foire de Pâques » (par exemple).

Ce « Billan du change », le commerçant l'emportait avec lui à la foire, ainsi qu'un carnet des payements de la foire de Pâques (pour suivre le même exemple) afin d'y relever les mouvements de compensation à effectuer entre débiteurs et créanciers.

Les éléments de ces compensations étaient inscrits au crédit du débiteur libéré, au débit du créancier satisfait.

Edition de 1567.

Voici comment SAVONNE commente l'utilisation du « Billan du Change » dans sa première édition.
« Le temps étant venu des payements, j'extrais (du
» Grand Livre) les parties échues sur un petit car-
» net de deux feuilles de papier intitulé« le billan
» du Change », auquel j'ai extraict les parties des
» débiteurs d'un côté et les créditeurs de l'autre.
» Ce petit cahier est pour le porter sur la place du
» Change afin d'y écrire les noms de ceux avec qui
» je vire et rencontre partie.
» Et je fais un autre livre intitulé le « carnet des
» payements de la Foire d'... » au commencement

» duquel je dresse un compte pour y écrire tous |
» débiteurs et créditeurs extraits de mon Gra▮
» Livre sur le dit Billan et ce pour bailler à chac▮
» leur compte au dit carnet pour les rencontr▮
» d'iceluy, ainsi comme par exemple il se peut v▮
» au même compte du dit carnet qui renvoie ch▮
» que partie à la feuille où est inscrit son compt▮
» Ce carnet ainsi dressé, je porte le susdit billa▮
» quand je vais sur la place du Change pour d▮
» mander argent à mes débiteurs et virer et re▮
» contrer parties avec les créditeurs.

» Pour exemple : le premier débiteur à qui ▮
» m'adresse est Léonard Guarin qui me d▮
» 1842 £ 5 et qui me remets 294 £ sur Mathi▮
» Coston, à qui je suis débiteur. Et la partie éta▮
» accordée, je l'écris au premier feuillet vide ▮
» mon dit billan, faisant débiteur le dit Coston po▮
» Léonard Guarin des dits 294 £. Et après je d▮
» mande argent à Laurens Teulle qui me vire part▮
» sur Berthelemy Boucher à qui je demande arge▮
» pour le dit Teulle. Celui-ci me remet sur Antoir▮
» Perrin qui lui est débiteur. Et Perrin me rem▮
» sur Pierre Voisin et Voisin sur Claude Clanel ▮
» Clanel sur Jehan Graffet à qui je suis débiteur ▮
» par celui-ci la partie se rencontre écrivant a▮
» feuillet du billan en cette foire : Débiteur Jeha▮
» Graffet pour Claude Clanel, pour Pierre Voisi▮
» pour Antoine Perrin, pour Berthelemy Bouche▮
» pour Laurens Teulle de £ 381.10.15.

» Et fais ainsi de tous les autres jusqu'à ce qu'o▮
» ne trouve plus à qui virer partie sur la plac▮
» Alors il est question de venir à payer compta▮
» ou bien préfère aussi quelques sommes restan▮
» jusqu'aux autres payements de la foire prochain▮
» de quoi les parties sont écrites au dit petit cahi▮
» billan et portées sur le carnet chacune par b▮
» ordre à son compte. Le dit carnet ainsi fait, je l▮
» ai baillé cloture pour rapporter toutes les parti▮
» restantes à payer et celles qui sont payées cha▮
» cune à son compte au Grand Livre.

» Et premièrement je solde tous les comptes de
» parties ouvertes pour porter leurs restes au mêm▮
» carnet à Fº 1 au compte dressé pour le Gran▮
» Livre B.

» Comme par exemple de la partie d'Antoine For▮
» qui demeure pour Débiteur de 2.045 £ selon so▮
» compte du carnet à folio 3 je la porte dans le di▮
» carnet au compte du dit Grand Livre à Folio 1 e▮
» débit.
» Faisant tout semblablement d'une partie restant ▮
» d'un créditeur mis sur le dit compte en crédi▮
» Et les parties ainsi portées sur le dit compte je l▮
» solde afin de pouvoir faire la preuve du dit carnet
» ce que je fais en totalisant le débit et le crédi▮
» lesquels se trouvant égaux cela dénote le dit car▮
» net avoir été bien tenu. Et ne servant ce di▮
» compte d'autre chose que pour faire la preuve s▮
» mon dit carnet a été bien tenu, j'en viens pa▮
» après à dresser un compte de ce dit carnet au

» Grand Livre F°. 29 pour bailler rencontre aux par-
» ties qu'il faut rapporter du dit carnet chacune à
» son compte sur le dit Grand Livre.

» Et premièrement je viens extraire du dit carnet
» la première partie qui est de 1842 £ 5.- payée
» par Léonard Guarin au dit carnet à son compte à
» F° 2 et porte la dite somme pour débiteur sur le
» Grand Livre au dit compte du carnet à F° 29 pour
» lui bailler rencontre en crédit au compte du dit
» Guarin sur le dit livre à F° 20. Faisant ainsi de
» ceux qui ont parachevé de payer.

» Et procède semblablement au compte d'un crédi-
» teur quand il a été payé, le portant en crédit sur
» le dit compte à F° 29 pour lui bailler la rencontre
» en débit à son compte .

» Or je viens après aux parties des sommes res-
» tantes à payer, comme premièrement à la partie
» d'Antoine Fort qui étant demeuré débiteur de
» 2045 £ à son compte sur carnet à F° 3 je lui baille
» la rencontre de la même somme au débit du dit
» carnet à F° 1 sur le compte du Grand Livre et
» pour accoutrer cette partie à son compte au dit
» Grand Livre il faut porter le dit Fort pour crédi-
» teur de ce qu'il m'a payé à son compte du Carnet
» à F° 3. Et pour voir ce qu'il a payé il faut sous-
» traire les 2045 £ dont il demeure débiteur des
» 3130 £ dues primitivement. Le reste soit 1085 £
» laquelle somme on voit au dit carnet avoir été
» payée par quoi la faut porter en débit au compte
» du Grand Livre F° 29 pour lui bailler rencontre
» en crédit à son compte à F° 21.

» Toutes écritures passées il faut qu'au compte

» F° 29 du Grand Livre, le débit soit égal au crédit
» ce qui est la preuve et fin.

Il résulte de cet exposé assez confus — il faut
le reconnaître — que la manière de procéder est la
suivante : Dans un « Carnet des Payements » que
SAVONNE prépare avant une foire, il ouvre en
page 1 un compte « Grand Livre » reprenant dans
celui-ci, d'après le Grand Livre proprement dit, les
montants qui viennent à l'échéance et dont il fait
la contre-partie sur les autres pages en ouvrant des
comptes individuels à chacun de ces tiers. Il prépare en outre un « Billan de Change » qu'il empor-
tera avec lui en foire et sur lequel il relève les tiers
qu'il se devra de rencontrer.

Comme on le pressent, une comptabilité autonome pour les opérations en foire se fait jour, le
« billan de change » allant jouer le rôle d'un journal
et le carnet des payements celui d'un grand livre
dans lequel le compte « Grand Livre » joue lui le
rôle d'un compte « Balance d'entrée ».

En foire, SAVONNE note dans le « Billan de
change » toutes les « rencontres » qu'il réalise, et
rentré chez lui il transporte ces annotations du
« billan » dans les comptes du carnet. Les soldes
restant éventuellement à payer par les uns et les
autres sont ensuite virés au compte « Grand Livre »
dont les totaux en débit et crédit s'égalisant montrent que le carnet a été bien tenu.

Schématiquement, le carnet se présente donc ainsi
pour une opération débitrice apurée et une autre non
apurée compensant partiellement à ce stade un tiers
créditeur de £ 5.000. 5.- par exemple (voir tableau).

	Compte « Grand Livre » folio 1		Compte Tiers débiteur Léonard Guarin F° 2		Compte Tiers débiteur Antoine Fort F° 3		Compte Tiers créditeur X	F° Y
Transfert de départ	5.000.5							5.000.5
		1.842.5	1.842.5					
		3.130.			3.130			
Compensations reportées d'après le Bilan	1.842.5			1.842.5				
	1.085					1.085		
		2.927.5					2.927.5	
Virement des soldes restant à encaisser	2.045					2.045		
et à payer		2.073					2.073	
Totaux	9.972.10	9.972.10	1.842.5	1.842.5	3.130	3.130	5.000.5	5.000.5

Par après ouvrant dans le Grand Livre un compte « Carnet » il reporte parallèlement les opérations.

Le Grand Livre schématiquement se présente do[nc] ainsi :

	Tiers débiteur Guarin F° 20		Tiers débiteur Antoine Fort F° 21		Tiers Créditeur X F° A.		Compte carne[t] F° 29	
Situation initiale	1.842.5		3.130		5.000.5			
Compensation reportée d'après le Bilan		1.842.50	1.085	2.927.5	1.842.5 1.085		2.92	
	1.842.5	1.842.50	3.130	1.085	2.927.5	5.000.5	2.927.5	2.92
Soldes comptables	—	—	2.045	—	—	2.073	—	—

EDITION DE 1581.

Dans l'édition de 1581, SAVONNE expose le même sujet dans les termes que voici :

« Muni de ce Billan, je me rends sur la place du
» Change pour virer et rencontrer les parties des
» débiteurs et créditeurs. Le premier débiteur que
» je rencontre, Charles de Villeneuve, me propose
» de me payer sur Sébastien Hierbelin, lequel, j'ac-
» cepte à cause que je lui suis débiteur de plus
» grand'somme. J'annote alors mon Billan en con-
» séquence.

» Puis, je trouve Guiot Gasnière qui m'est débiteur
» de 830 écus, auquel je demande sur qui il me
» veut payer : dont il me nomme ses débiteurs aus-
» quels je trouve à mon bilan que je ne suis débi-
» teur de rien aus dits payements, par quoy je ne
» puis rencontrer avec eux; toutefois pour m'acco-
» moder avec luy, il me remet 600 écus sur la
» Guillemarde à laquelle je demande sur qui elle
» me veut payer et ne trouvant aucun de ses débi-
» teurs pour rencontrer partie, elle me remet la dite
» somme sur les Bonuisy, & iceux Bonuisy sur
» Guillaume Faure & le dit Faure sur Jean Martin
» d'Avignon auquel je trouve que je suis débiteur
» de plus grand'somme & à cette occasion je l'ac-
» cepte : tellement que par ce moyen de parler à
» l'un et à l'autre, la dite partie se trouve rencon-
» trée, laquelle j'escris sur mon bilan en faisant
» mention de tous ceux à qui j'ay parlé pour ren-
» contrer la dite partie. Et ainsi je continue les au-
» tres parties de mon bilan.

» Puis quand je suis de retour du change à mon
» comptoir, je prends mon « Carnet » préparé pour
» les dits payements de Pâques, c'est-à-dire qu'il

» n'y a encore rien d'escrit, et y baille compt[e]
» chacun de mes débiteurs et créditeurs avec
» quels j'ay viré partie sur la Place du Change,
» les prenant à mon dit « Billan ».

Albert Dupont commente cet exposé comme su[it]
SAVONNE dans ce « Carnet » sur la première p[age]
ouvre un compte qu'il appelle « Compte du Gr[and]
Livre », et sur les autres pages il ouvre un com[pte]
à chacun de ses débiteurs et créditeurs avec q[ui il]
compense. Après avoir inscrit uniquement les m[on-]
tants des compensations dans ces derniers comp[tes]
il les solde par transfert au « Compte du Grand [Li-]
vre ». L'exactitude des écritures résultera du [fait]
que le « Compte du Grand Livre » se soldera [de]
lui-même et le « Carnet » pourra désormais ê[tre]
classé aux Archives.

Dans la Comptabilité proprement dite, SAVON[NE]
enregistre alors des écritures parallèles à celles [qui]
viennent d'être décrites. Dans le Grand Livre, [il]
ouvre un compte dénommé «Carnet des payemen[ts»]
et les montants des compensations y seront en[re-]
gistrés par contre-partie aux comptes des débiteu[rs]
aux comptes des créanciers et au compte Caisse [s'il]
y a eu des règlements en espèces. La situation [des]
tiers se trouvera ainsi mise à jour dans la Comp[ta-]
bilité et le Compte « Carnet des payements » [se]
soldera de lui-même. Le train quotidien des affai[res]
pourra alors reprendre jusqu'à la foire suivante.

Comme le lecteur peut s'en rendre compte, [les]
explications bien que données différemment d[ans]
les deux éditions ainsi que dans les deux qui s[ui-]
vront conduisent au même résultat. Cependant, d[ans]
cette deuxième édition SAVONNE dit encor[e]
« Item faut noter que la dite manière de dres[ser]

60

« Carnet de paiemènts » et d'accoustrer les écritures est la vraye instruction de tenir carnet. Parquoy je ne veux passer outre sans premièrement
bailler cest advertissement pour raison de ceux
qui n'entendent le vray usage de le tenir, ny ne
sçavent accomoder à leurs propres négoces et
affaires, comme font plusieurs boutiquiers et autres qui se veulent entremesler de tenir carnet à
la manière italienne. C'est que venans en payement et après avoir fait leur bilan, viennent à
souder (solder) les comptes de leurs débiteurs et
créditeurs qui sont créés dans leur Grand Livre,
pour les faire derechef débiteurs et créditeurs à
un compte nouveau qu'ils dressent à leur carnet... »

Alors commence la Compensation, SAVONNE ne
décrit pas les écritures qui en découlent, et voici
comment il conclut :

« Par quoy congnoissant que cette dite manière de
tenir « Carnet » n'est point bonne ni profitable à
boutiquiers, ny a autres qui n'ont leurs affaires
et traffiques semblables à celles des Italiens & que
ce leur est de grand travail & une consommation
de temps à escrire, ie suys d'avis et vaut mieux
que les comptes demeurent plustôt ouverts dans
le Grand Livre que non pas de les porter **de carnet en carnet**, comme dit est, **ny de les laisser
mourir sur un carnet** qui ne peut être que de
quarante ou cinquante feuillets, plus ou moins,
qui n'a pas tant d'autorité d'être cru, comme un
Grand Livre.. Tellement que pour conclusion de
cet advertissement, ie ne veux point ignorer que
la manière de tenir carnet à la façon de plusieurs

Italiens qui soudent (soldent) les comptes qui
sont sur le Grand Livre pour les porter au dit Carnet (comme dit est) ne soit bonne à cause qu'ils
s'accomodent au subject de leurs propres affaires
et sont assurés que la plupart de leurs débiteurs
et créditeurs se doivent trouver en payements, &
d'en être payés et de souder (solder) compte
avec eux. Davantage ils ont de si grandes négoces
pour raison des changes & commissions qu'ils font
qu'ils sont contraints de tenir ainsi leur carnet.
Ce que nous français et autres n'ayans semblables affaires, ne pouvons faire qu'à notre grande
confusion et perte.
Parquoy ne nous est besoin de les tenir comme
eux, ains suyvant l'instruction du Carnet des payements de Pâques que j'ai baillée pour exemple
cy-dessus : laquelle s'accomode à nos propres
affaires, & si est facile et aisée à tenir avec peu
de livres et moins d'escritures ».

Il s'ensuit de ceci que dans la Comptabilité proprement dite, les montants des comptes des Correspondants sont virés d'emblée avant la foire dans
un compte « Carnet des Payements ». Parallèlement,
dans le « Carnet » s'ouvre un « Compte du Grand
Livre » qui a donc quasi la même fonction qu'un
compte « Balance d'entrée ». Ensuite les débiteurs
à qui on ouvre un compte dans le « Carnet » viennent en contrepartie au crédit du « Compte du
Grand Livre » et inversement la contrepartie des
créditeurs vient au débit.

Schématiquement, voici comment nous pensons
pouvoir illustrer cette méthode :

GRAND LIVRE

	Tiers débiteurs		Tiers créditeurs		Carnet	
Situation Initiale	100			20		
Transfert de départ		100	20		100	20
Soldes	—	—	—	—	80	

CARNET

	Grand Livre		Tiers Débiteurs		Tiers Créditeurs	
Transfert de départ	20	100	100		—	20
Compensation reportée d'après le « Billan »				20	20	
Soldes	—	80	80	—	—	—

Il est indéniable que la seconde méthode entraîne
des complications fort réelles. Et si SAVONNE ne
la condamne pas d'une façon radicale, il juge néanmoins qu'elle convient mal aux besoins de ses lecteurs, les négociants lyonnais.

3. — COMMENTAIRES.

La qualité de l'œuvre de SAVONNE, commande incontestablement notre estime. L'on peut dire qu'il est de la même classe que les meilleurs auteurs comptables de l'époque, dont nous avons déjà parlé. Et grâce à lui, la France est en droit de revendiquer une part honorable, quoique tardive, dans la floraison des premiers traités sur la Comptabilité.

Bien que KATS dise qu'il n'y a rien de vénitien dans la Comptabilité décrite par SAVONNE, il semble cependant que cette Comptabilité lyonnaise, devait évidemment à des influences venues d'Italie son caractère général de Comptabilité par parties doubles. Toutefois, il y a lieu de penser que les traditions apportées à Lyon par les Italiens qui s'y fixèrent, évoluèrent pour s'adapter aux usages locaux. D'ailleurs en conseillant à ses concitoyens de ne pas imiter servilement les Italiens, SAVONNE a fait preuve à leur égard d'une indépendance qui mérite d'être soulignée.

Premier et seul grand auteur français du XVIe siècle, il a cependant été très méconnu.

En 1590, Elcius Edouardus Leon Mellema, auteur comptable des Pays-Bas, dit que l'ouvrage de SAVONNE est le premier qu'il a connu, et qu'il le trouve sans utilité (!). Sans doute, entendait-il par là que la méthode de SAVONNE, et particulièrement l'emploi du « Carnet des paiements en foire » était sans application aux Pays-Bas : conséquence naturelle du particularisme lyonnais et probablement aussi parce que les Pays-Bas ne disposaient pas d'importantes foires comme point central pour la rencontre des marchands. DE WAAL attribue à ce même ordre d'idées le fait que SAVONNE n'a pas eu de disciples.

En 1592, Bartholomeus van Renterghem, autre auteur des Pays-Bas, dit à son tour :

« Aulcuns attribuent beaucoup à Jean Ympyn;
» aultres à Pierre Savonne dit Talon, lesquels je ne
» veux despriser, n'y aultrement regarder, sinon
» qu'ils me semblent trop prolixes, principalement
» en leurs livres capitaulx ».

En 1678, Claude Irson dans la bibliographie reprise dans son ouvrage « Méthode pour bien dresser toutes sortes de comptes à parties doubles par débit et crédit » dit au sujet de SAVONNE :

« Il en a mis un livre au jour en 1567, mais n'estant pas accompagné d'un Journal, les parties sont
» couchées trop au long dans le livre de Raison ».

En 1900, Henri Deschamps dans le Rapport Général du Grand Concours International de Comptabilité tenu à Lyon, se réfère à Irson et écrit :

« Pierre SAVONNE est des premiers que je sache
» qui a écrit en français de la méthode de tenir les
» livres; il en a mis un au jour en 1567, à parties
» doubles, mais n'étant pas accompagné d'un Journal, les parties sont couchées trop au long dans le
» livre de Raison.

» En 1614, il a produit un autre Livre de Com[tes], dont les Instructions sont fort amples et [...]
» intrigues assez convenables aux négociations [...]
» se font dans l'étendue du Royaume. Il est acco[m]
» pagné d'un Journal, suivi d'un Livre de Rais[on]
» comme aussi d'un Livre Copie de Lettres et d'[un]
» Carnet des paiements qui se font dans les qua[tre]
» foires de Lyon. »

En 1909, Georges Reymondin dans sa « Bibli[o]graphie Comptable » confirme :

« Dans cet ouvrage (Savonne 1567) il n'est pa[s]
» du Journal que dans l'édition de 1614 ».

En 1929, Georges Mariman dans « Notes s[ur] l'Histoire de la Science des Comptes », énonce :

« Savonne parle du Journal dans son exposé, ma[is]
» dans son exemple, il le supprime et ne donne q[ue]
» le Grand Livre. Il confesse que pour être moi[ns]
» obscur, il est moins bref dans le Grand-Livre.

Nous nous demandons cependant où ces quat[re] derniers auteurs ont été chercher les éléments q[ui] les amènent à dire que SAVONNE ne présentait p[as] d'exemple du Journal dans son premier ouvrage ?

Nous pensons qu'ils se sont contentés de repr[o]duire l'opinion d'Irson et de n'avoir pas vu l'origin[al] de 1567, ceci faute de possibilités peut-être.

Pour notre part, nous avons eu en main l'ouvra[ge] original de Savonne imprimé en 1567 chez Planti[n] et il y est bien question du Journal dont un très lo[ng] exemple figure dans le traité (132 articles).

Ce ne peut être qu'en feuilletant distraiteme[nt] l'ouvrage de Pierre SAVONNE qu'Irson a pu croi[re] que l'exemple du Journal avait été omis. Le premi[er] exemple pratique présenté par Pierre SAVONN[E] dans son livre, est la reproduction d'un Mémoria[l] puis vient l'exemple du Journal.

Si dans la pratique, le Mémorial est un livre ten[u] au brouillon et le Journal un livre calligraphié, il n'en est pas de même lorsque les deux livres so[nt] présentés à titre d'exemple dans un ouvrage im[pri]mé. Il est évident qu'ils se ressemblent fort e[t] pour peu qu'en feuilletant on saute la page de titr[e] du Journal et qu'on ne remarque pas aussi certai[ns] détails qui différencient quand même les deux livre[s] on peut croire — à tort évidemment — qu'on a sou[s] les yeux, la suite du Mémorial.

**

SAVONNE a eu la préoccupation constante d[e] développer et d'améliorer son œuvre. A chaque nou[ve]lle édition il l'a perfectionnée. Voici le résumé d[e] l'évolution en ce qui concerne le Journal :

Dans la première édition (1567), il prescrit l[a] tenue du Mémorial, du Journal et du Grand Livre.

Dans la seconde édition (1581), il prescrit encor[e] une fois trois livres, mais ce ne sont plus les même[s] il cite le Grand Livre et fait du Journal unique deu[x] livres, l'un où il enregistre les achats et l'autre o[ù] il inscrit les ventes.

Dans la troisième édition (1588), il prescrit l[a] tenue de cinq livres : le Grand Livre, le Journal qu[i] réapparaît (et qui retrouve son unité), le Livre de Copie de Comptes (d'achats et de ventes) le Livre Secret et le Carnet des Payements.

Dans la quatrième édition (1608), le nombre des livres est porté à six : d'une part, le Grand Livre, le Journal, le Livre de Copie de Comptes; et d'autre part, le Livre Secret, le Livre pour l'achat d'un fonds et le Carnet des Paiements.

En somme, dit Albert Dupont, la liberté totale avec laquelle SAVONNE construit son architecture comptable, divisant à son gré son Journal, son Grand Livre en autant d'éléments qu'il le juge utile à son dessein particulier, puis reformant le bloc quand il le juge à propos, paraît être la caractéristique essentielle de sa méthode, profondément originale et toujours ingénieuse. Il ne faut pas chercher dans notre auteur des exemples à imiter. Ni notre législation présente, ni nos mœurs ne s'en accomoderaient. Mais ce qu'on peut trouver en abondance chez lui ce sont des sujets d'étude et de réflexion.

Ces sujets sont notamment :

a) l'emploi des Balances d'Entrée et de Sortie;
b) le mode de rédaction des articles du Journal;
c) le mode de détermination du Résultat d'Exploitation.

Jusqu'à l'époque de SAVONNE et comme il le décrit encore lui-même dans son édition de 1567, le résultat des opérations était en effet déterminé dans des comptes distincts pour chaque opération ou série d'opérations semblables effectuées. Un résultat d'ensemble s'obtenait par l'addition algébrique de ces résultats partiels. Mais il ne réclamait toutefois pas l'annalité. Ceci constitue en quelque sorte notre actuel « Prix de revient par opération ».

Avec le deuxième moyen de calculer le Résultat,

très bien développé par SAVONNE dans sa seconde édition de 1581, qui préconise de porter au débit d'un compte « Pertes et Profits » les dépenses de maison, et les frais, et de comparer alors le débit avec le crédit, la différence donnant soit le gain, soit la perte, une autre méthode apparaît. C'est celle de la détermination directe du résultat pour l'ensemble des opérations considérées comme non différenciées entre elles. C'est notre actuel « Compte d'Exploitation ». Cette détermination du Résultat, non plus individuelle par opération, mais périodiquement par exercice, exige que l'exercice soit isolé comme l'était l'opération. C'est la raison d'être de l'inventaire annuel et du transfert mentionné par Savonne, dans **sa seconde édition de 1581, de la valeur d'acquisition des Marchandises restantes dans un Compte Stock figurant au Bilan** (P. Garnier).

Pour conclure, on doit admettre avec Albert DUPONT que « dire que SAVONNE a été pour Lyon, ce qu'YMPYN a été pour Anvers et PACIOLO pour Venise ne serait pas assez dire, car son livre est beaucoup plus riche en particularités locales.

Et ceci résulte certainement du fait que SAVONNE, contrairement à la plupart des auteurs qui l'avaient précédé, fut non seulement un comptable de profession, mais encore un comptable passionné, chose qu'il dit en ces termes :

« ...le soin de l'honneur et honnête plaisir à quoi
» m'attire et ravit du tout la beauté et excellence
» de cette divine science des nombres.
» ... qui me tient tellement à cœur que jamais ne
» pourrais cesser soit en privé, soit en public de
» m'employer au traitement d'icelle ».

Opinion à laquelle nous souscrivons pleinement.

Ernest Stevelinck et **Robert Haulotte.**

P. Jouanique

"Un classique de la comptabilité au siècle des lumières,
la Science des négociants de Mathieu de la Porte,"
Etudes et documents (Comité pour l'Histoire économique et
financière), 1993, pp. 339–361

UN CLASSIQUE DE LA COMPTABILITÉ AU SIÈCLE DES LUMIÈRES
LA SCIENCE DES NÉGOCIANTS DE MATHIEU DE LA PORTE

par Pierre JOUANIQUE

Jusqu'à ces dernières années, la personnalité de Mathieu de La Porte est demeurée une énigme. « On ne connaît rien de sa vie », peut-on lire dans *La Comptabilité à travers les âges*[1]. C'est à Pierre-Louis Menon, directeur du Musée des finances, que revient le mérite d'avoir dissipé le mystère qui entourait notre auteur. Après des recherches qu'il qualifie de longues et difficiles, Menon fit paraître en 1974 le résultat de ses investigations dans le *Bulletin de liaison et d'information de l'administration centrale des Finances*, plus connu sous le nom de *Bulletin vert*[2]. Menon a notamment trouvé deux documents importants : l'acte d'abjuration du protestantisme et les lettres de naturalité de février 1705. Il résulte de la combinaison de ces deux documents que Mathieu de La Porte est né vers 1660 à Nimègue. Il était fils de Mathieu de La Porte et de Jeanne Van Wedrholt. Les recherches menées aux Pays-Bas en vue d'obtenir des renseignements sur ces deux familles n'ont malheureusement donné aucun résultat.

La Porte s'est établi en France vers l'âge de dix-huit ans. L'acte d'abjuration le qualifie de « teneur des livres de sa majesté ». Cette expression, qui se rencontre rarement (les comptables travaillant à titre indépendant ou en qualité d'employés d'un commerçant sont appelés teneurs de livres tout court) laisse penser qu'il était commis aux écritures dans une administration financière, peut-être la recette générale de Bordeaux. Les protestants étaient en effet nombreux dans les services financiers. Leur richesse traditionnelle les désignait pour occuper les hautes charges, qui nécessitaient des capitaux importants, et ils pouvaient faire nommer aux emplois inférieurs leurs coreligionnaires moins fortunés[3].

La Porte avait-il des attaches de famille dans la région ? Ce n'est pas certain. S'il est venu abjurer à La Réole c'est sans doute parce que le Parlement de Bordeaux y siégeait alors. En effet le Roi, mécontent de la pusillanimité dont avaient fait preuve les parlementaires à l'occasion des troubles consécutifs au lit de justice tenu le 13 avril 1655 pour faire appliquer l'édit

---

1. Bruxelles, Bibliothèque Royale Albert 1er, 1970, p. 130.
2. N° 68, octobre-décembre 1974.
3. Cf. Van Deursen, *Professions et métiers interdits, un aspect de l'histoire de la révocation de l'édit de Nantes*, Groningen, 1960, p. 296.

Études et Documents V - CHEFF - 1993

établissant l'impôt du papier timbré, avait transféré le Parlement à Condom puis à Marmande et enfin à La Réole où il devait rester de 1678 à 1690.

L'abjuration de La Porte est-elle à rattacher à l'arrêt du 17 août 1680, par lequel Colbert fit interdire l'accès des protestants à toutes les fonctions et emplois dépendant du recouvrement de la taille ? Ou bien La Porte songeait-il dès cette époque à s'établir à son compte ? Nous ne savons.

La comptabilité en partie double était enseignée par les arithméticiens. Les Maîtres Ecrivains, qui détenaient le monopole de l'enseignement de l'art de calculer, fusionnèrent avec les arithméticiens et conservèrent ce privilège. A côté d'eux existaient des indépendants, qui n'avaient pas le droit d'enseigner publiquement, mais qui ne s'en privaient pas, malgré de nombreuses sentences prises contre eux par le Châtelet.

A Paris, il existait une Communauté de Maîtres Experts et Jurés Ecrivains, dont les statuts furent approuvés par l'autorité royale en 1648. C'est dans cette Communauté que fut reçu La Porte le 24 octobre 1684, « à condition de se conserver dans la foi de l'Eglise Catholique, Apostolique et Romaine ».

Cette conversion à la religion catholique, imposée par les circonstances, ne fut sans doute pas très sincère. En tout cas, La Porte continua de fréquenter les milieux réformés. La première édition de *La Science des Négociants,* de 1704, contient une recommandation élogieuse de dix banquiers, dont plusieurs étaient d'anciens réformés, notamment Demeuves, Tourton, Banquet, Hogguer [4].

A peine reçu dans la Communauté des Maîtres Ecrivains, La Porte publie son premier ouvrage, *Le Guide des Négociants et teneurs de livres, ou Traité sur les livres de comptes à parties doubles, contenant une instruction générale pour les bien tenir suivant la véritable méthode italienne... et environ 300 questions avec leurs solutions et réponses, sur toutes sortes de négociations qui peuvent arriver aux marchands, banquiers et autres négociants.* Il s'agit à la vérité plutôt d'un aide-mémoire que d'un traité. L'auteur l'avait intentionnellement présenté sous un format réduit (10 × 17 cm) afin qu'on puisse le porter sur soi. Il nous dit dans sa préface qu'il n'avait pas l'intention de le publier, mais de se le réserver à l'usage de ses élèves.

Ce petit livre ne contient rien de remarquable, sinon qu'on y trouve formulée une règle générale permettant de déterminer si un compte doit être débité ou crédité; nous y reviendrons à propos de *La Science des Négociants.* Il faut croire cependant qu'il fut apprécié, car on en relève cinq éditions, de 1685 à

---

4. Cf. Herbert Lüthy, *La Banque protestante en France de la Révocation de l'Edit de Nantes à la Révolution,* Paris, 1959, tome I, p. 77.

1743, tant sur le catalogue de la Bibliothèque Nationale que sur celui de la Bibliothèque du Congrès des Etats-Unis.

En 1685, La Porte enseignait à tenir les livres de comptes à parties doubles, les changes étrangers, l'arithmétique applicable à toutes sortes d'affaires, la réduction des monnaies, poids et mesures des pays étrangers en leur valeur en France. Il tenait les livres de comptes chez les négociants, vérifiait les comptes litigieux et réglait les affaires et comptes entre associés. Egalement, il traduisait et vérifiait les factures et comptes étrangers. Les relations d'affaires internationales étaient en effet très développées, à preuve les nombreuses éditions du vocabulaire quadrilingue de Noël de Berlaimont, « très utile à tous marchands »[5]. Il habitait alors rue Saint-Denis, vis-à-vis de la rue de la Ferronnerie, au coin de la rue Trousse-Vache[6].

Nous n'avons aucun renseignement sur lui jusqu'en 1704, date de la parution de la première édition de *La Science des Négociants*. Il habite alors rue Aubry-le-Boucher, près l'église Saint-Josse[7]. Son enseignement scientifique s'étend maintenant au toisé, à l'arpentage, à la géométrie, à la fortification ; il enseigne également les principes de l'algèbre et l'usage des tables de logarithmes.

Cette orientation scientifique est confirmée par la publication en 1705, chez Pierre Mortier à Amsterdam, du *Tarif général des changes de France, d'Angleterre, de Hollande et de Flandre*[8]. La Porte annonce qu'il travaille à un tarif d'intérêts depuis le denier 10 (c'est-à-dire 10 %) jusqu'au denier trente (c'est-à-dire 3 1/3 %)[9].

C'est en 1705 également que La Porte obtient du Roi des lettres de naturalité qui lui permettent de jouir des prérogatives que possèdent les sujets nés en France[10].

L'*Almanach Royal* donne pour la première fois en 1715 la liste des Maîtres Ecrivains Jurés. La Porte y est mentionné à l'adresse de la rue Tiquetonne. Son nom disparaît en 1725, on ne sait pour quelle raison car l'édition de 1732 de *La Science des Négociants* fait encore état de son titre de Maître Ecrivain Juré et qu'on peut déduire de la Préface qu'il était encore vivant à cette date[11].

---

5. *L'Ars Mercatoria* de J. Hoock et P. Jeannin, Paderborn, 1991, en répertorie 111 éditions entre 1530 et 1600. Les recherches menées par Frans M. Claes devraient permettre d'en compléter la liste postérieurement à 1600.
6. D'après *Le Guide des Négociants*, édition de 1685.
7. D'après la page de titre de *La Science des Négociants*, édition de 1704.
8. *Le Tarif...* se trouve à la Bibliothèque Mazarine, Fonds ancien 42880, 4ᵉ pièce.
9. Note à la p. 8 du *Tarif des billets*.
10. Selon R. Dion, *Histoire de la vigne et du vin en France*, Paris, 1977, p. 424, c'était une pratique assez courante à l'égard des Hollandais dès le début du XVIIᵉ siècle.
11. En 1726, il figure en qualité de bourgeois de Paris comme créancier dans la faillite Schmidlin pour une somme de 21.000 livres (Guy Antonetti, « La crise économique de 1729-1731 à Paris », in *Études et Documents*. II, 1990, p. 85.

Toutefois il avait 72 ans en 1732 et il mourut vraisemblablement peu de temps
après.

La Science des Négociants connut un succès qui ne se démentit pas tout au
long du dix-huitième siècle. J'en ai relevé 17 éditions, auxquelles il faut ajouter les refontes faites par Migneret en 1802 et par Boucher en l'An VIII et en
l'An XI. Sans doute ne faut-il pas voir dans ces 17 titres des éditions indépen-
dantes; beaucoup doivent être des réimpressions, mais le chiffre impression-
nant de ces différents tirages donne à penser que *La Science des Négociants*
fut considérée tout au long du dix-huitième siècle comme le manuel classique
de comptabilité. *L'instruction pour apprendre à tenir les livres par parties
doubles,* trouvée par J. Meyer dans les archives privées de G. de Maupeou, est
visiblement inspirée de La Porte [12]. Les auteurs du *Dictionnaire Universel de
Commerce,* de Savary des Bruslons, ont pillé sans vergogne *La Science des
Négociants;* les modèles d'écritures contenus dans l'article « Livres » sont
tirés textuellement de La Porte, sans que le nom de l'auteur soit cité. Edmond
Degrange fils, dans la Préface de *La tenue des Livres rendue facile* (1823),
n'hésite pas à dire que La Porte est « le meilleur des auteurs anciens, que la
plupart de ceux qui sont venus après lui... n'ont fait que copier » [13]. Encore en
1839, sous l'article « Tenue des Livres » du *Dictionnaire du Commerce et des
Marchandises* de la Librairie Guillaumin, on lit qu'il existe un grand nombre
de volumes sur la comptabilité et la tenue des livres « qui ne sont, pour la
plupart, qu'une reproduction plus ou moins amplifiée du vieux Traité de La
Porte ». A cette date l'assertion était grandement inexacte, mais elle montre
que la renommée de notre auteur était restée très vivante.

Comme son nom l'indique, *La Science des Négociants* ne se limite pas à la
tenue des livres de commerce, à la différence de l'ouvrage de Barême. En 190
pages (371 à 561) La Porte donne des modèles de correspondance commerciale, un petit traité de change, des poids et mesures français et étrangers, un
bref lexique de termes commerciaux. Il s'agit donc d'un vade-mecum à l'usage
pratique du commerçant; son format oblong (20 × 12) le destine d'ailleurs à
être commodément transporté. Cependant la plus grande partie de l'ouvrage
est consacrée à la comptabilité.

Tout en se réclamant de l'ordonnance de mars 1673, La Porte fait observer
que les Livres ne sont pas absolument commandés par l'ordonnance,
puisqu'un marchand qui n'en tient pas n'encourt aucune peine. Il aurait pu
ajouter que la méthode à employer pour tenir les livres est laissée dans la plus
grande imprécision, puisque l'article premier du Titre III se contente de dire
que « les Négociants et Marchands, tant en gros qu'en détail, auront un Livre

---

12. J. Meyer, *L'armement nantais dans la deuxième moitié du XVIIIᵉ siècle,* Paris, 1969.
13. Notice, p. IX.

qui contiendra tout leur négoce, leurs Lettres de Change, leurs dettes actives et passives, et les deniers employés à la dépense de leur maison ». Cette imprécision ne laisse pas de surprendre, si l'on songe qu'en Espagne les Pragmatiques de Cigales (4 décembre 1549) et de Madrid (11 mars 1552) avaient rendu l'usage de la partie double obligatoire en matière commerciale [14]. Nous ne possédons pas les travaux préparatoires de l'ordonnance de 1673, mais il est certain que les membres de la commission ne pouvaient ignorer la pratique espagnole [15]. Si les rédacteurs ont préféré rester dans le vague, c'est probablement parce qu'ils n'ont pas voulu imposer une contrainte jugée trop lourde à des personnes dont le niveau moyen d'instruction était peu élevé. Au surplus la solution espagnole se justifiait par la préoccupation de contrôler l'assiette de l'impôt sur le chiffre d'affaires (*alcabala*). Il n'y avait rien de semblable en France.

Quoi qu'il en soit, c'est bien à la partie double que La Porte réserve la place de choix. Elle fait l'objet du second « traité » (p. 65 à 371), le premier (p. 5 à 36) étant consacré à la partie simple, et le troisième (p. 371 à 594) aux « choses qui se font ordinairement dans le comptoir des négociants pour la conduite des affaires » (Correspondance commerciale, effets de commerce, transport des marchandises, poids et mesures français et étrangers).

LE CADRE COMPTABLE

La Porte est le premier auteur qui ait présenté les différents comptes dans un ordre systématique. Il était assez fier de cette invention. « On observera, écrit-il en tête de la seconde partie de *La Science des Négociants* (p. 180), que jusqu'à présent il n'y a encore eu personne qui ait fixé le nombre des sortes de comptes et qui en ait expliqué l'usage; ainsi cette partie est entièrement nouvelle, et aussi curieuse et particulière qu'utile ».

Il répartit les comptes en trois classes : 1/ Comptes du chef; 2/ Effets en nature, regroupant les disponibilités, les marchandises et les immobilisations, 3/ Comptes des correspondants.

On peut aisément appliquer aux grandes lignes de cette division une classification décimale, comme je l'ai fait dans le document annexé, et faire ainsi apparaître la parenté de la nomenclature de La Porte avec les cadres de nos

---

14. Cf. Esteban Hernandez Esteve, *Contribucion al estudio de la historiografia contable en España*, Madrid, 1981, p. 97.
15. C'était en particulier le cas de Claude Irson, dont la *Méthode pour bien dresser toutes sortes de comptes...* Paris, 1678, témoigne d'une connaissance approfondie du *De ratiociniis administratorum* de Francisco Muñoz de Escobar.

plans comptables modernes. Pour plus de clarté, j'ai subdivisé certains comptes, mais c'est là une formule étrangère à la conception de notre auteur, pour qui chaque compte constitue une individualité propre dont il n'envisage pas le fractionnement, à l'exception des comptes de correspondants, qui regroupent évidemment un certain nombre de comptes individuels.

La Porte n'a donc pas aperçu tout le profit qu'on pouvait tirer du démembrement des comptes principaux, profit que devait bien mettre en lumière Edmond Degrange : *L'essence du système des parties doubles est de centraliser et de subdiviser à volonté les comptes personnels, comme les comptes généraux, ce qui fait obtenir le dépouillement général des écritures... quelle que puisse être d'ailleurs la complication des affaires que l'on fait*[16].

Quoique la division des comptes en trois classes ne corresponde chez La Porte à aucune théorie comptable explicitement formulée, elle obéit à une certaine logique. La première classe comprend le compte capital et tous les comptes qui le modifient (Profits et Pertes, Dépenses, Provisions – c'est-à-dire commissions selon la terminologie de l'époque –, Assurances). La deuxième classe reprend toutes les valeurs (Caisse, Marchandises, Immobilisations). La troisième enfin est destinée aux comptes des personnes avec lesquelles le commerçant est en relations d'affaires.

Selon Ernest Stevelinck la division des comptes en trois classes a vraisemblablement été inspirée à La Porte par Abraham de Graaf, auteur d'un ouvrage de comptabilité dont la première édition connue date de 1688.

On remarquera que, contrairement à ce que soutient Vlaemminck[17], à la suite de La Penna et de Reymondin[18], La Porte ne fait aucune distinction entre l'entreprise et son propriétaire. Au compte « Maisons et terres », l'inventaire (p. 262) fait état non seulement du local professionnel (« Une maison où pend pour enseigne La Croix Blanche, sise rue St Denis, paroisse St Sauveur ») mais aussi d'une maison et quatre arpents de terre à Clignancourt. Au compte « Meubles », on trouve 30 marcs de vaisselle d'argent, plusieurs diamants, ainsi qu'un collier et une croix de diamants. Exposant le fonctionnement du compte « Capital », La Porte écrit (p. 183) qu'on le crédite des augmentations survenues par voie d'héritage ou de mariage, et qu'on le débite du montant des dots ou des donations consenties. Au compte « Dépenses », on écrit en détail la dépense que l'on fait, « tant pour le commerce que pour le ménage ».

---

16. *La Tenue des Livres rendue facile*, 13ᵉ édition. Paris, 1823, p. 105.
17. Joseph H. Vlaemminck, *Histoire et doctrines de la comptabilité*. Bruxelles, 1956.
18. G. Reymondin. *Bibliographie méthodique des ouvrages en langue française parus de 1543 à 1908 sur la science des comptes*. Paris, 1909.

Études et Documents V – CHEFF – 1993

Cette conception a été vivement critiquée par la suite, notamment par Courcelle-Seneuil, qui écrit dans son *Traité élémentaire de Comptabilité* (Paris, 1869) : *Le principe de la tenue des livres en parties doubles est que tout capital de commerce est un capital confié à la maison qui gère... En partant de ce principe, le commerçant se trouve placé en quelque sorte en dehors de la maison à laquelle il appartient.*

Ces quelques lignes témoignent d'une méconnaissance complète des conditions historiques de la diffusion de la comptabilité en partie double. Il s'agissait essentiellement de moraliser les faillites, en rendant plus difficiles les manœuvres tendant à soustraire les actifs aux poursuites des créanciers. L'ordonnance d'octobre 1536 de François Ier dispose *qu'il sera informé contre les banqueroutiers sur leur manière de vivre, pour voir s'ils ont fait de grands festins, ou de superbes bâtiments qui les rendent indignes d'être reçus au bénéfice de la cession.* C'est pourquoi la comptabilité devait embrasser non seulement les éléments affectés à l'exercice de la profession, mais également la fortune personnelle et même les dépenses domestiques.

LES ÉCRITURES

Il faut commencer par dresser un inventaire en deux états : le premier, appelé état des effets, comprend tous les biens et les créances; le second, appelé état des créanciers, comprend tout ce que l'on doit (p. 222). Il s'agit donc d'un bilan d'entrée. La Porte ne donne aucune règle bien précise d'évaluation. S'agissant des marchandises, il dit simplement qu'elles doivent être évaluées *selon leur juste valeur* (p. 257). Ailleurs, à propos de la balance, pour solder le compte Marchandises dont il reste encore une partie à vendre, il laisse le choix d'évaluer ce reste *soit suivant l'achat, ou sur le pied de ce que les marchandises valent pour lors* (p. 188). Savary était plus explicite : *si la marchandise est nouvellement achetée, et que l'on juge qu'elle n'est point diminuée de prix dans les manufactures ou chez les grossiers, il la faut mettre au prix coûtant. Si ce sont des marchandises qui commencent à s'appiétir, dont la mode se passe, et que l'on juge que l'on peut en trouver de semblables dans les manufactures et chez les grossiers à cinq pour cent moins, il la faut diminuer de prix* (Le Parfait Négociant, 1re partie, Livre 4, Chapitre 9).

En ce qui concerne les créances, La Porte les classe en bonnes, douteuses et mauvaises, mais ne pratique aucun abattement du fait de ces deux dernières catégories (p. 261).

Les comptes de l'actif sont débités directement par le crédit du compte Capital, alors que Savonne [19] utilisait un compte intermédiaire appelé compte d'ouverture.

On ne trouve pas, dans *La Science des Négociants,* de règle générale du type « Qui reçoit doit », mais deux groupes de deux règles : 1° règles concernant les effets; 2° règles concernant les personnes (p. 77).

En ce qui concerne les effets, « tout ce qui entre en mon pouvoir ou sous ma direction est débiteur; tout ce qui sort hors de mon pouvoir, ou hors ma direction est créancier ».

En ce qui concerne les personnes, « celui à qui ou pour compte de qui on paye, on envoie, on fournit ou on remet est débiteur; celui de qui ou pour compte de qui on reçoit, qui envoie, qui fournit ou qui remet est créancier ».

Ces principes généraux rappellent les deux premières « règles d'aide » formulées par Dafforne en 1636, ou mieux celles d'Abraham de Graaf [20]. Cependant l'expression « ce qui entre en mon pouvoir ou sous ma direction » a peut-être été inspirée à La Porte par Anthonis van Neulinghem [21].

Indépendamment des règles générales formulées pour trouver le débit et le crédit de chaque article, La Porte donne, en conclusion de la seconde Partie du Traité des Parties Doubles (p. 219), des remarques fort bien venues sur la signification du débit et du crédit des différents comptes.

I. Le *débit* de CAPITAL marque ce que l'on doit et le *crédit* les Effets que l'on a.

II. Le *débit* de PROFITS ET PERTES marque les pertes et le *crédit* les profits.

III. Le *débit* de DEPENSES marque les Dépenses que l'on a faites et le *crédit* ce qui en provient.

IV. Il n'y a rien au *débit* de PROVISIONS et le crédit marque les Provisions que l'on a gagnées.

V. Le *débit* d'ASSURANCES marque les sommes perdues et le *crédit* les Primes reçues

VI. Le *débit* de CAISSE marque l'argent comptant reçu et le *crédit* celui qu'on a payé.

---

19. Pierre de Savonne. *Instruction et manière de tenir livres de compte par parties doubles,* Lyon, 1581.
20. Cf. J.G.C. Jackson. *The History of Methods of Exposition of Double-Entry Book-Keeping,* in Littleton and Yamey. *Studies in the History of Accounting,* Londres, 1956, p. 288-312.
21. Cf. O. Ten Have, *The History of Accountancy,* 1972 (réimpression par Bay Books, Palo Alto, Californie, p. 69).

VII. Le *débit* des MARCHANDISES marque l'achat ou l'entrée et le *crédit* la vente ou la sortie et leur produit.

VIII. Le *débit* du COMPTE DE CHANGES marque les Lettres entrées à notre disposition et le *crédit* celles qui en sont ressorties.

IX. Le *débit* du compte de RENTES marque les sommes principales données à rente et le *crédit* les rentes que l'on a reçues.

X. Le *débit* d'ARGENT A LA GROSSE marque les sommes données à la Grosse et le *crédit* celles qui sont rentrées.

XI. Le *crédit* de BILLETS A PAYER marque les billets que l'on a faits et le *débit* ceux que l'on a acquittés.

XII. Le *débit* de MAISONS, TERRES, VAISSEAUX, etc. et de toutes autres sortes d'effets marque ce qu'ils nous coûtent et le *crédit* ce qu'ils ont produit.

XIII. Le *débit* des COMPTES DES PERSONNES marque ce que ces personnes nous doivent et le *crédit* ce que nous leur devons.

XIV. Le *débit* de DIVERS DEBITEURS marque les petites dettes que l'on nous doit et le *crédit* celles qu'on nous a payées.

XV. Le *crédit* de DIVERS CREANCIERS marque les petites sommes que nous devons et le *débit* celles que nous avons payées.

C'est au fonctionnement du compte MARCHANDISES que La Porte consacre les plus amples développements. Il y rattache la comptabilité des affaires en commission, ainsi que des affaires en participation, ou « en société », comme on disait alors.

Le mouvement des marchandises appartenant en propre au négociant est suivi au compte « Marchandises entre nos mains pour notre compte ». On peut soit ouvrir des comptes particuliers pour chaque nature de marchandises, soit un seul compte intitulé « Marchandises Générales ». La première manière, écrit La Porte, « n'est propre que pour ceux qui trafiquent en gros et qui ne vendent que par balles, tonneaux, etc. et dont les sortes sont en petit nombre ». Elle présente pourtant un grand avantage, car en ce cas des colonnes sont ouvertes au débit et au crédit pour noter les quantités achetées et vendues. De cette façon, ajoute l'auteur, on connaît plus aisément et d'un seul coup d'œil si tout est vendu ou non.

Quelle que soit la méthode retenue, le compte est débité des achats et des frais qui s'y rapportent et crédité des ventes. Pour solder le compte, on compare les achats aux ventes augmentées du stock final et on vire la différence au compte Profits et Pertes.

Opérations en commission.

Seules les ventes en commission donnent lieu à écriture au compte « Marchandises ». Pour les achats, rien ne distingue l'achat en commission de l'achat direct, si ce n'est le paiement de la commission, appelée à l'époque provision.

Il faut distinguer deux cas, suivant que l'on adresse des marchandises à un commissionnaire pour qu'il les vende ou au contraire que l'on vend des marchandises pour le compte d'un correspondant.

Dans le premier cas, le compte 222 « Telles marchandises sous tel » est débité pour la valeur des marchandises envoyées par le crédit du compte 221 « Marchandises » et pour tous les frais par le crédit du compte 13 « Dépenses ».

Quand le correspondant envoie le compte de la vente, on débite le compte particulier du compte 33 « Mon compte » pour le net provenu, tous frais déduits. On porte ce net provenu au crédit du compte 222, que l'on solde par Profits et Pertes.

Lorsqu'un commettant envoie des marchandises à vendre pour son compte, on ouvre une subdivision au compte 223 « Telles marchandises d'un tel ». On débite ce compte pour les frais que l'on engage, comme Voiture, Port, Courtage, Magasinage, Emballage, et pour la commission dûe pour cette vente. On le crédite du produit de la vente et on solde le compte par le crédit du compte 32 « X... son compte ».

Opérations en participation.

La Porte traite des affaires en participation avec une précision qu'on ne retrouve chez aucun autre auteur comptable de cette époque. Avant d'entrer dans le détail des écritures qu'il préconise, il est bon d'avoir une vue nette de la nature juridique des sociétés en participation.

On les appelait à l'époque sociétés anonymes, et il faut se garder de les confondre avec celles que nous désignons aujourd'hui sous ce nom. Ce qui caractérisait les sociétés anonymes au XVIIe et au XVIIIe siècle, c'était leur caractère occulte, d'où leur nom.

L'ordonnance de mars 1673, sans les proscrire absolument, ne les mentionne pas. D'après le *Dictionnaire Universel de Commerce,* le législateur craignait les risques d'accaparement et de monopole qu'elles pouvaient favoriser.

La société anonyme dont fait état La Porte ne tombe pas sous le coup de cette réprobation. Il s'agit tout bonnement du compte en participation, c'est-à-dire d'une convention conclue entre deux ou plusieurs négociants pour se partager les gains ou les pertes résultant de la vente d'un stock de denrées ou de marchandises.

L'un des associés peut réaliser sous son nom l'achat ou la vente ou bien seulement l'une de ces deux opérations, un co-associé réalisant l'autre.

La Porte ne considère les opérations de la participation, les « affaires en société » ou « en compagnie » selon sa propre expression, qu'à travers la comptabilité des associés. Il néglige délibérément le cas où la société en participation aurait une comptabilité propre. Au contraire Luca Pacioli, qui consacre aux opérations en participation le chapitre 21 du Traité XI de la *Summa de Arithmetica,* préconise la tenue d'une comptabilité annexe. Si toutefois on ne veut pas tenir de comptabilité annexe, il faut ouvrir dans la comptabilité générale des comptes tenus séparément des autres. Pacioli explique les écritures à passer lors de l'ouverture de chacun de ces comptes, mais il tourne court sur leur fonctionnement ultérieur : « maintenant que je vous ai initié à ces nouvelles inscriptions, je ne m'étendrai pas davantage car il serait trop indigeste de répéter ce que j'ai dit au début de ce traité ».

La Porte au contraire expose les écritures relatives aux participations avec un luxe de détails qui n'en facilite pas la compréhension. Pour compliquer encore, cet exposé est réparti sur trois passages différents : généralités (p. 192-201) – écritures passées au livre des factures (p. 150-157) – écritures passées au journal (p. 296-313).

Trois personnes peuvent mener les opérations : moi-même, mon associé, ou une personne non intéressée. Chacune de ces personnes pouvant soit faire l'achat et la vente, soit seulement l'achat ou la vente, il en résulte dix cas différents, pour chacun desquels on peut employer trois méthodes différentes. Ce sont ces trois méthodes différentes qui retiendront notre attention.

La première méthode est celle du partage final. Pour isoler les opérations de la participation, La Porte ouvre deux sous-comptes spéciaux : 1° au sein du compte « Marchandises » un sous-compte « Telle marchandise, à tant, avec un tel »; 2° au sein du compte de l'associé, un sous-compte « Un tel, son compte en Compagnie ». Ce sous-compte sera crédité du montant de sa participation et de sa part du profit et sera soldé par débit à son compte courant. Si l'associé n'a pas de compte courant, le compte « X... son compte en Compagnie » sera soldé par Caisse lors du paiement.

La deuxième méthode ne diffère de la première qu'en ce qu'il n'est pas ouvert de compte en compagnie aux associés; leurs opérations de participation sont confondues avec leurs opérations ordinaires.

La troisième méthode est celle du partage immédiat. Le sous-compte « Telle marchandise par tant à tel et tel » est débité de ma part, et chaque associé de la sienne.

Balance, bilan et inventaire.

La Porte ne dit mot de la balance de vérification, contrairement à Barême qui recommandaitt d'en faire une tous les mois. C'est ce qu'il appelait le « bilan en l'air ». Par contre, La Porte recommande de pointer le Grand-Livre avec le journal tous les huit ou quinze jours. « Il y en a, dit-il, qui ne pointent leurs livres que lorsqu'ils veulent faire la balance, mais cette négligence ne peut être que préjudiciable, car quelquefois en pointant les livres, lorsque l'on fait la balance, on découvre des erreurs ou des omissions sur des comptes qui sont souvent soldés depuis longtemps ».

La confection de la balance des comptes du Grand-Livre est liée par La Porte à l'opération purement matérielle du passage d'un Grand-Livre épuisé à un nouveau registre, ce qui, d'après les exemples qu'il donne, se produit en pratique le 31 décembre de chaque année.

Bien que le compte Balance ne figure pas dans le cadre comptable, il ne fait pas de doute que La Porte considère la balance, qu'il appelle également bilan, comme un véritable compte, subdivisé en balance de sortie et balance d'entrée C'est pourquoi je l'ai ajouté aux comptes de la première classe.

A l'occasion de la confection de la balance, on peut être amené à mouvementer le compte « Profits et Pertes » C'est le cas notamment lorsqu'il reste des marchandises en magasin. On évalue ce reste et on crédite le compte « Marchandises » par « Balance » du montant de cette évaluation, puis on solde le compte « Marchandises » par « Profits et Pertes ».

Le compte « Profits et Pertes » est encore débité du montant des frais généraux figurant au compte 13 « Dépenses », et crédité du montant des commissions reçues, imputées au compte 14 « Provisions ».

Après quoi on solde le compte « Profits et Pertes » par « Capital », et ce dernier compte par « Balance ».

L'ordonnancè de 1673 prescrit de dresser.l'inventaire au moins tous les deux ans. Mais les praticiens s'accordaient à recommander l'inventaire annuel. « La plupart des marchands qui ont de l'ordre, écrit La Porte (p. 264), font leur inventaire tous les ans ».

L'inventaire, chez La Porte, se présente comme un récolement général de tous les éléments de l'actif et du passif, suivi d'un bordereau (ou balance) récapitulatif présenté par doit et avoir. Il est arrêté, daté et signé. « Il doit, ajoute La Porte, s'enfermer, afin de l'ôter de devant les domestiques, qui quelquefois ne sont que trop curieux, et nullement secrets ».

Le bordereau récapitulatif fait ressortir, en trois lignes :

- le capital suivant le présent inventaire,

- le capital suivant l'inventaire précédent,

- la différence, qui doit être égale au solde du compte « profits et pertes ».

On voit que La Porte, sans formuler explicitement la notion d'exercice, institue une pratique qui y conduit directement.

LES REGISTRES

On se sert ordinairement, écrit La Porte, de trois livres principaux et d'un certain nombre, variable, de livres auxiliaires (p. 69).

Les trois livres principaux sont : le Mémorial ou Brouillard, le Journal et le Grand Livre, encore appelé Extrait ou Livre de raison.

Le Mémorial.

Au Mémorial sont enregistrées toutes les affaires, au fur et à mesure qu'elles se produisent.

Il y a deux méthodes pour tenir le Mémorial. La première consiste à prendre note des opérations, sans s'astreindre à une forme particulière de rédaction. La seconde consiste à tenir le Mémorial comme un Journal, par débit et crédit. Certains divisent le Mémorial en quatre parties : achats, ventes, caisse et notes, c'est-à-dire opérations diverses ne concernant ni les marchandises ni la caisse.

La Porte conseille de tenir le Mémorial en forme de Journal et de ne pas le diviser : opinion qui fait bon marché des nécessités de la pratique.

Le Journal.

C'est un registre de cinq à six mains de papier grand raisin, c'est-à-dire d'environ 45 × 32 cm, réglé d'une ligne à la marge et de trois à l'endroit où on tire les sommes.

Les articles du Journal sont disposés à peu près comme de nos jours. La date de l'opération est placée entre deux traits sur la première ligne. Vient ensuite la désignation du compte débité suivie du mot « Doit », puis celle du compte crédité, précédée de la préposition « A ». La somme est portée, par livres, sols et deniers, dans les trois colonnes de droite. Enfin le libellé est rédigé en « un style concis et clair, n'omettant aucune circonstance nécessaire, et évitant l'inutile ». Il n'y a qu'un seul jeu de colonnes de sommes, et non, comme aujourd'hui, enregistrement séparé des débits et des crédits.

Les articles composés sont rédigés sous la forme : « les suivants doivent à X » ou « X doit aux suivants ». S'il y a plusieurs débits et plusieurs crédits, on écrit : « Divers débiteurs doivent à divers créanciers » (p. 94)[22].

La marge de gauche est réservée aux annotations servant à préparer le report des articles du Journal au Grand Livre. Devant chaque article, on tire un petit trait de plume. Au-dessus on indique le folio du Grand Livre où se trouve le compte débité, et, en dessous, celui du compte crédité.

Le Grand Livre.

Le Grand Livre se nomme ainsi selon La Porte, parce qu'il est le plus grand en volume de tous ceux dont un négociant se sert. On le nomme encore Extrait parce qu'on y met par extrait tous les articles du Journal. On l'appelle aussi Livre de raison parce qu'il rend raison de toutes les affaires.

Sa forme est un volume in-folio de quatre, cinq ou six mains de papier grand colombier (44 × 59 cm) ou grand Jésus (36 × 54 cm).

Le Grand Livre est tenu à livre ouvert. La page de gauche, où est porté l'intitulé du compte, est réservée aux débits (Doit) et la page de droite aux crédits (avoir). Ces derniers sont précédés de la préposition « par ».

Le Grand Livre est complété par un répertoire des comptes, par ordre alphabétique, d'où son nom d'Alphabet, sous lequel il est généralement connu. Il indique le numéro du folio de chaque compte au Grand Livre.

Dans la marge de gauche sont mentionnés les dates des opérations, par mois et jour.

Le libellé d'un article comporte l'indication du compte « de rencontre » et la mention sommaire de l'opération faisant l'objet de l'écriture.

Dans les quatre colonnes de droite on porte : 1° le folio du compte de rencontre; 2° la somme par livres, sols et deniers.

---

22. Suivant Ten Have (*Simon Stevin of Bruges*, in Littleton and Yamey, *Studies in the History of Accounting*, p. 243) l'emploi d'articles composés, exposé par Nicolas Petri, de Deventer, dans sa *Practique* de 1583, ne devint d'usage courant que beaucoup plus tard.

Livres auxiliaires.

Ils sont en nombre variable : « chacun les forme suivant la nécessité de ses affaires » (p. 125).

La Porte en énumère quinze : 1° Livre de caisse; 2° Livre des échéances; 3° Livre des numéros; 4° Livre des factures; 5° Livre des comptes courants; 6° Livre des commissions; 7° Livre des acceptations; 8° Livre des remises; 9° Livre des traites et remises; 10° Livre de dépenses; 11° Livre des copies de lettres; 12° Livre des ports de lettres; 13° Livre de banque; 14° Livre des vaisseaux; 15° Livre des ouvriers.

Je laisserai de côté les livres qui n'appellent pas de remarque particulière comme le livre de caisse et les livres de copies de lettres et des ports de lettres.

Livre des échéances.

Ce livre sert de base à la gestion de la trésorerie. On y porte le jour de l'échéance de toutes les sommes que l'on a à payer et à recevoir, soit pour lettres de change, billets, marchandises ou autres choses. Il sert pour voir en tout temps ce que l'on a à recevoir et à payer chaque jour, de façon à prendre les dispositions nécessaires pour faire les fonds et actionner les débiteurs négligents.

La date à porter en ce qui concerne les lettres et billets était assez délicate à déterminer. D'une part les effets n'étaient souvent pas payables à jour fixe ou à un certain délai de date, mais à un délai appelé *usance*. En France les usances étaient de trente jours, et il fallait prendre garde de ne pas les compter comme des mois car il y a des mois qui ont plus ou moins de trente jours.

D'autre part l'ordonnance de mars 1673 (Titre V, article 4) accorde aux porteurs un délai de dix jours pour faire les diligences en vue d'obtenir le paiement. C'est ce qu'on appelait les jours de faveur ou de grâce, qui ne commençaient à courir que le lendemain de l'échéance. Ainsi, pour une lettre de change qui est à échéance du 1er mai, les jours de grâce commencent le 2 mai; le dernier jour de grâce sera le 11 mai, auquel il faudra absolument faire payer ou protester, faute de quoi le porteur ne pourra pas se retourner contre le tireur, appelé à l'époque le remettant (de la lettre de change). Si le dernier jour de grâce est un dimanche ou un jour de fête, il faut demander le paiement ou faire protester la veille.

Cette disposition concernant les jours de grâce a été approuvée par Bornier[23] : « il est juste de donner quelque terme après l'échéance des lettres de

---

23. *Conférences des nouvelles ordonnances de Louis XIV.* tome II, p. 563.

change, d'autant que celui qui les doit acquitter n'a pas toujours l'argent pour les payer ». En revanche La Porte estime que ce délai de grâce n'a aucune raison d'être lorsqu'il s'agit de lettres payables à un ou deux jours de vue (p. 385).

Cette question de l'échéance des effets de commerce était encore compliquée du fait que le calendrier grégorien n'avait pas été accepté partout. L'Angleterre, la Russie, la Hollande et les Etats protestants d'Allemagne s'en tenaient au calendrier Julien. Bien que l'Angleterre soit passée au calendrier Grégorien en 1752, les éditions de *La Science des Négociants* postérieures à cette date continuent à la ranger parmi les adeptes du « vieux style ».

Lettres de change et Billets de commerce formaient, avec les disponibilités, à peu près les seuls éléments de la trésorerie ; comme il n'existait pas en France de banques de dépôt et de virement, le Livre de Banque était inutile, ainsi que le précisait La Porte (p. 177) : « Dans les villes où il y a une banque, comme à Amsterdam, Venise, Hambourg, etc..., les négociants qui font leur recette et paiements en banque en tiennent un livre, dans lequel ils donnent à ladite banque un compte par débit et crédit... Je n'ai pas cru qu'il fût nécessaire de donner un modèle de ce livre, parce qu'il est de très peu d'usage, principalement en cette ville ».

Livre des numéros.

C'est ce que nous appelons aujourd'hui le Livre de Magasin. Il est ainsi nommé parce qu'on y inscrit en marge les numéros d'ordre des lots de marchandises concernées. Le Livre des numéros est tenu en quantités seulement. La Porte ne prévoit pas qu'on y mentionne, même à titre indicatif, les prix d'achat et de vente, car les numéros de magasin figurent sur le Livre des factures.

Livre des factures.

Les développements relatifs au Livre des factures occupent les pages 140 à 158 de *La Science des Négociants*. Ils sont assez confus, car La Porte y mêle des aperçus sur les affaires en commission et « en société » (c'est-à-dire en participation selon la terminologie moderne), dont il traite de manière plus détaillée à propos du compte « Marchandises » (p. 187-201).

Ce Livre des factures correspond à ce qu'on appellera plus tard le facturier. On y enregistre par extraits les factures des marchandises qu'on achète « et qu'on envoie à quelqu'un pour son compte » (c'est-à-dire qu'on vend).

La Porte remarque que les factures sont parfois notées dans le brouillard ou dans le Livre des ventes, et qu'en ce cas il n'est pas nécessaire d'ouvrir un

Livre de factures. A propos du brouillard il avait déjà indiqué (p. 74) que certains marchands, au lieu de tenir un mémorial unique de toutes leurs affaires, le divisent en plusieurs parties, qui sont : un livre d'achats, un livre de ventes, un livre de caisse et un livre de notes. Ceux qui divisent ainsi leur mémorial annotent dans celui des achats tous les achats qu'ils font, et dans celui des ventes toutes leurs ventes. Mais il n'approuve pas cette méthode. « Je conseillerai toujours de se servir du Livre des factures et de le charger de toutes les affaires qui peuvent y entrer, quoiqu'il semble que ce soit multiplier les écritures » (p. 141).

Quoi qu'il en soit, on ne sert le Livre des factures que si le règlement n'est pas immédiat. Il faut remarquer à ce sujet que l'expression *paiement comptant* n'avait pas au dix-huitième siècle le même sens qu'aujourd'hui. Boucher, dans le Dictionnaire de Commerce annexé à sa *Science des Négociants et Teneurs de livres* explique qu'acheter au comptant veut dire qu'on satisfera à son engagement au terme d'usage, tandis que lorsque le paiement est immédiat on dit acheter *comptant compté*. Au lieu de *au comptant,* La Porte dit *pour comptant,* et au lieu de *comptant compté* il dit *comptant* tout court. Ainsi dans son modèle de journal, on a, p. 283 :

– Marchandises doivent à Caisse £ 1400 : acheté comptant de la Veuve Maralde 100 castors noirs.

– Marchandises doivent à Charles Harlan £ 1032 : acheté pour comptant 20 pièces de plomb.

Livre des comptes courants.

« Ce livre sert pour y dresser les comptes que l'on envoie aux correspondants pour les régler d'accord avec eux avant que de les solder sur le Grand Livre afin de ne rien brouiller... On met au bas du compte le jour qu'on en envoie la copie à son correspondandant ».

La Porte en donne un modèle, dont l'exemple chiffré est malheureusement entaché d'une erreur d'addition. Au total des débits il faut 9030£.5s.3d. au lieu de 8930£.5s.3d. Boucher, qui a reproduit cet exemple, a corrigé l'erreur.

Livre des acceptations; Livre des remises; Livre des traites et remises.

La Porte semble réserver l'usage de ces livres auxiliaires aux agents de banque et de change. On lit en effet, p. 169 : « il y en a qui au lieu du livre des acceptations et de celui des remises n'en ont qu'un seul pour ces deux sujets... L'ordre qu'on y observe est d'y donner un compte par débit et crédit à chaque correspondant avec qui on fait commerce de Lettres de Change ».

Études et Documents V – CHEFF – 1993

Cependant, il n'est pas douteux que tout négociant ait intérêt à suivre dans un registre spécial les entrées et sorties de valeurs en portefeuille. C'est à quoi sert souvent le Livre des Echéances.

Le livre des acceptations et le livre des remises ne sont pas à proprement parler des livres de comptabilité, mais des carnets d'enregistrement des effets à payer et à recevoir.

Dans le livre des acceptations, on note les lettres de change que les correspondants nous avisent avoir tirées sur nous, afin de voir à la présentation et avant d'accepter si on a avis de l'émetteur de la lettre. Il faut en effet, avant d'accepter une lettre de change, s'assurer que l'on a avis du tireur, que la somme et l'ordre de la lettre correspondent à la lettre d'avis, et que l'on n'a pas déjà accepté la lettre. Si on accepte la lettre on met un A devant l'article, et si on ne veut pas accepter on met A.P., c'est-à-dire « A Protester ».

Dans le Livre des remises, on note les lettres de change qui nous sont adressées avant de les envoyer à l'acceptation. Ce livre est très utile parce qu'on est obligé de se dessaisir quelque temps des lettres qu'on envoie à l'acceptation. Après l'acceptation on met un A devant l'article, et faute d'acceptation un P.

A la différence des deux précédents carnets, le Livre des traites et remises est un véritable livre comptable, tenu par débit et crédit. On y ouvre un compte à chaque correspondant; on y met au débit les traites qu'il tire sur nous et au crédit les remises qu'on leur adresse.

Il y a, au débit comme au crédit, deux colonnes pour tirer les sommes. La première est servie à la réception de la lettre d'avis, la seconde après le paiement. Contre la première colonne, on marque A après l'acceptation, et au crédit RP pour le renvoi des lettres protestées.

Livre des vaisseaux.

C'est un livre spécialisé pour le commerce maritime, dans lequel on tient le compte d'armement de chaque navire. La Porte ne fait que le citer; Boucher, par contre, en traite assez longuement.

LA COMPTABILITÉ EN PARTIE SIMPLE

La Porte traite de la comptabilité en partie simple dans les soixante premières pages de son livre, qu'il considère comme pouvant servir d'introduction à la comptabilité en partie double. En effet il conçoit la partie ...

simple à l'image de la partie double, sans bien se rendre compte des différences de fond entre les deux méthodes.

La comptabilité en partie simple consiste à ouvrir un compte par débit et par crédit à chaque personne avec qui on fait des affaires (p. 7), et seulement avec ces personnes (p. 1). Ces comptes figurent dans un Grand Livre, dans lequel on reporte les articles inscrits jour par jour au Journal.

Pour trouver les débiteurs et les créanciers (sic) des articles du Journal, La Porte énonce les règles suivantes :

« Celui à qui ou pour compte de qui on fournit quelques effets sans en recevoir la valeur sur le champ est Débiteur et doit être débité ;

Celui de qui ou pour compte de qui on reçoit, ou qui fournit quelques effets sans qu'on lui en donne la valeur sur le champ est créancier et doit être crédité ».

La comptabilité en partie simple est donc, aux yeux de La Porte, exclusivement une comptabilité de créances et de dettes Comme cette théorie, prise dans toute sa rigueur, est insoutenable, il est amené à faire quelques entorses à ce principe.

Tout d'abord il ne peut faire autrement que de prendre en considération les recettes et les dépenses. Aussi écrit-il (p. 10) qu'on peut tenir le Journal de deux manières. La première est un Journal entier, qui contient généralement toutes les affaires. La seconde est un Journal divisé en plusieurs parties, qui sont 1° un journal des achats ; 2° un journal des ventes ; 3° un journal de caisse, qui sert pour les recettes et les payements que l'on fait, que l'on appelle aussi Livre de caisse ; 4° un journal de notes, qui sert pour les affaires qui ne dépendent ni de la caisse, ni des achats ni des ventes.

D'autre part, le seul jeu des comptes de personnes ne permet pas de suivre les opérations d'achat et de vente en commission ou en participation. Aussi La Porte observe-t-il (p. 40) que si, dans les parties simples, ordinairement on n'ouvre de comptes pour aucunes sortes de marchandises dans le Grand Livre, on les forme dans le Livre des factures.

Conclusion.

On remarque tout de suite que *La Science des Négociants* s'adresse exclusivement à des commerçants qui achètent pour revendre en l'état. C'est d'ailleurs bien ce que fait ressortir le sous-titre : *Instruction générale pour tout ce qui se pratique dans les comptoirs des négociants, tant pour les affaires de banque, que pour les marchandises, et chez les financiers pour les comptes.* Il n'y a rien qui concerne ce qu'on appelait alors les manufactures, définies par le *Dictionnaire Universel de Commerce* comme « lieu où l'on assemble plusieurs ouvriers ou artisans pour travailler à une même espèce d'ouvrages, ou à fabriquer de la marchandise d'une même sorte ».

La Porte, à l'occasion du Livre des ouvriers, parle bien des marchands fabricants, mais il s'agit là de travaux à façon. « Les marchands fabricants doivent avoir un Livre pour les ouvriers qu'ils font travailler et y donner un compte à chacun. Au débit de ce compte, on met les matières qu'on leur fournit pour travailler, et au crédit les ouvrages fabriqués qu'ils rendent » (p. 178).

Ce manque d'intérêt pour la comptabilité industrielle est à souligner car les manufactures étaient assez nombreuses pour que Savary ait jugé bon de leur consacrer deux chapitres de son *Parfait Négociant*[24]. Mais Savary ne parle que des manufactures de textiles et ne fait aucune allusion à l'organisation de leur comptabilité.

Boucher, qui a mis à jour l'ouvrage de La Porte (deux éditions, en 1800 et 1803) ne s'occupe pas davantage de cette question.

Pierre Léon, qui a bien exposé la poussée vers la concentration industrielle au XVIIIᵉ siècle[25] insiste sur le flou des méthodes comptables dans l'industrie naissante. Le bilan n'est dressé qu'épisodiquement, lors d'une succession ou d'une crise de trésorerie, et, en dehors de ces cas exceptionnels, selon le caprice des dirigeants.

C'est Edmond Degrange fils qui a été le premier à comprendre les problèmes particuliers posés par la comptabilité industrielle. A propos d'une réédition parue en 1845 de l'ouvrage de son père, il écrit[26] :

On vient ... de réimprimer la tenue des livres rendue facile qui date de cinquante ans, sous le nom d'Edmond Degrange père, livre où manquent... les perfectionnements survenus et ces applications si instructives aux grandes industries actuelles. C'est comme si l'on offrait aujourd'hui aux étudiants en chimie moderne un Lavoisier.

Les livres de mon père, composés dans les périodes républicaine et guerrière de l'Empire, étaient excellents pour leur temps et suffisaient alors sans contredit à tout; mais ils avaient déjà entièrement vieilli après un quart de siècle, sous la Restauration, pour une société qui se trouvait transformée, à cette époque pacifique de grandes innovations et animée de cet esprit d'association qui a permi d'exécuter, par actions, les plus vastes entreprises.

---

24. 2ᵉ partie, livre I, chapitres VI et VII.
25. In *Histoire économique et sociale de la France*, sous la direction de F. Braudel et E. Labrousse, tome II, Paris, 1970, p. 263.
26. Cité dans la Bibliographie de Reymondin, p. 49.

A ce cercle agrandi du commerce, à cette immense expansion de la sphère industrielle et administrative, il fallait des livres beaucoup moins restreints qui répondissent à ces besoins nouveaux de comptabilité : il devenait indispensable d'aborder enfin les difficultés sérieuses de l'application des parties doubles à des industries exceptionnelles, précédemment inconnues et fondées par des hommes de haute intelligence, qui ne manquèrent pas d'adopter cette méthode par excellence. Je ne fus pas, on le pense bien, le dernier à le comprendre.

On ne saurait mieux dire, et cette citation, un peu longue, permet de dater d'une manière assez précise l'important tournant qui s'est produit dans l'histoire de la comptabilité : les années 1815-1830.

Études et Documents V – CHEFF – 1993

ANNEXE

CADRE COMPTABLE DE MATHIEU DE LA PORTE
(La numérotation des comptes n'est pas de La Porte)

1. Première classe : Comptes du chef (c'est-à-dire le négociant lui-même).

11. *Capital*. Compte représentant le chef du commerce ou le négociant.

12. *Profits et pertes.*

13. *Dépenses.* Ce compte retrace tous les menus frais engagés tant pour le commerce que pour le ménage : papier, encre et plumes, ports de lettres, emballages, pourboires, argent donné à l'épouse pour le ménage, etc.

14. *Provisions.* On désignait aux XVII⁰ et XVIII⁰ siècles par « provisions » ce que nous appelons aujourd'hui « commissions ».

15. *Assurances.* Compte réservé aux assurances maritimes.

16. *Balance.* Compte utilisé pour la clôture du Grand-Livre et l'ouverture d'un nouveau. Ce compte ne figure pas dans la nomenclature donnée par La Porte, mais est expressément cité dans le cours de l'ouvrage. Il doit être subdivisé en :

161. *Balance d'entrée.*

162. *Balance de sortie.*

2. Seconde classe : Effets en nature.

Sous le nom d'effets en nature La Porte comprend les disponibilités, les marchandises et les immobilisations.

21. *Caisse.*

22. *Marchandises.* La Porte recommande de tenir des comptes particuliers pour chaque sorte de marchandises.

221. *Marchandises entre nos mains pour notre compte.*

2211. Vins.

2212. Safran:

222. *Telles marchandises sous tel, ou entre les mains de tel, de tel endroit.*

223. *Telles marchandises d'un tel.*

224. *Marchandises en société.*

2241. Telle marchandise, à ... % avec un tel.

22411. ...

22412. ...

2242. Telle marchandise, sous un tel, à ... % avec ledit

22421. ...

22422. ...

23. *Effets en papier.*

231. *Lettres et billets de change à recevoir (ou compte de change).*

232. *Rentes constituées.*

233. *Argent à la grosse.*

234. *Billets à payer.*

235. *Traites et remises.*

24. *Effets particuliers.*

241. *Vaisseaux.*

242. *Maisons et terres.*

243. *Meubles.*

244. *Actions ou intérêts en des compagnies.*

245. *Payements ou foires. Compte utilisé par les banquiers.*

3. **Troisième classe** : Compte des correspondants.

31. ***Compte commun pour les affaires réciproques.*** Compte ouvert aux clients et fournisseurs De La Place pour des opérations ne donnant pas lieu à frais. C'est un compte collectif, se subdivisant en comptes particuliers ouverts au nom de chaque correspondant.

32. ***Compte courant des affaires particulières, ou X... son compte.*** Compte des affaires faites en commission pour le compte de correspondants d'autres villes ou de l'étranger. Comme le précédent, c'est un compte collectif.

33. ***Compte courant de mes affaires ou mon compte.*** Compte des affaires faites pour mon compte par mes correspondants d'autres villes ou de l'étranger.

34. ***Compte des affaires en société.***

341. *Mon compte en Compagnie.*

342. *Mon associé, son compte en Compagnie.*

343. *Compte de fonds des associés en Compagnie.*

35. ***Compte de temps.*** Compte d'attente retraçant les opérations payables à terme, jusqu'à l'échéance. Compte tombé en désuétude selon La Porte.

36. ***Compte de divers débiteurs.***

37. ***Compte de divers créanciers.***

COLBERT, SAVARY ET L'ORDONNANCE DU COMMERCE/COLBERT SAVARY AND THE ORDINANCE FOR COMMERCE

S.E. Howard

"Public rules for private accounting in France, 1673 and 1807,"
The Accounting Review, vol. VII, no. 2, 1932

Stanley E. Howard

PUBLIC RULES
FOR PRIVATE ACCOUNTING
IN FRANCE, 1673 AND 1807

Accounting Rules
of the Ordinance of 1673

In March, 1673, Louis XIV promulgated his Ordinance *"Pour le Commerce,"* the framework upon which was completed the structure of Napoleon's *Code de Commerce* of 1807. Title III of the Ordinance bears the descriptive heading: "Concerning the Books and Registers of Tradesmen, Merchants, and Bankers." This Title III contains ten articles. Their provisions are so briefly stated that they can best be presented here in full translation.[1]

---

[1] This passage and others from French books and documents are in this paper presented in English translation by the present writer.

Translation in this instance has been from an official edition of the Ordinance published in 1709. The title page reads: *Ordonnance de Louis XIV. Roy de France et de Navarre. Pour le Commerce. Donnée à S. Germain en Laye au mois ·de Mars 1673. Nouvelle Edition. Augmentée des Edits, Déclarations, Arrests+Réglements concernans la même matière. A Paris, Chez les Associez choisis par ordre de Sa Majesté pour l'impression de ses nouvelles Ordonnances. M.DCC.IX.*

For a general statement of the relationship between the Ordinance of 1673 and the Code of 1807, see Levasseur, E., *Histoire du Commerce de la France*, pt. 1, p. 300.

Reprinted from *The Accounting Review* (June, 1932), pp. 91–102, by permission.

I. Tradesmen and merchants at wholesale and at retail shall have a book (*livre*), which shall contain all their business, their bills of exchange, their accounts receivable and payable (*dettes actives et passives*), and the monies employed for the expense of their [domestic] establishment [s].

II. Dealers in exchange, and bankers shall keep a journal (*livre journal*), in which shall be entered all the affairs negotiated by them, to have recourse to it in case of dispute.

III. The books of tradesmen and merchants both at wholesale and at retail shall be signed on the first page and on the last by one of the consuls in the cities where there is consular jurisdiction, and in the others by the mayor or one of the aldermen, without cost or fee, and the pages shall be initialed and numbered from first to last by the hand of those who shall have been commissioned by the consuls or mayor and aldermen, notation of which shall be made on the first page.

IV. The books of dealers in exchange and bankers shall be signed and initialed [or "flourished"] by one of the consuls on each page, and notation shall be made on the first [page] of the name of the dealer in exchange or bankers; of the kind of book [that it is], whether it is to serve as a journal or as the cash book; and whether it is the first, second, or [some] other [book], notation of which shall be made in the register at the office of the consular jurisdiction or at the city hall.

V. Journals shall be written up consecutively by order of date[s] without any blank space, [shall be] interrupted at each item and at the end; and nothing shall be written in the margin.

VI. All tradesmen, merchants, and dealers in exchange, and bankers shall be held within six months of the publication of our present Ordinance to make new journals and registers signed, numbered, and initialed [or "flourished"] as it is above ordered; into which they may, if it seems good to them, transfer the copies of their former books.

VII. All tradesmen and merchants both at wholesale and at retail shall file the letters which they shall receive, and shall put in a register the copy of those which they shall write.

VIII. All merchants shall be held to make in the same period of six months an inventory under their signature of all their effects, real and personal, and of their accounts receivable and payable (*dettes actives et passives*), [and] the same shall be remade and revised every two years.

IX. The presentation (*représentation*) or production (*communication*) of journals, registers, and inventories cannot be required or ordered in [a court of] justice, except [in cases involving] succession, *communauté*, and dissolution of a partnership (*société*) in case of failure.

X. In case, nevertheless, that a tradesman or merhcant wishes to serve himself by means of his journals and registers, or that the [other] party should offer to give credence to them, their presentation (*représentation*) may be ordered, to extract from them that which concerns the point in dispute.

Thus the Ordinance required these designated classes of business men to "keep books." Public regulation, "on paper" at least, extended to the making of rules as to the books to be kept, forms to be observed in the making of entries, authentication by a public official as a means to the prevention of the crudest kind of falsifications, the making of periodic inventories, and the preservation of correspondence. The rules for authentication of the books of exchange dealers and bankers appear a little more strict than those for the authentication of the books of tradesmen and merchants. An attempt was made in the last two articles of the title to define the status of accounting records in suits at law.

The Livre Journal and Other Books

It is quite clear from the wording of Article II that the *livre* required to be kept by exchange dealers and bankers was a journal in the modern sense, a *livre journal* or formal book of original entry. The wording of Article I, applicable to tradesmen and merchants, is ambiguous; for there the word *livre* appears unmodified by an adjective. Nevertheless, literature of the period puts it beyond doubt that the *livre* of Article I is also a *livre journal*. In the *Dictionnaire Universel de Commerce* published in 1723 we read:[2]

> It is the *Livre Journal* of which the Ordinance of the month of March 1673 intends to speak, when it is said in Title 3, Articles 1, 3, and 5 that tradesmen and merchants both at wholesale and at retail shall have a *livre* which shall contain all their business, their letters of exchange, their accounts receivable and payable, etc.

The *livre journal* and its use are described in the same article in the *Dictionnaire*.[3]

> The name of this book makes clear enough its use, that is to say that one writes in it day by day all the transactions as rapidly as they occur.
>
> Each item that one enters in this book should be composed of seven parts, which are the date, the debtor, the creditor, the sum, the quantity and kind [of goods], the *action* or how payable, and the price.
>
> Ordinarily this book is a register in *folio*, of five or six *mains* of paper, numbered, and ruled with one line on the side of the margin and with three [lines] on the other [side] for extending the sums.[4]

Although the debit and credit analysis of each transaction was customarily indicated in the *livre journal*, the modern spatial arrangement to clarify this

---

[2] The *Dictionnaire Universel de Commerce* was published in 1723 (Vols. I and II) and 1730 (Vol. III). It was known as Savary's *Dictionnaire*. The title page reads: *Dictionnaire Universel de Commerce, contenant tout ce qui concerne le commerce, ...* [etc., etc.] *Ouvrage posthume du Sieur Jacques Savary des Bruslons, Inspecteur général des Manufactures, pour le Roy, à la Doüane de Paris, Continué sur les Mémoires de l'auteur, et donné au Public par M. Philémon Louis Savary, Chanoine de l'Eglise Royale de S. Maur des Fossez, son Frère. A Paris, chez Jacques Estienne, rue Saint Jacques, à la Vertu. M.DCC.XXIII. Avec Privilège du Roy.*

The Jacques Savary here referred to and his brother Philémon Louis were the sons of Jacques Savary the elder (1622–1690) who is credited with the most active part in the Council of Reform which drafted the Ordinance of 1673.

The present quotation is from columns 570–571, Vol. II.

[3] *Ibid.*, Vol. II, col. 570.

[4] These lines were to provide three columns: one for *livres* ("pounds," not "books"); one for *sols* (there were twenty to the pound); and one for *deniers* (there were twelve to the *sol*). *Ibid.*, col. 568.

analysis was lacking. Below is a sample entry taken from the *Dictionnaire*.[5]

February 19, 1708

Wine debit by[6] Cash—£1600:—
bought of Duval for cash 16 *Muids*
of Burgundy wine at £100..................................£1600

It is interesting thus to note that public regulation of private commercial accounting should have selected this one book, a general journal, or primary book of formal entry as the point of attack. The Ordinance made no mention of a book (*livre memorial*) or books of informal original entry on the one hand, or of the ledger (*grand livre, livre extrait*, or *livre de raison*) on the other hand. Both of these groups of record books were, of course, well known and in use. Good accounting practice also recognized the desirability of introducing specialized journals and ledgers.

In 1675, Jacques Savary the elder, principal author of the Ordinance of 1673, published *Le Parfait Négociant*—"The Complete Tradesman"—a book of explanation of and commentaries upon the provisions of the Ordinance and of suggestions and instructions to business men and young men contemplating entrance into business. In it we find instructive information concerning the subject of this paper.[7] There is set forth *inter alia* a list of the books which a merchant of substance should keep. These are the items of the list.

1. A purchases book (*livre d'achat*).
2. An accounts payable subsidiary ledger (*livre extrait du livre d'achat*).
3. A sales journal, designated simply as the *livre journal*, but described by Savary as the book in which one enters everything sold on credit.
4. A subsidiary accounts receivable ledger (*livre extrait du journal*).
5. A journal (*livre de vente*) in which to handle exclusively cash sales of merchandise.
6. A journal (*livre d'argent payé*) in which to handle cash payments exclusively.
7. A cash book which appears to have been a ledger account for cash based upon items 5 and 6 above, called the *livre de caisse* and referred to as being in effect *l'extrait du livre de vente au comptant et du livre d'argent payé*.

---

[5] *Ibid.*, col. 571.

[6] *"Doit à."* The significance of *doit* is reserved for later discussion.

[7] From the date of its first publication until the Revolution, *Le Parfait Négociant* was in great demand not only in France but in England and on the continent generally. It was translated into English, Italian, Dutch, and German. The seventh edition appeared in 1713, brought out by the son Jacques (who died in 1716). The eighth edition was brought out in 1721 by the son Philémon Louis. The writer of this paper has used and translated from the French edition of 1777. The title page reads: *Le Parfait Négociant, ou Instruction Générale pour ce qui regarde le commerce des Marchandises de France + des Pays Entrangers. Par le Sieur Jacques Savary, Enrichi d'augmentations par le Sieur Jacques Savary des Bruslons; et après lui, par M. Philémont-Louis Savary, Chanoine de l'Eglise Royal de S. Maur, son Fils. Paris. Chez les Frères Estienne, Librairies rue Saint Jacques, à la Vertu. M. DCC. LXXVII Avec privilége du Roi*, See p. 275ff.: in particular, for the list of nine books, pp, 278–279.

8. A book called the *livre de numero,* a detailed running inventory of merchandise kept in ledger account form.
9. Savary suggested also the keeping of a *livre de teinture,* or book of dyeing; but this was because the merchant of substance of Savary's illustration was considered to be running a dyeing, as well as a mercantile, enterprise. It would be well to generalize from Savary's suggestion to the effect that it was considered to be good accounting to keep a special record of manufacturing of producing operations whenever there were any such.

Savary recommended also the keeping of a *carnet* or notebook of detailed informal memoranda, particularly those relating to instalment payments; but he did not list this book with the other nine items just presented.[8]

Such a set of books as that suggested by the first seven items of Savary's list, exceeded, of course, in its refinement of specialization and organization the conditions presupposed by the stipulations of the Ordinance—the keeping of a simple *livre journal.* This fact raises the question of the application of the rules of the Ordinance, such as those respecting authentication, to a system of specialized journals and specialized (perhaps subsidiary) ledgers. Savary indicated that the requirements of the law would be met by authentication of books of primary entry alone. The *livre d'achat* should be authenticated, but not the *livre extrait du livre d'achat;* the *livre journal,* but not the *livre extrait du journal.*[9]

Not only was it true that these first seven books recommended by Savary exceeded the minimum requirements of the Ordinance; they exceeded also the minimum requirements of many merchants, those engaged in what Savary called *commerce mediocre.* These business men, he said, might advantageously condense the seven books into three: (1) a *livre d'achat,* (2), a *livre journal de vente à crédit,* and (3) a *livre de caisse.* The first two, like items 1, 3, 5, and 6 of the list of seven books, were not to be kept in debit and credit *form.* The last, the *livre de caisse,* like items 2, 4, and 7, were to employ this technical form.

Savary advocated the use of the ledger; but in the event of its non-use he suggested an interesting method of journal procedure, as for example in the *livre d'achat.* An alphabetical list of persons dealt with would precede or accompany the journal record proper. As each entry was made in the journal there would be entered following the name of the person involved (as it appeared in the alphabetical "index") the journal page number. In addition, whenever the effect of a journal entry was to put in balance the personal account in question, there would be entered in the index the letter "S." This, meaning *solde* (balance), would facilitate periodic or occasional verification of the condition of any particular personal account.

For the conditions of petty trade, Savary thought it might sometimes be advantageous to combine the first two of the three books into one, using the

---

[8] For another list of specialized records which were in use in this general period, see the *Dictionnaire de Commerce,* Vol. II, col. 570.

[9] *Le Parfait Négociant,* pp. 278–279.

left-hand pages consecutively as a *livre d'achat* and the right-hand pages as a *livre journal de vente à crédit*. If this were done, the formal authentication of the two journal records must be independently performed for each series of pages.

The language of the Ordinance made no mention of double entry book-keeping; but Savary appears to have assumed its use or at least the desir-ability of its use. His instructions in *Le Parfait Négociant*, which was intended not only to inform men of the business classes as to the require-ments of the law but also to stimulate them in the matter of compliance with the law, include models of bookkeeping form and explanations as to pro-cedure. One of these discussions relates to the ledger and to the meanings of debit and credit entries. As it throws some light on the contemporary "philosophy" of debit and credit entries, a short digression from our main theme may be justified. Savary said:[10]

> The ledger (*livre extrait ou de raison*) is kept in debit and credit; that is to say, that the merchandise which one shall have sold should be written on the debit side, where one enters "So-and-so should give" (*un tel doit donner*); and on the other side, opposite, which is the credit [side], where one enters "The said So-and-so [should] have (*avoir*)," one writes the money which one receives from his debtor.
>
> [As to] the merchandise which one purchases from anyone, one must give credit to him [i.e., the seller] on the side where one enters "The said gentleman [should] have (*avoir ledit sieur*)" and when one pays for that which one has bought, it is necessary to write it on the debit side, where it is [written] "He should give (*doit donner*)."

Whatever lack of clarity inheres in these statements is in part, if not wholly, removed by Savary's illustrative examples or *formules*. In one of these, exhibiting the account of a fictitious Mr. Pierre Arnaut, we find as the heading of the left-hand page:

Mr. Pierre Arnaut should give (*doit donner*).

And as the heading of the right-hand page:

The said gentleman [should] have (*avoir*).

Apparently there is an ellipsis in the French expression *"doit et avoir."* One finds confirmation of this in Savary's *formule* for the *livre de caisse*.[11] There the headings appear in full. Over the debit page we read:

Cash should give (*Caisse doit donner*).

and over the credit page:

Cash should have (*Caisse doit avoir*).

It is interesting to note that the French expression for "debit and credit" arbitrarily employs in the one case the less significant, finite part (*doit*) of

---

10 *Ibid.*, p. 297.
11 *Ibid.*, p. 296.

the full verbal expression which is implied; while in the other case the infinitive form (*avoir*) alone appears.[12]

Accounting Rules
of the Commercial Code of 1807

Out of the disorders and reconstructive measures of the Revolution there finally came the five Napoleonic *Codes*.[13] In Title II of Book I of the *Code de Commerce*, we find rules for the keeping and use of business records which strongly resemble those of the Ordinance of 1673. Of the ten articles under the caption *Des Livres du Commerce*, four deal with bookkeeping rules, including the requirements of authentication of certain books; the remaining six articles are concerned with the use of the books in the event of litigation.

The first four articles, rendered into English, read thus:

8. Every business man (*commerçant*) is required to have a journal which presents day by day his accounts receivable and payable, the operations of

---

[12] In connection with this topic, see Littleton, A. C., *Early Transaction Analysis*, THE ACCOUNTING REVIEW, Vol. VI, no. 3 (Sept. 1931), pp. 179–183, especially the note on p. 180.

[13] These were the *Code Civil*, the *Code de Procédure Civile*, the *Code de Commerce*, the *Code d'Instruction Criminelle*, and the *Code Pénal*. The present writer has used in referring to codes other than the *Code de Commerce* an early French edition entitled *Les Cinqs Codes Français. Edition nouvelle, conforme au Bulletin des Lois; Augmentée de la Charte, constitutionelle, de la Loi sur l'abolition du Divorce, et terminée par une Table des Chapitres*. Paris. 1816.

In this edition the 648 articles of the *Code de Commerce* are numbered consecutively and cumulatively throughout the four "Books." Book I has the descriptive heading "Concerning Commerce in General." Title II of this book bears the caption "*Des Livres du Commerce*," which may be rendered "Concerning the Books of Commerce," or, more freely, "Concerning Business Records." The ten articles of this title are, in the numbering system used both for this Book and for the whole Code in the edition above described, those numbered 8 to 17 inclusive.

Because of better typography it is more convenient to use the text of the *Code de Commerce* as it appeared first in the *Bulletin des Lois* under a series of dates from Sept. 10 to Sept. 25, 1807. *Bulletin des Lois*, No. 164 (in that volume of the 4th series of *Bulletins* covering the period August, 1807-June, 1808) pp. 161–284. The text of the *Code de Commerce* is published as [Law] No. 2804; that of the imperial decree declaring the *Code* to be effective Jan. 1, 1808 is published as [Law] No. 2805. Title II of Book I is found on pp. 163–164. The numbering of articles in this edition is consecutive and cumulative only within each Book.

There are English translations of the *Code de Commerce*. Two which have been used by the present writer in seeking to secure an insight into the provisions of this body of law are: (1) Mayer, Sylvain. *The French Code of Commerce, as revised to the end of 1886; and an Appendix containing later statutes in connection therewith. Rendered into English, with explanatory notes and copious index*. London. Butterworth's, 1887. (2) Goirand, Léopold. *The French Code of Commerce and Most Usual Commercial Laws, with a theoretical and practical commentary, and a compendium of the judicial organisation and of the course of procedure before the tribunals of commerce, together with the text of the law: the most recent decisions of the courts, and a glossary of French judicial terms*. London. Stevens and Sons, 1880. The text of the Code is found on pp. 561–700.

his business, his transfers, acceptances and endorsements of commercial paper, and in general everything which he receives and pays, under whatever head it may be; and which makes known month by month the sums employed for the expense of his [domestic] establishment: all [of which is required] independently of the other books used in business, but which are not indispensable.

He is required to file the letters which he receives, and to copy in a register those which he sends.

9. He is required to make every year under private signature an inventory of his property, real and personal, and of his accounts receivable and payable, and to copy it year by year in a special register devoted to this [use].

10. The journal and the book of inventories shall be initialed.

The book of copies of letters shall not be subjected to this formality.

All [of them] shall be kept by order of dates, without blank spaces, gaps, or runnings over into the margin.

11. The books the keeping of which is ordered by articles 8 and 9 above shall be numbered, initialed [or "flourished"] and authenticated (visés) either by one of the judges of the courts of commerce, or by the mayor or an assistant [of the mayor] in ordinary form and without cost. Business men shall be required to preserve these books for ten years.

Thus, in the Code of 1807, the journal continued to receive the first and principal emphasis. In must be complete in its record of business transactions; the entries must be made chronologically and with some formality; the book must be duly authenticated, and it must be preserved for a period of ten years.

The former requirement of a biennial inventory of all assets and liabilities became, under the Code, an annual requirement. The inventory, when taken, must be copied into a book, and the book must be preserved for ten years. This book of inventories must be authenticated.

As hitherto, business letters received must be filed. Copies of outgoing letters must be copied in a register or letter-book, which need not be authenticated. The language of Article 11 would seem to require the preservation of the letter-book for a period of ten years; but that of Article 10, distinguishing between the journal and the book of inventories on the one hand and the letter-book on the other, casts some doubt upon the intention of the drafters of the Code in the matter of the preservation of correspondence.

The provisions of these four articles and of the others in Title II were applicable to commerçants (or in the contemporary spelling, commerçans), and no use was made in this part of the Code of the words négociants (tradesmen), marchands (merchants), agents de change (dealers in exchange), and agents de banque (bankers), as in the old Ordinance. In Title V of Book I, however, there are special provisions, not simply as to bookkeeping, applicable to agents de change (translated by Mayer as "stockbrokers"), and courtiers (translated by Mayer as "brokers"). By reason of this segregation for special treatment in the Code, and by reason of the special rules laid down in the Code, it seems quite clear that the businesses of stockbrokers, mercantile brokers, insurance brokers, interpreting and ship brokers, and land and water carriage brokers were looked upon as in some way or ways peculiarly "affected with a public interest." As to the rules for bookkeeping in such enterprises, they were in principle similar to those for *commerçants;* in practice somewhat more minutely prescriptive of detail. Article 84 (in Section II of Title V) reads:[14]

> Stockbrokers and brokers are bound to keep a book in the manner described in Article 11. They are bound to enter in this book, every day, and in order of date, without erasures, interlineations, or transpositions, and without abbreviations or figures, all the conditions of the sales, purchases, insurances, negotiations, and in general of all business carried out by them.

But who are, or were, the *commerçants* to whom the requirements of Title II of Book I of the Code of 1807 were applicable? "Those are *commerçans,*" said the Code, who habitually perform *"actes de commerce."*[15] Then in that part of the Code which deals with the jurisdiction of the courts or tribunals of commerce, *actes de commerce* are itemized.[16]

> Every purchase of produce or goods, either raw or manufactured for resale, or simply to let out on hire; any manufacturing trade, business on commission, or carriage by land or water; any undertaking to supply goods; agencies, business offices, establishments for sales by auction, and places of public amusement; any exchange, banking or commission transaction; all transactions with or concerning public banks, all contracts between merchants and bankers; and transactions in relation to bills of exchange or remittances of money from place to place between all persons.
>
> Any undertaking to build, and all purchases, sales, and resales of vessels for interior and exterior navigation, maritime transport of all kinds; any sale or purchase of rigging, apparel, or stores for vessels; the chartering of vessels, and bottomry and respondentia bonds; all insurance and other contracts concerning maritime commerce; all agreements and arrangements for the pay of the crew; any engagement of seamen for the merchant service.

However unsatisfactory these lists of *actes de commerce* may be for purposes other than the determination of questions of jurisdiction in law suits, it seems quite clear that the substitution of the word *commerçant* for the four more specific terms of the Ordinance of 1673 was not intended to restrict more narrowly the application of the accounting requirements of the law. Rather, we may conclude, the field of application was intended to be enlarged; and the rules laid down for stockbrokers and brokers were intended to be superimposed upon, rather than substituted for, the general rules for all *commerçants* or "business men."

---

[14] As translated by Mayer, *op. cit.*, p. 18.

[15] Book I, Title I, Art. 1.

[16] Book IV, Title II, Arts. 18 and 19 (of the title) or 632 and 633 (in the cumulative numbering of the whole Code). The passages quoted in the text are from Mayer's translation, *op. cit.*, pp. 175–176.

The Problem of Enforcement

Direct public control of accounting methods in private business enterprises seems so radical a policy that the question arises as to how and to what extent the bookkeeping rules of the Ordinance and of the Code were obeyed or enforced. One cannot read Savary's *Le Parfait Négociant* without feeling that this principal author of the Ordinance of 1673 appreciated both the public and private advantages which might be derived from the use of systematic bookkeeping methods by merchants and other business men, and the difficulty which would probably be encountered in the public enforcement of such use. Savary lost no opportunity to urge upon business men and upon young men contemplating a business career the importance of good bookkeeping. In his *formules* of *commandite* partnership articles, of which there appear three in *Le Parfait Négociant,* he inserted as an article of agreement among or between the partners a stipulation that there should be kept good and faithful books of account in accordance with the requirements of the Ordinance.[17] Possibly it was his view that the accounting requirements set forth in the Ordinance were in advance of the times and of current business practice; that there was need of commercial education as well as of commercial legislation.[18]

The Ordinance of 1673 and the Code of 1807 were weak in that they established no administrative machinery or procedure for the constructive enforcement of the prescribed accounting rules; which means that for the most part the exercise of public authority, if made effective at all, must take place after the fact of violation rather than as a means of preventing the violation of the law. There were, at least "on paper," penalties for non-observance of the law's requirements; but they were not set forth in the title on bookkeeping. If a merchant became bankrupt, then there was brought

---

17 For example, in model articles between de la Mare, a silk manufacturer of Lyon, the Langlois Brothers, bankers of Lyon, and Fournier, a Paris merchant, it was set forth that: "The said de la Mare shall be bound to keep good and faithful books, as well as journals for giving the silks to the dyers...sales books and ledgers, as well as others which are considered to be necessary to be kept in the accustomed manner in the city of Lyon; the which sales journal shall be initialed by messieurs the judges and conservators of the city of Lyon, according to the Ordinance." *Le Parfait Négociant,* p. 392. Fournier also, who was the sales representative in Paris, was bound to keep proper accounts. Rules were set forth in the articles of agreement covering the taking of periodic inventories. For other articles in similar hypothetical agreements, see *Le Parfait Négociant,* pp. 401 and 405. The principal accounting discussions in *Le Parfait Négociant* are found in Part I, Book IV, Chs. IV, V, IX, and X.

18 This notion seems to have been held by Bédarride, the commentator of the Napoleonic commercial code, nearly two hundred years later. "The keeping of business records is an art which is not given to everybody to understand and to practice. Bookkeeping by double entry...is very accurate and very exact, [it] requires special understanding, which one does not find among many honest tradesmen." Bédarride, J., *Droit Commercial. Commentaire du Code de Commerce. Titre I. Des Commercants. Titre II. Des Livres de Commerce.* (Both titles are discussed in one volume.) Paris. 2nd ed., 1879, p. 341.

in question the showing of the condition of his business and its history as represented on his bookkeeping records. According to the Ordinance, if it could be established that he had failed to keep books properly authenticated and as otherwise required by the articles of the Ordinance, he would be declared not merely a bankrupt, but a fraudulent bankrupt and subject to the penalty of death.[19] That this was, in the language of the commentator Bédarride, a case of fulfilling "too energetically" the obligation which the framers of the Ordinance apparently felt of "attaching a penal sanction to the violation of the law" would hardly be denied by most modern students.[20] If there were no other factors to consider, there would be this: that the very severity of the prescribed penalty would deter from law enforcement. Capital punishment for violation of bookkeeping regulations is worse than an absurdity. It was a step in the right direction when in the Napoleonic codes the severity of the law was somewhat diminished. In the *Code de Commerce* it was provided[21] that a business man who failed was to be adjudged a fraudulent bankrupt if he concealed his books; that he might be prosecuted as a fraudulent bankrupt, if he had not kept books or if his books did not show his correct asset and liability position.[22] There was no guilt of fraud attached to the non-observance of those provisions of the Code which required public authentication of record books. In the *Code Pénal* the rigor of the law was softened. Fraudulent bankrupts were declared to be punishable by a period of forced labor.[23]

Since, then, no administrative machinery of enforcement was provided by the Ordinance or by the Code, and since the criminal penalties, at least those provided by the Ordinance, were not such as to give promise of efficacy, it is not surprising that, to employ the somewhat formal French expression, the law fell into desuetude, or in modern English figure of speech became a dead letter. There is some testimony, also, to the effect that a stamp tax placed upon books of account furnished an incentive to the evasion of the law's requirements.[24]

The commentator Jousse is authority for the statement that the formalities

---

[19] Ordinance of 1673, Title XI, Arts. XI, XII.

[20] Bédarride, *op. cit.*, p. 332.

[21] Book III, Title IV, ch. II, art. 593, sub-section 7.

[22] In Art. 594.

[23] *Code Pénal*, Book III, Title II, ch. II, sec. II, sub-section I, Art. 402.

[24] An *arrêt du conseil* of April 3, 1675, ordered the writing of the journal on stamped paper subject to a penalty of 1000 *livres* and "nullity" of the journal. There is testimony to the effect that this requirement was honored more in the breach than in the observance. Bédarride, *op. cit.*, p. 320, citing as authority Jousse (1704–1781) whose commentary on the Ordinance of 1673 appeared in 1757.

In the Revolutionary period, the law of 13 *brumaire* of the year VII imposed a stamp tax on books of account and forbade the public authentication of unstamped paper. Letter-books were exempted from this burden, but the other books were not. At the time of the revision of the commercial law an attempt was made, but unsuccessfully, to have the tax removed. Each year the enforcement of Articles 10 and 11 of the Code became more difficult. Tax receipts from this item fell to ridiculously small sums, and finally the tax was repealed by Article 4 of the Law of July 20, 1837. Bédarride, *op. cit.*, p. 351. See also Lacour, Léon, and Bouteron, Jacques, *Précis de Droit Commercial*. Paris. 2nd ed., 1921, Vol. I, p. 88.

of authentication were hardly ever observed in practice in the era of the Ordinance; that there was official toleration of this non-observance of the law; that unauthenticated books otherwise in good order were allowed to be used in court as evidence by parties of good personal and business reputation.[25]

In the face of this ignoring of the law the commission which drafted the Code of 1807 insisted on renewing the old requirements. They said:[26]

> The former laws prescribed imperiously the authentication of business records. It should not be concluded from their failure of exception that this [authentication] was not necessary. The abuses which have been tolerated do not justify the abuses; they add to the necessity of checking them.
>
> The cause which has, perhaps, rendered these abuses too common and the failure of execution of the former laws almost general is that, in prescribing these obligations, they did not impose any penalty upon those who have infringed them. We have felt how necessary this guarantee [of authenticity] is, and we have not only prescribed the inadmissibility of unauthenticated books, but we have declared to those who would neglect to conform to the wish of the law that, in the event of failure, this violation would be a presumption of fraud which would authorize a criminal suit against them.[27]

The Council of State likewise looked upon the formalities of authentication as "indispensable for putting to an end the disorders which have been introduced into trade."[28] In the face of a record of ineffectiveness of the prescribed formalities the government persisted in the continuation of the policy of requiring them. It was the testimony of Bédarride in the latter part of the nineteenth century that properly authenticated books were exceptional.[29]

The Use of Private
Accounting Records in Litigation

Articles IX and X of Title III of the Ordinance of 1673 dealt with the status and use in court of the accounting records of tradesmen, merchants, dealers in exchange, and bankers. Perhaps the provisions of these articles may properly be looked upon as an indirect means for the enforcement of the law; for the interests of litigating parties might be affected by the recognition or non-recognition of the showing of their accounting records. Success or failure of a party to a law suit might hinge upon the right of presenting his bookkeeping record in evidence, or of demanding of his opponent the production of *his* books, or upon the right of the court to insist upon the production of books by either party or by both parties. Whether

---

25 Bédarride, *op. cit.*, p. 347. Bédarride also quotes authority to the effect that the consuls at Paris accepted evidence in the form of unauthenticated books.

26 *Ibid.*, p. 348.

27 It is difficult to understand the basis for the statement that no penalty had been prescribed for violation of the Ordinance.

28 Bédarride, *op. cit.*, p. 350.

29 *Ibid.*, pp. 350–351. See also Lacour and Bouteron, *op cit.*, Vol. I, p. 88.

or not the insertion of these two articles was motivated by the desire to facilitate the enforcement of the bookkeeping rules of the Ordinance we do not know. Nevertheless, it is quite clear that there would arise, sooner or later, such questions as have been presented above. It is by no means surprising that the framers of the Ordinance made an attempt to deal with them.

To repeat, these articles of the old Ordinance read:

> IX. The presentation (*représentation*) or production (*communication*) of journals, registers and inventories cannot be required or ordered in [a court of] justice, except [in cases involving] succession, *communauté*, and dissolution of a partnership (*société*) in case of failure.
>
> X. In case, nevertheless, that a tradesman or merchant wishes to serve himself by means of his journals and registers, or that the [other] party should offer to give credence to them, their presentation (*représentation*) may be ordered to extract from them that which concerns the point in dispute.

To be compared or contrasted with these are Articles 12–17 inclusive of the Code of 1807.

> 12. Business records, regularly kept, can be admitted by the judge to offer proof between business men in business matters.
>
> 13. Books which persons engaging in business are required to keep, and for which they shall not have observed the formalities above prescribed, may not be presented (*représentés*) and may not offer proof in [a court of] justice to the advantage of those who shall have kept them; without prejudice in respect of that which shall be ordered in the book [i.e., of the Code] "Concerning Failures and Bankruptcies."
>
> 14. The production (*communication*) of books and inventories in [a court of] justice cannot be ordered except in cases of succession, *communauté*, dissolution of a [business] company (*société*), and in case of failure.
>
> 15. In the course of a dispute the presentation (*représentation*) of the books can be ordered by the judge by virtue of his office for the purpose of extracting from them that which concerns the point at issue.
>
> 16. In the event that the books whose presentation (*représentation*) is offered, requested or ordered should be in places remote from the court having jurisdiction over the case, the judges can address an order of inquiry to the court of commerce of the place, or can delegate a justice of the peace to acquaint himself with the matter, prepare a report of the content [i.e., of the record], and transmit it to the court having jurisdiction over the case.
>
> 17. If the party to whose books it is proposed to give credence refuses to present (*représenter*) them, the judge can accept the sworn statement of the other party.

The language of both the Ordinance and the Code makes it quite clear that French law has hesitated to allow a party in litigation to require his opponent to produce his private business records. The statements of Article IX of Title III of the Ordinance and of Article 14 of the Code are negative statements. "This thing cannot be done, except...etc." The reason is not far to seek. It is found in the principle of privacy and in the practical danger that private records produced in court many inadvertently or otherwise be examined by the requiring party for business secrets not related to the point immediately at issue. The sanctity of business secrets was recognized and to some extent protected.[30] The exceptions to these prohibitory provisions of both the Ordinance and the Code are substantially the same: cases involving succession, *communauté* (or property held in common by parties to the marriage contract), dissolution of a partnership or other business company, and business failure.[31] In all of these exceptional cases the relations between the parties concerned are so close and are so clearly dependent upon business records for fair and successful determination as to warrant less respect for the principle or privilege of privacy.

In one matter at least Article IX of Title III of the Ordinance and Article 14 of the Code are different. In the former both the *représentation* and the *communication* of business records are declared not to be subject to the demand or request of an opposing party; in the latter we find only the word *communication*. The difference of wording is an important one.

> That which distinguishes the *communication* of books from their *représentation* is that. in the first case. the business man divests himself of his books in favor of the interested parties, [who are] free after that to examine them and look them over in all their parts. In the second case, on the contrary. the business man is authorized not to divest himself of them, not to let them out of his sight; he is not bound to present (*représenter*) them except [in the sense that] in his presence and with his concurrence there may be extracted that which concerns the point in dispute.[32]

Thus, except in the specific cases noted, the Ordinance dealt very strictly with litigants who attempted to compel the production of the bookkeeping records of their opponents. This strictness was such as to deny the right to compel either *communication* or *représentation*.

In the Code, on the other hand, Article 14 denied to each party to a dispute only the right to compel *communication* of his opponent's book. *Représentation* was dealt with in Articles 15, 16 and 17. In Article 15 we find one of the most significant provisions of the new law, that which gave to a judge the right *même d'office* (officially, *ex-officio*, by virtue of his office) to order the *représentation* of the books of either or both of the parties.[33] In the most obvious sense this provision was an innovation. In

---

[30] On this point see Bédarride, *op. cit.*, pp. 415–421.

[31] The forms of *société commerciale* recognized in the Ordinance were partnerships; in the Code, both partnerships and corporations (*société anonymes*). The term "business company" would perhaps be a good rendering of the word *société* as used in the accounting provisions of both the Ordinance and the Code.

[32] Bédarride, *op. cit.*, pp. 483–484.

[33] Goirand's rendering of Article 15 is very free, the freedom of translation apparently being designed to emphasize the point of distinction between *communication* and *représentation*. "In the course of an action the production of one or more entries upon a particular point may be ordered by the judge, even of his own accord, to the end that extracts may be taken of such entries as relate to the question in dispute." Goirand, *op. cit.*, p. 563.

At another place (pp. 54–55) the same writer says that when there is *représentation* the owner of the books produces them in a certain place "where no person has access to them but the Court." On the other hand, "*communication* is the handing over of the books with liberty to examine all parts thereof."

another sense it was not an innovation, for it merely gave expression in the form of a written code to a practice which had already been approved by the highest court in France, the *Cour de Cassation*.[34]

Under the Ordinance, then, either party to an action might wish his opponent's books produced in court or an extract made from them to serve as evidence. He could not demand either of these procedures. Under the Code, on the other hand, the judge might, even if both parties were unwilling, order the *représentation*, but not the *communication*, of the books of either party or of both parties.

Article 16 of the Code covers a practical matter of procedure in the *représentation* of books which are remote from the court having jurisdiction in a particular case. The practical advantage of a procedure of inspection of such books by a deputy and report by him in writing requires no discussion. That which is of particular interest is the history of the device. The provision of the Code found its precedent in the terms of an old ordinance of February 18, 1578, applicable to the fairs at Lyon.

> Merchants may not be divested of their books and papers of account, nor bound to exhibit them and present (*représenter*) them in [a court of] justice, nor carry them outside their establishments for an extract to be made from them; and the extracts, and the comparison [i.e., of records], if there is need of such, shall not be made except from the parts in which the said books shall make mention of the things which are found to be in litigation and in controversy, and in their said establishments.[35]

Bédarride says of this old ordinance that, while it applied originally to the fairs at Lyon, its rules became generally applied after the promulgation of

---

[34] The leading case appears to be that involving a bankrupt, Lerat, and his creditors, among the latter two brothers named Manuel, who were in partnership. When Lerat filed his schedule in bankruptcy he showed a liability to the Manuel brothers amounting to some 7000 *livres*. The Manuel brothers, on the other hand, put in a claim for a sum very much larger than this, offering to verify the claim, if necessary, by their book record. The other creditors of Lerat, impressed by the discrepancy between the acknowledged liability and the asserted claim, asked the Manuel brothers to make a *représentation of* their books. The latter declined, said that they had never kept books showing dealings with Lerat, and offered rather to substantiate their claims on Lerat by a written acknowledgment of Lerat for a sum smaller than the amount of their first claim but larger than the amount of liability admitted by Lerat.

This did not satisfy the other creditors of Lerat, and they pressed proceedings for the *représentation* of the Manuel brothers' books. This *représentation* was ordered by the Court of Commerce of Dijon, from which appeals were taken to the Court of Appeal at Dijon, and ultimately to the Court of Cassation. The last named body handed down a decision on 12 *floreal* of the year XII, in which the right of the lower court to demand the *représentation* of the books of the Manuel brothers was upheld.

Note that the books whose *représentation* was involved were not those of the bankrupt Lerat, but those of a creditor concern. The Court of Cassation, in formulating its decision, relied to some extent upon a "*déclaration*" of Sept. 13, 1739 which required creditors of a bankrupt to submit documentary proof of the validity of their claims.

This case is discussed rather fully by Bédarride, *op. cit.*, pp. 456–463.

[35] Bédarride, *op. cit.*, pp. 489–490. Regarding this point see also Brésard, Marc, *Les Foires de Lyon aux XVe et XVIe Siècles*. Paris, 1914. pp. 107–109.

the Ordinance of 1673, so that they became "the common law of all France."[36]

Article X of Title III of the Ordinance of 1673 contained a provision somewhat peculiar in its wording and significance. The case referred to is that of two contending traders of whom the one is willing to submit his books, or rather the *représentation* of his books, to the court, while the other offers to give credence to what this *représentation* reveals concerning the point at issue. Under such circumstances, said the article of the Ordinance, the *représentation* can be "ordered" to extract that which concerns the matter in dispute. From the wording of this article, its significance would not at first thought seem to be very great; but simply that litigants might by agreement and voluntarily use their books of account as evidence. There may have been an added meaning, less clearly apparent but more important. Bédarride states that the rules of the Ordinance were modified by those of the Code by "the suppression of the condition imposed on the [second or opposing] party, namely the offer to give credence to [the showing of] the books whose *représentation* he asks."[37] That is to say: if X and Y are in litigation, and X willingly makes a *représentation* of his books at Y's request, then (under the old Ordinance) Y is bound without further question to accept as conclusive the showing on X's records. This, thought Bédarride, was an unfortunate stipulation, and we may well agree with him. For the *représentation* of the bookkeeping entries, while important, may in a particular instance be less conclusive than evidence of some other sort or from some other source.[38]

Article 12 of the Code seems to be in effect a substitute for Article X of Title III of the Ordinance. If there was in the Ordinance a rule of acceptance of the bookkeeping evidence offered, it is clear that it formed no part of the provisions of the Code.

Article 13 purported to restrict the application of Article 12 to those books which have been properly authenticated. We have already noted that the rules of authentication fell into desuetude.

The final article (17) of Title II of Book I of the Code contrasts strongly with Article X of Title III of the old Ordinance. Here the point of view is shifted. X and Y, let us say, are in litigation. The former offers to give credence to Y's bookkeeping record, but Y refuses its *représentation*. The judge can accept the sworn statement of X as to the fact in dispute. The reasonableness of such a rule is so obvious as not to require critical comment. There is some interest, however, attaching to the fact that, even before the Ordinance was superseded by the Code, the rule expressed in Article 17 was accepted by legal authorities as well founded. Bornier, commenting on Article X of Title III of the Ordinance, said that if one of whom payment of an

---

[36] Bédarride, *op. cit.*, p. 490.
[37] *Ibid.*, p. 453.
[38] *Ibid.*, pp. 453–454. See also Goirand, *op. cit.*, pp. 53–54.

alleged debt is demanded should ask the person making the demand to make *représentation* of his books; and if the latter should refuse the *représentation*, then "the judge *should* accept the oath of the defendant."[39] Jousse also used language almost identical with that of Article 17 of the Code: "If the party to whose books it is proposed to give credence refuses to present (*représenter*) them, the judge *should* accept the sworn statement of the other party."[40] The Code said simply: "The judge *can* accept the sworn statement of the other party."

---

[39] Quoted by Bédarride, *op. cit.*, p. 497. Philippe Bornier, jurisconsult, (1634–1711) wrote (*inter alia*) "*Conférence des Nouvelles Ordonnances de Louis XIV avec celles de ses Prédécesseurs.*" Paris. 1678.
[40] *Ibid.*

A. Tessier

"Notes sur les livres de commerce d'après l'Ordonnance de
Colbert-Savary," *Bulletin de l'Institut National des Historiens
Comptables*, no. 7, 1982, pp. 28–33

Notes sur les livres de commerce
d'après l'Ordonnance de Colbert-Savary

André TESSIER

Il n'est proposé aux lecteurs qu'un extrait de l'excellente étude de cet historien. Nous offrirons la suite de celle-ci dans nos prochains bulletins.

« Il n'y a personne qui fasse le Commerce, si petit qu'il puisse être, qu'il ne soit obligé d'avoir des Livres, & parce qu'il y a un nombre infini de Marchands qui font le Commerce, qui n'en tiennent point du tout, soit parce qu'ils ne le font pas assez considérable ; ou bien que ce sont des marchandises si vétillardes qu'ils estiment n'en valoir pas la peine, ou bien encore parce qu'ils n'en ont pas l'intelligence, il est nécessaire de la leur donner, afin qu'ils ne fondent point leur excuse sur leur ignorance, & sur les raisons ci-dessus, qui ne sont point recevables. »

Jacques SAVARY

« ... la plupart des dispositions du Code de Commerce viennent en ligne droite des Ordonnances de Louis XIV. C'est le droit commercial de la fin du XVIIe siècle qui était ainsi codifié tel quel, et à peine rajeuni... »

Jean ESCARRA

Avant-propos

L'œuvre législative accomplie sous le règne de Louis XIV témoigne, en ce domaine du Droit, d'une activité particulièrement prolifique.

Colbert fut le grand initiateur de cette œuvre, qui touche à tous les compartiments, à toutes les branches du Droit : civil, criminel, commercial. Il sut « inspirer à Louis XIV la pensée d'être un grand législateur, et il suggéra en même temps le plan de cette législation nouvelle ». Ce furent, de 1667 à 1689, successivement :

1667 : *l'Ordonnance touchant la réformation de la Justice,* véritable Code de Procédure civile, « minutieux et complet, en trente-cinq Titres », qui a « largement servi de modèle à notre Code de Procédure civile de 1806 ».

- 1669 : *l'Ordonnance portant Règlement sur les Eaux & Forêts*, qui était un véritable Code forestier avant la lettre.
- 1670 : *l'Ordonnance criminelle*, « loi considérable où, pour la première fois, toutes les formalités de l'instruction criminelle étaient minutieusement réglées », et par laquelle « on chercha aussi à diminuer les frais et à supprimer les abus », tout en « poussant à l'extrême les rigueurs de la procédure criminelle ».
- 1673 : *l'Ordonnance du Commerce*, préparée de longue main par Colbert, qui était issu d'une famille de roture et de négoce, qui avait appris le commerce « sur le tas », et qui sut s'entourer des avis d'hommes éclairés, compétents et expérimentés, tel ce Jacques Savary, négociant retiré des affaires. Dans l'élaboration du texte, Savary prit une telle part qu'on appela parfois cette Ordonnance « le Code Savary ». Les législateurs napoléoniens s'en sont grandement inspirés, quand ils ont rédigé la partie de notre Code de Commerce relative au Commerce terrestre.
- 1681 : *l'Ordonnance de la Marine :* elle règlementait la Marine marchande et le commerce maritime. Elle a, de son côté, servi de base à la rédaction du Code de Commerce quand il traite des affaires commerciales par mer.
- 1685 : *l'Edit règlementant l'esclavage des nègres* dans les îles françaises de l'Amérique. On l'appela « le Code Noir ».
- 1689 : *l'Ordonnance règlementant la Marine de guerre :* elle est à l'origine de l'Inscription maritime.

On le voit, l'œuvre de codification accomplie sous l'impulsion de Colbert fut considérable. En quantité, certes, mais aussi en valeur, puisque notre législation actuelle — basée en très grande partie sur les Codes Napoléon — s'en inspire en plus d'un endroit.

L'Ordonnance de 1673 sur le commerce terrestre

Pour son élaboration Colbert — avons-nous dit — fut grandement conseillé et aidé par le sieur Jacques Savary.

Jacques Savary est né le 22 septembre 1622 à Douen-Anjou, dans le Maine-et-Loire actuel. Il était d'origine noble par son ascendance paternelle, mais faisait partie d'une branche cadette qui avait embrassé le commerce depuis le milieu du XVIe siècle.

Il fit ses études à Paris, puis il entra chez un Procureur, et — l'ayant quitté — il se fit agréger au Corps des Merciers. Il y fit une fortune rapide et importante. En 1658 — âgé de seulement 36 ans — il quitte le commerce, et Fouquet, surintendant des Finances (oui bien, le célèbre Fouquet !...) son protecteur, le met à la tête de l'affaire des Domaines du Roi. Las ! comme on sait, Fouquet tomba en disgrâce en 1661, et Savary en subit les retombées : il perdit sa place. Il devint alors, faible compensation, agent d'affaires en France de la Maison de Mantoue.

Il en était là quand, en 1667, le Roi décida d'accorder certains privilèges et pensions aux parents ayant douze enfants vivants. De sa femme, Catherine Thomas, il avait eu 17 enfants : il prépara et remit son dossier. Ayant été l'un des premiers à accomplir cette indispensable formalité, Savary fut remarqué par le Chancelier Seguier, responsable de l'opération, qui le commit pour l'examen des dossiers suivants. Il se fit ainsi connaître du Chancelier.

Vers 1670 Colbert constitue le Conseil de la réforme pour le commerce, et Savary en fait partie, y faisant de nombreuses interventions et y présentant plusieurs mémoires ; les unes et les autres le firent remarquer, et il en résulta que la plupart des articles de l'Ordonnance de 1673 furent dressés suivant ses avis.

Pussort, qui était parent de Savary et président de la Commission, appelait cette Ordonnance « Code Savary ».

Sa notoriété fut telle, et ses avis furent si pertinents et sa participation si importante, que les membres du Conseil de 1670 pour la réforme du Commerce pressèrent Savary de « mettre au jour » ses vues sur le sujet : alors, notre bonhomme composa et publia un ouvrage intitulé *Le parfait négociant*, dans lequel il commente et détaille une foule de prescriptions en matière de Commerce. Le livre sortit en 1675 dans une première édition, suivie en 1679 d'une deuxième édition comprenant, en plus, un *Traité du Commerce qui se fait en Méditerranée*.

D'autres éditions suivirent, complétées l'une après l'autre par de nombreuses et importantes additions.

Jacques Savary mourut à Paris le 12 octobre 1690. Son épouse Catherine Thomas était décédée en 1685.

Les éditions se succédèrent après son décès : Jacques Savary des Brulons, son sixième fils, en provoqua la septième en 1713 ; Philémon-Louis Savary (son cinquième fils) « frère aîné de Jacques » revit et corrigea le texte pour une huitième édition en 1721. Puis en 1749, 1763, 1777, 1800, en français et en d'autres langues. C'est dire la notoriété de l'ouvrage.

.•.

L'analyse que nous ferons des idées de Jacques Savary en matière de comptabilité et de comptes se basera sur le texte de la 7e édition du *Parfait négociant*, celle publiée à l'initiative du fils en 1713. Nous négligerons, bien certainement, toutes les prescriptions et tous les conseils qui y sont contenus et qui ne concernent pas la comptabilité. Ces prescriptions et ces conseils vont, semble-t-il, jusqu'à l'infini.

Quant au texte même de l'Ordonnance — en ses articles qui concernent spécialement la comptabilité, les comptes et les livres de commerce — nous l'avons extrait de l'ouvrage important de Philippe Bornier, jurisconsulte éminent, né et mort à Montpellier (1634-1711) ouvrage intitulé *Conférences des Ordonnances de*

Louis XIV, édité à Paris (2e édition) en 1733, « avec privilège du Roy ».

Signalons au passage que Philippe Bornier était lieutenant particulier au présidial de Montpellier, qu'il présida aux assemblées synodales du Languedoc jusqu'à la Révocation de l'Edit de Nantes, et qu'il en fut le Commissaire-exécuteur. Suivant la *Biographie universelle*, à laquelle nous avons emprunté toutes les précisions qui précèdent — tant sur Savary que sur Bornier — « il mérita l'estime des deux partis par sa justice et sa modération ».

∴

Dans notre exposé nous soumettrons d'abord à l'attention du lecteur le texte des articles de l'Ordonnance concernant les livres de commerce, en disposant — en regard — le texte des articles correspondants du Code napoléonien, parfois modifiés en 1953.

Nous discuterons ensuite à propos des commentaires et conseils donnés par Jacques Savary dans *Le parfait négociant*, commentaires et conseils qui expliquent les prescriptions de l'Ordonnance, qui les justifient, et qui en facilitent l'application par les usagers, c'est-à-dire par les gens adonnés à une activité commerciale.

1. Parallèle entre l'Ordonnance de 1673 et le Code de commerce actuel

TITRE III

DES LIVRES & REGISTRES DES MARCHANDS, NÉGOCIANTS & BANQUIERS

« Art. 1er. — Du Grand livre que les Négocians & Marchands doivent tenir :

Les Négocians & Marchands, tant en gros qu'en détail, auront un livre qui contiendra tout leur négoce, leurs lettres de change, leurs dettes actives & passives, et les deniers employez à la dépense de leur maison. »

CODE DE COMMERCE

Rédaction ancienne :

« Art. 8. — Tout commerçant est tenu d'avoir un livre-journal qui présente, jour par jour, ses dettes actives & passives, les opérations de son commerce, ses négociations, acceptations ou endossements d'effets, et généralement tout ce qu'il reçoit et paye, à quelque titre que ce soit, et qui donne, mois par mois, les sommes employées à la dépense de sa maison ; le tout indépendamment des autres livres usités dans le commerce, mais qui ne sont pas indispensables. »

Rédaction actuelle :

« Art. 8. — Toute personne physique ou morale, ayant la qualité de commerçant, doit tenir un livre-journal enregistrant jour par jour les opérations de l'entreprise, ou récapitulant au moins mensuellement les totaux de ces opérations, à la condition de conserver, dans ce cas, tout documents permettant de vérifier les opérations jour par jour. »

« Art. 3. — Par qui doivent être signez, paraphez & cottez les livres des Négocians & Marchands :

Les livres des Négocians & Marchands, tant en gros qu'en détail seront signez sur le premier & dernier feuillet, par l'un des Consuls dans les villes où il y a juridiction consulaire ; et dans les autres par le Maire, ou l'un des échevins, sans frais ni droits ; et les feuillets paraphez & cotez par premier & dernier, de la main

de ceux qui auront été commis par les Consuls ou Maires & échevins, dont sera fait mention au premier feuillet. »

CODE DE COMMERCE

Art. 10. — *Rédaction ancienne :*

« Les livres dont la tenue est ordonnée par les articles 8 et 9 ci-dessus, sont cotés, paraphés et visés, soit par un des juges des Tribunaux de Commerce, soit par le maire ou un adjoint, dans la forme ordinaire et sans frais... ».

Rédaction actuelle :

« ... Ils sont cotés et paraphés, soit par un des juges du Tribunal de Commerce, soit par le juge du Tribunal d'instance, soit par le maire ou un adjoint, dans la forme ordinaire et sans frais. »

« Art. 5. — Les livres journaux seront écrits d'une même suite par ordre de datte sans aucun blanc, arrêtez en chaque chapitre, et à la fin et ne sera rien écrit aux marges. »

CODE DE COMMERCE

Art. 10. — *Rédaction ancienne :*

Celle de 1807 : « Tous seront tenus par ordre de dates, sans blancs, lacunes ni transports en marge. »

Celle de 1930 : « Le livre-journal, le livre des inventaires... seront tenus par ordre de dates, sans blancs, lacunes ni transports en marge. »

Rédaction de 1953 : « Le livre-journal et le livre d'inventaire sont tenus chronologiquement sans blanc ni altération d'aucune sorte. »

« Art. 6. — Tous Négocians, Marchands & agents de change et de banque, seront tenus dans six mois après la publication de notre Ordonnance, de faire de nouveaux livres-journaux & registres, signez, cottez & paraphez, suivant qu'il est ci-dessus ordonné, dans lesquels ils pourront, si bon leur semble, porter les extraits de leurs anciens livres. »

« Art. 8. — De l'inventaire que les Marchands doivent faire de leurs effets & de leurs dettes :
Seront aussi tenus tous les Marchands de faire, dans le même délai de six mois, inventaire de leur seing de tous les effets mobilier et immobiliers, de leurs dettes actives & passives, lequel sera recollé & renouvellé de deux ans en deux ans. »

CODE DE COMMERCE

Rédaction ancienne :

« Art. 9. — Il est tenu de faire, tous les ans, sous seing privé, un inventaire de ses effets mobiliers et immobiliers et de ses dettes actives et passives, et de le copier, année par année, sur un registre spécial à ce destiné. »

Rédaction actuelle :

« Art. 9. — Elle doit également faire tous les ans un inventaire des éléments actifs et passifs de son entreprise, et arrêter tous ses comptes en vue d'établir son bilan et le compte de ses pertes & profits. Le bilan et le compte Pertes & Profits sont copiés sur le livre d'inventaire. »

« Art. 9. — En quel cas les Négocians & Marchands sont tenus de représenter leurs livres journaux, registres & inventaires :

La représentation ou communication des livres journaux, registres ou inventaires, ne pourra être requise ni ordonnée en Justice, sinon pour succession, communauté & partage de société en cas de faillite. »

« Art. 10. — Au cas néanmoins qu'un Négocian ou un Marchand voulût se servir de ses livres journaux & registres, ou que la partie offrit d'y ajouter foy, la représentation pourra être ordonnée pour en extraire ce qui concerne le différend. »

CODE DE COMMERCE

Art. 14. — « La communication des livres et inventaires ne peut être ordonnée en Justice que dans les affaires de succession, communauté, partage de société, et en cas de faillite. »

Art. 12. — « Les livres de commerce, régulièrement tenus, peuvent être admis par le juge pour faire preuve entre commerçants pour faits de commerce. »

Art. 15. — « Dans le cours d'une contestation, la représentation des livres peut être ordonnée par le juge, même d'office, à l'effet d'en extraire ce qui concerne le différend. »

TITRE XI

DES FAILLITES & BANQUEROUTES

« Art. XI. — Les Négocians & les Marchands tant en gros qu'en détail, et les banquiers qui lors de leur faillite, ne représenteront pas leurs registres & journaux signez & paraphez, comme Nous avons ordonné ci-dessus, pourront être réputez banqueroutiers frauduleux. »

« Art. XII. — Quelle est la peine contre les banqueroutiers frauduleux.

Les banqueroutiers frauduleux seront poursuivis extraordinairement et punis de mort. »

CODE DE COMMERCE

Loi du 13 juillet 1967 :

« Art. 122. — Est coupable de banqueroute simple tout commerçant personne physique en état de cessation de payements qui se trouve dans un des cas suivants :

... 5) s'il n'a tenu aucune comptabilité conforme aux usages de la profession, eu égard à l'importance de l'entreprise. »

« Art. 127. — 5) si sa comptabilité est incomplète, ou irrégulièrement tenue. »

« Art. 129. — Est coupable de banqueroute frauduleuse tout commerçant personne physique en état de cessation de payements :

... 1) qui a soustrait sa comptabilité... etc. »
       (Et pour les dirigeants de sociétés) :

« Art. 131. — ... 5) soit tenu, ou fait tenir ou laissé tenir irrégulièrement la comptabilité de la société. »

TITRE PREMIER

DES APPRENTIFS, NÉGOCIANS & MARCHANDS, TANT EN GROS QU'EN DÉTAIL

« Art. IV. — L'aspirant à la Maîtrise sera interrogé sur les Livres & Registres à partie double & à partie simple, sur les Lettres & Billets de change, sur les règles d'Arithmétique... autant qu'il conviendra pour le commerce dont il entent se mêler. »

Note de Philippe Bornier, sur l'article IV du Titre premier :

« Cet article contient ce sur quoi les aspirans à la Maîtrise des Marchands doivent être examinez. La même chose doit être observée à l'égard des autres professions qui sont sujettes à l'examen, comme des Apoticaires & des Chirurgiens... Pour ce qui est du Registre à partie double, sur lequel l'Aspirant à la Maîtrise des Marchands doit être interrogé, c'est un Registre qui contient débet & crédit. Le débet contient tous les créanciers du Marchand ; & le crédit tous ses débiteurs ; & quoique cela choque d'abord de mettre au débet des créanciers, et au crédit des débiteurs, que l'ordre semble renversé ; si les Marchands ne gardaient cet ordre, il ne pourraient pas, comme ils font, donner au juste le rencontre en crédit à tous les créanciers, & celui du débet à tous ses débiteurs. C'est pour cela que ce compte est appelé compte double, parce que chaque partie est écrite deux fois, l'une en débet, & l'autre en crédit, le débit s'écrit toujours du côté gauche, & le crédit à main droite. »

2. Conseils du Sieur Jacques Savary sur l'application pratique des prescriptions de l'Ordonnance sur le commerce

L'Ordonnance Colbert-Savary, donnée à Saint-Germain-en-Laye au mois de mars 1673, et servant *de règlement pour le commerce des Négocians & Marchands, tant en gros qu'en détail*, mettait donc à la charge de ces derniers trois obligations absolument impératives :

1° avoir un livre destiné à recevoir l'inscription de toutes les opérations de leur commerce, ainsi que la dépense de leur maison, un livre aux feuillets côtés, et parafés par premier et dernier feuillets par un Consul, ou bien par le Maire ou l'un des échevins, et le tenir au jour le jour.

2° abandonner, dans les six mois de l'Ordonnance, leurs livres anciens et utiliser des livres nouveaux, côtés et parafés comme il est dit.

3° procéder, dans le même délai de six mois, à un inventaire général de tous leurs biens et de toutes leurs dettes et, par la suite, faire le même inventaire tous les deux ans.

Des prescriptions aussi impérativement édictées, et assorties de dures sanctions en cas d'inobservation, ont dû sur le moment embarrasser plus d'un individu adonné au commerce. C'est pourquoi Savary, sollicité par ses collègues du Conseil, a cru bon d'expliquer à la gent mercantile le pourquoi des nouvelles règles, et aussi la manière pratique d'en respecter les exigences. Il rédigea donc un ouvrage à cet effet, qu'il intitula *Le parfait négociant*, et qui sortit des presses en 1675. A la parution du livre les prescriptions de l'Ordonnance étaient depuis deux ans en application.

Nous allons suivre Savary dans son exposé, en divisant notre commentaire en trois parties, adaptées aux trois obligations que nous venons d'énumérer.

Obligation de tenir un livre pour toutes les opérations du commerce, et les dépenses de la maison

L'obligation, pour les marchands, de tenir des livres de comptes n'a pas attendu l'Ordonnance de 1673 pour s'exprimer et maintes règlementations qui lui sont antérieures n'ont pas hésité à la mettre à la charge des gens du commerce. Ainsi, les *Statuts de la ville* d'Avignon, rédigés en 1612, prescrivent dans leur texte écrit uniquement en latin :

« De mercatoribus, & artificibus ac eorum libris (Rubrica XXII - Articulus I).

STATUIMUS, quod deinceps libri mercatorum bonorum nominis & famae, in his, quae pertinêt ad mercatoriam artem, dummodo propria manu ipsius mercatoris, vel uni fidelis & legalis institoris scripti fuerint, & data, & recepta, in eo scripta sint, talesque existant, ut illis secundùm iudicium mercatorum fides adhibenda sit, intra triennium, à die receptionis merciù, fidem faciant : post triennium autem eisdem libris nulla detur fides, nisi costet de petitione, saltem extraiudiciali, cum traditione computi manu propria eiusdem mercatoris, vel institoris subscripti intra dictù triennum facta. »

Ce que l'édition de 1617 des mêmes Statuts, celle-ci comportant le texte français en regard du latin reproduit comme suit :

« Des marchands artisans & de leurs livres (Rubrique XXII art. I).

NOUS STATUONS, que doresnavant les livres des marchands de bon bruit, & renommés, dans 3 ans dès le jour de l'achat ou de la vente des marchandises fairont foy en ce qui appartient à l'art de marchandises pourveu qu'ils soyent escripts de la main propre du marchand, ou d'un agent fidelle, & légitime, & que le débit & le crédit y soyent escris, & qu'ils soyent tels qu'il luy doive estre adjoutée foy, selon le jugement des marchands, & après lesdicts trois ans ne fairont aucune foy, s'il n'appert de demande pour le moins extrajudicielle, avec expédition de compte, signé de la propre main du marchand ou de son agent faicte dans le terme desdicts trois ans. »

L'édition de 1698 — vingt-cinq ans après l'Ordonnance française — devait reprendre exactement le même texte. A remarquer que les prescriptions de ces Statuts ne comportent pas l'obligation impérative de tenir des livres de commerce ; elles concernent la preuve que les marchands peuvent apporter de leurs créances, en exhibant des livres de comptes tenus d'une certaine façon. C'était néanmoins, mais d'une façon indirecte, inciter les marchands à tenir des livres, et à les tenir bien.

Cette question de la preuve par les livres de commerce nous remet en mémoire une charte de privilèges accordée par Raymond des Baux, seigneur de Courthezon (près Orange) à Pierre Anselmi, marchand florentin venu s'établir à Courthezon même, avec sa famille.

Raymond des Baux, voulant attirer chez lui de riches marchands italiens, leur accordait des avantages considérables, des immunités, des exemptions fiscales, cela pour une durée de plusieurs années, six ans en ce qui concerne ceux d'Anselmi.

« Il sera », dit un commentateur, « totalement exempté de leyde et de péage pour ses achats et ses ventes ; il sera libre d'exporter en franchise le blé et toutes autres marchandises, de conclure les opérations commerciales habituelles ; les écritures de son registre feront foi jusqu'à la somme de quarante sous... »

Ces chartes, et notamment celle d'Anselmi, remontent tout au début du XIVe siècle, et elles ne sont pas le seul exemple de tenue de livres à cette époque. Nous en avons rapporté d'autres dans notre étude sur Les comptabilités avignonaises du Moyen-Age. ni le seul exemple sur la preuve par les livres de commerce à l'époque médiévale.

Si, quittant Avignon et son territoire, nous allons en Provence, terre française, nous trouvons là les Statuts & coutumes du pays de Provence. Ils ont été commentés en 1658 — abondamment commentés — par Jacques Morgues, « Advocat en la Cour » (la Cour d'Aix, bien entendu) :

« Marchans faran libre de reson, & y boutaran so que balhon & so que recebon. Les Ordonnances des Roys Louis XII de l'an 1512, et François 1er de l'an 1539 témoignent la défiance que l'on a en de tels Livres & écritures privées, laquelle doit estre beaucoup plus grande en cette saison, en laquelle la foy & l'égalité des hommes est grandement altérée... C'est pourquoi les Marchands qui suivent la foy des achepteurs, sont obligez de se faire payer, ou clorre & arrester leurs comptes avec les parties dans six mois, passez lesquels ils n'en sont plus reçues, comme l'a traicté & déclaré au long Rebuff. sur ladite Ordonnance du Roy Louis XII. »

Prescription analogue dans les Statuts de la Comté de Venaiscin, mais — là aussi — il s'agit de la preuve éventuelle par livres de commerce, et aussi de la prescription.

Mais revenons à Savary, et à son Parfait négociant.

Il n'a pas l'outrecuidance de dire qu'avant l'Ordonnance sur le commerce, les livres de comptabilité étaient inconnus, et inconnues les prescriptions et les sanctions qui entouraient leur tenue, ou leur absence. Tout au contraire :

« Avant l'Ordonnance, la plupart des Négocians pour tenir un bon ordre dans leurs affaires, ont toujours tenu des Livres, sur lesquels ils ont écrit toute leur dépense, non seulement celle qui regardait leur commerce, mais encore celle de leur maison ; ainsi, ce n'est point une chose nouvelle... »

et il constate qu'auparavant la non-obligation de tenir des livres était une cause de graves mécomptes, au préjudice des tiers en rapports avec le marchand, et au préjudice du marchand lui-même :

« Il s'est vu des marchands d'assez mauvaise foy, qui étant requis en Justice de représenter leurs Livres auxquels on voulait se rapporter, ont affirmé n'en avoir aucun, pour éviter leur condamnation... ».

Conclusion

On pourrait, évidemment, disserter à perte de vue à propos des prescriptions de la grande Ordonnance de 1673, et à propos de leur application pratique telle que l'expose Jacques Savary dans ses considérations pédagogiques.

Quel beau et intéressant sujet de thèse !

Nous en avons, croyons-nous, dit assez sur le sujet pour en montrer tout l'intérêt. Le Chancelier d'Aguessau voulait que ses magistrats étudient l'Histoire de la Justice, afin de connaître par quels cheminements s'était élaborée celle de leur temps, qu'ils seraient plus tard chargés d'appliquer.

Ce serait vrai aussi pour les professionnels comptables. Cette étude, si elle était entreprise, et diffusée dans l'enseignement comptable, montrerait que, partout et toujours, l'homme est semblable à lui-même : mêmes besoins, et mêmes tendances dans la recherche de procédés destinés à la satisfaction de ces besoins.

A ce propos, et parlant des Livres de Commerce dans un Congrès tenu en 1950, nous disions :

« L'Ordonnance de 1673 résulte des usages, de la coutume, des traditions antérieures, que Savary et Colbert ont voulu légaliser. Ils ont, tous deux, voulu règlementer dans une loi des habitudes en vigueur à leur époque depuis fort longtemps. Avant eux, la plupart des négociants tenaient des comptes, et les Grandes Compagnies de Commerce & de Banque du Trecento et du Quattrocento nous en fournissent une surabondante preuve. »

Avant elles, avant le Moyen-Age, les Romains utilisaient une technique comptable dont nous saisissons les détails dans plusieurs des discours de Cicéron. Avant les Romains, c'étaient les Grecs, avec leur « Upomnema » et avec leur « Ephemeris ». Avant les Grecs, les Phéniciens. Avant les Phéniciens, les Babyloniens, obéissant en la matière au fameux Code de Hammourabi, lui-même condensé de tous les usages, de toutes les législations qui l'avaient précédé. Avant les

Babyloniens, c'étaient les Sumériens. Avant les Sumériens, et loin dans un passé qui nous échappe, les préhistoriques avec leurs os gravés, dont on a pensé qu'ils mentionnaient des recensements...

Notre technique, notre législation actuelle, en matière de comptes, nous viennent de loin, de très loin, et elles sont la somme des connaissances qu'en la matière a accumulées l'Humanité...

Camille Jullian, prestigieux historien des commencements, l'a dit excellemment, dans une conférence prononcée en 1908 au Collège de France :

« Ce qui fait que notre esprit nous parait supérieur, c'est qu'il dispose de toute l'expérience des siècles antérieurs, et qu'il s'appuie sur un nombre énorme de résultats depuis longtemps acquis... »

A quoi, par avance, avait répondu le grand Newton :

« Si j'ai pu voir plus loin que d'autres, c'est que je me suis hissé sur des épaules de géants... »

Simple vérité, à ne jamais oublier.

. PAREAIT NEGO-
CIANT.
SECONDE PARTIE -

R.H. Parker

"A note on Savary's 'Le Parfait Négociant,'" *Journal of Accounting Research*, 1966, pp. 260–261

A Note on Savary's "Le Parfait Négociant"

Jacques Savary's *Le Parfait Négociant* (first published in 1675) is the first book in which the problem of inventory valuation is discussed at any length. A translation of the relevant passage has long been available to accountants in A. C. Littleton's *Accounting Evolution to 1900*.[1] According to this translation Savary recommends that if merchandise has been newly purchased "and if one judges that it has not decreased in price at the factory . . . it should be put in [the inventory] at the current price." [2] In an article written in 1941, Littleton admitted himself puzzled by this advice and wished that he could "call up Savary's ghost and cross-question him." [3]

Since Littleton's translation is based on the sixth edition of 1712 and since the difference between the French *au prix courant* (at the current price) and *au prix coûtant* (at cost price) is so slight[4] it seemed worthwhile to check the phrase in such other editions of Savary's book as could be found. The results are as shown in the table opposite.

The answer which Savary's ghost would give, one suspects, is that *au prix coûrant* in the sixth edition is a misprint for *au prix coûtant*.

* Reader in Management Accounting, Manchester Business School, and P. D. Leake Research Fellow (1966), London School of Economics and Political Science.

[1] A. C. Littleton, *Accounting Evolution to 1900* (New York: American Institute Publishing Co., 1933), p. 152.

[2] *Ibid.*

[3] A. C. Littleton, "A Genealogy for 'Cost or Market'," *Accounting Review*, v. 16, 1941, pp. 164–5.

[4] I am grateful to Mr. H. P. Hain of the University of Melbourne for pointing this out to me.

260

Date	Edition	Place	Publisher	;Page no., etc.	Library where inspected	Text
1675	1st	Paris	Jean Guignard Fils	Book 1, ch. XXXVIII, p. 325	BM	coustant
1676	1st (with German translation)	Geneva	Jean Herman Wider-hold	Part 1, Book 1, ch. XXXVIII, p. 614	GL LSE ICA	coustant
1701	5th	Lyon	Jacques Lyons	Part 1, Book IV, ch. IX, p. 313	ICA GL	coûtant
1712	6th	Lyon	Jacques Lyons	Part 1, Book IV, ch. IX, p. 269	LSE	coûrant
1752	"new"	Geneva	Frères Cramer & Cl. Philibert	Vol. 1, Book IV, ch. IX, p. 348	GL	coûtant
1757	"new"	Paris	Frères Estienne	Part 1, Book IV, ch. IX, p. 348	GL	coutant

BM = British Museum
GL = Goldsmith's Library, University of London
LSE = British Library of Economic and Political Science, London School of Economics
ICA = Library of the Institute of Chartered Accountants in England and Wales

Financement et choix comptables au XIXe siècle/ Financing and accounting choices in the 19th century

Y. Lemarchand

"The dark side of the result, self-financing and accounting choices within XIXth century French industry," *Accounting, Business and Financial History*, vol. 3, no. 3, 1993, pp. 303–325

The dark side of the result: self-financing and accounting choices within nineteenth-century French industry

Yannick Lemarchand

Abstract

From the 1820s to the First World War, French industrial companies established their growth by self-financing. This paper describes the role of accounting in implementing such a financial policy. What seems easily achievable in family concerns is sometimes more difficult in joint stock companies. Thus, to obtain optimal retention of funds, the directors used the accounting tool to maximize the 'hidden' part of the profit. But some shareholders were not satisfied by the information delivered and the dividend policy adopted, as 'secret' reserves were not always really secret. By different ways, most investment expenses were immediately written off. Such accounting choices stem from an underlying accounting paradigm which gives pre-eminence to cash flow, an inheritance of charge and discharge accounting, which removes any significance of worth from the balance sheet. The accounting tool, which was both used for and shaped by self-financing, simply sanctioned financial decisions. The accounting entry does not express the economic nature of the operation, viz. investment, but its means of financing.

'The company that preceded your own, Gentlemen, made a habit of depreciating over a three to six year period all expenditure, extraneous to the ordinary upkeep, improvement and reconstruction of the factories, whose purpose was to advantage the work of a certain number of years. While recognizing the equity and suitability of such a principle, we have deemed it necessary to distance ourselves from this. We have immediately written off this expenditure in the same year it was made. . . . Needless to say, Gentlemen, this new method of depreciation will meet with your approval. By increasing present expenses to the benefit of the future, the financial

Accounting, Business and Financial History, Volume 3, Number 3, 1993

resources and power of the company will be consequently increased in equal proportions.'

(Forges de Châtillon, Commentry et Neuves Maisons. Report to the general meeting, 10 January 1848, Archives Nationales: 175 AQ 1)

The paramount role of self-financing in the industrial growth of the nineteenth century is a widely established fact (Bouvier, 1972: 119). Railway companies and other public statutory companies excepted, external financing was used only parsimoniously in this period. Use of bank loans was rare: 'During the nineteenth century, the large industrial French company doubtlessly did its utmost efforts to limit the use of bank credit, which it did use, although it constantly endeavoured to restrict its use' (Bouvier, 1961: 390). Entrepreneurs zealously guarded their independence and appeals to financial markets, through the issue of bonds or new shares, were also unusual. This is partly due to the fact that most of these companies, even the biggest ones, were continuously controlled by small groups of founders and subsequently by their heirs. However, a company like Saint-Gobain, which could be viewed as a managerial one as early as the 1870s, had the same behaviour: no new shares or bonds were issued before the First World War (Daviet, 1983: 273, 811). But if self-financing may be considered as part and parcel of the logic of small family concerns, it appears less straightforward to obtain any consensus as far as joint stock companies are concerned. A number of shareholders could find themselves at odds with the management's financial decisions, even wronged, and their interests sacrificed in favour of the assembling of secret reserves.

In order to obtain their objectives, managements used both concealment and persuasion. During general meetings (GMs), the same discourse occurred year in year out. Self-congratulatory speeches were delivered to the effect that, despite a continually adverse business situation, problems had been avoided and adequate profits produced. However, shareholders were generally told that the situation was so precarious that it ruled out any thoughtless hand-outs and material reserves had to be ploughed back. The information imparted was relatively brief in accordance with required business discretion. Needless to say, not everything could be hidden, for fear of fuelling false rumours. In addition, despite often being in close proximity to the directors, the *commissaires*, i.e. the auditors elected by shareholders, were entitled to browse through the accounts and to have their say. Last but not least, the director's remuneration was sometimes based on disclosed profits. Besides, as soon as a corner of the veil was lifted, explanations and persuasion were necessarily forthcoming; tradition was referred to, and the required discretion, the importance of saving, the threat of competition, the speed of technical developments, future profits, etc., were all conjured up. If the occasion arose that a somewhat brutal frankness was required, it was often stated that the investments that had just been made were the last and that the production process was now complete (Belhoste, 1982: 380). The necessary closure of the capital account seems to have been a leitmotiv in some companies, as echoed in the report of the *commissaires* of Fourchambault-Commentry in 1868: 'As you see, Gentlemen, our directors firmly maintain their resolution to never increase the capital account and to open it only so as to make reductions' (Archives Nationales: 59 AQ 6, folio 71). This ties in somewhat with the discussion of the closing of the capital account in the evolution of the double account system in railway companies in the nineteenth century (Edwards, 1985).

But, behind the discourse offered to shareholders, there were figures resulting from a series of accounting choices, and given the more or less non-existence of any regulation, the potential scope was indeed considerable. Joint stock companies were of two types: the *Société anonyme* (SA – limited liability company) and the *Société en commandite par actions* (limited partnership with share capital), both of which were defined by the 1807 Code de Commerce. The SA originally required government authorization but this requirement was dropped by the 1867 law, the legislation which really induced the growth in the number of SAs (see Parker, 1992: 59–61). Inspired by the 1673 Ordonnance du Commerce, the accounting requirements of the 1807 Code de Commerce were only to keep a journal and to compile an annual *inventaire* of all the assets (*actifs*) and liabilities (*passifs*). Except for some rules concerning the SAs, such as the establishment of a reserve fund, these accounting requirements were the only ones imposed on the limited companies until the 1867 law. Under this legislation, the *inventaire*, the balance sheet (*bilan*) and the profit and loss account (*compte de profits et pertes*) had to be available to the *commissaires*, and they had to be presented to the members of the GM, who could require copies of the balance sheet and of the *commissaires*' report. However, nothing was mentioned about form and content of the financial statements or the calculation of profit (Parker, 1992: 62). Given this, our study will commence, therefore, by describing the set of accounting tools at the directors' disposal, and which enabled them to vary *ad infinitum* the relationship between the 'hidden' and 'visible' parts of the profit.

Every company is greatly concerned by its self-image, however limited this may be, conveyed via information passed onto the shareholders. Information which enters the public domain is also used by others, e.g. competitors, speculators, the tax authority and even employees. The signal released must consequently be void of all adverse effects. The considerations made within this frame of reference led the directors directly or indirectly towards decisions generally well disposed towards maximum self-financing (second section).

Once the calculations had been made, the negotiations completed and the dividend set, the need was to explain and convince. In this perspective, the right accounting tool was the one which enabled the optimal retention of funds while being readily accepted by the shareholders. If some managers actually asked themselves the question in these terms, others were unconcerned by it. It therefore comes as no surprise that the meetings between shareholders and directors sometimes turned into confrontation. Certain shareholders were not satisfied by the information delivered and the dividend policy adopted, as 'secret' reserves were not always really secret (third section).

Some of the decisions that were arrived at, particularly that of classifying investments with operating expenses (*charges d'exploitation*), seemed either to be those of the majority or ones which were extremely widespread within certain sectors of activity such as iron and steel or coal-mining (Bouvier *et al.*, 1965), something which may also be observed in Great Britain over the same period (Baldwin *et al.*, 1992; Boyns and Edwards, 1992; Wale, 1990). These accounting choices stem from an underlying accounting paradigm which gives pre-eminence to cash flow. The essential variable is not income, as we define it today, but the resultant of the series of cash flows. Such practices, which eventually remove any significance of worth from the balance sheet, are not solely the fruit of excessive conservatism, but are both the inheritance of charge and discharge accounting, and the consequence of a quasi-exclusive recourse to self-financing (final section).

Accounting mechanisms in action

Among the different means of retaining funds, certain were directly involved in determining the result prior to allocation and enabled the 'hidden' part to be juggled with. In particular, depreciation might occur before the *inventaire*, i.e. in the course of the current year, by immediately writing off the fixed assets when they were purchased or built. It might also be one of the *écritures d'inventaire*, i.e. the adjusting entries needed in the preparation of the balance sheet. Finally, depreciation could be considered as an element of the allocation of the result. The first procedure usually remained undisclosed, and this was sometimes the case with the second, while the third method was open to full view. The practice differed from one company to the next, according to the information intended to reach the shareholders and the statutory clauses concerning the results.

Amortissement (i.e. depreciation)

French accountants used the term *amortissement* widely. It may be translated variously into English as depreciation, amortization, depletion and repayment of bonds or redemption, according to the particular circumstances. Our use here refers to the broad sense of the term, as used by nineteenth-century industrialists. A distinction will be made, however, between immediate write-off and 'successive' depreciation.

Table 1 Breakdown of profits of the Givors Blast Furnaces and Foundries for the financial year 1873

In accordance with your Committee, we should like to recommend the following distribution of profits	647,369·14
1° 15 per cent accruing to management	72,865·30
2° 1/5th to statutory reserve	114,900·75
3° Depreciation of new undertakings at Serrières	1,500·00
4° Balance of the Karr grinder	12,397·20
5° Probable loss on the 2,000 tons of ore from Rustrel to be received at Givors in the coming year	6,000·00
6° Half of the purchasing price of the Rioupéroux mines	12,500·00
7° Construction of a new blowing machine	100,000·00
8° Purchase of slag dumping grounds	40,000·00
9° New gallery to be made at Serrières	25,000·00
10° For re-transfer to profit and loss account	46,205·89
11° 60 F per share for shareholders	216,000·00
Total as above	647,369·14

Source: Archives Départementales Loire: 73 J 2

Immediate write-off, no use of fixed asset (immobilizations) accounts

There were two possibilities:

a) *Capital and revenue were confused*   Non-recurring expenditure, improvements, building and other new undertakings became fully charged to annual revenue, and were referred to occasionally as *amortissements extraordinaires*. There were three methods of procedure:

i   these expenditures were classed as operating expenses and weighed on the cost of goods manufactured;

ii   they were added to the debit side of the profit and loss account, considered as an allocation of revenue accruing from the operation of the business or from resources of another nature;

iii   they appeared as an allocation of the net result (an example is given in Table 1). Such a solution was more frequent than one might initially imagine it to be, because the hiding of the result could contravene the interests of the board, whose remuneration might have been based on the 'visible' results, before *amortissements extraordinaires*.

b) *Financing was assured by previously ploughed back profits* and the cost of the durables was debited to an account under ownership interest or liabilities as:

i   an actual reserve account; this widely used method was sometimes explicitly provided for within the articles of the company;

ii   a provision for major undertakings (called *reserve*);

iii the refunded fraction of debenture loans, a reserve which does not always bear its name. Loan repayments were usually debited to the profit and loss account and, although a 'redeemed bond' account is sometimes used, it was frequent that the loan remained listed under liabilities for the total amount.

One statistic compiled at Le Creusot, one of the largest French iron concerns, gives the charge of investment expenditure made between 1843 and 1853 as approximately 9.2 million F. Only 17.5 per cent of this total was a 'debit entry of the plant', the balance underwent immediate write-off: 18 per cent by the 'reserve debit' and 64.5 per cent supported 'by the running of the business' (Archives Nationales: 187 AQ 2).

'Successive' depreciation

Three processes were possible:

a) *Depreciation by recording an expense*   The amount normally resulted from a fixed calculation, sometimes from a valuation; this was *normal, regular* or *ordinary* depreciation. The expense was listed as follows:

i   under operating expenses;

ii   among the overhead expenses (*frais généraux*);

iii as directly debited to the profit and loss account

On the other hand, the following were credited:

i   the fixed asset accounts;

ii   a redeemable expenses (*dépenses à amortir*) or depreciation account, the redeemable amount having been previously debited;

iii a depreciation fund (*fonds d'amortissement*) account entered under liabilities;

iv   a contra-asset account, such as that used today.

b) *Direct depreciation, i.e. crediting the fixed asset account, by a debit entry in an account under ownership interest or liabilities:*

i   a reserve account;

ii   a reserve for large scale undertakings;

iii the refunded fraction of debenture loans.

c) *Direct depreciation by crediting sales of unemployed equipment to fixed asset account*, the possible appreciation, i.e. the positive difference between the sale price and the book value, lowering the balance of the account credited.

Other means of retaining funds

Reserves   Provision was always made, at least in the articles of the SAs, that a part of the result would be earmarked for the building-up of a reserve fund. This goes back to the first years of the period in which SAs were incorporated with government authorization, when the Ministerial Order of 11 July 1818 stated that 'An annual reserve pertaining to profits must be a prime requisite in those SAs whose activities have a commercial objective.' This provision was incorporated into the 1867 law which set the proportion at 5 per cent of the result. As a rule, articles of the SAs gave a free hand to the directors to set up other reserves, with or without the go-ahead from the GM, and they did not let the opportunity slip by. The reserve could be fed by a precise provisional addition which was listed as such under assets: securities, lands, premises, etc. The confusion between reserve and depreciation was frequent, especially as regards their functions, but in the last quarter of the century there was an increasingly widespread recognition of the fact that depreciation, for that part described as 'normal' or 'ordinary', was an expense, whereas input into the reserve was an allocation of the result.

Provisions   These accounts appeared only at the turn of the nineteenth century, and the term was rarely used. Provisions for bad debts, in the event that they had not been directly reduced by profits and losses, 'portfolio re-discounting' (the discounting of bills receivable) and sundry provisions for a major undertakings, for risks, etc., were the main varieties experienced. The Pont-à-Mousson company, for example, made extensive use of these provisions. The stock supplies were assessed at the purchase price or possibly depreciated, and the finished products were listed at their cost price. In so far as the latter may contain a fraction of immediate write-offs, the stock was sometimes likely to be overvalued.

Redemption of bonds expensed   This would by-pass any drop in working capital. The redeemed bonds were sometimes balanced in the previously described manner.

Capitalization of reserve interest   Interest earned by a reserve fund was added to it. This was a practice sometimes provided for in the articles of companies. It could be used to deal with actually received interest as, for example, when the sums withheld had been used to acquire securities, which would then be credited directly to the corresponding account. Similarly, calculated interest might have been credited to the reserve account by debiting the operating expenses, overhead expenses or profits and losses.

The set of tools available to senior **management** was a relatively large one, and neither the 'liberal' text of the 1867 law nor the barely sufficient

Table 2 Balance sheet: The Blast Furnaces of Pont-à-Mousson, Year to 30 September 1898

Building	Former account	1,368,851·98	Capital	2,047,500·00
	accounting period	10,172·00	Depreciation	1,414,459·72
Equipment	Former account	1,127,068·96	General reserve	775,431·79
	accounting period	16,761·75	Major repairs	796,434·18
Implements, models, frames		29,025·67	Superannuation fund	213,218·10
Supplies and manufactured products		87,064·12	Portfolio re-discounts	50,000·00
Mining concessions		7·00	Unconfirmed receipts	23,827·00
Portfolio		2 231,404·15	Contingencies	33,000·75
Cash		27,182·04	Winding-up of matters pending	33,290·77
Debtors	Good	3,522,707·10	Account (...) at Lyons	66,635·66
	Bad	33,000·75	Reserve for overseas sales risks	96,461·97
Construction in the accounting period		242,856·68	Reserve for future dividends	134,978·82
Auboué, expenditure to 30 Sept. 1898		1,251,408·12	Reserve for coke markets	297,680·29
			New boilers	40,943·88
			Mining exploration	28,589·53
			Creditors	1,201,918·01
			Reconstitution of mining area	1,303,843·18
			Gross profit	
			– Amount carried forward 1896–97	1,715·94
			– Accounting period 97–98	1,387,580·73
		9,947,510·32		9,947,510·32

Source: Archives Saint-Gobain: PAM 27 783–A

clauses of the Code de Commerce of 1807 was likely to quell an accounting mind. On the other hand, the company's articles sometimes imposed restrictive rules, but, above all else, the decisions embarked upon had to make allowances for the image of the company that such a mind sought to portray.

Image awareness

Of all the information that was distributed, the dividend was the most visible. The issue here was simply one of moderation and regularity. However, the balance sheet or snippets of information regarding its contents could equally circulate after the GM. Here again, certain oversights were to be avoided.

'If excessive profits are distributed, the company funds are weakened and opinion deludes itself about the duration of this profit; the share price goes bullish for no plausible reason.' Such are the words of an expert on the subject: Henri Germain, founder of the Crédit Lyonnais,[1] who also noted that 'the regularity of dividend payments makes a sterling contribution to credit'. Needless to say he was addressing his own shareholders, at the 1874 GM (quoted in Bouvier, 1961: 232). In fact what mattered was to avoid fostering speculation by excessive or simply irregular dividends, above all because the French market had a reputation for frequently see-sawing:

> In Great Britain, swingeing variations in dividend are readily and calmly accepted from one year to the next. In France where the interests are more sensitive and excitable, the value of a firm will be exaggerated in either direction, depending on whether the dividend experiences certain variations or not. For this reason, we are bound to reiterate the necessity of trying to fully standardize the dividend. (Didier, 1885: 141)

There had to be no incentive for outsiders to purchase shares and partners were not to be enticed into sales, since there was every likelihood that the arrival of new shareholders would put a spanner in the works, all the more so if they 'had paid a substantial price for their shares, so making them all the more demanding when the profits happened to slip' (Archives Saint-Gobain: 4 B 23, folio 24). The reserve funds therefore had to make allowances to compensate for the irregularity of the profits: 'In this way, steadiness is provided for the shareholders' revenues and the share price which any company manager worth his salt is eager to preserve, and not to gamble with the share price nor the trust of the investor through extraordinary dividends' (Courcelle-Seneuil, 1854: 125). By standardizing the value of the dividends, or granting a slight gain, the loyalty of the shareholders was established because certain of their expectations were satisfied, and an image of strength and judiciousness was projected. Figure

(million F)

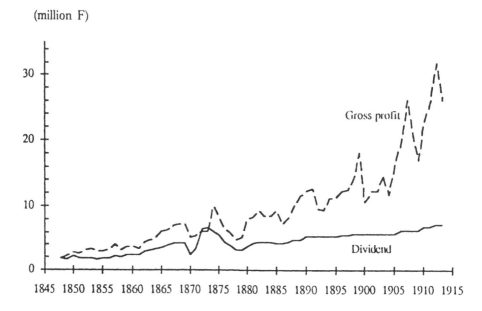

Figure 1 Saint-Gobain, dividend and gross profit, 1845–1915 *Source:* based on figures presented in Daviet, 1983

1 shows that Saint-Gobain had dividend smoothing down to a fine art, while setting aside an increasingly large proportion for self-financing.

The need to resort to the financial markets could cause momentary deviation from this line of policy. Le Creusot, for example, had regularly maintained its annual dividend at 50 F per share when, on 9 November 1873, its shareholders were summoned to an ordinary and extraordinary GM. Several proposals were listed on the agenda, in particular the raising of capital from 18 million to 27 million F and the payment of a dividend of 100 F, since profits had outstripped those of previous years. The raising of the dividend was designed to make the shares more attractive so that more capital could be raised for investment. The opportunity was taken to modify the company's articles, and although this acknowledged the principle of 'making all expenditure pertaining to large scale maintenance, new construction and even acquisitions chargeable to the working of the business on an annual basis', reservations were, however, made as to 'the facility of opening special accounts for acquisitions or constructions', but which would have to be written-off within five years at the most (Archives Nationales: 187 AQ 5). This was one way of making the shareholder live in hope! In 1874, the dividend amounted to only 70 F, and in the following year it slipped back down to 50 F (Archives Nationales: 187 AQ 6).

Companies would not wish to attract new competitors by advertising excessive profits and the workers must not be led into thinking that sky-high profits were being made at their expense. So how could the firm's prosperity be understood with the help of a balance sheet? Certainly not by referring to the size of the fixed assets, as they were more likely to be a sign of weakness: 'We should not dismiss the principle of stringent depreciation, as no loss results from this. Moreover, a considerable improvement can be experienced, either by cutting the interest on capital employed in the industry, or by the faith pinned to the stock, the value of which it is always wiser to understate rather than overstate' (Archives Saint-Gobain: 1 B 4, folio 16). This idea is implied by F. Didier, the then Secretary General of La Compagnie des forges de Châtillon et Commentry:

> if we were to focus our attention on any given industry, our prime concern would be to oversee the movements in fixed assets; the smaller the amount, the more our confidence would grow. This would apply primarily if the price of constructions, new undertakings and tool repair was deducted from the revenue. As the almost proverbial saying goes: 'here the dividends are high, but assets higher, there less is distributed and assets lower'; the first case is a criticism and the second a compliment. (Didier, 1885: 129)

It is extremely tempting to draw a parallel between the above statement and the following quote extracted from a reputed French manual on financial management: 'We can conclude the description of intangible assets with this verbal witticism: the more accountably substantial the intangible values, the less value they have; the less accountably substantial they are, the more value they may have' (Vernimmen, 1991: 90). Although one century apart, we find today the same distrust of a phenomenon which accountancy is at pains to master, the inrush of fixed capital in the nineteenth century and that of today's intangible investments.

Then, as now, the tax system intervened and prompted a reduction in the amount of fixed capital. For Camille Cavallier, the manager of Pont-à-Mousson, if the undertakings were to be 'depreciated before stock-taking', i.e. directly charged to the running of the business, and 'do not appear on the balance sheet', one of the reasons for this was distrust of the tax authority, 'which seeks to determine the standing of a firm according to its gross assets' (Archives Saint-Gobain: PAM 27 785). This probably refers to the basis of assessment of commercial dues, given that corporation tax came into effect only in 1914. On the other hand, the mining companies were liable to a tax of this kind, their workings being liable from 1810 to an annual tax in proportion to their net revenues (Aguillon, 1886: 369–420). From being a fixed amount at the outset, in 1849 it became a real profit-related tax and the first of its kind in France. The means of assessment of the net revenue were set out in the Circular of 12 April 1849, with investments being able to reduce the revenue only 'in the year they were made, without there being any possibility to spread depreciation over several years' (Aguillon, 1886: 407–8). This should probably be considered as a measure inspired by the methods of public accounting, more than as a deliberate incentive to invest, but, despite all that, why would the mining companies have opted for any other method?

Finally it is important to look after one's liabilities, because running up debt is frowned upon. The issue of a loan is an admission of financial ill-health and lowers the share price. In this area as in others they learnt from experience:

> By raising the book cost [through immediate write-offs], the actual facts are once again focused on. These specious profits will regain their true value, as they have lately been a pretext for setting the rate of the dividends at some excessive figure, i.e. to exhaust the fund that had to be re-filled later by issuing bonds, and which has consequently led to a decline in our shares on the market. (Archives Nationales: 175 AQ 1. Report to the GM of the Forges de Châtillon, 11 January 1858: 260–1)

Directors and shareholders: accounting choices or a choice of arms?

Sometimes denounced as a greedy flutterer and sometimes presented as the innocent victim in the manager's wheeling and dealing, often in fact neither, the shareholder has to be convinced. Sometimes feared, sometimes looked down upon, he cannot be ignored. Three examples, Saint-Gobain, Anzin and Pont-à-Mousson, can reveal how certain of those in charge tried to integrate the supposed reactions of the shareholder into their accounting choices and the lay-out of the documents that were dispatched to them, while other concerns do not seem to have attached the slightest importance to such issues. All things considered, some shareholders did not content themselves with the material disclosed to them and occasionally protested.

As the Manufacture des Glaces de Saint-Gobain became an SA in 1830, under the rules established by the 1807 Code de Commerce, it was not subject to the 1867 law, as were SAs created after this date. In particular, it avoided the only clauses which might have compelled it to reveal a part of its secrets. Only after extension of the law in 1907 was it bound to comply with the 1867 text. Up till then the company did not release any financial statement whatsoever to its shareholders (Daviet, 1983: 808). The reports read to the meetings – they were not distributed – lacked detail, a laconic turn of phrase sufficing: 'your profits for year N, minus ordinary and extraordinary depreciations amounted to the sum of . . .'. The assignments to the reserves were subtracted and the shareholder consequently knew what dividend he would receive. Only *commissaires* had direct access to the accounts, but even if they had connections with the management, their possible criticisms had to be taken on board (Daviet, 1983: 273). The matter of depreciation was undoubtedly one of the bones of contention. A memo on this subject, written by a director to the board and dating from 1873, shows the importance of the accounting technique in the financing of the company's growth and the particular attention it was given, so emphasizing communication with the shareholders (Archives Saint-Gobain: 1 H 4 (1)). Once the reporter had examined the percentages used to calculate depreciation, he ascertained that the amount of ordinary depreciation was insufficient. He then proceeded with a critical examination of the different systems that could be used.

First of all, an examination was made of 'the combined ordinary and extraordinary depreciations'. This was the company's own particular system and was 'by far the simplest and the most logical', because, 'whereas ordinary depreciation works according to steady rules, extraordinary depreciation that the Board determines according to the profits rectifies the slowness of ordinary depreciation'. Despite the convenience of this method, there was one drawback: its 'arbitrary nature'. Its arbitrariness concerned shareholders: 'this is an argument which the shareholders come up with and they accuse (the Board) of settling the dividends according to its will rather than on the year's performance'.

The second system entailed the preservation of ordinary depreciation, but changed extraordinary depreciation into major maintenance, and charged it to manufacturing costs. This solution was dismissed immediately: 'this is a change in wording, and the name adopted no longer describes the facts: this is not major maintenance, it is actually depreciation we are proceeding with.' The charge of 'fictitious and major maintenance' to manufacturing did not appear rational, because 'to be able to follow changes in the inventories, the amounts spent in new constructions and the amount of depreciation, is a supervisory prerequisite for the efficient administration of the Company'.

The third solution was as follows: 'In absolute terms, putting all expenditure on construction undertaken in the accounting period under profits and losses.' The reporter equally waves aside this scheme 'which a certain number of factories use', mainly because it 'is illogical, and it could be contested by dissatisfied shareholders, with greater facility than with our present day means of procedure'.

It is worth mentioning that the method which ultimately would enable the easiest concealment, i.e. the third one noted above, was cast aside in the name of management rationality. Subsequently, logic and the expected reactions of the shareholders determined how the choice between the remaining two procedures was made: 'not taking account of the value of new constructions, and drawing up necessarily arbitrary figures, are procedures that are far less justifiable than straight-line depreciation of the longest held assets combined with extraordinary depreciation of items which, on further examination, appear to be too high.'

Our second example is that of a coal-mining company which was not an SA but a Société civile: La Compagnie d'Anzin. Until the law of 25 September 1919, coal-mining was not considered as a commercial activity, so mining concerns were not bound to commercial but to civil law. There were no particular requirements about GMs and accounting for the Sociétés civiles. Given its status, La Compagnie d'Anzin had long had the right to spare its partners any balance sheet whatsoever, but this came to an end when it went public following the enactment of the 1919 law. However, let us go back to 1880. Following a change in the management, the company drew up a modification of its accounting procedures and the presentation of its balance sheet. Doubtless it was intended that this document should be submitted to the shareholders, because the choice of terms takes account of the consequences that they could have on them, but the directors paid only lip-service to such intentions. The commentaries accompanying the model version of the proposed balance sheet are particularly revealing (Centre historique minier, Lewarde: Val. 267–5449). In fact there is immediate clarification regarding the series of different accounts for expenses provided for: 'These accounts have been opened to avoid use of the word "reserve", and to check the distribution of all the profits.' At this time, the accounts of La Compagnie d'Anzin omitted share capital account and fixed asset accounts. Indeed, they were held as charge and discharge accounts for an extended period of time, in compliance with the public finances of the Ancien Régime, and, as for double-entry, they integrated uniquely the elementary technique of double charging, while neglecting position accounts other than liquid assets, accounts receivable and debts. One of the objectives of the project under review was to give a representation of worth, but there was concern over what name could be given to the balance obtained by subtracting debts and provisions from the assets:

> At this juncture, one must conceive of an imaginary account representing capital. I move that the account be named 'the partner-initiated advance account for the furthering of operations'. This fund corresponds to working capital and reserves. The figures are too small for it to be named capital and too high to be working capital. Lastly, the term reserves appears inappropriate to use.

In another memo pertaining to the modifications envisaged, it is recalled that, as the company 'has always made it a rule that each half-year the full amount of its extraordinary expenditure is written off by debiting the coal account', the corresponding fixed assets do not appear on the balance sheet. The result is that 'with one simple reading of these documents, the partners fail to acquire any proof that expenditure of this nature took place and was depreciated'. One of the solutions contemplated was that extraordinary expenditure was to be listed under assets instead of being recorded as a debit from the coal account, and profits and losses were to be debited by crediting the 'sinking fund for extraordinary expenditure', the two accounts then being balanced with each other at the start of the following accounting period. While 'admittedly the current means of depreciation would be upheld, i.e. immediate write-off', the partners would be made aware that it had taken place. Hypothetically speaking, only investments made within the financial period would appear on the balance sheet without the accrual. Naturally, it was possible to let 'the figure build up over each half year period', but 'the depreciation reserve could attain considerable proportions at any moment, so prompting criticisms from the partners'. The term reserve was definitely a sacrilege, and it is quite true, as we shall see, that the reserves in question were relatively large.

Even if La Compagnie d'Anzin subsequently listed certain fixed assets on its balance sheet, it was to continue to disregard the use of a share capital account for some considerable time to come. It scrapped the expression 'the partner-initiated advance account . . .', and made do with a simple word, i.e. balance. The balance sheet to 30 June 1891 showed assets of around 47.6 million F (Centre historique minier, Lewarde: Val. 267–5449). There was only 5.9 million F debt under liabilities, and under the heading 'non current' was a modest 'special reserve for the setting up of new mining works' amounting to 2 million F only and provisions which totalled slightly under 0.7 million F. The remaining sum or balance was 39 million F. By adding on the reserves and provisions, the shareholders' equity obtained amounted to 41.7 million F, i.e. 88 per cent of the assets! Among the total assets were 10.3 million F for inventories and debtors and 21.4 million F for quick assets! There was no borrowing, so that the company had a working capital ratio of 5.4 and a quick asset ratio of 3.6! Besides the questions raised about the rationality of such management, it is easy to understand the eagerness to hide such reserves, in order not to whet the shareholders' appetite. It was all the easier because no balance sheet was distributed, no *commissaires* were around and there were no GMs.

Such a situation was really no longer possible in public companies set up after 1867, such as our third example, the Blast Furnaces and Foundries of Pont-à-Mousson, a partnership transformed into a SA in 1886. Despite the change, the directors still had ample room for manoeuvre. The *commissaires* were often picked from the majority shareholders and did not really know how to take on the management. As for the balance sheets, whether written or verbal, they depicted only a 'reality' that had been largely reviewed and corrected prior to dissemination, as witnessed by the correspondence between Camille Cavallier, the manager of Pont-à-Mousson, and Paul Lenglet, one of the company's *commissaires* at the start of this century (Archives Saint-Gobain: PAM 27 785 A).

After having received the balance sheet for the period 1900–1, and at the same time as he compiled his report, Lenglet asked Cavallier for further particulars for his use only and which, of course, 'were in no way meant for the shareholders'. He was to draw up a report in 'the usual terms' for them. However, the commissaire asked himself the following questions:

I still wonder if the drawing-up of our balance sheet is above board . . . there are certain items which give me pause for thought, because I do not know if the law and jurisprudence would allow them:

1. The overhead expenses are never shown on the balance sheet.

2. We largely depreciate (I am not disputing this) during the accounting period and before the *inventaire!* The shareholders are not consulted over this depreciation! Without knowing them personally, we can say they are implicitly ratifying the whole thing when they approve of the balance sheet! Are we entitled to exercise this right in this way and to what extent? (Archives Saint-Gobain: PAM 27 785 A)

The manager however had no 'scruples or concern' about the way the balance sheets and inventories were drawn up (Archives Saint-Gobain: PAM 27 785 A). These were 'fundamentally honest' and the question was irrelevant: 'the thing is to earn money', and, when one earns it, 'there is no need to fear the shareholders for matters of form, if it is the form at which criticism is being levelled, and which, in any case, awaits evidence against it'.

Two years later, Camille Cavallier addressed the matter again:

Considering the fear you are voicing of failing to provide the shareholders with sufficient details . . . and the drawbacks involved for these very same shareholders by providing weapons for our competitors, I have no qualms whatsoever in stating:
  – on the one hand, that it is a matter of form,
  – on the other hand, that it is a matter of content.
In the event that we insert fictitious profits, in order to distribute unearned dividends, our behaviour would be utterly reprehensible, but the day we depreciate undertakings without mentioning them, we will better the general standing of the company, and safeguard the future. (Archives Saint-Gobain: PAM 27 785 A)

The shareholder had to consider himself satisfied, because it was in his interest to be kept in the dark. In addition, there were two kinds of shareholder. On the one hand, there were 'the big shareholders who are aware of the goings-on in the company and lend the odd hand in the management or control of these activities', and, on the other, 'the small shareholders, who would have no grounds for complaint when the intrinsic value of their shares are constantly being boosted, or when everything is being done to achieve this end'. The commissaire took heed of the lesson. In 1904, when his report had been finalized, and he had dispatched it to the manager, Lenglet was keen to know whether 'he had alluded to almost everything, including important issues'. To foil any disappointment from the GM, he ventured a suggestion: 'it wouldn't be a bad thing to get a shareholder (Paul is used to doing this, but someone else would do), to ask questions that have been previously decided on, they would then appear on the minutes with the replies and could furnish the proof that the shareholders are told everything, and that they have not been left in ignorance of . . . things they should know about.'

What was the reaction of the shareholders to the information conveyed to them and to the extent of the withholdings performed? Did they exert any real pressure on the directors? When one reads the minutes of the GMs one cannot get an accurate picture of the situation. At Saint-Gobain, for example, with one or two exceptions, the GMs proceeded without any questions being asked by the partners and, more conclusively, no objections being raised. As regards the iron and steel works of Lorraine, Jean-Marie Moine observes that the GMs 'were normally characterized by high absenteeism, and held no surprises in store for anyone'. Furthermore, if 'the pre-eminence granted to self-financing' reduced the distributed share of the profits, it was nevertheless at 'an entirely tolerable level!' (Moine, 1989: 358–9). This was perhaps the explanation. However, it is also possible that much of the issue was debated behind the scenes. One also imagines that it was not easy to take on characters such as Camille Cavallier, who appeared to relish the prospect of finding himself opposed:

> Not only do I not share your fears of our organization of the accounting and our manner of doing the stock-keeping, but if ever some naïve and inexperienced shareholder happens to make a remark about this matter, I shall personally reply to him by getting him to read clause 22 of our articles, and shall instil it into him that the only person able to criticize the way the inventories are made is the Company Administrator who prepares the inventories in this way, because he considers them to be equitable, and that in any case, the shareholders have no reason to complain. (Archives Saint-Gobain: PAM 27 785 A)

Furthermore, it must not be overlooked that, even in the second half of the century, the managers were increasingly made up of technicians, and that, as they were all shareholders, the limited dilution of capital meant that they could form a solid majority. Opposition could therefore come only from small shareholders, which is why a few of the latter sometimes lost patience, like at Châtillon and Commentry in 1881:

> A member of the GM gave a reading about a piece of work tending towards establishing the fact that, if the profits accruing from the *inventaire* only amount to the sum of 1.6 million F, it is because the Board continues to make hidden reserves, concealed by the accounts. He continued by stating that other iron and steel works had taken advantage of a pick-up in the prices in 1880 and made profits up one hundred percent on the previous period, while the Compagnie de Châtillon et Commentry only turned in a 20 per cent improvement. He then proceeded to criticize the value given to the company plant, which remained the same despite acquisitions and improvements carried out since the

origins of the current company and which were no less than 25 million F. (Archives Nationales: 175 AQ 8)

It sometimes happened that, once the polite verbal exchanges were over, the matter of procedure was then ironed out. This was the case with Saint-Gobain, where a long struggle between the directors and the Viscount De Failly took place. The shareholder in question, De Failly, held only fifteen out of a total of 8,710 shares but began to make his protests known in 1860 when he requested an increase in the dividend (Archives Saint-Gobain: 1 B 4, folio 44). Several times De Failly lamented the fact that the board's report contained 'too few details for the GM to be able to assess the accounts with full knowledge of the facts' and that the board failed to provide 'the figures on the depreciation which, to his mind, should appear in the profits' (Archives Saint-Gobain: 1 B 4, May 16 1861, folio 64). In 1873, he again advocated the adoption of new measures to ensure that the accounts receive a certain amount of publicity, only to come up against the same brick wall. The Viscount then tried legal proceedings, arguing that the accounts presented to the GM were too stripped of detail to permit the value of the shares to be ascertained; it appeared these were undervalued due to the ploughing-back of profits and that depreciation was conducted without the amounts being made known to shareholders. The Tribunal de Commerce of the Seine ruled against his suit on 30 March 1874. The Saint-Gobain Board remained unmoved and, until 1878, all De Failly's demands were thrown out. He was no more successful when he asked the same tribunal in 1876 to cancel a GM, and his application to the Appeal Court simply led to the ruling of 1874 being confirmed. From 1880 onwards the individual's name was no longer to be found on the list of shareholders.

The demands made by the Viscount De Failly were by no means excessive, and the Pont-à-Mousson director, Camille Cavallier, was going to come up against a character who was to be vindictive in quite a different manner. It was either an honour or a sad privilege for him to be one of the targets, among many, of Lucien Bailly. This ex-mining engineer, quite megalomaniac, signed his name 'Intendant Bailly' and introduced himself as the defender of the shareholders. He wrote a mass of articles about shareholders' rights and most of them appear in two collections (Bailly: 1918, 1930). A complete book could be written to describe the sabre-rattling of this swashbuckler but the period involved is largely outside the scope of this paper. However, as a shareholder of Pont-à-Mousson, he dispatched a letter to the director, on 25 January 1914, which immediately set the tone:

> There is a rumour going around that our company's balance sheets are dishonest and are systematically reduced, in large proportions, with a view to speculation, to facilitating the director by the purchase of shares at a very low price . . . an impending and absolute seizure of the company

at the shareholders' expense. I do not want to credit this ill-natured gossip and I for one do not consider myself responsible for it, but I believe it is necessary to advise you of it in an amiable manner, given our good relations. (Archives Saint-Gobain: PAM 41 440 A)

So began a conflict which lasted until the late 1920s (Moine, 1989: 360–2).

Finally, it is worth noting that, before the First World War, all attempts to obtain a regulation of accounting practices from the State, in the name of either shareholders or other parties, were unsuccessful. It was the settlement of income tax, during the War, which led the State gradually to introduce certain rules on this subject, trying to avoid understating of taxable profits.

The underlying accounting model: the pre-eminence of cash flow

In some of the previously mentioned companies, accounting for fixed assets was a far cry from the concept of representation of worth. We find ourselves with another accounting model, a hybrid which privileges cashflow and whose logic is bound to the means of financing.

In the early 1850s, the De Wendel family, who owned the largest French iron concern, formed an SA: the Houillères de Stiring. One clause in the blueprint of the articles determined the means of accounting for investments: 'All expenditure on buildings and acquisitions extraneous to the company funds and needing to be taken from the revenue, will charge the revenue of the financial period in which it took place, unless the GM chooses to spread it over several years' (Archives Nationales: F 14 8232).

This clause formulates a real doctrine, i.e. all investments made subsequently to those financed by the share capital must, barring exceptions, be charged to the results. Such an approach has two implications:

1. When the decision to invest is taken, the question is not to know if the revenue anticipated will make it possible to reimburse a loan or restore the invested capital, but if the equipment may be immediately financed using the specific funds the company has at its disposal; this option is mainly determined by the cash generated through operating the business, and possibly completed by previously set-aside reserves or exceptional resources. This attitude is probably closely linked to rapid technological changes, as shown by McGaw (1985) for the Berkshire County Paper Industry, in the United States, during the mid-nineteenth century.

2. Initially, there was no question of investing from the *fonds de roulement*, i.e. circulating capital.[2] Such an attitude would not have come as a surprise in the iron and steel or any other related industries, as in 1850 the main factors contributing to the acceleration in turnover of current assets had still not been perceived. The idea that 'No depreciation was deducted from the *fonds de roulement*' got full marks that were gratefully self-awarded.

Circulating capital was moreover the keystone of analysis, whatever the exact significance that was attributed to it, i.e. use or resource. For Henri Germain and his team of analysts at the Crédit Lyonnais,[3] the profit was defined as the variation in the amount of circulating capital:

> All the year's expenditure must be entered into the manufacturing costs without exception, even with so-called extraordinary expenditure, such as pits, prospection, galleries, purchase of properties, above-ground building, increase, transformation, repair of equipment ... so that the circulating capital is not fixed, and that the variations in this circulating capital may be considered as real profit (or loss). (Quoted in Bouvier, 1961: 387)

One can thus understand from an accounting point of view that it was no longer a concern to give a representation of the fixed assets which corresponded to some type of evaluation of worth. The figures pertaining to the fixed capital now applied uniquely to that part of the share capital set aside for the initial investments. This practice of immediate write-offs appears to be one of the consequences of this principle of correlation between financing resources and the investments made. When a company was started up, the specific and permanent accounts were debited along with the depreciations, because they referred to the entry of the initial placement of the shareholders. Further to this, given that the other acquisitions were made thanks to revenues accruing from running the business, they were charged directly to these revenues. The other procedures may be understood likewise: in the event that the fixed asset was financed by previously set-aside reserves, its cost directly cut the amount of the reserve. Furthermore, the progressive refunding of a loan equally entailed the progressive depreciation of the asset which it helped to acquire. The accounting entry does not express the economic nature of the operation, viz. investment, but its means of financing.

Needless to say, variants or combinations of this model with others are to be found, but it is quite clear that this was the cornerstone in the reasoning of numerous accountants and executives. It can be considered as a consequence of the means of financing, and also leans on the long-standing tradition in charge and discharge accounting (Lemarchand, 1992). The rendering of accounts meant that one had to confront all the amounts received during the accounting period and the expenditure to which they were assigned. In the same vein, an industrialist of the nineteenth century did not match costs and revenues, but uses and resources, and it was thus logical that they only considered the moment to distribute profits as opportune when, and only when, the investments of the accounting period were covered, except if they had reserves or fresh external financing at their disposal.

Various companies went about things in this manner, particularly those in the iron and steel and mining sectors. The reason for this was doubtless because the large margins permitted them to do so and the funds needed for growth remained limited. But this attitude did not necessarily remain unchanged. A certain principle that was stated one year could sometimes be questioned a few years later if, for example, the extent of the investment involved the depreciation being spread over several years, so that the dividends could be distributed. The contrary attitude was also confirmed, at the earliest opportunity, if a further reduction was made in those fixed assets which were stated to be of an unchangeable amount, because 'the dream of every board is to count fixed assets worth a franc' (Archives Saint-Gobain: PAM 41 440 A). Fixed assets were distrusted and trust was confided in only what was easily accomplished or available.

Accounting practices obviously lead on to various issues which extend beyond the aims of this overview and necessitate further research. It would seem, however, that two avenues are well worth further particular attention. First, from the company's internal point of view, what might have been the impact of practices of excessive depreciation on management decisions?[4] Second, from an external point of view, as regards minimizing the dividends paid out, to what extent would these practices have jeopardized the efficiency of the financial market as far as industrial growth was concerned? It would seem that, to date, only the second question has been the subject of serious investigations (Boyns and Edwards, 1991a, 1991b).

'The present time will suffer from the expenditure, but tomorrow will bear the fruits, with a balance sheet clean from all outside traces' (Archives Nationales: 175 AQ 7, folio 247). This short statement is taken from an inspired director, and it sums up in a nutshell the philosophy of the practices observed. Faced with the growth in fixed assets, along with the occasional impression that was given of side-stepping the problem, the nineteenth century was able to demonstrate positive creativity in accountancy. If the tool was used in numerous companies for self-financing it was as much shaped for as by it. To all intents and purposes, accounting simply sanctioned financial decisions. Although some shareholders were extremely reticent about this, a relative consensus of opinion supported the activities of the directors, helped along by the existence of a common financial and accounting culture. This culture was partly inherited from charge and discharge accounting.

Acknowledgements

I wish to thank the Fondation Nationale pour l'Enseignement de la Gestion and the Association Française de Comptabilité for their research grant. I am also indebted to Adrian Chess and Trevor Boyns, for their help in translating this paper from French, and to an anonymous referee for his really helpful comments and suggestions and for the precious references he offered to me. Of course, the ideas developed in this paper are my own responsibility.

Notes

1 Incorporated in 1863, the Crédit Lyonnais was one of the largest French banks at the end of the nineteenth century, and still is today.
2 If today *fonds de roulement* means working capital, in the nineteenth century it most often refers to current assets. This is its primary meaning but, in a wider sense, it sometimes refers to the proportion of share capital alloted to financing current assets, which are sometimes provided for in the articles of association. In 1895, at Châtillon-Commentry, *fonds de roulement* was defined as current assets less current liabilities.
3 In 1871, eight years after being incorporated, the Crédit Lyonnais set up an 'Office for Financial Assessment' assigned to study 'the accounts of the states, towns and main industrial concerns' (Bouvier, 1961: 289–93, 386–9).
4 In the Manufacture d'Annecy et Pont, at the beginning of this century, a modification in the method of cost assessment to which the accelerated depreciations were to be charged henceforth was to have disastrous consequences. Artificially bumping up the costs which were a basis for fixing prices, they were to bring on a slump in sales and a worsening of the results which led to the sale of the Pont plant in 1906 (Archives Départementales Haute-Savoie: 15 J 92).

References

Aguillon, L. (1886) *Législation des mines française et étrangère*, Tome I, Paris: Baudry.
Archives Départementales Haute-Savoie, Annecy.
Archives Départementales Loire, Saint-Etienne.
Archives Nationales, Paris.
Archives Saint-Gobain, Blois (Loir et Cher).
Baldwin, T. J., R. H. Berry and R. A. Church (1992) 'The accounts of the Consett Iron Company, 1864–1914', *Accounting and Business Research*, 86: 99–109.
Bailly, L. (1918) *Actionnaires et administrateurs*, Nancy: Rigot.
Bailly, L. (1930) *Défense des actionnaires et finance minière*, Nancy: Sofinest.
Belhoste, J. F. (1982) *Une histoire des Forges d'Allevard des origines à 1970*, Grenoble: Richard.
Bouvier, J. (1961) *Le Crédit Lyonnais de 1863 à 1882*, Paris: Thèse.
Bouvier, J. (1972) 'Rapports entre systèmes bancaires et entreprises industrielles dans la croissance européenne aux XIXe siècle', in *L'industrialisation en europe au XIXe siècle*, Paris: CNRS.
Bouvier, J., F. Furet and M. Gillet (1965) *Le mouvement du profit en France au XIXe siècle. Materiaux et études*, Paris: Mouton.
Boyns, T. and J. R. Edwards (1991a) 'Do accountants matter? The role of accounting in economic development', *Accounting, Business and Financial History*, 1: 177–95.
Boyns, T. and J. R. Edwards (1991b) 'Nineteenth century accounting practices and the capital market: a study of the Staveley Coal and Iron Co. Ltd.' Third Accounting, Business and Financial History Conference, Cardiff, 18–19 September, 18 p. dactyl..
Boyns, T. and J. R. Edwards (1992) 'Accounting practice and business finance

in the iron and coal industry 1865–1914, some empirical evidence', in *Collected Papers of the Sixth World Congress of Accounting Historians*, Vol. III. Kyoto: Accounting History Association, pp. 1221–60.

Centre historique minier, Lewarde (Nord).

Courcelle-Seneuil, J.-G. (1854) *Manuel des affaires*, Paris: Guillaumin.

Daviet, J-P. (1983) *La Compagnie de Saint-Gobain de 1830 à 1939*, Paris: Thèse Université Paris I.

Didier, F. (1885) 'Etude sur l'inventaire des sociétés industrielles', *Journal des sociétés civiles et commerciales*, February: 128–54.

Edwards, J. R. (1985) 'The origins and evolution of the double account system: an example of accounting innovation', *Abacus*, 1: 19–43.

Lemarchand, Y. (1992), 'Werner Sombart, quelques hypothèses à l'épreuve des faits', *Cahiers d'Histoire de la Comptabilité*, 2: 37–56.

McGaw, J. A. (1985), 'Accounting for innovation: technological change and business practice in the Berkshire County paper industry', *Technology and Culture*, 703–25.

Moine, J-M. (1989) *Les barons du fer, Les maîtres de forges en Lorraine*, Nancy: P.U. Nancy.

Parker, R. H. (1992), 'Accounting regulation, the business corporation, taxation and professional accountancy in nineteenth century Europe: a comparative essay', in *Collected Papers of the Sixth World Congress of Accounting Historians*, Vol. I. Kyoto: Accounting History Association, pp. 41–79.

Vernimmen, P. (1991) *Finance d'entreprise. Analyse et gestion*, Paris: Dalloz.

Wale, J. (1990), 'The reliability of reported profits and asset values, 1890–1914: case studies from the British coal industry', *Accounting and Business Research*, 20: 253–67.

LA COMPTABILITÉ DES COÛTS/
ACCOUNTING FOR COSTS

R.S. Edwards

"A survey of French contributions to the study of cost accounting during the 19th century," *The Accountant,* Supplement to
The Accountant, June 1937, 36 pp.

A survey of French contributions to the study of cost accounting during the 19th century

By RONALD S. EDWARDS

So far as the writer has been able to ascertain, no systematic work on cost accounting appeared in French before the nineteenth century. There are, of course, references in bookkeeping texts to cost price and to estimating. For example, there was published in Paris in 1791 a volume entitled " Le Manuel de l'Imprimeur," by S. Boulard, which contained chapters setting out the estimated costs and revenue resulting from the setting up of a printing office.* But no attempt was made to show how the accounting requirements of industrial undertakings differed from those of commercial concerns, particularly in the matter of ascertaining the cost price of manufactured goods.

It would appear, therefore, that British literature on the subject commenced earlier than French. Nevertheless, in spite of an early start, the subject evoked very little written work for the first three-quarters of the 19th century in Britain, whereas, during this period French writers advanced the study considerably, particularly in relation to agricultural accounting.

The first work of any importance, by a manufacturer called Payen, was published in 1817, and entitled " Essai sur la tenue des livres d'un manufacturier." Payen describes the bookkeeping for three manufacturing concerns of varying degrees of complexity, the third and most complicated being that of a manufacturer producing two principal commodities and a saleable residue. He distinguishes three kinds of accounting. Firstly, there is accounting in money (en argent) in the manner of ordinary commercial bookkeeping. Secondly, he explains accounting in kind (en nature), the objects of which are :—

(1) to record the employment of all materials and labour ;
(2) to show what factors of production have been applied to each product, as well as to the construction of workshops, furnaces, tools or machines ;
(3) to fix the cost price of each of the above ;
(4) to arrive at the total cost of goods produced in such a way that it can be agreed with the total expenses of the business.

Thirdly, the author suggests accounting for materials (en matière) to show quantities of materials used and the various finished products.

In the first example there are one or two interesting points. The following is a reproduction of the " Journal des comptes en argent "† of a carriage maker. The various costs of production are credited as liabilities. After manufacture, the factory is relieved of the costs and the warehouse becomes chargeable with the

---

* D.C. McMurtrie reproduced interesting passages from this book in a note entitled "The Cost Finding System of a French Printer in the 18th Century."

† Payen—page 8.

I

same total now transformed into three carriages. Then as the carriages are transferred to the buyers the warehouse is credited and the buyers debited, the profits and losses on the three sales being thrown into two outer columns. On cash being received the debtors are credited and the cash account debited, the latter then being credited with the payments to the workmen. The " Journal en Nature" shows how the costs are split between the three carriages, thus giving the information required for showing the profits and losses in the " Journal des Comptes en Argent."

JOURNAL DES COMPTES EN ARGENT

	Doit.		Avoir.	Prof.	Pert.
		Le menuisier ..	407		
		Le serrurier ..	875		
		Le m.d de bois ..	972		
L'entreprise est comptable de ..	3,664	Le charron ..	645		
		Le sellier	190		
		Le peintre.. ..	575		
	3,664		3,664		
		L'entreprise est dé-			
Magasin a reçu trois voitures ..	3,664	chargée du compte	3,664		
		Magas. est quitte ⎱			
Alphonse, acquereur du carosse ..	2,045	p. carosse		70	
		1,975			
Barthélemy, acquéreur du cabrio-		Magasin			
let	1,095	p. cab-	3,664		82
		riolet 1,177 ⎰			
		Magasin			
Curandier, acquéreur de la char-		p. char-			
rette	637	rette .. 512 ⎰		125	
		Alphonse			
Caisse	3,777	Barthélemy ..	3,777		
		Curandier			
Les six fournisseurs	3,664	Caisse	3,664		
	18,546		18,433	195	82

Turning now to Payen's example of the accounts of a glue factory, the following manufacturing account is shown in the " Grand Livre du Compte en Argent." *All costs, whether exhausted or not, are debited to this account, which is credited with sales and unsold finished stock. Nothing is brought in, however, for unexhausted costs, for which we have to turn to the " Grand Livre des Comptes en Nature."

---

* *Op. cit.*—page 18.

2

156

Entrepreneurs	..	..	..	1,000	A employer a la décharge de son			
Matières premières..		..	..	14,200	compte en argent :			
Ustensiles	..	..	..	5,000	Le produit de la vente de Leroy	..	18,948	
Charbon	..	..	..	3,000	L'entreprise a envoyé le			
Intérêts	..	..	..	.· 300	produit de la vente			
Ouvriers	..	..	..	2,000	Guérin	..	..	.. 457
Menus ustensiles	..	..	..	300				294
Loyers	..	..	..	500				751
Racommod. de chaudières		..		400				
Racommod. d'ustensiles	..		..	100	Produit des 22 barils colle..		..	19,699
			.		La valeur de deux barils invendus			312
				26,800				20,011

In the "Grand Livre des Comptes en Nature" *all the costs are debited and on the credit side appear the costs used up in production and unexhausted balances. The following are examples :

		Doit.				Avoir.
Magasin			Déchet	400		
De Matière première‡			Consommé	24,000		
28,400 de rognure a 50c. ..	..	14,200	au prix coûtant	..	12,000	
			A inventorier ..	' 4,000	2,200	
				28,400		
Fourneau						
Journées de maçons	.. ..	300	On l'évalue a l'inventaire ..	..	900	
Fers	.. ..	200	On reportera sur la colle fabriq.			
Serrurier	.. ..	150	au prix coûtant	.. ..	100	
Briques	.. ..	200				
Plâtre	.. ..	50				
Plomb	.. ..	75				
Moëllon	.. ..	25				
		1,000				
Charbon de Terre						
Cinquante voies ..	.. ..	3,000	Consommation, 16 voies ⅜	..	1,000	
			Le reste, on l'évalue à ..	..	2,000	

It will be seen from the above that depreciation is charged to cost of production.

The "Relevé du Grand Livre"‡ shows on the left side the unexhausted balances of costs, and on the right side the amount of cost used up in the

---

* *Op. cit.*—page 23.

†It appears that the waste instead of being charged to production has increased the inventory value, but in a late passage, page 34, Payen shows that he realises the different types of losses, those which are "étrangers à la gestion de ateliers"—"les autres proviennent des accidens et fautes de la fabrication, et font partie de la dépense des produits."

‡*Op. cit.*—page 25.

3

production of 20,000 lbs. of glue. The individual items composing the cost of one lb. are then set out. The profit as disclosed by this statement will agree with that shown by the account in the " Grand Livre du Compte en Argent " if the inventory value of 9,800 fr. is credited to the latter.

Inventaire actif, ou bilan dont l'Entreprise est chargée à nouveau		Compte des prix coûtans de la colle	
	fr.		fr.
Rognures	2,200	En rognures	12,000
Fourneaux	900	En user d'ustensiles	800
Chaudière	4,100	Idem	200
Ustensiles	400	En charbon de terre	1,000
Charbon de terre	2,000	En intérêts	300
Menus ustensiles	200	En menus ustensiles perdus et frais	
		divers	100
	9,800	En loyers	500
Somme dont l'Entreprise étoit		En user de fourneaux	100
chargée	17,000	En ouvriers..	2,000
	26,800		17,000

Lesdits 17,000 fr. rapportés à la livre de la colle fabriquée au poids de 20,000 lb. la fait revenir a 17s. la livre.

SAVOIR :

En matière première, à	12s.
En main d'oeuvre, à	2
En ustensiles, user, à	1
En bois et charbon	1
En intérêt	
Loyer	1
User de fourneaux ..	
Frais divers, menus ustens.	
	17s.
Vente, terme moyen, la liv. ..	20
Bénéfice par livre	3

Faisant en bénéfice total 3,000 pour les 20,000 lb. de colle fabriquées.

L'Entreprise étoit comptable de ..	26,800	Elle a dépensé	17,000
Pour dépense		Il lui reste en nature	9,800
		Somme pareille	26,800
		L'entreprise avoit a son crédit le	
		produit des ventes	19,699
		En y ajoutant les objets non vendus	312
		Total des produits	20,011
		Les marchandises fabriquées avoient couté	17,000
		Bénéfice qu'elle a produit	3,011

4

The two sets of accounts in this example, we might call them the cost and financial accounts, are not " tied in " but they can easily be agreed.

The third and most complicated example shows in detail, in the " Grand Livre des Comptes en Nature," the division of costs between the two main products ; to the " résidu vendable " no costs are debited. The costs which are split up include not only materials and wages, but wear of tools, depreciation of furnaces, interest and rent ; unfortunately, the basis of allocation of the overheads is not given. The author points out that a great difficulty consists in valuing fixed assets such as buildings, furnaces and utensils " qui n'ont aussi de valeur qu' autant que le produit se fabrique avec avantage."

The following * is the furnace account :

FOURNEAUX			
Fourneau A, Maçon	1,100	Estimé	1,700
Briques	300	Déchet	620
Plâtre..	120		
Serrurier	300		
Fer	450		
Moëllon	50		
A coute	2,320		2,320
Fourneau B, Maçon	700	Estimé	1,678
Briques	500	Déchet	800
Plâtre	100		
Serrurier	200		
Fer	908		
Moëllon	70		
	2,478		2,478
Fourneau C, Maçon	500	Estimé	1,361
Briques	250	Déchet	580
Plâtre	80		
Fer	681		
Moëllon	180		
Serrurier	250		
			1,941
	1,941		
	2,478	Consommation	2,000
	2,320	Inventoriable	4,739
Prix coûtant des trois fourn.. ..	6,739		6,739
Les déchets réunis des trois fourn,		1er produit	1,400
montant a	2,000	2e produit	600

In connection with the " Compte en Matière " we have the following journal which shows in quantities only the movement of the various materials through the different processes.

*Op. cit.—page 60.

5

Journal indicateur, ou résumé des operations de chaque jour (pour un mois)

Le Magasin A des Matières

	lb.
a reçu	
Matière principale	9,100
Sel	552
Acide	79
Sulfate de chaux	100

L'Atelier B de distillation

	lb.
a reçu	
Matière	9,100
Il attendoit en liqueur ..	910
Il a obtenu	lb.
En liqueur	940
Boni	30
Résidu	351
Huile	100
Carbonate	200

Le Magasin A

	lb.
a passé à l'atelier de distillation,	
matière	9,100
à l'atelier de décomposition sel ..	552
id. Acide	79
id. Sulfate de chaux	100

L'Atelier C' de décomposition

	lb
a reçu	
Liqueur	940
Sel ce. (matière)	5,2
Acide ce. matiere l.re	79
Sulfate de chaux	100
Il les a a convertis en sel brut	362lb.
Il en attendoit	372
Déficit	10
Et en un 2e produit	216

L'Atelier B de distillation

	lb
a passé à l'atelier de décomposition,	
liqueur	940
au magasin, résidu	351
au raffinage, huile	100
au raffinage, carb.	200

L'Atelier C'' de raffinage

	lb.
a reçu	
362lb. sel brut	
200lb. carbonate	
100 huile brute	
Il a obtenu pour sel raffi.	179
Il attendoit en sel raffiné	180
Déficit	1
Il a obtenu 105lb. carbonate ..	
55 huile brute	

L'Atelier C'de décomposition

a passé au raffinage, sel brut ..	362lb
au magasin le 2e produit	216

Atelier C'' de torréfaction

a reçu	
179 de sel raffiné qu'il a torréfié ..	
Il a obtenu 163 1er produit	
Il attendoit 135	
Déficit .. 28	

Atelier C'' de raffinage

a passé	
a l'atelier de torréfaction, sel raffiné	179
Au magasin, carb. raffiné	105
Au magasin, huile raffiné	55

6

COMPTE DU RENDEMENT DES PRODUITS

Journal indicateur, ou résumé des operations de chaque jour (pour un mois)

Le Magasin D des produits					Atelier C'' ' de torréfaction			
a reçu	..	..	..	..	a passé au magasin..	..	..	
Résidu charbon	..	..	..	351	sel 1er produit	..	..	..	163
Carbonate raffiné	..	..	..	105				
Huile distillée	..	..	..	55				
Sel 1er produit	..	..	..	163				
Sel 2.e produit	..	..	..	216				

Magasin E de commerce	Le Magasin D des produits
a reçu	est libéré par l'envoi qu'il a fait de
Les produits	la majeure partie des produits à
Et est chargé de rendre compte de la	la maison de commerce, et il de-
vente	meure chargé de ce qui lui reste d'
	inventoriable .. .. ..

It is very unlikely that Payen's methods were generally used at the time when he wrote, though he probably employed them in his own business. As Littleton says, he " succeeded in bringing manufacturing accounts under the control of double entry bookkeeping . . ."* In certain respects Payen stopped short, it would seem quite unnecessarily ; for instance, in his second example he could easily have balanced the manufacturing account in his financial books, agreeing it exactly with the corresponding account in his manufacturing books.

Seven years after the publication of Payen's book, another work on industrial accounting appeared ; it was entitled " De la Comptabilité dans une Entreprise Industrielle et spécialement dans une Exploitation Rurale." The author, L. F. G. de Cazaux, was also responsible for several works on economics. It would appear that de Cazaux knew how to adapt double entry to the movement of values *internally* and had no objection to these appearing in the financial books ; in this respect he was ahead of Payen.

The first chapter deals generally with the theory of industrial accounting, the central aim being to discover not only the total profit, but also its sources ; to show what has been profitable and what unprofitable, and to learn what ought to be done and what avoided. Accounts are to be opened for each item of capital, debited with values received and credited with values imparted. The accounts are balanced with the closing values which are the opening debits for the next year. The difference on each account shows the profit or loss on each item of capital. All the accounts are shown in summary form at the end of the year in a " Tableau synoptique des comptes." The essential equilibrium of accounting is emphasised by the author who insists that every value received by one account must be imparted by another. The more detailed discussion of a rural enterprise in Chapter II shows that the writer was familiar with the idea that this movement of values through the departments in the enterprise was a fit subject for the accounts, even though no outside party was concerned in the transactions. For this purpose, he classified in the following manner the processes in his example :—

(a) Pure agriculture or husbandry for which an account is required for each piece of land, classified according as it consists of fields, meadows, vineyards, woods, &c.

*Littleton—Accounting Evolution to 1900.

7

(b) Commercial speculation, sometimes unavoidable, resulting from the fact that products are stored instead of being sold at the time of harvesting.

"Cette spéculation . . . . demande qu'on ouvre à la suite des comptes de la terre dans le registre, un compte à chaque nature de produit, afin de pouvoir juger (d'après la différence de valeur au moment de la récolte, et au moment où la denrée sort du magasin pour être vendue ou consommée, et d'après les frais occasionnés et les déchets éprouvés) du profit ou de la perte dont l'emmagasinement a été l'occasion à l'égard de chaque produit, et ensuite de l'ensemble des produits, si on le juge nécessaire." *

The accounts for commodities would have columns for quantities as well as values.

(c) Lastly, accounts are required for the various factors of production which are converted from one type of commodity into another, for example, into days of labour, into wool, meat, manure. The author wanted the accounts to show the profit or loss on each transformation. It would appear that one of the points on which he desired to obtain information was the extent to which the various items of equipment were idle.†

Expounding in greater detail, de Cazaux shows how the total wheat crop will be debited at market price to the wheat account and credited to the various field accounts, and how a reverse entry will be needed for the wheat seed.

The next point of difficulty to be dealt with by de Cazaux is the valuation of opening and closing capital assets. For many items, for example animals and stores, there is as a guide a market price, and for land there is, he says, the purchase price or market price or the average revenue previously yielded. Having arrived at the opening balances, we debit improvements such as ditches, hedges and soil mixing. Those which will last only one year do not affect our closing inventory, those which last four years should be written off over this period. Again, if a piece of land is on a steep slope and it is necessary to move back the soil once every ten years, then one-tenth of the cost of moving it should be written off each year.‡

There are some crops which actually improve the soil, while others exhaust it. The change can be measured in terms of manure. "La lucerne, le sainfoin, le trèfle, la visce, &c., pour fourrage (. . . .) seront supposés améliorer le sol comme ferait une quantité de fumier égale au 2/3 du poids des fourrages produits, supposés réduits en sec."§ This is followed by a discussion of those crops which exhaust the soil. We are not, however, concerned with the correctness of this farming science ; what is important to us is that the loss or gain is measured in terms of manure, and then evaluated so that each crop has to bear the cost of the nourishment it draws from the soil.

If a field lies fallow then its closing value is to be increased by 5 per cent. per annum on the sum of the opening value of the field plus any costs incurred.|| On

---

*de Cazaux page 12. Free translation :—This speculation involves the opening (following the accounts for the various pieces of land) of accounts for each type of product in order to be in a position to judge the profit or loss on holding stocks. This profitability is measured for each product by the difference between the value at the time of harvesting and that at the time of sale or consumption after taking into account expenses and wastage.

†de Cazaux footnote (2) page 15.

‡Op. cit.—page 20.

§Op. cit page 21. Free translation : Lucerne, sainfoin, clover, &c., for fodder are supposed to improve the soil to the same extent as a quantity of manure equal to two thirds of the weight (dry) of fodder produced.

||Op. cit. page 22.

8

the question of capital items which take several years to reach their full yield, e.g. a field planted with vines, the author's proposal is interesting. Each year, until the vine starts to bear, interest is added to the total balance outstanding, thus gradually increasing the capital. Until the vine comes into full bearing interest at 5 per cent. will be added, less the net value of any fruit yielded. When the net product equals the interest this is, according to the author, a proof that the capital value (i.e. twenty times the net product) is equal to the book value. When the product exceeds the interest, the capital should be valued at twenty times the net revenue. If when the vine reaches full bearing, the product is less than the interest, the capital should be written down to twenty times the product. Thus the result of the whole speculation is shown.*

Doubtless many accountants with lingering memories of their coaching days will talk about " cost or market value whichever is the lower " and about " anticipating profit." But it appears that this early 19th century writer was concerned more with measuring profit as accurately as possible than with attempting to ensure that the profit shown in the accounts is always less than the actual profit.

In a further discussion of depreciation, taking buildings as an example, he does not assume that the durability of all parts of the structure is the same, he takes the cost and durability of each part separately, e.g. masonry is written off at 1 per cent. per annum (straight line). Depreciation, says de Cazaux, is value given by one account which should theoretically be split up among the receiving accounts. " L'on pourrait bien, sans nul doute, portant a l'avoir des comptes bâtimens et voitures, &c., le loyer, représenté par la perte annuelle sur ces comptes, imputer, proportionnellement, ce loyer au doit des divers articles qui en profitent; mais c'est une complication à éviter, sur-tout dans les commencemens."†

So far as the cost of labour is concerned, an account is debited with the wages paid and credited with the value of days worked, a day's labour having a market price. The difference represents idle time.

The author finishes his work with a discussion of the purely financial accounts. He seems to have anticipated many of the modern practices, such as the treatment of costing as an integral part of the accounting system, the splitting up of costs over processes and commodities, the segregation of profit on holding stocks from industrial profit and the treatment of depreciation.

This interesting effort was followed by another French contribution in 1827, entitled " Traité Général et Sommaire de la Comptabilité Commerciale." The author, M. Godard, a manufacturer of glassware, discusses accounting in various types of undertakings, including banking, manufacturing, agriculture, and public administration. The section on manufacturers' accounts is clearly written and shows a sound grasp of the subject, although a certain artificial simplicity is assumed. Manufacturers are credited with producing normally a single type of merchandise ; this may be true over a wide range, but, even so, there are often a large number of varieties, sizes, qualities, &c., which usually complicate cost accounting in practice. However, Godard's assumption enables him to explain process costing very clearly. He makes no attempt to show profits

---

*Op. cit. page 23.

†Op. cit. 28 (footnote). Free translation : Doubtless, one might carry to the credit side of the accounts for buildings, vehicles &c., the rent represented by the annual loss on these accounts and allocate it proportionately to those articles which profit from their use ; but this is a complication to be avoided at least in the early stages.

9

or losses on intermediate processes, transfers from one process to another being made at cost.

He first explains how accounts are to be opened for raw materials, intermediate products and the various agents of production such as buildings, machinery, labour, &c.* There is a discussion concerning additions to fixtures, in which it is pointed out that new buildings or the cost of putting down new machines may not increase the [selling] value of the whole structure by the full amount of the cost. The difference should not all be charged to one year, but should be spread over several. This is closely allied with what present-day accountants call " deferred revenue expenditure." " Preliminary expenses " also strike a modern note : " C'est encore ainsi que nous croyons convenable d'en user pour les frais d'acquisition d'une manufacture qu'on n'est pas censé devoir recouvrer en cas de vente, qui sont par le fait une valeur perdue, et dont il ne serait pas juste de grever une première année de gestion."†

It is then pointed out how depreciation of plant, &c. must be written off to the debit of the commodity which has had the use of the asset. For this purpose utensils, &c., must be grouped according to the process or department served. Wages are similarly split up between departments. It is worth reproducing Godard's examples of statistical summaries on which the analysis is based. It will be seen in the case of charcoal that the average yearly price is taken. There will be further reference to this later.

MAIN-D'OEUVRE

No. XIV

OBSERVATION
Indiquer en tête de chaque chapitre l'objet auquel il est consacré

MODÈLE DU REGISTRE STATISTIQUE
Avec application à une Forge

Indication des Comptes auxquels se rapportent les sommes ou les quantités	Janvier		Février		Mars		Avril		Mai		Juin	
	f.	c.	f.	c.	f.	c.	f.	c.	f.	c.	f.	c.
Minerai n° 1	1,800	,,	1,700	,,	1,750	,,	1,800	,,	2,000	,,	1,900	,,
Minerai n° 2	1,250	,,	1,300	,,	1,275	,,	1,200	,,	1,245	25	1,280	,,
Minerai n° 3	800	,,	950	,,	800	,,	750	,,	900	,,	890	50
Charbon de bois ..	900	,,	920	,,	800	,,	850	,,	700	,,	700	,,
Haut-fourneau n° 1 ..	200	,,	200	,,	210	,,	200	,,	195	50	220	,,
Haut-fourneau n° 2 ..	250	,,	250	,,	245	,,	240	,,	260	,,	255	60
Fourneau de 2e fusion	120	,,	125	,,	130	,,	120	,,	130	,,	124	40
Forge n° 1	130	,,	135	,,	130	,,	130	,,	120	,,	132	,,
Forge n° 2	125	,,	120	,,	125	,,	120	,,	125	,,	130	,,
Laminoir à tole ..	140	,,	140	,,	145	,,	135	,,	150	,,	139	10
Écuries..	300	,,	320	,,	295	,,	290	,,	300	,,	310	,,
Frais divers	350	,,	310	,,	300	,,	320	,,	290	,,	340	,,
Totaux par mois ..	6,365	,,	6,470	,,	6,205	,,	6,155	,,	6,415	75	6,421	60

*Godard—page 84.

†*Op. cit.* page 86. Free translation : The preliminary expenses of a factory, which could not be recovered in the event of sale and therefore amount to a loss, should be treated similarly. It would be unfair to charge them to the first year of operation.

10

Juillet	Aout	Sept-embre	Octobre	Nov-embre	Dec-embre	Totaux par compte	Observations
f. c.	f. c.	f. c.	f. c.	f. c.	f. c.	f. c.	
1,800 ,,	1,950 ,,	1,850 ,,	1,920 25	1,870 ,,	1,900 ,,	22,240 25	
1,300 ,,	1,290 ,,	1,270 55	1,245 ,,	1,300 ,,	1,250 ,,	15,205 80	
965 15	940 ,,	870 ,,	940 ,,	935 ,,	820 45	10,561 10	
517 35	375 ,,	260 ,,	285 ,,	355 ,,	560 ,,	7,222 35	
215 ,,	218 ,,	250 90	222 ,,	230 ,,	200 ,,	2,516 40	
250 ,,	248 30	240 ,,	248 ,,	255 ,,	250 ,,	2,991 90	
125 ,,	120 ,,	115 ,,	126 ,,	125 ,,	115 ,,	1,475 40	
130 ,,	130 45	128 ,,	134 ,,	132 ,,	125 ,,	1,556 45	
125 ,,	128 30	135 ,,	130 ,,	127 ,,	120 ,,	1,510 30	
145 ,,	135 ,,	140 ,,	135 ,,	160 ,,	140 ,,	1,704 10	
315 ,,	290 ,,	295 50	305 ,,	315 ,,	300 ,,	3,635 50	
310 ,,	280 60	300 ,,	335 ,,	300 ,,	320 ,,	3,755 60	
6,197 50	6,105 65	5,809 95	6,025 25	6,104 ,,	6,100 45	74,375 15	

CHARBON DE BOIS

Indication des Comptes auxquels se rapportent les sommes ou les quantites	Janvier	Fevrier	Mars.	Avril	Mai	Juin	Juillet
	mesures	mesures	mesures	mesures	mesures	mesures	mesures
Haut-fourneau n° 1	1,500	1,450	1,470	1,500	1,510	1,530	1,480
Haut-fourneau n° 2	1,600	1,500	1,550	1,560	1,575	1,520	1,570
Fourneau de 2e fusion	600	650	625	580	575	400	490
Forge n° 1	200	195	200	190	210	205	180
Forge n° 2	180	180	190	185	170	175	180
Laminoir	250	260	240	230	200	120	210
Ateliers divers ..	50	45	30	40	50	25	60
Totaux par mois	4,380	4,280	4,305	4,285	4,290	3,975	4,170

Aout	Sept-embre	Octobre	Nov-embre	Dec-embre	Totaux par compte	Prix Moyens pour l'année	Produits pour l'année	Observations
mesures	mesures	mesures	mesures	mesures	mesures	f. c.	f. c.	
1,485	1,520	1,460	1,490	1,495	17,890	2 ,,	35,780 ,,	
1,540	1,600	1,580	1,510	1,540	18,645	2 ,,	37,290 ,,	
520	590	585	555	550	6,720	2 ,,	13,440 ,,	
185	175	170	180	160	2,250	2 ,,	4,500 ,,	
160	150	155	165	185	2,075	2 ,,	4,150 ,,	
205	200	140	175	170	2,400	2 ,,	4,800 ,,	
35	40	55	55	50	520	2 ,,	1,040 ,,	
4,130	4,275	4,145	4,125	4,140	50,500		101,000 ,,	

II

Nous avons pris notre exemple dans une forge, et nous avons fait une application du registre statistique à une dépense en deniers qui est connue chaque mois et à une consommation en matières dont le prix ne peut étre fixé qu' en fin d'année. Mais il ne faut absolument rien conclure des comptes dont nous avons supposé l'existence, ni de l'import- ance des dépenses de main-d'œuvre ou des consommations que nous avons fait correspondre à chacun d'eux. N'ayant jamais pris part à l'administration d'une forge, nous n'avons nullement eu la prétention d'indiquer l'organisation d'un pareil établissement, ni de faire des évaluations ; nous n'avons voulu que poser des chiffres pour remplir notre cadre, et faire connaître l'usage qu'on pouvait en faire dans une hypothèse quelconque, qui peut servir de type pour tel état de choses et pour telle usine que ce soit. Nous admettons aussi qu'il y ait trois espèces de minerai provenant de trois mines différentes, et du prix desquels on veuille se rendre compte séparément, ce qui est très-possible. Nous en avons usé ainsi pour donner une idée de la manière dont on peut diviser le compte de matières premières, suivant la situation de l'établissement et l'esprit d'ordre de son chef, même quand ces matières pre- mières sont de même nature.

Le même motif nous a fait supposer qu'il y avait deux hauts-fourneaux et deux forges du produit et des dépenses desquels on voulait faire l'objet de comptes distincts. Nous aurions ainsi pu faire paraître une fenderie, une filerie, &c., &c.

There follows an explanation of the treatment of standing timber purchased for fuel. An account is opened for each " cut," which is debited with the cost of the timber and all expenses. The total cost is then transferred to the debit of a timber account, which is credited with the fuel consumed by the various depart- ments which are to be charged, the balance on the timber account representing the stock-in-hand.

Passing to a consideration of raw materials, the author states that an account must be opened for each, and debited with the cost price, which, he goes on to point out, will vary from time to time. If we were to take account of all price movements in charging out materials, we should " se jeter dans des embarras inextricables." Therefore, we are to wait until the end of the year, and then work out the average cost price, including all expenses of purchase. If it is desired to transfer the materials to the process accounts each month, we must choose some value more or less inaccurate, and make the necessary adjustment at the end of the year ; M. Godard preferred the first method.

Now follows a discussion of intermediate products, i.e. those at various stages between raw materials and finished goods. The manufacturer wishes to know the costs absorbed at each process ; therefore, an account is opened for each stage of production and to it are debited the products of previous processes which it uses and the various costs, such as fuel, labour and tools. At the end of the year all the accounts are balanced subject to stocks on hand, with the exception of that for the final product which will have a difference which is either profit or loss.

" Il est encore à remarquer que cet enchaînement, cette succession de comptes qui viennent en définitive se résoudre en un seul, présentert un tableau fidèle de la marche et des progrès de la fabrication, puisque le manufacturier, par le moyen de toutes les manipulations et transformations dont nous l'avons vu faire usage, ne tend à obtenir qu'un seul produit vénal."* We are then told

*Op.cit. 93. Free translation : This chain, this succession of accounts, finally crystallises into a single whole, presenting a faithful picture of the progress of manufacture, the manipulations and transformation which we have seen in operation, resulting in a single final product.

†This refers to the examples on pages 10 and 11 which, owing to consideration of space, have had to be split up.

12

why we cannot draw up a profit and loss account like that of the merchant, as we have already absorbed our costs into the commodity which we have made.

Manufacturers sometimes produce some of their raw materials, e.g. " une manufacture de savon qui fabriquerait sa soude et son huile." We are told that the costs of each of these raw materials must be separately collected.

Godard was well aware of the importance of a careful and continuous check on materials for theft and waste in a factory where they become scattered through several 'departments. Therefore materials are methodically classified and checked by quantity and quality and the receipts and issues recorded day by day " sur des registres et carnets régulièrement tenus, et sous la responsabilité réelle ou morale d'employés comptables ou de surveillance."* Careful recording, he explains, will enable us to see the loss or gain in weight and quantity at each process, and also it will give us monthly inventory figures without an actual count, thus enabling the management to take steps to replace before they run out of stocks.

As a guide to the results of each month's work we are to be provided with comparative monthly figures of cost and product. The same average prices of materials are taken for each month in order to facilitate comparison. This will mean that the estimated profit shown each month will differ from the total profit for the year, but we have to bear in mind that our principal object is to compare the results of the work and not the profit of each month. An example for one month's iron smelting is reproduced on page 14.

Perhaps Godard may be criticised for prefering to wait until the end of the year for the transfer prices of his raw materials and intermediate products, although he was aware of alternative methods. Perhaps he should have discussed depreciation in greater detail. Nevertheless, he understood the essential accounting for process costing, and together with de Cazaux he would not have learnt much of importance from our modern cost accountants. Both works lack detailed application and the reproduction of forms, but it would be churlish to charge such pioneers with giving too little practical guidance ; they were more than half a century in advance of our English work on the subject.

Before leaving Godard some reference should be made to his chapter on agricultural accounting, which is based to a considerable extent on his discussion of manufacturers' accounts. The same facility is shown in utilising double entry bookkeeping to provide detailed costing information. No difficulty is shown over the bookkeeping required in dealing with products of the farm used for seed, animal consumption, &c. Every process and every product is clearly debited with the value it receives from other processes and products. Costs which will benefit future years rather than, or in addition to the present are correctly brought in as assets.

The costs of maintaining the stable are duly collected,including the costs of the farm's own products consumed. The account is credited with the estimated value of manure ; prices are fixed for the different types of labour provided by the stable, and the account for the. latter is credited and the receiving accounts debited for work done. Similarly there is an account for the sheep, commencing on the debit side with the opening valuation and charged with fodder, wages of shepherds, &c. The account is credited with manure, sales of animals, wool and the closing inventory, the balance being the profit or loss.

Godard discusses (as does de Cazaux) the setting up of a vineyard. He points

---

*Op.cit. 96.

13

Tableau Comparatif
Des Produits de Fabrication et des Dépenses réelles ou présumées du Mois

Depenses	Quantités mesures	Prix moyens f. (e)	Sommes f.	Totaux par Divisions f.
(a) MATIÈRES PREMRES.				
Minerai n° 1. :: :: :: ::	1,600	1 70	2,720 ,,	
Minerai n° 2. :: :: :: ::	1,400	1 40	1,960 ,,	
Minerai n° 3. :: :: :: ::	800	1 50	1,200 ,,	
Matières propres à faciliter la fusion ::	1,000	,, 50	500 ,,	6,380 ,,
(b) MOYENS DIVERS D'EXPLOITATION.				
Main-d'œuvre et dé- { des hauts-fourneaux, forges, fenderie, fileric et laminoir.	,,	,,	3,500 ,,	
penses-accessoires				
Renouvellement et entretien des fours, fourneaux et ustensiles :: ::			800 ,,	
Charbon { de bois :: ::	4,500 ,,	2 ,,	9,000 ,,	
{ de terre :: ::	1,200xm	3 50	4,200 ,,	
Transports intérieurs et extérieurs à la charge de l'usine, des produits des hauts-fournaux, forges, fenderie, etc. ::	,,	,,	1,200 ,,	18,700 ,,
(c) DÉPENSES GÉNÉRALES				
Entretien et réparation de l'immeuble ::	,,	,,	600 ,,	
Frais de régie, contributions, assurances, &c. ::	,,	,,	2,000 ,,	
Frais de maison :: :: ::	,,	,,	400 ,,	
Frais divers .. :: :: ::	,,	,,	300 ,,	
Intérêts des capitaux :: :: ::	,,	,,	4,000 ,,	7,300 ,,
Total des charges du mois ::	,,	,,	,,	32,380 ,,
(d) PRODUITS DES FABRICATIONS				
Fontes de 1re fusion ::	500xk	12 ,,	6,000 ,,	
Fontes de 2e fusion ::	150	18 ,,	2,700 ,,	
Fer en barre :: :: ::	800	20 ,,	16,000 ,,	
Fer ouvré :: :: ::	320	25 ,,	8,000 ,,	
Tôles .. :: :: ::	180	30 ,,	5,400 ,,	38,100 ,,
(e) A déduire pour remises, escomptes, &c. ::	,,	,,	38,100 ,,	
Reste à porter pour produit net présumé ::	,,	,,	,,	38,100 ,,
Bénéfice présumé ::	,,	,,	,,	5,720 ,,

14

168

out that during the four years before it comes into bearing, one of the costs is the product which the soil would have yielded if put to other purposes. Moreover, he charges the vineyard with the same proportion of general expenses as if it were in full bearing. (Surely it is likely that there is some reduction in general expenses while the vineyard is unproductive?) The vineyard account is, therefore, debited with its own costs each year, a share of the general charges, the average product it would have yielded in alternative uses and interest on the costs incurred. The last items will be credited to profit and loss account. If by good fortune the vine comes into bearing earlier than can normally be expected, the value of the yield will decrease the debit on the account, and, therefore, the interest charged. When the vine should be in full bearing an account is opened and credited each year with the value of the grapes and debited with the year's expenses, together with the proportion of vineyard capital cost which is to be written off. There is some difference between this treatment and that explained by de Cazaux, but both are surprisingly thoughtful and clearly explained. Economists will probably be interested in Godard's utilisation of the concept of opportunity cost.

The author touches on the collection of the costs of such operations as the production of beet sugar, but says little about them, as the general accounting principles have already been stated several times in connection wth other operations.

Godard realises that it might be informative sometimes " de comparer divers modes de culture, divers genres d'assolement." Particularly would this be of value in establishments which are carrying out research in new methods, such as " des institutions agronomiques comme celles de Grignon et de Rouville."* For this purpose accounts must be specially opened for those pieces of land on which the tests are to take place. " On les débite d'abord, par le crédit de qui de droit, de tous les frais d'exploitation sans exception, de leur portion afférente des charges générales de l'établissement, et notamment, par le crédit de profits et pertes, du produit moyen que doivent rapporter des terres de la qualité de celles affecteés a ces épreuves, en sus du prix du fermage ou des intérêts du capital déja compris dans les charges générales. On les crédite également de tout ce qu'ils produisent, par le débit des comptes généraux de produits, auxquels on verse ceux provenant de ces trois exploitations spéciales.† In this way after including the closing inventory it is possible to examine the result of each experiment.

At the end of the year the information provided by the accounting system is summarised, and set out in a form which is worthy of reproduction. The author points out that he has restricted the number of items in the form for the sake of convenience.

---

*Op. cit. 115.

†Op. cit. 116. Free translation : They are first debited with all the direct costs, their proportion of establishment charges, rent or interest on capital already included in general charges and particularly with the average product, which this type of land would have produced, profit and loss account being credited. The accounts are credited with the product yielded, the general product accounts being debited.

15

DESIGNATION DES COMPTES (a)	DÉPENSES DE L'EXERCICE									Totaux généraux par compte
	Nombre de mesures de terre	Engrais et amendemens	Semences	Labours et autres travaux de l'écurie	Travaux manuels de culture	Frais de garde, ou d'exploitation et de fabrication	Frais généraux	Totaux des dépenses de l'exercice	Valeur estimative des denrées et ustensiles repris du précédent exercice et des essais de culture	
	hect.	(b) f.	(b) f.	(b) f.	f.	f.	(c) f.	f.	(d) f.	f.
Grains divers ..	100	2,000	2,400	2,600	400	1,200	800	9,400	1,500	10,900
Fourrages divers ..	75	500	800	500	200	800	500	3,300	2,500	5,800
Pommes-de-terre ..	15	300	75	400	350	150	130	1,405	1,000	2,405
Vins	10	120	,,	,,	850	300	100	1,370	1,600	2,970
Bois (g)	200	,,	,,	,,	,,	350	300	650	,,	650
Produits divers (h) ..	12	240	72	150	200	240	100	1,002	200	1,202
Totaux ..	412	3,160	3,347	3,650	2,000	3,040	1,930	17,127	6,800	23,927

DESIGNATION DES COMPTES	DÉPENSES DE L'EXERCICE							PRODU
	Nombre de têtes d'animaux	Valeur estimative des animaux et ustensiles en commencement d'exercice	Achats successifs	Frais de garde, de surveillance des troupeaux, et d'entretien des ustensiles	Frais de nourriture	Frais généraux	Totaux des dépenses	Nombre de têtesd'anim. en fin d'exercice
		(d)		f.	f.	f.	f.	
Écuries ..	18	7,500	900	2,500	6,000	500	17,400	20
Bergeries ..	600	8,000	,,	800	6,800	270	15,870	620
Étables ..	20	2,000	,,	350	2,400	120	4,870	20
Basse-cour ..	,,	700	,,	350	1,500	100	2,650	,,
Totaux ..	,,	18,200	900	4,000	16,700	990	40,790	,,

OBSERVATION GENERALE

Ce cadre ne peut être considéré que comme une indication générale. Il est susceptible de recevoir dans ses détails toute sorte de modifications.

INDICATION
des essais de culture

Assolement ni 1.
,, ni 2.
,, ni 3.
Essai de culture de maïs.

Totaux .. ..

16

PRODUITS DE

PRODUITS DE L'EXERCICE				EXCEDANS	
Quantités produites par les récoltes de l'exercice	Produits réalisés avant la clôture des comptes de l'exercice	Valeur estimative des denrées et des ustensiles restant en fin d'exercice.	Totaux des produits réalisés et présumés	des produits sur les dépenses	des dépenses sur les produits
	(e) f.	(f) f.	f.	f.	f.
1,200 hect.	12,100	1,800	13,900	3,000	,,
,,	3,800	2,800	6,600	800	,,
500 sacs.	1,405	1,300	2,705	300	,,
20 pièces.	1,870	800	2,670	,,	300
,,	5,150	,,	5,150	4,500	,,
,,	1,302	250	1,552	350	,,
,,	25,627	6,950	32,577	8,950	300

RECAPITULATION

1re SECTION—
Excédans de produits .. 8,950 f. ,,
Excédans de dépenses .. 300 ,,

Reste en produits nets. .. 8,650 ,,
2e SECTION—
Excédans de produits 1,210 ,,
Excédans de dépenses 320 ,,

Produits nets. .. .. 890 ,,
3e SECTION—Produits suivant 480 ,,
l'état

Total des produits nets. .. 10,020 ,,

BASSE-COUR ET TROUPEAUX

ITS DE L'EXERCICE			EXCEDANS	
(e) Produits réalisés	Valeur estimative des anim. et des ustensiles en fin d'exercice	Totaux des produits réalisés ou présumés	des produits sur les dépenses	des dépenses sur les produits
f.	(f) f.	f.	f.	f.
9,800	7,600	17,400	,,	,,
8,000	8,200	16,200	330	,,
2,550	2,000	4,550	,,	320
2,780	750	3,530	880	,,
23,130	18,550	41,680	1,210	320

OBSERVATIONS

(a) Il est impossible de prévoir ici la maniére dont il conviendra a l'agriculteur de diviser ses comptes. Cela peut se faire absolument a son gré. Nous en avons supposé un petit nombre pour ne pas trop charger le tableau.

(b) Comme un pareil tableau ne peut etre rempli qu'aprés que les écritures de l'exercice sont close, tous les prix moyens sont censés appliqués aux divers chapitres du registre statistique (116) qui ne présentaient que de quantités, et par conséquent toutes les sommes à la charge et à la décharge des divers comptes sont déterminées, et les colonnes du tableau comparatif peuvent ètre remplies.

(c) Les comptes de produits ne sont grevés des frais généraux que sous la déduction de la portion dont ont été débités les essais de culture et d'assolement auxquels il a été ouvert de simples comptes courans (148).

(d) Ces valeurs ont été déterminées lors de la clôture des comptes de l'exercice précédent.

(e) Par produit réalisé, nous entendons tout ce qui a été porté au crédit des comptes de produits à tel titre que ce soit, sauf les contre-écritures dont il doit être fait déduction au débit et au crédit, et la valeur estimative des objets restant en nature à la fin de l'exercice.

(f) C'est précisément cette valeur estimative dont il est question dans la note précédente, et du montant de laquelle les comptes compétens ont été crédités par le débit de capital (38 et 67).

(g) On porte dans la 2e colonne la totalité des arpens couverts de bois, et en observation le nombre d'arpens mis en coupe dans l'année. Ici nous supposons 200 arpens de bois et une coupe de 10 arpens.

(h) Il est presque inutile de dire que l'on rapporte aux produits divers tous ceux qui ne se trouvent pas compris dans les autres articles du tableau.

ESSAIS DE CULTURE

NOMBRE de mesures de terre consacrées aux essais	PRODUITS NETS par évaluation des terres consacrées aux essais de culture
5 hectares	150
5	150
5	150
1	30
16	480

17

It would be surprising if agricultural accounting in France at the beginning of the 19th century were of the quality described above, though there were, doubtless, many large estates where such an instrument of control might have been very valuable. The present writer does not accept unreservedly the arbitrary way in which joint and overhead costs are split up by cost accountants. Many costs are indivisible and particularly in agriculture, products are interdependent to a degree which often defies analysis. But in this matter current practice is no more to be commended than that of the 19th century, and it is not intended to discuss cost theory in this essay.

The works which have been described above were certainly not the only ones which paid attention to the requirements of rural occupations in France. For instance, in 1825 there was published in Paris a book by Cyrille de la Tasse, Receveur des Contributions directes de l'Arrondissement de Perception de Claye, près Paris, entitled " Comptabilité Rurale," which dealt with the accounting necessary for a large estate, controlling farms, vineyards, woodlands, &c. It was a favourable time for such a work, said the author, " maintenant que les capitaux se tournent vers la propriété foncière qui présente, en effet, la plus sûre garantie."* One of the advantages of analytical accounting, is, we are told, the help it affords in dividing up the estate between the beneficiaries after the death of the owner.

No attempt will be made to describe this book in detail. It is sufficient to say that it provides for separate accounts for each type of undertaking and within each undertaking there is further subdivision. For instance, the account for one of the farms worked by the estate has ten columns dividing up the income and expenditure between the various products of the farm. The whole set of accounts is contained within one system of double entry and crystallises in a profit and loss account, which provides in columnar form not merely the final result for the year, but the details of which this result is composed.

Before leaving the 20's, reference must be made to the introduction of a work-in-progress account. In a work entitled " Traité de la Comptabilité," by Mce Jeannin, published in Paris in 1829, there is a short note on factory accounts in which the following paragraph appears. It will be observed that it is quite in the modern strain :—

" One might add to the various accounts which have been discussed, a new account entitled " Work in Progress " (d'objets en fabrication) . . . one debits to it the value of raw materials entering production, together with labour and other costs, then one credits the value of the finished product which in turn is debited to " Finished stock account." As for the losses and wastage sustained in the manufacturing process, these are credited to work in progress account and debited to profit and loss account." (Translated).

In 1832 F. N. Simon, Accountant at the Forges-Marmont, wrote a fairly comprehensive work on bookkeeping,† in two volumes, the second of which has a long section on forge accounting. Two ledgers are kept, one general and the other subsidiary ; in the latter appear the accounts of materials, processes, expenses and profit and loss. The general ledger is made self-balancing to all intents and purposes, by the use of a journal which instead of having the usual two columns has four. In the first two columns appear entries which affect the

*De la Tasse—page 3.
†" Methode compléte de la tenue des livres."

subsidiary ledger only, other entries appearing in the second two columrs. If a balance of the first two columns is struck, and the opening balances in the subsidiary ledger added, the net difference must be the amount required to balance the general ledger.

The transfers of materials from one process to another are dealt with each month in quantities only, values not being inserted until the end of the accounting period, when the total cost and output of each process will be known. The principal process accounts are those for the furnace and the forge. The furnace account is debited with :—

Opening stock of tools.
Wages.
Machine maintenance.
Charcoal (or coal).
Iron ore (the iron ore account being credited.)

At the end of the year it is debited with—

Its proportion of general expenses,
„   „   „ interest,
„   „   „ water cost.

Each month the account is credited in quantities only with the iron produced.

At the end of the year the account is credited with the value of tools. The cost price of the iron is the balance of the account, and the cost of the monthly output (for which quantities only have been included) is now inserted, the iron account being debited.

This example is interesting because the general expenses such as rent, salaries and taxes, are divided between the processes. The author considered that in manufacturing concerns, general expenses should not be debited direct to profit and loss but should be divided among the processes " d'après l'importance de chaque usine,"* it being useless to set up process accounts to find the cost of each unless these expenses are allocated. Incidentally, Simon in his example merely splits the total expenses 50 per cent. to each process, which seems rather arbitrary.

In spite of the efforts of the early writers, it appears that the farming community of France had not been transformed into a nation of bookkeepers. In 1841 Armand Malo, at one time a student at the Institut de Grignon, to which Godard referred, published in Paris, a book entitled " Eléments de Comptabilité Rurale " (Ouvrage couronné par la Société Royale et Centrale d'Agriculture de la Seine.) The purpose of the book is best described in the words of the Report of the Société Royale.†

" Il y a quatre ans, M. le Ministre de l'Agriculture et du Commerce, comprenant toute l'importance d'une bonne comptabilité dans les diverses entreprises industrielles, conçut la pensée généreuse d'en introduire la pratique dans les habitudes des cultivateurs, qui, généralement, en méconnaissent l'utilité, en ignorent les principes, et répugnant à employer une partie de leur temps à des écritures dont ils ne conçoivent pas la portée. Mais, pour vaincre les résistances, ce n'est pas aux vieillards, ni mêmes aux hommes faits qu'il faut parler le langage de la raison, dans l'espérance de changer des habitudes aussi invétérées : c'est a l'enfance que M. le Ministre s'est addressé. Il a fait les fonds d'un prix de mille francs pour la rédaction d'un bon ouvrage élémentaire sur la compta-

---

*Simon—page 335.
†Malo—page 5.

19

bilité agricole,destiné à enseigner cette science aux enfants les plus intelligents sortis des écoles primaires supérieures . . . . ''*

The prize went to M. Malo, professeur de comptabilité à l'Ecole Royale des haras du Pin, who, in his preliminary remarks points out the advantages of accounting recognised by commercial and industrial concerns and deplores the fact that the farmers lag far behind in this respect, and rely on their so-called experience. '' Privés qu'ils sont de calculs certains et de renseignements positifs, ils ne peuvent peser, en connaissance de cause, le pour et le contre de tel genre de culture ou de spéculation qu'ils ont adopté. Beaucoup d'entre eux se trompent nécessairement dans l'appréciation du degré de fertilité de certaines pièces de terre, dans la répartition de leurs engrais, de leurs travaux de culture. Ils s'ex-posent alors à de fâcheux mécomptes et sont conduits à des pertes inévitables ; c'est ainsi qu'ils acquièrent bien chèrement, mais trop tards, ce qu'on appelle l'expérience.''†

It appears, however, that there were some undertakings where excellent accountancy (according to the author) was in use. He refers to the magnificent results obtained abroad, '' dans les suberbes exploitations de Thaër, a Moeglin, de M. de Wulfen, à Pitzpuhl, de M. le baron Crud, en Suisse, et en Italie, de MM. Schwerz et de Weckherlin, dans le Wurtemberg, de mêmes qu'en diverses fermes—modèles de France habilement dirigées (Grignon, Rouville, &c.)‡

There are several points of interest in Malo's book, although it was written for young students. In a chapter devoted to Inventory valuation he points out that under-valuation is as bad as over-valuation, and that in both cases the result is incorrect accounts. (Modern accountants to whom conservative valuations are more important than accurate ones,will doubtless disapprove.) Implements, he explains, deteriorate whether used or not, and these he advises, should be written off by a percentage each year, the depreciation (dépréciation) being charged to the accounts of those cultivations which have enjoyed the use of the implements. Commodities are to be valued at lowest market prices, but if the product is to be consumed on the farm as fodder, we are to deduct from the lowest market price transport costs and profit. It is difficult to follow the reason-ing behind this ; should not products be valued in the same way regardless of their ultimate destination ? The accounts will provide the total costs of growing crops, but although we have this information we must not be deluded into using figures which we think are likely to exceed the value of the crops. Next comes a discussion as to the recording of the costs relating to animals kept for their manure, and the division of this cost between the various crops taken from the same soil.

The methods of accounting described by Malo add little to those of the earlier writers discussed above, but he recognises that the tracing of costs through

---

*Free translation : Four years ago the Minister of Agriculture and Commerce, realising the importance of good ac-counting in industrial enterprise, conceived the generous idea of introducing this practice among the farming com-munity, which, generally speaking, fails to appreciate its utility, ignores its principles and dislikes employing part of its time in keeping books, the importance of which it does not understand. But in order to beat down opposition it is useless speaking the language of reason to old men or those who have made their position in the hope of changing deeply rooted habits ; it is to the children that the Minister is turning. He has set aside a prize of one thousand francs for the production of an elementary work on agricultural accounting for teaching this science to the more intelligent children from the écoles primaires supérieures.''

†Op. cit. 5. Free translation : Deprived as they are of exact calculations and positive information, they cannot weigh up with knowledge of the causes, the relative advantages of the different types of cultivation and speculation which they have adopted. Many of them necessarily make mistakes in estimating the fertility of different pieces of land, in the allocation of manure and of labour. They expose themselves to miscalculations and inevitable losses and in this way acquire dearly, but too late, what we call experience.

‡Op.cit. 6.

20

different processes, and the detailed allocation of these costs require carefully thought out supplementary books—" des écritures préliminaires très minutieuses." Costs such as the wages of carters and the expense of the animals they use, Malo considered should not be allocated in terms of money until the end of the year when all the costs are known. He apparently did not think that such expenses should be estimated in advance at fixed rates per hour.

Among the supplementary books described appears a " Livre d'Entrées et de Sorties " which classifies the information taken from the daily waste book. One of the records shows the consumption of products by horses and their yield of manure.

Another interesting record reproduced on page 22 consists of a wages roll, and its allocation between various departments.

Similar records are kept for the allocation and pricing of all raw materials, products, labour and utensils, and they provide the summarised totals which are required for the journal and ledger entries.

Little need be said about the ledger, but one account is set out on page 23 as an example. It should be noted how the value of the commodities consumed by the sheep are debited, together with the wages of shepherds and sundry repairs. The account is credited with sales, household consumption, and the value of manure, the balance on the account being written off to profit and loss account. It appears that repairs but not depreciation are debited, and that the account has not been charged with its share of any general management expenses.

In 1844 another small book dealing exclusively with " exploitations rurales " was published, the author being M. Laurent, Commissaire-Priseur à Mirecourt (Vosges.)* It contributed nothing to the knowledge of the subject, but it was probably useful in practice, as it consisted mainly of an example worked out in detail.

The second half of the century saw further advances in French published work. Monsieur A. Monginot, Professeur de Comptabilité, Expert près les Cour et Tribunaux de Paris, produced a comprehensive work, dealing mainly with commercial and agricultural accounting, but touching on industrial accounting too. For his example of the latter, he mentions wool spinning and weaving. The purchase journal with its analysis columns is in distinctly modern form. It is reproduced on pages 24 and 25.

In his consideration of agricultural accounting, Monginot says that it is necessary to follow the movements of commodities consumed on the farm, whether bought outside or produced within. Without much justification, he maintains that previous published work has ignored this. Throughout the book considerable use is made of the columnar method of analysing the data in subsidiary books, books of original entry and even in the ledger. For example, the ledger ruling for farm undertakings which appears on pages 26 to 29 is very similar in design to that used for job accounts in a modern costing system.

---

*Tenue des Livres aux Exploitations Rurales.

Livre Des Travaux

1e Journaliers

1840.—1re Quinzaine de novembre (12 jours effectifs).—Tableau de Paye.

Noms.	2	3	4	5	6	7	9	10	11	12	13	14	15	Nombre de journees par individ.	Prix de la journée		Totaux	
	L	M	M	J	V	S	L	M	M	J	V	S	D		fr.	c.	fr.	c.
Pierre N. ..	1	½	1	½	½	1	1	1	½	½	1	1	,,	9½	1	50	14	25
Richard, N.	,,	1	1	,,	¼	½	1	1	¼	½	½	1	,,	7	1	25	8	75
Antoine, N. ..	,,	½	½	,,	¼	½	½	1	½	¼	1	½	,,	5½	1	25	6	90
Ambroise, N.	1	,,	1	½	,,	1	,,	1	½	,,	1	,,	,,	6	1	25	7	50
Paul, N. ..	1	1	1	½	½	½	1	½	1	1	½	,,	,,	8½	1	,,	8	50
Madeleine ..	,,	1	1	1	1	1	1	1	,,	1	,,	1	,,	9	,,	75	6	75
Genevieve ..	,,	1	½	½	1	½	½	1	,,	1	½	,,	½	8*	,,	75	6	,,
Payé le Dimanche 15, apres verification, 58, 65									Nomb. de journees pr la quinzaine.					53½	Argent.		58	65

*There is a printing error here because this column does not cross cast.

1840.—2e Huitaine de novembre.—Répartition des Travaux. (Journaliers.)

Nature des travaux	2 L.		3 M.		4 M.		5 J.		6 V.		7 S.		8 D.		Récapitulation			
	Journées		Journées		Journées		Journées		Journées		Journées		Journées		Journées		Argent	
	d'H	F	H	F	H	F	H	F	H	F	H	F	H	F	H	F	fr.	c.
Coupe de bois, niveler terrain, piocher	1	—	—	—	1	—	—	—	—	—	1	—	—	—	3	—	3	75
Tararer blé et cribler	2	—	1	—	2	—	1½	—	—	—	½	—	—	—	7	—	9	87
Manipuler fumier ..	—	—	—	—	1	—	—	—	1	—	1	—	—	—	3	—	3	,,
Fendre et scier bois ..	—	—	—	—	½	—	—	—	—	—	—	—	—	—	½	—	,,	50
Terrasser chemin de la Croix-du-Bois ..	—	—	2	—	—	—	—	—	½	—	1	—	—	—	3½	—	4	12
Ménage et lessive ..	—	—	—	—	—	1	—	1	—	1	—	1	—	—	—	4	3	,,
Vacherie	—	—	—	—	—	½	—	½	—	1	—	½	—	—	—	2½	1	88
																Tot.	26	12

Les lettres, L. M, M, indiquent les initiales des jours de la semaine ;—H, journées d'hommes ; F, journées de femmes

22

MOUTONS A L'ENGRAIS

DÉBIT

1840	Fos du Jal.	Fos du G. Liv.			
aout. 17	19	10	A Caisse, achat de 37 moutons maigres, à 20 fr. 25c. l'un ..	2,774	25
7bre 6	20	56.9	A Divers, achat de 82 moutons à 20.60	1,689	20
8bre 11	31	86	A Renault, achat de 65 moutons, à 21,50 ..	1,397	50
9bre 7	47	10	A Caisse, achat de sel et de son	65	75
1841 Mai 21	80	16-28	A Divers, consommation des moutons en foin, racines, grains et paille ..	1,406	15
Id. 31	81	10	A Caisse, gages du berger et bonne-main	372	,,
,, 31	81	26-7	A Divers, réparations diverses au mobilier de la bergerie ..	16	50
Juin 30	106	73	A Profits et Pertes, bénéfice produit par la spéculation..	689	25
				8,410	60

CRÉDIT

1841	Fos du Jal.	Fos du G. Liv.			
Janvier 11	55	36	Par Lemoine, vente de 30 moutons gras, à 27fr. 50 l'un ..	825	,,
Mars. 5	62	10	Par Caisse, vente de 2 moutons, à 28,25 .. .6	734	50
,, 26	63	25-37	Par Divers, vente de 91 moutons, à 29,30 ..	2,666	30
,, 30	66	47	Par Ménage, consommation de 2 moutons tués, à 23,75	47	50
Avril 7	70	65	Par Caisse, vente de 29 moutons gras, à 28,70	922	30
,, 25	71	17-69	Par Divers, vente de 80 moutons, à 29,10	2,328	,,
Mai. 16	79	47	Par Ménage, valeur de 2 moutons tués, à 22 fr. ..	44	,,
,, 20	80	10	Par Caisse, vente de 24 moutons, à 28,75	690	,,
,, 31	81	48	Par Fumiers, valeur de 17 chariots de fumier, à 9 fr. l'un	153	,,
				8,410	60

Nota : L'exiguité du format nous a empêché, dans le tableau ci-dessus, d'intercaler, de part et d'autre, les colonnes consacrées aux totaux intérieurs.

Fos des Comptes courants		Libelle des achats		Total de l'article		Immeubles, Machines et Materiel	
		—Du 1er Janvier 1852 —					
		Extrait de l'inventaire :					
		Immeubles,	60000 ,,				
		Machines et métiers	50000 ,,				
		Laines diverses,	40000 ,,				
		Napolitaines, pièces,	10000 ,,				
		Filatures,	12000 ,,				
		Huile,	1300 ,,				
		Charbons,	32000 ,,	176500	,,	110000	,,
		—Du 2 dito.—					
		A Leclere, de Paris, sa facture :					
1000		Kilos laine blousse, à 5 fr. ,, c.,	5000 ,,				
500		Dito agneau lavé, à 4 fr. 50 c.,	2250 ,,	7250	,,		
		— Du 4 dito. —					
		A Gontier, sa facture :					
		Un bateau charbon,		3800	,,		
		— Du 5 dito.—					
		A Langlois, batteur, sa facture :					
		Battage de 940 kil. blousses, à ,,					
		fr. 20 c.,	188 ,,				
		,, 475 kil. agneau lavé, à ,, fr. 20 c.,	95 ,,	283	,,		
		— Du 8 dito.—					
		A Lointier, du Hâvre, sa facture :					
100		Kilos huile, à ,, fr. 60 c.,	600 ,,				
		Escompte 5%	30 ,,	570	,,		
		— Du dito.—					
		A Paul, filateur, sa note façon de		122	55		
		filature du lot, No. 1					
		—Du 16 dito. —					
		A Joubert, sa livraison :					
50		Kilos peigné escompte 3% déduit,	824 50				
100		Kilos dito, trame, dito,	1358 ,,				
60		Kilos cardé dito,	538 35				
60		Kilos dito, dito,	509 25	3230	10		
		A reporter		191755	65	110000	,,

DES ACHATS

Laines diverses		Laines, main-d'œuvre		Filature, main-d'œuvre		Tissage, main-d'œuvre		Huile, Charbon, Colle, etc.		Divers
	52000 ,,							4500 ,,		10000 ,,
1500	7250 ,,									
								3800 ,,		
		283 ,,								
								570 ,,		
				122 55						
270	3230 10									
1770	62480 10	,,	283 ,,	,,	122 55	,,	,, ,,	,,	8870 ,,	,, 10000 ,,

25

179

Fo 1. DOIT.   CHAMP DES

| Dates | DÉTAIL DE LA DÉPENSE | Impôt | Fu-mier | Sem-ence | TRAVAIL | | Total |
					hom-mes	besti-aux	
1851 Nov. 2	Labour avec 2 chevaux.				1 50	2 ,,	3 50
,,	6 voitures fumier, 1 cheval, 6 bœufs.		24 ,,		1 50	2 50	28 ,,
,,	6 voitures fumier, 1 cheval, 2 bœufs.		24 ,,		1 50	2 50	28 ,,
3	Labour avec 2 chevaux.				1 50	2 ,,	3 50
,,	6 voitures fumier, 1 cheval, 2 bœufs.		24 ,,		1 50	2 50	28 ,,
4	Labour avec 2 chevaux.				1 50	2 ,,	3 50
,,	6 voitures fumier, 1 cheval, 2 bœufs.		24 ,,		1 50	2 50	28 ,,
							422 50

DOIT.   CHAMP DES

| Dates | DÉTAIL DE LA DÉPENSE | Impot | Fu-mier | Sem-ence | TRAVAIL | | Total |
					hom-mes	besti-aux	
1851 Nov. 6	Labour avec trois chevaux.				1 50	3 ,,	4 50

26

BOIS ET VIGNES.

CAILLES. Contenance :   AVOIR. Fo 1.

Dates	DÉTAIL DES PRODUITS	QUANTITÉS		Total

GRAVIERS. Contenance :   AVOIR.

Dates	DÉTAIL DES PRODUITS	QUANTITÉS		Total

27

Dates	DÉTAIL DE LA DÉPENSE	Impot	Fu-mier	Sem-ence	TRAVAIL			Total
					hom-mes	besti-aux		
1851 Nov. 6	Labour, 2 bœufs, 1 cheval.				1 50	2 50		4 ,,
1852 Mar.10	Labour, 2 bœufs, 1 cheval.				3 ,,	5 ,,		8 ,,
,, 12	Fumiers, épendaison.		4 ,,		,, 75	,, 75		5 50
,, 15	Hersage, 1 cheval.				,, 75	,, 75		1 50
,, 25	Plantation, 1 hectol, pommes de terre.			3 ,,	2 50	2 ,,		7 50
Mai 20	Binage.				2 ,,			2 ,,
Juil 10	Burtage.				2 50			2 50
Oct. 15	Récolte et transport.				3 ,,	2 ,,		5 ,,
								36 ,,

Dates	DÉTAIL DE LA DÉPENSE	Impôt	Fu-mier	Sem-ence	TRAVAIL			Total
					hom-mes	best-aux		
1851 Nov. 1	Inventaire.	65 ,,	125 ,,	85 ,,	90 ,,	155 ,,		520 ,,

28

CANAL. Contenance :   AVOIR.

Dates 1852	DÉTAIL DES PRODUITS	QUANTITÉS		Total
Oct. 15	Récolté 27 hectolitres pommes de terre.	27 h.		54 ,,
		T		

PAUL. Contenance :   AVOIR.

Dates	DÉTAIL DES PRODUITS	QUANTITÉS		Total

29

Industrial accounting was beginning to achieve a position of its own. Louis Mézières had devoted a book to Comptabilité Industrielle et Manufacturière, which by 1862 was in its fifth edition. It was written for technical schools, but with an eye to practical use as well. According to the author " les ateliers de construction " had long been using a system of accounting more suited to their needs than the ordinary commercial accounting, and it was this which he proposed to outline. The plan adopted by Simon in 1832 of splitting up the journal is carried further by Mézières. There are seven sets of columns, a debit and a credit in each set ; they are as follows :—

Personal accounts ; cash ; materials, tools, &c. ; bills receivable ; bills payable ; finished goods ; capital.

The main ledger contains only the personal accounts, and to complete the trial balance the journal columns, other than those for personal accounts, are totalled and balanced, the net differences being brought into the trial balance. Thus in effect the journal columns are used as " total accounts."

The raw materials book which is written up monthly, is shewn on page 31. Thus it is in columnar form, the balances on the individual accounts not being worked out in money, but the receipts and issues are in cash, these columns agreeing with the journal balance. Materials are issued at cost price, but the example does not enable one to see whether the " first in—first out " method or the " average price of stock in hand " method is used for the purpose of ascertaining cost.

The monthly total of issues is used for a journal entry crediting the " raw material " column, and debiting " finished goods " column in the journal. The information goes in detail to individual job accounts kept in the " Livre des Commandes." Wages are similarly debited to these job accounts, and in monthly totals they are credited to the cash column in the journal and debited to " finished goods." The information is obtained from a wages abstract in which the time spent is analysed over the various jobs. On page 32 are reproduced the first two accounts in the cost ledger. It will be observed that only direct costs are debited—materials, petty expenses and labour. No allowance is made for oncost.

When machines are finished they are transferred at the figure shown in the cost accounts to a finished stock book in columnar form, which has columns to show the stock in hand at the end of each month. The total of the items transferred to this book agrees with the total of the costs debited in the journal to finished goods, thus showing that the cost accounts are arithmetically correct. The example is rather unsatisfactory as there would very likely be work in progress at the end of the accounting period and this should have been dealt with. Nevertheless, this author has described a job costing system, the mechanics of which differ only from those of modern systems in that oncost is not distributed.

Mention must be made of a publication which appeared in 1861 (a second edition being published in 1863), entitled " Manuel de Comptabilité Agricole " by Saintoin-Leroy, who was Administrateur-Trésorier du Comice Agricole d'Orléans. This work is of interest because it divided *all* the expenses of the undertaking, with the exception of interest, over the various products, the unit cost of each crop then being worked out. The profit and loss account* is set out on page 33.

*Taken from 2nd Ed. page 173.

30

184

DÉSIGNATION DES OBJETS d'approvisionnement.	MATIÈRES ET OBJETS D'APPROVISIONNEMENT					EMPLOI DES MATIÈRES ET OBJETS D'APPROVISIONNEMENT			
	Existant en magasin.	Reçus dans le mois.	Date des entrées	Valeur.	Réunion des quantités par nature d'objets	Quantités mises en œuvre.	PRIX de l'unité	PRIX total.	Restant en magasin
	kil.	kil.			kil.	kil.	fr. c.	fr. c.	kil.
Acier fondu ..	25 "	" "	"	" "	25 "	" "	4 50	" "	25 "
Acier raffiné ..	250 "	100 "	6	210 "	350 "	14 50	2 10	30 45	335 50
Acier à l'enclume ..	450 "	" "	"	" "	450 "	8 "	1 30	10 40	442 "
Borax ..	2 "	" "	"	" "	2 "	" "	3 50	" "	2 "
Clous ..	75 "	100 "	6	120 "	175 "	" "	1 20	" "	175 "
Cuivre en planches	250 "	100 "	6	230 "	350 "	8 "	2 30	18 40	342 "
Cuivre rouge ..	240 "	" "	"	" "	240 "	97 "	3 "	291 "	143 "
Fil de cuivre ..	150 "	50 "	6	125 "	200 "	10 "	2 50	25 "	190 "
Fil de fer ..	175 "	100 "	6	100 "	275 "	7 "	1 "	7 "	268 "
Fer	1250 "	600 "	24	360 "	1850 "	500 "	" 60	300 "	1350 "
Charbon de terre ..	250 hect.	" "	"	" "	250 "	21 50	5 "	107 50	228 50
Charbon de bois ..	150 "	" "	"	" "	150 "	22 "	2 50	50 60	128 "
Tôle ..	450 "	200 "	6	150 "	650 "	113 "	" 75	84 75	537 "
Vis ..	150 douz.	" "	"	" "	150 "	" "	" 50	" "	150 "
Fer laminé ..	" "	550 "	4	357 50	550 "	" "	" 65	" "	550 "
Fer carré ..	" "	1400 "	4 / 24	} 770 "	1400 "	58 "	" 55	31 90	1342 "
Fer plat ..	" "	1800 "	4 / 24	} 900 "	1800 "	240 "	" 50	120 "	1560 "
Cuivre fondu ..	" "	112 "	4	268 80	112 "	112 "	2 40	268 80	" "
Fonte ..	" "	17 "	4	5 10	17 "	17 "	" 30	5 10	" "
Zinc ..	" "	104 "	4 / 11	} 52 "	104 "	57 "	" 50	28 50	47 "
Cuivre ouvré ..	" "	51 "	4	204 "	51 "	51 "	4 "	204 "	" "
Chêne ..	" "	81 mèt.	4	56 70	81 "	81 "	" 70	56 70	" "
Frêne ..	" "	1 déc.	4	7 "	1 "	1 "	7 "	7 "	" "
Plomb ..	" "	50 kilos.	6	25 "	50 "	" "	" 50	" "	50 "
Bâtis en chêne ..	" "	3 "	10	70 "	3 "	3 "	" "	70 "	" "
Plateau en chêne ..	" "	1 "	10	7 50	1 "	1 "	" "	7 50	" "
Peintures ..	" "	24f 75	10	24 75	24 75	24 75	" "	24 75	" "
Etain ..	" "	25 kilos.	10	50 "	25 "	4 "	2 "	8 "	21 "
Huile ..	" "	8 50	11	11 90	8 50	8 50	1 40	11 90	" 9
Cuir ..	" "	4 "	11	14 "	4 "	4 "	3 50	14 "	" "
Fonte ..	" "	200 "	11	100 "	200 "	200 "	" 50	100 "	" "
Frais divers ..	" "	45f 75	11	45 75	45 75	27 10	" "	27 00	18 65
				4265 "				1910 35	

31

NATURE DES COMMANDES ET NOMS DES PERSONNES auxquelles elles sont destinées.	MATIÈRES.				MAIN-D'ŒUVRE.			
	DÉSIGNATION.	Quantités	PRIX Partiel	PRIX Total	NOMS DES OUVRIERS	Journées	PRIX Partiel	PRIX Total
No. 1 — Le 1er janvier 1862. M. MOREAU commande 2 pompes à incendie, dont les dimensions sont fixées par les devis qu'il nous a remis. Chacune de ses pompes nous sera payée 850 francs, sans les accessoires, et la livraison devra en être faite avant 1er février prochain.	Fer	410 k. „	„ 60	246 „	Lemoine	16	3 „	48 „
	Charb. de terre	8 h° „	5 „	40 „	Bernard	16	3 „	48 „
	Charbon de bois	16 „	2 30	36 80	Pergent	16	3 „	48 „
	Chêne ..	81 m. „	„ 70	56 70	Lambert	16	3 „	48 „
	Frêne ..	1 d. „	7 „	7 „	Renault	16	3 „	48 „
	Cuivre fondu ..	112 k. „	2 40	268 80	Prieur ..	16	3 „	48 „
	Zinc ..	56 „	„ 50	28 „	Nicaise	16	3 „	48 „
	Fonte ..	17 „	„ 30	5 10	André ..	16	3 „	48 „
	Cuivre jaune ..	51 „	4 „	204 „	Simon ..	16	3 „	48 „
	Cuir ..	4 „	3 50	14 „	Armand	16	3 „	48 „
	Tôle ..	3 „	„ 75	2 25	Clément	17	3 „	51 „
	Huile ..	2 „	1 40	2 80	Aubry ..	17	3 „	51 „
	Peinture ..	„ „	„ „	15 „				
	Menus frais ..	„ „	„ „	6 90				
				933 35				582 „
RÉCAPITULATION arrêtée le 21 janvier 1862.	Total de la dépense en matières 933 35							
	Idem en main-d'œuvre .. .. 582 „						1700 ,	
	Bénéfice net 184 65							
No. 2. — Le 2 janvier 1862. L'administration des chemins vicinaux commande 24 masses acérées, du poids de 1 kil. 50 chaque, et 24 anneaux en fer de 6 centimètres de diamètre avec queue.	Fer ..	48 k. „	„ 60	28 80	Didier ..	4	3 „	12 „
	Acier ..	7 „	2 10	14 70	Thomas	2	4 „	8 „
	Fil de fer	2 „	1 „	2 „	Profinet	2	4 „	8 „
	Charb. de terre	1 h. 50	5 „	7 50				
	Menus frais ..	„ „	„ „	1 50				
				54 50				28 „
RÉCAPITULATION arrêtée le 7 janvier 1862.	Total de la dépense en matières 54 50							
	Idem en main-d'œuvre .. .. 28 „						100 „	
	Bénéfice net 17 50							

32

PERTES ET PROFITS.

DÉBIT.

1851				
Mars 31	A Caisse : Un an d'intérêts de 4,000 f. que je dois à mon père ..	5	200	"
Avril 22	A Ménage : Dépenses personnelles : médecin 23 f., habillement 237 f., éducation des enfants 55 f. 50 ..	20	315	50
			515	50
Avril 22	A Capital d'exploitation : Mon bénéfice net, année culturale 1850	20	5,902	25
			6,417	75

CRÉDIT.

1851				
Avril 22	Par Rougemont : Intérêts en ma faveur sur son compte-courant ..	6	283	90
"	Par Magasin de Fourrages : Valeur de l'émondage des arbres ..	19	30	"
"	Par Grains en Gerbes : Bénéfice sur les grains non battus de la recolte de 1849 ..	19	8	05
"	Par Divers : Bénéfice sur le troupeau 1176 85 Do. Bénéfice sur la vacherie 773 10 Do. Bénéfice sur la porcherie 86 70 Do. Bénéfice sur les volailles 728 50 Do. Bénéfice sur la sole blé 1850 1265 40 Do. Bénéfice sur la sole mars 1850 899 70 Do. Bénéfice sur la sole fourragère 1850 810 " Do. Bénéfice sur la sole jachere racines et colza 1850 355 55	20	6,095	80
			6,417	75

33

Considerable attention is paid to the distribution among the various crops of the cost of manures produced on the farm. The difficulty of valuing this manure had caused the writer some trouble, and he had tried to demonstrate that it was worth the additional wheat produced by manured soil over that produced by unfertilised soil. As a result of his researches the author adopted a figure of 7 frs. per 1,000 kil., adding 1 fr. per 1,000 kil. for transport and distribution within his own farm.

The accounts are worked out in considerable detail. For instance, the total cost of maintaining the household, including food supplied to the workers, is collected in one account, the cost per day per person is calculated, and then distributed between the various branches of the undertaking. Maintenance of the farmer, his wife and children is transferred to "general expenses" as being a business cost which cannot be attributed to any one department. Private expenses, such as doctor's bills, clothing and education, are transferred direct to profit and loss account. Neither the household account nor the general expenses account can be split up between departments until the end of the year. The latter account is debited with rent, taxes, insurance, amortisation of improvements, office and travelling expenses, in addition to the maintenance of the farmer and his family mentioned above. The total is split up on the basis of hectares under the various crops, with the exception of insurance which is divided according to the value for which the crops are covered. It appears that accounts for animals and for the dairy do not bear any proportion of the general expenses, so the profit on these latter accounts must appear more, and that on the crop accounts less than it ought.

It is very unlikely that any farm, unless very large, would have prepared such detailed accounts as are exemplified in this book ; it would have required a standard of bookkeeping education unusual among farmers. Doubtless there were some large undertakings which found the cost of such analysis worth while, and again, there were probably individual gentlemen of means to whom the cost was unimportant.

C.-Adolphe Guilbault was at one time Chef d'Administration de la Société Metallurgique de Vierzon and later Chef de Comptabilité, Inspecteur aux Forges et Chantiers de la Méditerranée. In 1865 he presented the world with a work in two columns devoted to industrial problems in accounting and administration,[*] the result of 25 years' experience. The first volume discusses the mechanics of bookkeeping and then passes on to accounting proper. The second volume is devoted entirely to forms.

The first point worth noticing is the discussion of the pricing of materials. The method adopted is quite common to-day, issues being priced at the average cost of materials in hand, so that it is necessary to calculate a fresh price every time a purchase takes place, thus contrasting with the "first in—first out" basis. This is followed by a description of the mechanics of process cost accounting, such as is found in any modern English text-book on the subject. There are chapters on oil mining and refining, iron foundries and sugar refining. The most interesting discussion, however, concerns "Frais Généraux" which are divided into "fixed" and "variable." Rents, salaries and office expenses are given as examples of the former, while general labour and fuel are examples of the latter. We are also told to take note of another classification—between works expenses which enter into cost price, and commercial and selling expenses.

[*] Traité de Comptabilité et d'Administration industrielles.

34

The division of costs between " fixed " and " variable " is important, it is said, because of fluctuations in the volume of business. The discussion disappointingly stops short at this point. Questions relating to minimum selling price, and bases of allocation of overheads are not discussed. Later in the century several short essays were published on the distinction between fixed and variable overhead cost, notably one by M. L. Duboc of which several editions were printed. They do not go beyond the stage of pointing out that the ratio between variable overhead and total direct cost does not change with volume of business, while every increase in output reduces the percentage of fixed overhead per unit of output.

In 1872 a book on builders' accounts* was written by a M. Dugué who had, apparently, had considerable experience as an industrial accountant. His book is, therefore, likely to be a fair indication of the best contemporary practice in building accounting. All the direct expenditure on contracts is charged first to one account and then carried from there to the debit of the individual contract accounts. Expenses which it is almost impossible to allocate, such as drawing office and accounting salaries, other office expenses, rent and general upkeep, are debited to one account. As each contract is completed it is debited with an amount equal to 5 per cent. of the total direct expenditure to cover general expenses and depreciation of equipment, the same sum being credited to " general expenses account." Thus an example of a completed contract account is as follows :—

DOIT.   BATIMENT DROUILLARD, 10, RUE DE VIENNE.   AVOIR.

A Magasin matériaux	410		Par Caisse solde Tx	2614
A Divers id.	334			
A Ouvriers journées	1520			
A Frais génér. 5 % ..	113			
	2377			
A Prof. et Pert. bénéf.	237			
	2614			2614

This method of allocating oncost is undoubtedly extremely crude and is the same as that used in Britain at the same time, and, indeed, until much later.

Later works adopted the same method of allocating oncost on the basis of " prime cost " regardless of the flagrant inaccuracies to which it led. It appears to the present writer that French accountants towards the end of the century were not moving so rapidly as their contemporaries in America and Great Britain in dealing with the complicated problem of oncost. Moreover, there had been some reaction against excessive analysis according to H. Lefèvre.† He quotes, for example, M. Dobost, a teacher of the agricultural school at Grignon, as saying that many of the artifices employed in analysis were mere fictions (a warning which might well be borne in mind to-day.)

In his Cours de Comptabilité published in 1886 M. E. Claperon included a chapter on industrial accounting, in which the calculation of cost price is discussed. The author considered that in allocating general expenses the

*Traité de Comptabilité et d'Administration à l'usage des Entrepreneurs de Bâtiments et de Travaux publics.
†La Comptabilité 1883.

35

monthly figures to be used should not be the actual expenses of the month, but one-twelfth of the total for the year. But regarding the allocation of these overheads to the different products, Claperon says " nous n'avons rien à en dire."* He regarded it as purely a matter of experience.

Incidentally, in the same chapter there is a passing reference to by-products, and although the language is not quite clear it would appear that the author would have reduced the cost price of the main product by the full *selling* price of the by-product.

With M. Claperon I end my study of French costing literature, not because the literature itself ceases at this point, but because, if we intend to watch the further progress of the subject, we must turn in the last decade of the 19th century and during the 20th century to Great Britain and America. I do not think the influence of French studies on English methods was anything but slight. It seems likely that the English speaking races worked out their own technique. Suffice it to say that British literature during the first three-quarters of the century was almost barren of ideas.† In the last decade of the 19th century much that was heralded as new in this country had almost been forgotten by the French text-writers. Only in the detailed allocation of overheads to jobs and in standard costing were the English speaking countries first in the field, and this is probably due to differences in the types of industrial growth. In flexibility in the use of double entry technique the Continent was first ; it adapted bookkeeping to the needs of departmental, process and job costing.

Note.—My thanks are due to the Institute of Chartered Accountants in England and Wales for granting me access to their splendid collection of historical works.

*Page 105.
†I hope shortly to publish a study of British costing methods and literature prior to 1900.

36

M. Nikitin

"Setting up an industrial accounting system at Saint-Gobain
(1820–1880)," *Accounting Historians Journal*, 1990,
vol. 17, no. 2, pp. 73–93

The Accounting Historians Journal
Vol. 17, No. 2
December 1990

Marc Nikitin
TOURS, FRANCE

SETTING UP AN INDUSTRIAL ACCOUNTING SYSTEM AT SAINT-GOBAIN (1820 - 1880)

Abstract: In 1820, the *Manufacture Royale des Glaces*, founded in 1665 and also named *Compagnie de Saint-Gobain*, opted for double entry bookkeeping and cost accounting. At that time, both economic (industrial revolution) and juridical (abolition of the privileges and emergence of competition) events explain that change of accounting methods. From 1820 to 1880, the accounting system was progressively improved; most of today's cost accounting problems were discussed by the Board of Directors and in 1880 the accounting system was already very similar to today's full cost method.

Industrial Accounting: a New Information System. Modern accounting was popularized in 1494 when Luca Pacioli published *The Suma*; it was such an outstanding work that most French accounting historians suppose there has been no prominent theoretical discovery since that time. For J. H. Vlaemminck [1956], every improvement since Pacioli's time was only a minor amendment to the master's work. The emergence of cost accounting was never considered as a significant breakthrough in accounting technique.

The industrial revolution brought new accounting systems. These systems have been studied [Johnson, 1972; McKendrick, 1970; Stevelinck, 1976; Stone, 1973; Jones, 1985; Fleischman & Parker, 1990; and Porter, 1980] as well as the text books [Edwards, 1937] of that period. French authors such as Payen, [1817], de Cazaux, [1824], and Godard, [1827] were among the first to propound that accounting systems integrate the factory accounts into the old double entry bookkeeping system. This was quite surpris-

This article has been translated from the French and read at the 11th Congress of the A.F.C. (French Accounting Association) on 4th May, 1990. I express my thanks especially to Professor J. L. Malo and Professor B. Colasse for help and encouragement.

ing if one remembers that the Industrial Revolution started in France a few decades after England. But several authors [Levy-Leboyer, 1968; Asselain, 1984; and Keyder & O'Brien, 1978] explain that the French economy always kept up with technological progress in Great-Britain. A massive deceleration in the economy occurred between 1790 and 1810; the French industrial production, which was probably equivalent in volume to the English one in 1790, was reduced to a much lower level in 1810. However, a new start occurred after 1810 and the two countries had parallel industrial growths all through the 19th century.

Cost accounting systems may have appeared around the turn of and after the 15th century in Europe [Garner, 1954]. They actually spread to most firms during the industrial revolution in the 19th century; first in England, then in France, then in the USA, and in Germany.

The aim of the present article is to describe the creation and development of such an industrial accounting system at Cie Saint-Gobain. This paper discusses the development of accounting by this very old company (created in 1665) between 1820, when it abandoned single entry bookkeeping, and 1880, when it achieved a full cost system. When examining the archives, this researcher saw no evidence that the textbooks mentioned above were read by anyone at Saint-Gobain.

HISTORICAL BACKGROUND OF SAINT-GOBAIN: THE ROYAL MANUFACTURE AND THE PRIVILEGE

Instead of continuing to buy glass from Venice, which was too much for the finances of the French kingdom, Colbert encouraged the foundation of a *Manufacture Royale des Glaces*, established in Rue Reuilly in Paris. The creation and development of the Company resulted from privileges granted by the monarch to businessmen successively in 1665, 1683, 1688, 1695, 1702, 1757 and 1785. Those privileges made the

> firm a hybrid one, depending both on public and private laws; on the one hand it had a privilege and on the other hand the legal statutes of a limited Company [Pris, 1973, p. 26].

Having a privilege meant industrial, commercial, fiscal, administrative, juridical and financial advantages such as exemption of taxes, free circulation for goods bought and sold, and a prohibition for anyone to sell the same kind of product. Saint-Gobain was therefore protected from possible rivals and all those years of privilege were turned to good account; the company gathered strength to face competition which was a real concern from 1810 onwards.

The first competitor appeared in 1770 in England, but the glass that this competitor turned out was not of such quality as to be a threat to Saint-Gobain. Further, the company's products were protected in France and potential competitors were punished by law until the abolition of privileges in 1790. The first legal French competitor appeared in 1804;[1] and the second one in 1823.[2]

THE NEED FOR A NEW INFORMATION SYSTEM

The Accounting System Under the Old Regime

In order to understand, analyze and assess the early accounting system, it must be remembered that relatively few of the company records have survived compared with the innumerable documents that must have been created over a period of 155 years. Pris [1973, pp. 290-8 & 856-64] faithfully described the accounting system under the old regime in his Ph.D. thesis, at the end of which he includes copies of most of the documents that have survived.

The company was nearly in a position of monopoly with regards to the production of glass. The customers belonged to the King's court or were local or foreign noble families. Therefore the accumulation of capital was not an essential aim and the market did not seem to be expandable. These are a few elements which give insights about the quality and relevance of the information system required by such a firm.

Very little is known about what the accounting system looked like before 1702; the statutes were only concerned with the accounting documents necessary to ascertain the dividends payable quarterly. They included "Inventory" or "balance sheet of bills and payments" (statutes of 1667, 6th item), or "statement of receipts and payments" (statutes of 1695, 18th and 20th items). An annual inventory had existed since the beginning of the company, but only those after 1774 have been preserved. The annual inventories were calculated in Paris by putting together all the inventories of every establishment of the company. The accountants do not seem to have worried about lacking consistent accounting methods; for example, land and buildings, tools and raw materials, finished

---

[1]The Company of Saint-Quirin, with which Saint-Gobain finally merged in 1858, almost thirty years after the first discussions.

[2]Company of Commentry.

goods and cash are shown sometimes together, sometimes separately.

This inventory may be compared to the assets of modern balance sheets. It was accompanied by a cash statement. There were no liabilities since long-term debts had been forbidden by the statutes since 1702. The Company relied only on the funds contributed by its partners or on profits. After 1785, short-term debts were separated from each corresponding item of receipts. It was not until 1820 when the use of double entry bookkeeping showed liabilities as they are shown at the present time. Those liabilities included short-term debts and estimated liabilities so that the net worth (called "capital net") could be calculated. Inventory was never compared to the receipts and payments statement as a means of verifying the inventory. For example, depreciation was calculated at the end of the 18th century in order to have an accurate inventory, but it was never featured clearly in the calculation of profit.

The 18th item of the statutes of Plastrier's Company[3] mentions that profit is the difference between receipts and payments, and that "they were quarterly calculated after the constitution of a 15000£ (*livres tournois*) reserve." This was the only means the Company had of knowing how much could be paid to the owners.

Such a simplified system was entirely in line with the desire to keep this information confidential. According to Sellon, an important Genevese shareholder of the Company, the simplified accounting system allowed any director, ignorant of accounting, to hold the Ledger *sans confidens*, that is without the help of a qualified accountant, so that secrets of the business could be preserved.

The term "capital" was not used. The statutes only say *fonds* or *effets*, which correspond to the inventory value of all the assets of the Company at a fixed date.

The owners' contributions to capital were made either in-kind (Venetian glass from Pocquelin in 1667) or in cash after 1702. They were considered an advance to the company, rewarded at a 10% rate. However, these advances were never refunded so that they can be considered as capital. The number of partners was fewer than ten before 1695. After that date, through inheritances and the selling of ownership interests, the number of part-

---

[3]The privilege was granted to businessmen; in 1695, Plastrier obtained the royal privilege and the firm could be called either "Plastrier's Company" or "The Royal Glass Factory."

ners increased (about 50 in 1770 and 204 in 1830). Unlike most firms of that period, it was not a family business.

The Turning Period (1791-1820)

The accounting system used in the 18th century achieved two main tasks: it computed the wealth (inventory) and enrichment (receipts and payments) of the partners, and it kept the internal movements of goods and cash under control with a comprehensive system of vouchers.

However, there does not seem to be any reckoning of costs before 1820. The Company waited for over 150 years before calculating a cost amount for its products. If one wants to prove the importance of that turning point, the quotes below from two managers are evidence. In 1793, i.e. during the French Revolution, the Company delivered to each associate an "Instruction to help the interested parties in the Manufacture of glass with the declaration form they had to fill in about their interest in that trade, according to the Compulsory Loan Act of the 24th of August." Such a document[4] had four aims, the most important of which was providing knowledge of the profit of the year 1793. According to the order-in-council, "the benefit was that which went beyond the interests of the funds invested." The interest was easily known (5% of the net worth) thanks to the inventory. But as regards the evaluation of benefits, the calculation seemed quite impossible from the authors' instruction:

> Things do not go with glass as they do with cloth, for which the cost is known even before we put it on the frame. Glass, on the contrary, never preserves its original value. The flaws entail scraps, that is why the benefit of the glass production is a random result and it is impossible to calculate it.

In 1829, the Baron Roederer, a director of the Company of Saint-Quirin, expressed quite an opposite point of view when he described the problems raised by the possible merger of the two competing companies.[5]

> It seems that in this case, everything could be reduced on both sides to the calculation of a square foot of glass.

---

[4]Marked C6-2 in the archives of the Company
[5]Marked AA17 - file 2. *"Procès-verbal historique de la session de la Compagnie de Saint-Quirin. 1⁰ Juin/13 Juillet 1829"*

Everything is included in such a calculation, everything
can be summed up to that result; we find in it the effects
of the chemical, mechanical, physical process, the advantages of activity and workforce discipline, and finally the
effect of every resource, of all sorts of economic means,
particularly that of a lower capital producing as much or
more. The evaluation of each Company, that is to say its
contribution to the association, will result from that cost,
or return, combined with the number of squarefoot produced, and with the effective selling price, including of
course the quality or the degree of perfection of products.

What happened meanwhile in the economic field? Which factors were strong enough to lead to such a systematic calculation?
The conditions of production had slightly evolved in that period,
but the main change came from outside the firm. Between 1793
and 1829, the dates of the two preceding quotations, the
Company's Privilege disappeared and something new emerged:
competition.

The upheavals resulting from the Industrial Revolution
seemed to have led to the widespread acceptance of cost calculations as the only efficient means to compare the activities of competing firms. This is particularly true for firms that did not have
any competition before 1790. Moreover, one can observe that industrial accounting and cost accounting books appeared in France
from 1817 onwards, and can find several authors of that period
saying: "I am the very first to find a new approach to the problem."[6]

THE SETTING UP OF THE NEW
ACCOUNTING SYSTEM (1820-1834)

The proceedings of the Board of Director's meetings have
been preserved; from these it is apparent that a new accounting
system began in 1820. However, the actual accounting records
from before 1825 have not survived. From the 1825 accounting
records, it is clear that there is a new system of reporting which
was long in being developed; a Profit and Loss Account was pre-

---

[6]A. Payen, in the *'preface'* of his book [1817, p. 2] says" 'I was told to write
(such a book) because books dealing with factory bookkeeping did not exist'. L.
Mézierès, in the 'avertissement' of his book [1842, p. iii et iv] says: 'we do not
know any book in which commercial, industrial and factory accounting are dealt
together'. L.F.G. de Cazaux [1824] and E. Degranges fils [1842] both say that they
wrote their books at industrialists' request, because of the lack of reliable accounting systems adapted to their field of activity.

sented every year and a set of accounts was finally approved by the Board of Directors in October 1832.

From these accounts came a steady stream of information in the form of reports from the chief accountant to the Board of Directors, including sets of unitary costs at every stage of the manufacturing process. Moreover, the directors frequently visited the branches of the Company.[7] Those three elements combined to create a real Decision Support System.

The Manufacturing Process. Before going into the accounting problems, it is worthwhile to describe briefly the operating process for glass. Glass production can best be described as follows:

> from several raw materials (silica, soda and lime) they produced glass by pouring and flattening it in order to give it its plane shape; the glass was then annealed in order to improve its mechanical qualities. After that "hot process", the "cold process" began, to rectify or get rid of the shortcomings of the flattening; it was divided into two stages: abrasion, called *"douci"*, gave the two faces their parallelism and general flatness; then polishing, called *"poli"*, to improve the quality of the surface; after abrasion, the sheet of glass was translucent but not transparent, because it was still slightly grained, and it only turned perfectly transparent at the end of the polishing [Daviet, 1988].

In accounting for the production of glass, the company made a distinction between the costs of pouring, abrasion and polishing. Charges were not classified according to their nature, but to their place in the manufacturing process. During the 18th Century, the Company had four branches: its Headquarters in Paris, a mirror factory in Saint-Gobain (Aisne), another in Chauny (Aisne), and a soda factory in Chauny. The first document available is a Profit and Loss Account (*Compte de revient*) dated from June 30, 1826.[8] This Profit and Loss Account was organized according to the inventory production and corresponds to the period beginning July 1, 1825 and ending June 30, 1826. Details of this account are shown in Table 1.

---

[7]There were three branches in the north of France; one of them, the first, was settled at a small village named Saint-Gobain.

[8]Marked AA42-6, page. 6.

Table 1
Profit and Loss Account for Year Ending June 30, 1826

We have sold 257 000 square foot for	F	2 619 802
the benefit was only	F	407 402
less some expenses, written on the		
profit & loss account	F −	68 365
Manufacturing benefit on glass	F =	339 036
Interest of loans	F +	85 000
Profit on timber	F +	76 000
Various profits on chemical produces,		
glass-silvering, etc.	F +	143 430
Total profit of the year	F =	643 466

In all likelihood, the 68,365 F are overhead costs of the Paris office (interests, wages, operating expenses; including, perhaps depreciation). The interest revenue is quite important to the 1825-1826 year's operations. Thanks to a very prudent financial policy, the benefits of the preceding century had been used for hoarding up a treasure invested in debt securities and loans (notes receivable).

In the early period of the Company, Saint-Gobain produced soda and various chemical products in Chauny; the aim was an independent supply of raw materials. The exploitation of timber worked towards the same end for self-sufficient supply of fuel. The profits earned from those ancillary activities were 65% of the profits earned from glass.

For the financial year 1827-1828, the *Copy of the report from the chief accountant to the administration* has survived. Particularly noteworthy is the use of a commercial year, from July 1, 1827 to June 30, 1828, rather than reporting on a calendar year or a year ending on a particular day of the week. The Profit and Loss Account is clearly and definitely separate from the inventory. This report includes ten items:

1) The account for manufacturing raw soda
2) The account of the salt works for manufacturing soda salt
3) The account for the use and sale of the soda salt
4) The account for manufacturing the muriatic acid
5) The account for timber
6) The account for manufacturing and selling glass
7) The comparative chart for the costs of abrasion and polishing for all the branches and the chart for loss and waste in the mirror factories.
8) The account for tin sheets
9) The profit and loss account
10) The trial balance

This report represents a typical example of process costing. The following remarks are indicative of the complexity of this accounting system. For each element, the manufacturing cost per unit is determined and the variations compared to the preceding financial year. The components of each cost per unit are subtly analyzed. For example, the item concerning raw soda is analyzed in the company report as follows:

Raw soda cost in 1827........ 9F50 for 100 d.
         it cost in 1828 ...... 9F00 for 100 d.
that is an improvement of.... 0F50

due to 1) a difference in the price of sulfur
     2) a difference in the price of salt
     3) a difference in the price of coal
     4) a decrease of the costs of maintenance and
        repair

Those advantages are in fact slightly reduced by increases in other expenses, but we produced this year 448 000 d more than the preceding year, consequently the overhead costs for salaries and interests contribute to the cost per unit in a smaller proportion.

The Accounting Process. From the account for manufacturing glass, it is apparent the way that the costs of production were determined for the period. Each branch was involved in the production of only one product, so that costs were first calculated for each branch. The manufacturing cost included all the expenses for raw material, wages, expenses for maintenance and repair, and all the investments concerning the branch, including the construction of buildings. The manufacturing cost determined the "price" at which the branches sold their production to the Headquarters in Paris, which was the only division of the company that could sell to customers. In Paris, a new cost price was calculated including the operating cost, depreciation, and dividends. For example, the cost of abrasion and polishing was said to include three essential elements:

Expenses 58 454
Wear 21 802
Interests 18 002
TOTAL 98 260

"Wear" means depreciation of buildings and machinery, and "interests" are the profit distributions paid to the partners. Since (1) the statutes of 1702 forbade long-term debts and (2) the partners were asked for contribution every time there was a need for cash, then "interests" paid to partners on their capital balances are comparable to today's interest expense.

The Profit and Loss Account first recorded the gross profit of production. Then came the application of overhead costs of Paris and some unusual expenses, such as bad debts or differences in the calculation of costs due to fictitious expenses. It includes also an equivalent of the modern French "Appropriation Accounts," showing the profit distributions paid to partners.

The Financial Statement of June 30, 1828 shows, on the one hand, the current assets (cash, checks to be cashed, investment loans and receivables) and, on the other hand, the short-term debts (to partners, to suppliers, to various debtors, to the branches of the Company). The difference (working capital) is a respectable amount, due to the prudent financial policy:

Current assets (*Actif realisable et disponible*) 2 875 000
Short-term debts (*Passif exigible*) 237 200
Net current assets (*Net de l'actif financier*) 2 637 800

In 1820 when choosing an information system adapted to the requirements of a modern industrial firm, the Manufacture of Glass developed a set of accounts which ultimately were approved for the Company by a vote of the Board of Directors on October 30, 1832. Meanwhile, in 1830, the Company had become a Limited Company with new statutes. According to the historians of the Company, that date marks the irreversible passage of the firm into the industrial era.

This new set of accounts required that the warehouse keepers had to maintain the accounts for raw materials and finished goods, while the branches' cashiers, in addition to maintaining manufacturing accounts and assets accounts, kept a cash book in which expenses (wages and others) and receipts (payments from the Paris Headquarters for the finished goods) were carefully recorded. The Directors of every branch also were required to send an inventory which listed buildings and machinery to Paris. Then, the central accounting office saw to it that the calculation of depreciation was done.

THE NEW INFORMATION SYSTEM COMES TO MATURITY

The new double entry accounting system allowed the calculation of cost amounts. However, bringing to light new information gives rise to new questions about the quality and relevance of this information. How do produced quantities influence the costs per unit? How can costs, calculated at different times, be compared? What is the best way to distribute the overheads? etc. . . .

After the setting up of the accounting system, a long process of maturation began. This is evident, on the one hand, from the discussions of the Board of Directors and, on the other hand from the differences between the two sets of accounts approved by the Board of Directors in 1832 and 1872. The structure of the Company evolved considerably between 1832 and 1880: two mergers occurred, the first one in 1858 with Saint-Quirin, a glass manufacturer, and the second one in 1872 with Perret-Olivier, whose fields of activity were mining and chemistry. After the second merger, the sales figures for chemistry outstripped the sales of glass and mirrors and during this time the Company had grown to include 16 branches in France and Germany.

DISCUSSIONS ON INDUSTRIAL ACCOUNTING

All the questions dealing with the setting up of a management accounting system were discussed by the Boards of Directors. In most cases, the solutions were only practical ones. There never seemed any intent or desire by the Company to make any theory or any generalization of those practical solutions.

Direct and indirect costs. The distinction between direct and indirect cost was made first in 1829 with regards to labor charges.[9]

> Salaries, of which a comprehensive list is given above, will be separated into two groups:
> 1) Those concerning directly and specially with the manufacturing process.
> 2) Those concerning administration.
> At the end of the year, the former will be divided and included in the suitable items of expenses; then the latter will be included in the overheads.

However, direct labor is likely to have included only the wages of workers having a permanent job, and excluded those of the day laborer, which are by their very nature fluctuating. In the soda factory, the majority of workers were day laborers, thus making it difficult to estimate precisely the ratio between direct and indirect labor charges.

Production level and cost per unit. In the previously quoted chief accountant's report concerning the financial year 1827-1828,

---

[9]Document marked AA 42-5.

there are remarks about the cost per unit of raw soda. The directors were well aware that production level and cost per unit were in inverse ratio:

> ... this year we produced 448 000 d: more than the preceding year; therefore, the overheads for salaries and interests contribute to the cost per unit proportionately less.

Allocation of overhead. The allocation of overhead costs was discussed during four meetings of the Board of Directors: March 7 and 13, 1832; August 20, 1833; September 4, 1834.[10] The members of the Board discussed the allocation of overheads between glass and chemical products. At the first meeting, on March 7, 1832, it was reported:

> The Administration (of the Company) has decided that the overheads accounts of every branch will be divided in accordance with the production as shown on the books; each product (*produits speciaux*) will be charged with its own direct expenses (*frais speciaux*).

At the meeting the next week (March 13, 1832), the record indicates that overhead cost allocation was again discussed:

> It has been pointed out to the Board of Directors by one of the members that the preceding decree, dividing overhead expenses in accordance with each factory's production stated by its books, could entail serious drawbacks; for example, in a year of very low sales, it we stop the production and only sell glass in stock, we should be obliged to make the chemical products bear all the overhead expenses, which means a considerable increase in their cost prices and gives us a wrong image of them. He (the member of the B. of D.) thinks it much more convenient to divide the overhead expenses in accordance with the fixed capital involved in each one of the two factories, as shown by the general inventory, capital to which we add the required working capital; with such a manner of distribution, each factory would bear its own part of overheads required by the supervision and administration of its capital. In the above-mentioned case of a factory's producing next to nothing, we would have to state a loss for that factory, which is quite normal.

---

[10]Document marked 4B5, p 140.

After a long discussion on the advantages and drawbacks of each method (production or capital), it was decided that the decision would be made during the next meeting. On March 16, 1832, the Board opted for the capital method. However, the debate was revived less than a year later when at the August 20, 1833 meeting the chief accountant was instructed to compare Saint-Gobain's and Chauny's respective efficiencies.

> ... we shall probably be told, with good reason, that if cost prices are charged with the mostly arbitrary distribution of overheads, those cost prices are an unreliable means of comparing the economical efficiency of different methods of manufacturing. That is why we wish to propose a third way in which overhead expenses of the Headquarters are not charged to any production. For the last four months, Saint-Gobain has been costed at OF79 per square foot. At Chauny, both raw materials and labor are worked out at OF51 per square foot. If you add the depreciation of the building and the machinery of that factory, the cost rises to OF71, and if we wish to have figures that could be compared to those of Saint-Gobain, repair expenses for the machinery, the cost for slack periods or flawed glass must be added. The records in our accounts are not yet accurate enough and moreover too recent to allow us to give precise figures for these kinds of expenses. But no doubt they will go over OF80; consequently, the question of economical efficiency is settled.

The overhead expenses to be shared included traveling expenses, tokens, salaries of administrators, a hypothetical rent for the Paris building, and operating expenses, but the fate of dividends paid to shareholders was not sealed. It was raised on September 4, 1834 by the chief accountant:

> It has often been said that we should not include dividends in the cost prices: this is a big mistake; a Limited Company must always be considered as a business which, thanks to its repute, can borrow funds for its activity: those funds produce interests, which amount must be deducted from the profit ... if the interests were not included in the cost prices, we could not know the real profit of the soda factory.

The Continuity of accounting methods. The Board of Directors of Saint-Gobain was also concerned about comparability of accounting data over periods of time and under different variation methods. The following quotation may seem somewhat difficult to understand without complete information on the way stocks of materials were valued. It shows, however, the desire to obtain inventory data that could be compared even if valuation methods had changed.

> The account for timber shows that the Saint-Gobain's factory consumed this year up to F 353 736 worth. However, the figure in the glass manufacturing account is F 466 388. This is why: the administration of the Company took steps to make the price of timber much lower than it had been in the preceding years; so, it would not have been appropriate to give those existing on June 30, 1828 the value they would have had without that decrease. We estimated them in accordance with the proposed current rates, and the difference in prices makes a difference in the accounts of up to F 112 631; it means that the existing timber in the inventory have been estimated at F 112 631 less than their actual cost and the expense must therefore be increased by the same amount. That fictitious increase on fuel expense has an appreciable influence on the manufacturing cost of glass.

How to motivate employees to be efficient. In 1820, both a new accounting system and a new system of remuneration according to merit were set up. There does not seem to be any clear link between the two events, but the fact is: they were concomitant. From a note, written after 1830,[11] motivating employees was discussed:

> In 1820 the former regular bonuses given every year to every employee were abolished; those bonuses were considered as a part of the wages. After that date, the administration decided to grant bonuses from time to time, as a reward of the ability and efficiency of some employees; the administrators thought it was more convenient to keep those bonuses secret, in order not to cause envy and demands from the employees who did not receive bonuses. From that time, it was decided to create a special cashbook .. supplied by special accounts said to be known only to the administrators.

The 1820 system seems to be only a roughcast, the expression of a desire. It was not until 1833 that a scientifically created system of remuneration was actually implemented,[12] which meant

---

[11]Marked 1H4. Document N 2.
[12]Information on the rewarding system can be found in the document marked 4B6.

that the expected results of such a system determined the amount of bonuses. In June 1833, the Board of Directors approved the incentive plan which had already been started the previous February. The criteria governing the allocation of bonuses were discussed before the final plan was adopted. The Board of Directors first rejected a system that based the bonuses only on the amount of scrap produced. The Board found this criterion too quantitative and added a second criterion which assessed the quality of glass produced. In January 1834, a first evaluation was presented to the Board of Directors, according to which, the system "succeeded in lowering cost prices." Along with the decrease of cost amounts, the plan aimed at "ensuring the commitment of the workers and the lower supervisory staff to a good quality of glass." According to Daviet

> the bonus system, created by Clement DESORMES in the soda factory, eventually introduced in the wage a variable part of 20 to 30% of the total, which is rather a large amount, and explains the workers' distrust at the beginning.

The system was then extended to the glass factory of Saint-Gobain. From this, it can be concluded that the institution of a new system of remuneration which had been started in 1820 came to fruition in 1834. This occurred at the same time that a cost accounting system was developed. This adds weight to the thesis of a causal link between the emergence of competition and the calculation of costs. In fact, the aim of the new system of remuneration was clearly linked to the desire to reduce costs.

Accounting for Depreciation. As previously pointed out, depreciation had long been calculated. In the 18th century, such a calculation was only used to estimate the actual value of buildings and machinery and draw up the inventory. In his report to the Board of Directors meeting on September 4, 1834 the chief accountant writes:

> COST PRICES OF OUR PRODUCTS. A decision of the administration determined the way depreciation of buildings and machinery would be settled: buildings bear a yearly depreciation of 1/20 and machinery 1/15. When that decision was taken, the consumption of sulfur and the decomposition of sea salt were in a very usual proportion; but now the soda factory has almost doubled its production; so, do you think, dear Sirs, that we must maintain that depreciation rate? I am all the more con-

vinced that we should not, because I am certain that the lead chambers, considering of the huge quantity of sulfur burned inside, won't last more than 6 years instead of 15, as formerly forecasted. If that fact is confirmed, depreciation is not important enough and the profit of the soda factory is overvalued.

Though the Board of Directors at the September 4, 1834 meeting was not asked for a decision as regards the length of time allowed for depreciation, it was asked to decide whether depreciation should be taken on machinery during the first year's service. In the same report, the chief accountant maintains the fictitious nature of the depreciation taken into account:

> . . . let me remind you of what I told you in my preceding report: there is only one means to have an exact idea of depreciation: it consists, when a building or a piece of machinery is out of use, in appraising its value, and when it is destroyed to take into the Profit and Loss Account the remaining value, less the selling price of materials. By that means we could know exactly the depreciation life of a building or a piece of machinery . . .

The method of calculating depreciation was to be completely reviewed in the 1870's as discussed in a subsequent section.

Transfer pricing among factories. Transfer pricing also became an issue which was considered by the Company in developing its cost accounting system. The issue arose because the soda factory sold its products to the glass factory on the one hand, and to external customers on the other hand. It first seemed correct to use the same price until this price appeared excessive due to approximate methods of valuing the quality of goods sold:

> If that increase in the degrees (measure of quantity for soda) is of little importance for customers delivered to in Paris, it is quite different for the Saint-Gobain's branch which pays for more degrees than it really gets. Consequently, the soda factory makes a profit to the detriment of the glass factory and increases its cost prices.

To conclude, the chief accountant makes some proposals among which:

> 3) Wouldn't it be convenient to choose a uniform way of costing as regards the transfer transactions between our branches? We could use either the cost price or the market price.

The author did not discover how the transfer pricing issue was ultimately resolved.

THE 1872 BRANCH SET OF ACCOUNTS

The slow maturing process that started with the setting up of a cost accounting system in the 1820's and 1830's led, in 1872, to the adoption of branch accounting in which each branch of the Company had its own set of accounts. This development placed the Company very close to a modern day cost accounting system used by French companies today. All the basic principles were present in 1872.

The July 25, 1872 instruction does not attribute a number to each account and does not group accounts into "classes" as is now done in France. Therefore, the following classification is the researcher's and consists of five categories: the balance sheet accounts, expense accounts, activity center accounts, perpetual inventory accounts, and manufacturing accounts.

1 — Balance sheet accounts
    a. "Central administration": looks like a current account of the Paris Headquarters by the branch.
    b. "Industrial buildings, tools and machinery"
    c. "Debts"
    d. "Drafts on Paris"; to be paid by Paris
    e. "Drafts on the factory"; to be paid by the factory
    f. "Cash"
2 — Expenses accounts
    a. "Supply"
    b. "Wages"
    c. "Sundries"
3 — Activity center accounts
    a. "Transport"
    b. "Varied workshops"
    c. "Work of the machinery"
    d. "Works of carriages and horses"
    e. "Overheads"
    f. "Maintenance of buildings"
4 — Perpetual inventory accounts
    a. "Raw materials warehouses"
    b. "General warehouse" for cleaning materials, etc. . . .
    c. "Finished goods warehouse"
5 — Manufacturing accounts; one for each product

The activity center accounts were debited with all indirect charges (wages and sundries). They were credited with the sums apportioned to each type of production. As regards the "work of the machinery" account, the key for sharing the charges among all products is indicated: " . . . the sharing of expenses will be made up to the power consumed in each workshop." As regards "overheads", they were shared "proportionally to the direct labor with which every manufacturing account was debited." Some of these accounts were credited with the products of subsidiary activities; for example, the "work of carriages and horses" account was to be credited. As a contra, a debit to the warehouse account was recorded for the "dung produced." Don't be wasteful!

THE IMPORTANCE OF DEPRECIATION

At Saint-Gobain, depreciation methods barely evolved between 1830 and 1872. From that date, the Directors paid new attention to the problem.[13] There were essentially two reasons for this: on the one hand, the Directors recognized the necessity of investing more and more in machinery, and, on the other hand, they were bound to respect their "no long-term debts" policy. The Company had to preserve the sums of money that were essential for its growth, but it was quite impossible to say this bluntly to shareholders who were numerous and not well aware of management matters. Until then, the Company made a distinction between ordinary depreciation, "calculated according to steady rules", and extraordinary depreciation, "determined by the Board of Directors according to the profit and rectifying the slow progress of the ordinary depreciation as regards the value of some items". Further on, the record shows the directors' concern that "the only drawback of the system is its arbitrary aspect; the shareholders argue that to accuse the Board of Directors of deciding the dividend according to their desires and not to the year's profits."

At this time, there was no radical changes of the depreciation method. There is just evidence of greater scrutiny in valuing the assets, and more concern for keeping the shareholders acquainted with the management of the Company and the problems management faced. Nevertheless, as a result of that discussion, the Board of Directors had to deal with many problems linked to the efficiency of an accounting information system: precise methods for the valuation of fixed assets, definition of the quality and quantity

---

[13]This passage comes from a file concerning depreciation. It is marked 1H4 and includes documents dated from 1872, 1873, 1879 and 1880.

of the information given to the shareholders, precautions to take for upward appraisal of capital assets, choice of an investment, and dividend policy.

In order to raise enough capital for its business, the Company had to inform a growing number of shareholders, which soon became inconsistent with the managers' freedom to deal with accounting information according to their own needs. The resoultion of this problem led to the distinction between standardized financial accounting for external and management accounting for internal use. As it became more and more efficient and advanced, the accounting system led to its own splitting.

CONCLUSION

Compared to most of the firms, Saint-Gobain had to face very early (in the first half of the 19th century) the problems raised by the setting up of a management accounting system. However, it was not until 1820, 155 years after its creation, that it adopted double entry bookkeeping which included the calculation of costs. This evolution is mainly due to the spreading of the Industrial Revolution in France, which was responsible for the abolition of privileges and the growth of competition in the field of glass production.

During the period 1820-1880, the cost accounting system had been gradually improved, without any regular outside coercion, according to the needs of the management alone. This leads to two conclusions and two research questions.

In 1880, the accounting system facilitated the reckoning of full costs with methods and procedures that are still in use (allocation of the overhead with the use of activity center accounts, up-to-date transfer pricing methods, analysis of the relationship between depreciation, dividends and investments, etc. . . .). This full cost method is now over one hundred years old. The development and the mastering of that cost accounting system were absolutely necessary to start the next stage, that is to say the use of those costs to prepare estimates of costs and investments. That stage took place over four decades (1890 to 1930) and led to real budget control towards the end of the Second World War.

It should be recognized that the accounting systems of a given period can be very different from one another, which is particularly true in the 19th century, therefore research should look at the variables on which the accounting system of each firm depends. Among the internal ones, the size of the firm, the culture of its management, and its type of production seem important. Among the external ones, the legal environment, the level of technology used, the scarcity (or abundance) of capital, etc. . . . For future research in this area, there remains plenty of work on hand and the firms' archives have not divulged all of their secrets.

The double entry bookkeeping system has been established since the time (14th and 15th century) when it was indispensable to the merchants; the industrial cost accounting system became established at the same time as the Industrial Revolution, the beginning of the 19th century in France. The regulation of accounting standards developed gradually with the growing intervention of governments in the capital accumulation process (between the two World Wars). Future research should consider the relationship between the dominating capital accumulation procedures (commercial, industrial or social) and the dominating accounting systems of a period. Perhaps dominating capital accumulation procedures determine the way firms compete, which in turn determines their need for information, and therefore their accounting system.

REFERENCES

Asselain J. C., "Histoire Economique de la France," *Editions du Seuil, Paris*, 1984.

Cazaux L. F. G. de, "De la comptabilité dans une entreprise industrielle et spécialement dans une exploitation rurale," Paris, 1824.

Daviet J. P., "Un destin international: la Compagnie de Saint-Gobain de 1830 à 1939," *Editions des archives contemporaines*, 1988.

Degranges E. (son), "Tenue des livres des maîtres de forges et des usines à fer," Paris, 1842.

Edwards R. S., "Survey of the French Contributions to the Study of Cost Accounting during the 19th Century" (London: Gee, 1937; also published as a supplement to *The Accountant*, vol. xcvi, 1937); and also "Some Notes on the Early Literature and Development of Cost Accounting in Great Britain," *The Accountant*, vol. xcvi, 1937).

Fleischman R. K. & Parker L. D., "Managerial Accounting Early in the British Industrial Revolution: The Carron Company, a Case Study," *Accounting and Business Research*, Summer 1990, pp. 211-21.

Garner S. P., *Evolution of Cost Accounting to 1925*, University of Alabama Press, 1954.

Godard, "Traité Général et sommaire de la comptabilité commerciale," Paris, 1827.

Johnson, H. T., "Early Cost Accounting for Management Control: Lyman Mills in the 1850s," *Business History Review*, vol. xivi, 1972, pp. 466-74.

Jones H., *Accounting, Costing and Cost Estimation: Welsch Industry: 1700-1830*, Cardiff: University of Wales Press, 1985.

Keyder C. & O'Brien P., "Economic Growth in Britain and France; two paths towards the 20th century," London, G. Allen and Unwin, 1978.

Levy-Leboyer M., "Les processus d'industrialisation: le cas de l'Angleterre et de la France," *Revue Historique* April-June 1968; pp. 281-98.

McKendrick N., "Josiah Wedgwood and Cost Accounting in the Industrial Revolution," *Economic History Review*, vol. xxviii, 1970, pp. 45-67.

Payen A. (father), "Essay sur la tenue des livres d'un manufacturier," Paris, 1817.

Porter D. M., "The Waltham System and Early American Textile Cost Accounting 1813-1843," *The Accounting Historians Journal*, 1980, pp. 1- 15.

Pris C., "La manufacture royale des glaces de Saint-Gobain: une grande entreprise sous l'ancien regime," Unpublished thesis, Paris, June 1973.

Stevelinck E., "La comptabilité industrielle au XVIIIème siècle," *La Vie au Bureau*, 1976, pp. 254-65. (Belgium)

Stone W. E., "An Early English Cotton Mill Cost Accounting System: Charlton Mills, 1810-1889," *Accounting and Business Research*, vol. iv, 1973, pp. 71-8.

Vlaemminck J. H., "Histoire et doctrines de la comptabilité," Editions Pragnos, 70000 Vesoul (France). 1979. (His Ph.D. Thesis was first published in 1956.)

A. Bhimani

"Indeterminacy and the specificity of accounting change: Renault 1898–1938," *Accounting, Organizations and Society,* vol. 18, no. 1, 1993, pp. 1–39

Accounting, Organizations and Society, Vol. 18, No. 1, pp. 1–39, 1993.
Printed in Great Britain

0361–3682/93 $6.00+.00

INDETERMINACY AND THE SPECIFICITY OF ACCOUNTING CHANGE: RENAULT 1898–1938*

ALNOOR BHIMANI
London School of Economics and Political Science

Abstract

This essay focuses on the manner in which an enterprise's accounting practices may be affected by a complex of independent and disparate external factors interacting with internal forces to create a sustained dynamic of change within the organisation. As its object of enquiry, the French motor car manufacturer Renault is studied over a forty-year period immediately preceding the Second World War. The conditioning influences of scientific management and statistical information and their interplay with Renault's costing concerns are examined. The study suggests that accounting change at Renault was dependent on a complex set of relationships and preconditions and that the specificity of the company's accounting controls was tied to both contemporary and historically distant influences rather than to notions of functional requirements dictated by processes internal to the organisation. As such, accounting change is argued to have been determined by circumstance as opposed to essence.

The purpose of this essay is to illustrate how factors external to an enterprise can influence internal accounting practices. Of interest is the manner in which the functioning of internal accounting can be affected by independent and unanticipated incidents creating altered possibilities for further organisational change. Moreover, it also seeks to explore the ways in which external forces can become embedded within an accounting system and continue to exert an influence long after their original *raison d'être* has ceased to exist. The investigation undertaken here is in essence concerned with understanding the basis of accounting change over an extended period of time within a particular context and may thus be viewed as an historical enquiry.

Historical endeavours, however, do not necessarily appeal to a unique notion of the nature of change. Alternative conceptual approaches to explain accounting's past have yielded a variety of accounts of past transforma-

tions in accounting. Certain historians have posited a particular and focused view of changes in the field, casting accounting in an evolutionary light. In this vein, Littleton (1933, p. 368) has explored the effects of "expanding commerce and changing economic conditions" on accounting concluding that:

> Accounting is relative and progressive ... Older methods become less effective under altered conditions; earlier ideas become irrelevant in the face of new problems. Thus surrounding conditions generate fresh ideas and stimulate the ingenious to advise new methods ... Accounting originated in known circumstances in response to known needs ... it came from definite causes; it moves toward a definite destiny (Littleton, 1933, p. 362).

Garner (1954, p. 347) has likewise suggested that:

> Cost theories and techniques have evolved as a product of their industrial environment, and their rapid development has been necessitated by the continually increasing complexity of manufacturing processes.

---

* I am grateful to Michael Bromwich, Anthony Hopwood, Richard Macve, Peter Miller and two anonymous reviewers for useful comments on earlier versions of this paper.

1

Along with other accounting historians (Chatfield, 1974; Eldridge, 1931), these scholars have delineated accounting change in a particular light, viewing accounting as progressing and developing, becoming better able to serve its users and continuing to march to an ameliorated state. Such an approach to investigating transformations in accounting portrays accounting as following a unidirectional and chronological path of advancement and emancipation toward a more correct and appropriate form. As Hopwood & Johnson (1987, p. 45) have noted, the

> ... concern was to trace "origins" on the assumption that the past "evolves" into the present in a logical, ordered fashion.

Other writers on the history of accounting have made explicit alternative theoretical assumptions in analysing transformations in accounting. Accounting change, for instance, has been interpreted within a framework of economic rationality and a search for quantifiable efficiency in competitive environments (Chandler & Daems, 1979; Dyas & Thanheiser, 1976; Johnson, 1981, 1983; Johnson & Kaplan, 1987). Although this perspective recognises the existence of many sources of influence on accounting practices in different contexts, factors which shape accounting are seen ultimately to be guided by economic imperatives:

> Unlike the U.S. where simple but effective administrative methods such as accounting and structure were most instrumental in internalising coordination, monitoring and allocation within the giant enterprise, Europe tended to rely more on traditional social controls: family, class codes, gentlemen agreements and German military-type bureaucracy, to manage the fundamental functions of economic activity (Chandler & Daems, 1979, p. 18).

These perspectives of accounting's past have adopted a formally structured and predefined methodological framework to explain the rationale and logic underlying accounting change in given contexts. But in so doing, their concern has not been to appreciate the process by which accounting can be influenced by forces initially independent of it to ultimately give rise to particular accounting practices. The ways in which a wide array of links and a multitude of relationships between forms of accounting and a broader set of disparate forces can emerge independently of a predetermined logic of causality have not been explored in these studies. Questions thus remain as to the wider social and political forces underlying accounting practices in their specificity, the institutional factors implicated in giving rise to and enabling specific mechanisms of accounting controls to be sustained, and in general, the form of antecedents making possible particular roles for accounting.

Such issues have been more directly addressed by a small number of studies which have attempted to probe to greater depth the wider origins of accounting. Questions relating, for instance, to the transplantation of notions of accountability and responsibility, the creation of modern conceptions of management and the interdependency between wider sociopolitical debates and the emergence of managerial views in particular contexts have been investigated by some scholars (Hoskin & Macve, 1988; Miller & O'Leary, 1987, 1989, 1992; Miller, 1991). Likewise, the technique of double-entry accounting has been located within the perspective of a wider web of power and the broader transformation of society (Hoskin & Macve, 1986) including the influence of rhetoric (Carruthers & Espeland, 1991). The emergence of cost accounting expertise has also been examined within the perspective of the interplay between knowledge, techniques, institutions and occupational claims (Loft, 1986) as has the rise of statistical sampling as an auditing technique (Power, 1992). Further, accounting transformations have been seen as tied to social and economic conflicts characterised by a wider set of interests mobilising organisational action of a specific type (Armstrong, 1987; Hopper & Armstrong, 1991). Analyses of factors entailed in the emergence of accounting techniques in particular contexts (Burchell et al., 1985; Hopwood, 1987a; Preston, 1992) have also shed light on how configurations of wider forces can enable accounting techniques to take shape and accounting practices to become operational. The variety of methodologies and the shifts in the position of history within the discipline of accounting which these studies have caused has led to their being labelled as part of the "new accounting history" (Miller *et al.*, 1991, p. 395).

These "new" historical studies have adopted the view that accounting is an ... "element of the social and organisational context" (Napier, 1989, p. 244), and therefore that accounting is a social practice subject to being influenced by a wide array of forces and itself effecting social changes of its own account. The present analysis seeks to investigate in a similar light, the conditions underlying the emergence of a particular mode of accounting control within a French enterprise over a forty-year period immediately preceding the Second World War. It explores, in particular, the political culture in France which made appeals to scientific rationalisation and statistical reasoning as techniques of control and regulation, and its subsequent conditioning influence on the application of scientific modes of work organisation and ultimately, on organisational forms of accounting controls. Whilst it is acknowledged that changes internal to an enterprise can affect wider rationalities, the primary concern here is to gain an understanding of the external origins of organisational control changes within a given context rather than to elaborate on the existence of reciprocal dependencies.

The study adopts a notion of accounting akin to that of research enquiries which seek to "contextualise" (Napier, 1989) accounting as a practice. Accounting is thus viewed here as representing the outcome, only in part planned, of a complex set of relationships rather than as following an evolutionary path toward a more appropriate form. Its techniques and procedures are seen as emerging only partially as the result of intentional and predefined actions, but culminating also from an indeterminate dynamic of wider forces. Accounting is understood to arise out of the "conditions of struggles" (Hindess, 1982, p. 509) of different actors pursuing their interests without full regard for

or comprehension of the many forces affecting it. Although causes acting to shape accounting may be identifiable, their operations may remain impervious to their effects. Such effects may not just be "unanticipated, unforeseen or unexpected" (Baert, 1991, p. 203) but also unintended. In this sense, no a priori assumptions are made about accounting's potential to affect intentionally its mode of existence or to effect desired changes in its environment.

Whilst this view of accounting has been posited and indeed, supported by other studies, the present essay seeks to analyse aspects of accounting change in two distinct ways. First, it aims to study extensively forms of accounting over an extended period, thereby attempting to understand the process by which historical and wider contemporary social elements can converge within an enterprise to give rise to specific accounting mechanisms. The study prioritises the notion of the enterprise as a platform enabling the formation of a configuration of effects and forces which ultimately condition internal accounting practices. The organisation is seen as inhabiting a temporal and social space whose specificity contributes to the conditions of possibility which subsequently enable the realisation of a particular accounting existence. As such, the enterprise is seen as playing a role in constructing the basis through which an organisationally specific rationality can emerge, whilst in part, also internally replicating the logic of external discourses and the ethos of antecedent rationalities.

The second way in which this analysis differentiates its agenda from that of other studies of the genre is that it traces the metamorphosis of the enterprise's accounting system such as to illuminate the manner in which a defined set of extra-organisational and wider factors can mobilise a sustained influence upon it over a protracted period of time. In effect, forces which are argued to impact organisational priorities at particular sociohistorical junctures, are seen to become embodied within forms of accounting and to continue exerting an influencing effect a considerable period of time after such forces have

219

ceased to exist in their original forms. It is in part the effects of such conditioning elements and the means by which enduring mobilisations contribute to organisational uniqueness in terms of accounting activities which this study seeks to explore. What is sought is an appreciation of the manner in which the particularity of accounting within an enterprise may find distant roots within the generality of wider influences. In effect, the analysis seeks to investigate the ways in which disparate forces can alter the organisational status quo creating new modes of internal functioning which themselves subsequently effect specific consequences of their own long after their precursors have ceased to exert an independent influence.

The organisation analysed in this essay is the French car manufacturer Renault over the time period 1898–1938. The analysis has drawn on primary sources in the form of archival information encompassing internal accounting reports, management documents, minutes of meetings, memoranda between company officials, records of speeches by politicians and trade unionists visiting the company, company papers, magazines, charts, plans and documented reflections by past company employees. In addition, secondary sources of information on organisational changes within the company which have been used include published letters and diaries, company histories, official publications, biographies, general economic and commercial historical treatises and other academic theses. These sources have enabled sufficiently detailed assessments of internal organisational changes within the perspective of broader external changes to be made.

The paper initially provides a brief perspective of the company and its founder followed by a description of what is seen as an important change in the company's accounting system. An examination of the historical antecedents to this change is then presented before delineating subsequent accounting transformations and their relationship to earlier historical forces and extra-organisational factors. The paper concludes with a discussion of the broader implications of this study for the process of accounting change.

A STIMULUS TO ACCOUNTING CHANGE AT RENAULT

Louis Renault (1877–1944) had built his first car in 1898 and founded his company Renault Frères with the financial backing of his brothers in the same year (Laux, 1976). Orders for Renault cars grew rapidly and by 1900, the company had 110 employees and produced almost 4% of France's total motor vehicle output. The following year, Renault Frères became the eighth largest producer of cars in the world, rapidly building a track record for small, cheap and reliable cars (Fridenson, 1972). In 1902, the firm ceased to buy engines externally and also produced more of the components it required in its own shops by reinvesting its large profits[1] to permit rapid expansion. By 1905, Renault Frères had its own foundry, body shop and repair shop, and employed some 800 workers to make about 1200 cars. In subsequent years the firm diversified its product line to include the manufacture of a variety of passenger vehicles, delivery trucks, performance cars, taxicabs and luxury cars. The company also undertook considerable export business across the world and established sales agencies in London, Berlin, Madrid and New York. Renault had the highest sales among French car manufacturers between 1907 and the outbreak of the First World War, at which point the company employed just under 5000 workers (Hatry, 1978, p. 82).

During the war, Renault's production was diverted toward the manufacture of munitions and army vehicles. Explosive darts, cannon shafts, automatic machine guns, shells, aircraft engines, caterpillars, tanks and a variety of

---

[1] In 1901 the firm's profit was 29% of the total sales figure of 1,628,144 fr. (Laux, 1976, p. 50).

artillery were produced in large quantities to contribute to the war effort. The firm continued to expand rapidly in size during this time. Indeed in the aftermath of the war, groups of workers, social commentators and the media accused Louis Renault of having made "scandalous profits" (Hatry, 1978, p. 169) from the sale of war material and to have evaded paying a fair share of taxes on war profits.

It was during the war that some important changes to Renault's internal accounting procedures (*organisation comptable*) were made. In 1916, the Head of Finance and Accounting at Renault commissioned a study to be carried out by an independent accountant to examine how the accounting function should be redesigned (91 AQ 39, *Automobiles Renault: Projet d'Organisation Comptable*, 1.6.1916[2]). The report indicated the need to alter Renault's *organisation comptable* into four separate activities: financial accounting (*comptabilité financière*), accounting for material (*comptabilité matières*), factory accounting (*compte de fabrication*) and cost-price accounting (*prix de revient et de vente*). The financial accounting section was to comprise a larger number of general and subsidiary journals than were being maintained at the time, to permit more exact recordkeeping. In total, 16 new general ledger accounts were to be created, these being separated into 76 subsidiary accounts. For instance, overhead expenses were now reclassified under a general ledger account termed "General, individual and special accounts" with more subsidiary accounts. These included: workshop overheads, insurance costs, retirement pensions, other contributions, maintenance, education and training, special bonuses, combustibles and lubricants, electricity, special war expenses, interest expenses, Paris shop, medical clinic, printing and advertising, returns, travels, racing and exhibitions, refectory, commissions and mess costs (ibid., p. 3).

Accounting for material was to allow a more accurate tracking of stock levels through a system of entries reflecting stock movements. The report stated that

> ... it is evident that a chief executive is as interested in controlling the movement of stock and material as in knowing their value, as this will permit at any point in time, to establish the size of its assets in the factory and within its sales outlets and also to recognise the cost of production and overall costs along with real expenses incurred (ibid., p. 6).

The report emphasised that factory accounting aimed to

> ... provide monthly figures on factory expenses, in order to permit the determination of total production costs and selling prices (ibid., p. 7).

Factory expenses included separate entries for raw material, labour and general manufacturing overheads, as well as capital interest costs. Further, accounting reports were to provide "comparative" (ibid., p. 7) data for these items on a quarterly or monthly basis where required. Finally, cost-price accounting was to be revised so as to enable the determination of product costs after establishing selling prices. The altered accounting method entailed using *"la méthode Taylor"* as outlined in his "well known book" (ibid., p. 9) (reference was made to the translation of Frederick W. Taylor's *Shopfloor Management* published in France in 1907). Under this method, an application rate based on overhead production costs was to be applied to direct material used, another to direct labour used and a third coefficient was to be applied to this total which was to reflect desired profits. This technique was to yield a selling price from

---

[2] The Renault archives consulted for this study were located at the Archives Nationales in Paris until March 1989. At that time, the archives were classified under the rubric "91 AQ" into 128 boxes. References to archival documents cited here use this classification. It is to be noted that after the relocation of the archives to Renault's *Service de Documentation Générale* in mid-1989, the classification system was altered to comply with Renault's internal cataloguing procedures. For general information on the contents of Renault's archives refer to Fridenson (1972, pp. 337–342) and Touraine (1955, pp. 184–187).

EXHIBIT 1. An example of the relationship between cost and selling price

The cost price of the total production for the month amounts to	8,540,000 frs.
and the selling price of total production for the month is	12,500,000 frs.
yielding a profit of	3,960,000 frs.

To determine the percentage of profits, the following calculation may be performed:
$$3,960,000 : 12,500,000 = 31.68\%$$

If you now wish to know the cost price of a particular item or machinery contained in the production lot for the month, you only need to multiply the selling price of this item or machine from the catalogue or from past records by the difference between 31.68% and 100% which equals 68.32%. Thus for a machine sold for 12,000 frs:

$$12,000 \times 0.6832 = 8198 \text{ frs. } 40$$

To prove this, let us assume that for the month, the factory has produced:

1)	100	lorries	sold for	15,000 frs.	each	=	1,500,000 frs.
2)	100	cars	"	10,000 frs.	"	=	1,000,000 frs.
3)	100	motors	"	25,000 frs.	"	=	2,500,000 frs.
4)	100,000	shells-75	"	10 frs.	"	=	1,000,000 frs.
5)	100,000	shells-155	"	50 frs.	"	=	5,000,000 frs.
6)	1,000,000	plugs	"	1 fr.	"	=	1,000,000 frs.
7)	10,000	washers	"	0.50 fr.	"	=	5000 frs.
8)	1000	rods	"	45 frs.	"	=	45,000 frs.
9)	4500	crankshafts	"	100 frs.	"	=	450,000 frs.

Total selling price   12,500,000 frs.

It is now possible to proceed as above to obtain cost prices for the "production" account. For example:

1) $100 \times 15,000 \times 0.6832 = 1,024,800$ frs.
   or for each unit   10.248 frs.

For the total month's production, the cost price will total . . . . 8,540,000 frs.

(91 AQ 39, *Automobiles Renault: Projets d'Organisation Comptable*, 1.6.1916, p. 10).

which product costs could be determined after making an allowance for rejects. Exhibit 1 shows an example of the application of the method provided in the report. Once the recommended changes had been made, the overall accounting function was to

> . . . provide the chief executive with all possible useful information for running the factory, enabling him to see on a monthly basis whether production costs are rising or falling, and more importantly, the reasons for such changes (ibid., p. 11).

Whereas Renault's accounting records during the company's early years of operation have been said to have been "primitive" and "crude" (Fridenson, 1972, p. 52), by 1916 the company's accounting system permitted considerably more extensive tracking of costs and more detailed costing information. It is argued here that in part, this transformation in the role of accounting was tied to a variety of historical factors, which during the war years created a dynamic of change within the enterprise. The war enabled otherwise independent forces to influence the control of organisational activities at Renault redefining accounting mechanisms for managing the enterprise. Specifically, this analysis considers how the antecedents of scientific management thinking and statistical reasoning in France created conditions within Renault, which in conjunction with the company's efforts to profit from the war, influenced its internal accounting practices in 1916 and subsequently through two decades following World War I.

THE ANTECEDENTS OF SCIENTIFIC MANAGEMENT IN FRANCE

Taylor's ideas about the proper organisation of work tasks influenced accounting practices at Renault in important ways. The company's deployment of scientific management work methods prior to and during the war is viewed here as a precondition making possible the later genesis of particular forms of accounting within the enterprise (see below). It will be argued that the perception that the application of scientific management principles was appropriate to the production of war material did not itself emerge without a "prehistory" (Power, 1992, p. 41). In this respect, it is desirable to explore the antecedents of scientific management in France so as to shed light on how its adoption in organising production tasks subsequently conditioned accounting change at Renault.

The notion of rational organisation has a long history in France, being associated with the management of state affairs as early as the sixteenth century.[3] It was from the late eighteenth century, however, that important social thinkers in France, in particular Saint-Simon (1760–1825), began to promote the idea that the study of man and society should be raised to the level of a "truly positive science" (Ansart, 1970, p. 21) based entirely on empirical observation. It was believed that the degree of certainty achieved in the pure sciences could also be attained in the social sciences, if the same methodology were applied. The science of man was considered to be a branch of physiology and human society was seen as an organic entity whose development was governed by natural laws and which could therefore be investigated through scientific enquiry. Saint-Simon saw scientific reasoning as replacing the theological-feudal system which had determined the moral code by which man lived. He rejected the notion of a "celestial" morality of theology to favour a "terrestrial" morality. According to Saint-Simon, man's happiness depended on material and moral well-being and the purpose of social organisation was to maximise that well-being. Saint-Simon concluded that spiritual power had to pass to scientists — the most "enlightened" men, and temporal power to industrialists — the most capable economic administrators since they alone were qualified to organise the various branches of material production including agriculture, manufacturing, commerce and banking (Ionescu, 1976, p. 141). Rabinow

---

[3] During the sixteenth century, the Bourbon monarchy had attempted to establish control over a powerful aristocratic opposition through rational organisational reforms embodied within a strong centralised government. Such reforms encouraged by the king during the seventeenth century, enabled the "bureaucratization of French central administration" (Dent, 1973, p. 22) and helped establish a practical rationalism which was seen as effective in dealing with the problems of class conflicts (Saint-Simon, 1958). Aside from Colbert's efforts to standardise business practices and tax collection (Cole, 1939), engineers such as Perronet the bridge builder, de la Jonchère, author of *Système d'un nouveau gouvernement en France* (1720), and Vauban whose system of a unified proportional tax resting on a "rationalised central accounting system" (Merkle, 1980, p. 165) did much to elevate the use of mathematical argumentation and documentation to uphold egalitarianism and utilitarianism in the face of traditional mystical-theocratic forms of reasoning. The 1789 revolution did not destroy, but rather consolidated the rational administrative organisation of the old regime by sweeping away its feudal underpinnings and uncovering its logical structure (Tocqueville, 1964). The *Code Napoléon* supported rationality within centralisation by giving it a legal and bureaucratic form upon which the machinery and administration of the state was to be built (Rosanvallon, 1990).

(1989, p. 28) suggests that according to Saint-Simon:

> The hierarchical organization of the social body and the healthy distribution of functions would produce a thriving totality within which each individual could happily find his place.

Saint-Simon's writings bound up rationality as a social goal with Utopianism. This Utopian synthesis of technology, morality, and politics directed at famous scientists had little influence on members of the scientific community, however, since they represented an isolated and secondary strata unable to adopt the position of ruling élites which Saint-Simon had envisaged for them (Iggers, 1958, p. 155). Nevertheless, as Taylor (1975, p. 30) explains:

> From the notion of *organism* it was a short step to that of *organisation*. A healthy society was seen in terms of a well-organised society, a society whose fundamental characteristics were order and stability.

August Comte (1798–1857), an assistant of Saint-Simon, held that society which had been characterised by theology and a military regime was in decline, making way for a new society. This new society was scientific and industrial in nature. Scientists were to replace theologians in furnishing a moral and intellectual base for social order. Likewise, the warring class was to be replaced by industrialists, broadly defined as entrepreneurs, factory managers and bankers. Comte thus echoed Saint-Simon's beliefs to which he added the role of "sociology" as a means of understanding and enabling this inevitable transformation. To Comte, sociology would allow man to determine " ... what is, what will be and what should be" (Aron, 1967, p. 84). Sociology was to enable the reform of society by revealing the global determinism which underlies the history of society. This "politique positive" (p. 85) was to allow the discovery, observation and analysis of social phenomena. Comte, much like Saint-Simon, believed in differentiating individuals on the basis of their ability to perform different functions. This current of thought was to be

further developed by Emile Durkheim (1858–1917), Comte's "spiritual descendent" (Aron, 1967, p. 74). But by then, already,

> ... the rising class of technicians and engineers sponsored by the growth of French industry was in a position to take Saint-Simonianism not as a description of contemporary society, but as a blueprint for the future, an ideology of rational social allocation of goods according to scientific planning (Merkle, 1980, p. 145).

Durkheim held that traditional religion no longer satisfied the exigencies of the "scientific spirit" (Merkle, 1980, p. 77) and that it was necessary to establish a morality inspired by such a spirit. He saw the crisis of modern society as having been created by the failures of traditional reasoning based on religion and that this crisis was to be resolved by adopting a morality based on science. Sociology was to enable such a morality to be established by offering a tool for explaining social phenomena.

In his book *The Division of Labour in Society*, which appeared in 1893, Durkheim argued that the individual is the expression of the collectivity, but the structure of that collectivity imposes upon each man a specific responsibility. Social differentiation, according to him, offered a peaceful solution in the struggle for survival because each individual would cease to be in competition with others, and instead, would compete with only a few. Each individual thus had to occupy his or her place, playing a particular role and performing a particular function. According to Durkheim, if the division of labour was to show all the beneficial effects it could bring, then the ways of arranging the elements necessary to complete a total task and the links shared between individual workers could be examined scientifically and could, as a rule, be predetermined (Friedmann, 1961). This line of thinking was very much within the ideas expressed in Taylor's system of scientific management. Indeed, when scientific management writings emerged in France at the turn of the century, they were recognised as a "cousin" (Merkle, 1980, p. 142) of the works of the great French prerevolutionary rational administrators and later social thinkers. Scientific management is said to have found in France "a ready prepared ground" (Merkle, 1980) for expansion with its concept of the technical professional as the architect of rational society being "entirely congenial" (Merkle, 1980) with the French tradition of rational administrative reform.

Le Chatelier and scientific management

At the turn of the century, the World Exposition held in Paris prominently exhibited Taylor's work on high-speed steel cutting tools. Henry Le Chatelier,[4] a distinguished scientist, had been particularly impressed by Taylor's innovation in the light of problems faced by France's iron and steel industries. But in addition to this, Le Chatelier saw Taylor's research methods as offering a model for the application of science to industrial matters. Le Chatelier entered into correspondence with Taylor and the two developed a professional relationship which soon led Le Chatelier to promote actively Taylor's system of management to the French and to become the major spokesman of scientific management in France over the next three decades. Le Chatelier was especially well positioned to play such a role having established at an early age a reputation of importance and leadership within the scientific, academic and business communities.

Le Chatelier believed that industrial problems could be resolved by the application of scientific methods, since:

> The human factor is more difficult to understand than the mechanical factor, but the methods of investigation remain the same (Le Chatelier, 1914, p. 6).

Much in the tradition of Saint-Simon and Auguste Comte's thinking, Le Chatelier strongly felt that faith in science would yield solutions to economic and social problems.[5] However, Le Chatelier saw the main obstacle to industrial progress as being the mentality of French industrialists who were according to him, still largely "anti-scientific" (Le Chatelier, 1914). Le Chatelier also believed that scientific management could be useful to industrialists on the grounds that it would enable them to carry out organisational changes which they had been seeking to make during much of the nineteenth century. This essentially entailed making reforms to strengthen management's control over the production process and eliminate the craftsmen's opposition to factory reforms.

Le Chatelier echoed the desirability of Taylor's concept of a planning department. Critical to the existence of a planning department was the assumption that the factory's operations could be reduced to individualised production cards, flow charts and the design of work according to time and motion studies. The planning department would then monitor work flow and use "functional foremen" (Le Chatelier, 1914, p. 12) to oversee tool maintenance, worker training and achievement of production quotas. Technical staff in the planning department could help separate mental from manual labour and therefore diminish the power of the craftsmen whose reliance stemmed principally from their knowledge of the production process.

Taylorism, according to Le Chatelier, would bring about a shift in the balance of power from the skilled crafts to management through the latter's appropriation of the skilled craftsmen's knowledge of the production process, which in turn, could be refined by the planning department. Humphreys (1986, p. 124) states that:

---

[4] Henry le Chatelier was born in 1850, entered the Ecole Polytechnique in 1869 where he finished second to enter the Ecole des Mines where he later became full professor. In 1887 he was made Chevalier of the French Legion of Honour (and Grand-officer in 1927) and was elected to the French Academy of Science in 1907. By 1900, le Chatelier had also held chairs at the Collège de France and at the Sorbonne.

[5] As a student at the Ecole Polytechnique, Le Chatelier had become deeply influenced by the spirit of positivism and the works of Auguste Comte — also a *polytechnicien* (see Humphreys, 1986).

... scientific management's shift of power from the factory floor to the planning department satisfied the *patronat's* nineteenth century goal of restricting the independence of skilled and semi-skilled workers and extending management's control over production in French factories.

Humphreys argues, however, that this transfer of power could not be voiced too strongly since it also shifted responsibility away from factory owners to technical staff in planning departments. Moreover, it was not desirable to inflame labour sentiment against scientific management by elaborating on the system's appropriation of the mental processes of the production tasks by management.

Aside from obtaining support from industrialists for the adoption of scientific management, Le Chatelier had to appeal to French engineers' perception of Taylorism. This he sought to do by highlighting the potential which scientific management offered them to play a more prominent role in the management of the factory. The significance of this promise must be seen in the light of an emerging conflict between engineers who trained for jobs in the state hierarchy and those choosing to enter the private sector after graduating from the prestigious Ecole Politechnique or the Ecole Centrale des Arts et Manufactures. At stake were the social image and professional status of the industrial engineering societies controlled by engineering corps (Shinn, 1980).

Le Chatelier believed that the reason the Ecole Politechnique in particular was failing to meet its social mission of training the nation's social and industrial élite was the tension which had developed between the state and industrial engineers and that, indirectly, this was tied to the engineering curriculum at the Ecole Politechnique. He maintained that the technical education overemphasised theoretical and mathematical aptitudes and the pure sciences, whereas what was required for restoring French economic power was more applied research and greater stress on *"science industrielle"* (Le Chatelier, 1914, p. 8). The solution according to him was to stress the applied sciences and to incorporate Taylorism into the *"science industrielle"* syllabus. In essence, le Chatelier saw Taylorism as the vehicle through which engineers from élite institutions might carve out roles for themselves as industrial leaders and apply scientific management to French industry. But the prospect of playing a more active role in factory management simply by developing an expertise in Taylor's work methods was not sufficient to convince engineers of the virtues of Taylorism. What ultimately inspired engineers was the appeal which Taylorism made to scientificity.

The pursuit of "scientificity"

During the first decade of the twentieth century, the pursuit of rational and methodical progress flourished. The application of scientific advances, objective rationalism and the logic of calculative practice to all facets of social activity was held in awe. The intellectual climate had ushered in

... the cult of science, faith in reason and progress ... Following the steps of Auguste Comte, the French entered the era of positivism (Dupeux, 1964, p. 185).

Political rhetoric became impregnated with the exaltation of science as desirable and indeed, necessary in the pursuit of progress and betterment. For instance, one politician at the time asserted that:

France lives for its belief in justice ... (and this) great revolutionary nation desires stability and peace so as to allow rational and methodical progress (Ory & Sirinelli, 1986, p. 66).

Generally, state officials supported a notion of

... the political and social organisation of society on the basis of the laws of reason (Dupeux, 1964, p. 185).

Likewise, the strand of thought common to French engineers was their regard for scientific method and it was scientific rigour which they sought in Taylor's methods:

Engineers, through their theoretical training, were particularly imbued with scientific ideas which dominated their thoughts at the turn of the century, with positivism finding much favour (Moutet, 1975, p. 16).

Taylor's work on metal cutting published in the *Revue de métallurgie*[6] in 1907 proved to be expedient in this respect as Moutet (1975, p. 20) notes:

> These studies had characteristics which were clearly more rigorous than "Taylorism" per se, and included in part, mathematical calculations due to the collaborating efforts of Carl Barth who was a mathematician. Thus the French engineers were able to obtain satisfaction in finding a study which appealed to their scholarly spirit, with professor Le Chatelier being among the first to show total satisfaction.

Scientific management rapidly began to gain favour among French engineers who could now be seen as legitimate agents of progress and modernisation because of the scientificity of their expertise. Scientific management would raise engineers' social status because they would be seen as possessing objective knowledge of a scientific type and therefore, of being uniquely placed to arbitrate class conflicts. The solutions they would be capable of presenting were not their own, but those objectively dictated by science. Indeed, scientific management offered the potential for engineers to act as arbiters in the conflicts between workers and capitalists (Shinn, 1980, p. 201). Le Chatelier used his influence in speeches, conferences and through the *Revue de métallurgie* to promote Taylorism and the engineers' rightful role as sole possessors of this objective knowledge which bridged science with technology. Indeed, Georges de Ram, an industrial engineer at Renault, had been greatly impressed by Le Chatelier's urgings in this respect and later became a firm advocate in France of scientific management.

The concepts embodied in Taylorism were thus not new ideas in French thinking. Its links with notions of rational societal reform and scientific objectivity and its appeal for bridging

the professional void which had developed between state engineers and industrial engineers made it opportune for dealing with organisational concerns as well as broader industrial issues. In this sense, it was a combination of social factors and historical forces, rather than simply the primacy of organisational needs which was to render desirable the application of scientific management techniques at Renault:

> If the scientific spirit was on the whole, never totally absent in industrial activities, as the old expression "applied sciences" suggests, it is nevertheless true that we had to wait until Taylor, around 1900, for "scientific methods" to be introduced in industrial organisation (Dubreuil, 1953, p. 182).

PRE-WAR SCIENTIFIC MANAGEMENT AT RENAULT

Toward the end of the first decade of the century, French automobile producers were experiencing intense competition from the U.S.A. Fridenson (1972, p. 171) notes that productivity in French firms was much lower than that of their North American counterparts, whilst salaries of French workers were relatively higher. French industrialists were consequently seeking ways of " ... augmenting production by increasing worker productivity with little or no new investment" (Fridenson, 1972, p. 170). Louis Renault, keen to learn more about the potential which "*le système Taylor*" offered for enhancing productivity, took steps to introduce scientific management techniques in 1908 in a workshop of some 150 workers at the main Billancourt plant headed by Georges de Ram. Georges de Ram had previously applied aspects of scientific management at a U.K. affiliate of Renault before he was recalled to the head office. This was only a year after the translation of Frederick Taylor's studies on shopfloor management appeared in French in the *Revue de métallurgie*.

---

[6] The *Revue de métallurgie* was a journal established by Henry le Chatelier in 1904 to bring the laboratory scientist into closer contact with production engineers in the shops.

Louis Renault was little impressed by the initial experiment with scientific management, even though Georges de Ram had actively tried to persuade him of its potential for increasing productivity and profits. Various reasons have been ascribed to explain Louis Renault's early rejection of Taylorism. Moutet (1975, p. 26) has for instance, noted that:

> French employers did not wish to see foreign workers in their factories as they like to remain their own masters, willing only to employ those who will become completely dependent on them.

Yet, Georges de Ram had hired an Englishman to head time and motion studies (*Chef chrono-métreur*) in his department (Hatry, 1982, p. 68). Louis Renault may, in this respect, have been concerned about allowing any foreign influence to affect his power and authority within the enterprise. Hatry (1982, p. 69) has suggested another reason for Renault's resistance to the application of Taylor's methods: " ... his natural aversion of engineers and graduates whom he would have to employ".

In addition, the manner in which the accounting system classified different types of costs at Renault likely dissuaded Louis Renault from continuing with the implementation of scientific management techniques. During 1909, Georges de Ram wrote to Frederick Taylor in America of the difficulties he faced in persuading Louis Renault to increase the adoption of scientific management techniques at the Renault plants. Georges de Ram, in one letter, acknowledged Louis Renault's abilities as an engineer, but complained that his employer

> ... does not realise at all about the needs of an industrial enterprise. He only sees one thing: the necessity to keep overhead costs down (Moutet, 1975, p. 28).

At that time, the accounting treatment of costs at Renault differentiated between two types of outlays: expenditures on machines and tools, factory workers' wages and other capital investments were considered "productive" (Moutet, 1975, p. 29) since such costs were seen to contribute directly to production. Conversely,

expenses required to run the enterprise such as overhead costs, were categorised as "unproductive" (Moutet, 1975). Given that the application of scientific management techniques required undertaking lengthy studies of work motions and entailed employing additional personnel not tied to the production process, its costs were classified as "unproductive" and therefore deemed undesirable. In commenting on the distinction between productive and unproductive costs, Moutet (1975) notes that

> ... this conceptualisation was totally opposed to the development of scientific work methods ... A group of executives or employees responsible solely for work reorganisation and which did not belong to any existing line function or workshop ... would translate directly into a large swelling of overheads which being unproductive, also meant being wasteful.

Georges de Ram had in effect acknowledged that

> ... the *système Taylor* incontestably increases overhead expenses. It necessitates meticulous work organisation and very systematic structuring of factory components ... moreover, it requires a larger number of employees (Georges de Ram's letter cited in Hatry, 1982, p. 69).

But what Louis Renault wanted was " ... to see costs decrease" (Moutet, 1975, p. 29) and the costs which the application of scientific management necessitated represented the types of costs which he particularly shunned.

Georges de Ram, in his letter to Taylor, explained that he had initially dealt with "unproductive" implementation costs by tactfully burying them in the lower product costs yielded through the rapid increases in production levels resulting from scientific management techniques. Georges de Ram then presented Louis Renault with historical cost figures and by comparing these with the new lower figures, he was able to convince him of the advantageous effects of scientific management. However, following a change in production requirements to meet completely new manufacturing specifications, Georges de Ram told Taylor that he could no longer persuade Louis Renault to incur the implementation costs, as he did not have historical cost data to enable any sort of comparison and could no longer camouflage costs as he had done before. In effect, Louis Renault's reliance on accounting records to control costs discouraged him from carrying on with the application of scientific management in his factories. The political culture which broadly appealed to scientific rationalism as a basis for control and regulation had not at this stage, appreciably altered Renault's internal activities. Louis Renault's interest in scientific management was, however, to surface again, and Taylor's methods were to find wide application at Renault within only a short time.

Scientific management at Renault — another attempt

In 1910, although Renault was the leading French car manufacturer in France, its dynamic growth was beginning to decelerate as it was unable to exploit its lead in the French market and to compete with Ford in controlling the international and European market for small, inexpensive cars (Humphreys, 1986). The following year, on a tour of factories in the U.S.A. prompted by his desire " ... to observe for myself the American phenomenon" (Louis Renault, cited in Hatry, 1982, p. 69), Louis Renault met Henry Ford in Dearborn and Frederick Taylor in Philadelphia. He was favourably impressed with the application of scientific management in certain plants he visited and upon his return, decided to once again apply some of Taylor's principles in his factories. Louis Renault obtained Henry Ford's consent to " ... let an accountant from Renault spend time in Detroit in order to compile a short report on work organisation techniques" (ibid.). Louis Renault, however, ignored Taylor's warnings about the proper implementation of the system which, according to Taylor, required careful and deliberate preparation to offset worker hostility. Louis Renault's primary goal was to use time and motion studies to reduce labour costs and increase worker productivity. Ultimately, Renault's attitude to the application of scientific management led to labour problems culminat-

ing in widely publicised strikes in 1912 and 1913 (Fridenson, 1972).

The strikes of 1912 and 1913 at Renault had been accompanied by worker revolts against the effects of scientific management in many other firms in the automobile industry at the time (see Moutet, 1975) and this caused the spread of scientific management in French industry to slow down temporarily. Merkle (1980, p. 154) notes that: "Taylorism retreated, vanquished, until France entered the First World War". Taylorism had, nevertheless, gained publicity as a result of these widely reported strikes and labour activists as well as bourgeois reformers, recognised Taylor's ideas as providing an important vehicle for bringing about enhanced economic growth. Taylorism was in fact to play an important role in mobilising industrial production during the war years and to significantly influence post-war reconstruction. Indeed, the war was to sponsor further the advent of scientific management in many industrial organisations in France including Renault, changing their modes of operation and control in important ways:

> The war enabled the integration of Taylorism into the general organisation of the enterprise whilst at the same time, allowing industrialists to discover new possibilities of enhancing their firms' efficacy in terms of quality and productivity (Moutet, 1984, p. 73).

THE WAR AND SCIENTIFIC MANAGEMENT AT RENAULT

At the outset of the war, French military leaders and the Ministry of War had assumed that the hostilities would be short-lived, lasting no more than three months, and made little provision for an economic mobilisation of the magnitude that would be required by a war of attrition (Gambiez & Suire, 1968). The Ministries of War and Commerce, who were to be the principal players in managing the nation's economic affairs during the war, were in fact only staffed with personnel of little experience or technical competence (Rials, 1977). But as the growing German occupation of French territory immobilised substantial portions of the iron, steel and raw materials industries, acute shortages of artillery and shells were beginning to seriously hamper the French armies' efforts. State operated factories could only satisfy 10% of the army's shell requirements (Humphries, 1986, p. 149). In addition, the massive numbers of factory workers called back into the military, coupled with factory production losses due to the German occupation, rendered unrealistic any hope of satisfying war production requirements from the remaining factories and labour force. Military and government leaders were under pressure from Parliament to find avenues for sustaining adequate levels of munition for the war effort (Trustée, 1921). It became clear that the private sector had to be engaged in supplying munitions and for this to occur, the cooperation of business leaders had to be secured (Becker, 1988, p. 53). On 20 September 1914, Millerand, the Minister of War, called a meeting with a group of leading industrialists to discuss ways to increase munitions. Millerand sought the assistance of several leading industrialists including Louis Renault, to aid in coordinating the efforts of private manufacturers with the War Ministry (Rials, 1977).

The following month, the Minister of War appointed Albert Thomas as Under-Secretary of State for Artillery and Munitions to take charge of war material production (Fine, 1977, p. 547). Thomas visited industrial sites which could potentially be converted into armament plants and sought solutions to the production problems caused by the German occupation of north-eastern parts of the country and the conscription of factory workers into the army. Thomas advocated the employment of a larger female workforce as well as the use of more immigrant workers in industry. Moreover,

existing social legislation relating to work affairs was also allowed to be suspended, limitations over work hours were to be disregarded and factory inspectors were instructed to ignore all abuses of the workforce (Fine, 1977, p. 548). Thomas carefully heeded Millerand's words: "There are no more workers' rights, no more social laws, there is only the war" (cited in Godfrey, 1987, p. 183). Thomas was particularly keen on the widespread use of scientific management techniques to meet the productivity needs imposed by the war effort.

Thomas had learned about scientific management techniques before the war through his friendship with Louis Renault who had

> ... provided him with the opportunity to gain first-hand data on one of the most successful European applications of the scientific organisation of labour (Fine, 1977, p. 548).

Although strikes which had taken place in 1912 and 1913 at Renault and at other factories had generally dampened the spread of scientific management in France, the war provided a totally new industrial landscape for altering the structure of the workplace in those industries engaged in the war effort. The suspension of workers' rights and the existence of the strictest forms of military discipline in munitions plants, quashed the objections to Taylorism which workers had expressed before the war. Concomitantly, the "massive" (Labbé & Perrin, 1990, p. 21) influx of women and foreign workers[7] at Renault offered a more malleable workforce unable to object to the scientific application of management techniques. This, as Collinet (1951, p. 69) affirms, enabled Taylorism to become the "golden rule of large scale production" during the war years.

Although labour resistance was restrained because of the deployment of less militant

---

[7] The number of women employed in French industry increased by 29% during the war, this increase being largely concentrated in the factories engaged in producing war material. Likewise, foreign workers in French factories rapidly rose, with 82,000 workers recruited from other European countries and 140,000 from North Africa, Asia and China (Humphreys, 1986, p. 157). At Renault, 20–30% of the workforce during the war had been female and 10–15% foreign immigrants (Hatry, 1982, p. 130).

unskilled workers, many skilled workers had remained in French factories during the war. Humphreys (1986, p. 158) asserts, however, that

> ... the war enabled French employers, under the guise of the industrial crisis, to make great strides forward in their efforts to reduce the power of French workers.

Protests on the part of skilled workers against task specialisation and work speed-ups in factories producing artillery and munitions would have been seen as unpatriotic and contrary to the spirit of national self-sacrifice and the unprecedented unity between political parties (*l'Union sacrée*).

Albert Thomas' priority was production and he demanded that employers applied standardised production techniques and that they minimised waste of labour resources by increasing job specialisation. Indeed, he ensured that:

> Government contracts with war-related industries guaranteed industrialists profits and permitted them to purchase expensive machinery and undertake extensive factory reorganisation ... This policy, in effect, greatly reduced risks for businessmen and removed another obstacle to factory reform and the more extensive application of scientific management (Humphreys, 1986, p. 159).

Industrialists could therefore be more free-handed about making expenditures on work reorganisation.

Thomas sought to neutralise labour activists' pre-war perception that scientific management was a mechanism to enable employers to destroy the workers' authority in the workplace. He identified Taylorism with national defence thereby raising its importance above narrow class interests.[8] His goal was not to

> ... deny the existence of classes but to place them below the national interest which required their mutual understanding and collaboration (Humphreys, 1986, p. 87).

Thomas made numerous speeches to French factory workers, explaining to them that their sacrifices would contribute to the creation of a new society after the war in which the interests of all classes would be reconciled. He was successful in establishing a number of commissions and offices to protect the interest of workers and to provide their greater representation in French industry during the war. Through such commissions, employers, worker representatives and governmental officials met to discuss wage scales and working conditions.

In a speech delivered to Renault workers on 1 September 1917 (94 AP 238[9]), Thomas affirmed that

> ... now that an employee syndicate is established, let us seek common aims together so as to make it work effectively ... and to ensure its continued existence for the future of the working class.

Thomas emphasised that the existence of the labour union must be sustained through hard work, such that in the future

> ... economic victory can complement the other victory, so that the people of France worn by their sacrifices do not founder during tomorrow's economic war (Humphreys, 1986).

Thomas exhorted individuals to "produce and produce still more" (Humphreys, 1986) and advocated that workers and management at Renault adopt a national conscience and a patriotic idealism which must supersede their personal interests:

> If classes exist for the higher level interests of the nation for victory during the war and for economic victory,

---

[8] Thomas denied Le Chatelier any meaningful role in the Ministry of Armaments and War Production in spite of his pioneering efforts to promote scientific management in France. This was largely because of Le Chatelier's overriding social conservatism which would have raised serious objections in the labour community.

[9] The "Albert Thomas" archives consulted at the Archives Nationales in Paris are classified under the rubric "94 AP".

then during peace time, all classes must subordinate their individual interests to those more important for production (Humphreys, 1986).

Making more direct appeals to the working class, Thomas stressed that

... workers must become accustomed to seeing the ruling class as embodying the seeds of future industrial progress, they must accustom themselves to seeing effort not in terms of individual and selfish interests but in terms of the common good, and in the interest of the nation and the working class as a whole (Humphreys, 1986).

In his emphasis on increasing effort, Thomas underlined the necessity to shed old prejudices and adopt a model of the "new factory" using "American methods" (Humphreys, 1986) of augmenting productivity (i.e. Taylorism). Following the socialists' break with the *Union sacrée* on 12 September 1917 (Becker, 1985, p. 203), Albert Thomas relinquished his post in the Ministry of War but continued to visit munitions factories. On 25 November 1917, he once again told workers and labour leaders at Renault about the importance of accepting the "technical organisation of work" (Thomas, cited in Reberioux & Fridenson, 1974, p. 93) referring to changes

... towards mass production and the application of Taylorist methods (ibid.).

A letter addressed to Louis Renault from the Ministry of War dated 13 July 1918 (reprinted in the company newsletter *Bulletin des Usines Renault; BUR*) continued the line of exhortation to workers used by Albert Thomas:

The deployment of light tanks in battles has produced excellent results ... Everywhere, the enemy retreated in fear of the Renault tank. These facts must be made known to employees at Renault so that workers will double their efforts and pains to increase production both in terms of quantity and quality (cited in *BUR*, No. 35, 1.1.1920, p. 23).

Productive efforts on the part of workers were in fact considerable and Renault's significant contribution to the production of war material in France[10] resulted in large part from the ability to apply scientific management techniques in the workplace. But concerns about fatigue arising from overwork were being widely voiced.

The stigma of fatigue

Although *BUR* articles promoted the acceptance of reforms in the factory in the form of greater division of labour and the application of scientific management methods, the company took pains to dissociate these alterations in the work environment from fatigue and overwork as possible consequences:

Do not think that intensifying production in the manner we are suggesting, can lead to overworked individuals. Our aim is simply to apply rational work methods to enable the maximum amount of work with the minimum of effort (*BUR*, No. 4, 15.9.1918, p. 2).

The same caution was exercised in promoting faster production through specialised work tools:

One of the most efficient ways of increasing a shop's production is to place tools within easy reach, such that the worker's motions, and any ensuing fatigue are kept at a minimum (*BUR*, No. 6, 15.10.1918, p. 1).

---

[10] Renault manufactured a large proportion of the total war material produced in France during the war years:

War material	Percentage of total production
Shells	4.14
Aircraft Engines	15.46
Caterpillars	66.49
Light Tanks	55.22

(Adapted from Hatry, 1982, p. 167).

and through the use of production lines combined with the break-up of tasks:

> In this way, a worker can undertake a series of movements very rapidly and without fatigue, whereas if the worker has to think and reflect before each movement, the work pace is slower and fatigue follows rapidly (ibid., p. 4).

Even during the 1913 strike, Louis Renault, in response to labour leaders' claims that Taylorism depleted the " ... vital force of workers" (Humphreys, 1986, p. 112), had asserted that in using time and motion studies:

> There is no question of fatigue ... given that most operations are largely mechanical and do not therefore require using much energy (Louis Renault, cited in Fridenson, 1972, p. 74).

The concern with overwork and fatigue stemmed from contemporary medical, physiological and thermodynamics theory. Until the early decades of the nineteenth century, fatigue had been seen as a pleasurable sensation and a mark of accomplishment in that it signified that the body or mind had been utilised fully (Rabinbach, 1982). However, by the 1850s this view was rapidly changing, giving way to the notion of fatigue as both a "physical and moral disorder" (Rabinbach, 1982, p. 44). The laws of thermodynamics had been formulated by the middle of the nineteenth century, and the concept of exhaustion became ultimately linked to energy. The first law of thermodynamics suggested that energy could change form but could not be created or destroyed. The body subsequently came to be seen as a field of discrete economies of physical, mental and nervous energies which had to be conserved. The second law, however, asserted that the transformation of one form of energy into another entails a "dissipation". In other words, inefficiency and waste would result in a gradual loss of energy that could otherwise have been converted into productivity:

> ... it was the excessive, irregular, and poorly organized work that produced and defeated the body (Rabinbach, 1983, p. 484).

Consequently,

> ... social interests of medical and economic research were increasingly directed towards the determination of the precise economies of labour power (Rabinbach, 1982, p. 48).

The second law of thermodynamics seemed to support the view that the nation which best conserved and utilised its energy supply, including labour power, would win the race for industrial supremacy.

Medical researchers subsequently claimed that overwork and fatigue were not the result of excessive work, but of the inner drive to work. By the 1870s:

> Fatigue, it appears, replaced idleness as the moral infirmity of the will to work (Rabinbach, 1982, p. 51)

and

> ... superseded idleness as the quintessential disorder of work (Rabinbach, 1982).

Whilst some researchers tried to determine the limits of human labour beyond which excessive fatigue hindered the ability of the body to replenish its energy, others more directly searched for ways of shifting outwards the horizon of fatigue (Cross, 1989). Taylor, Gilbreth and their counterparts had sought in this vein, to discover the proper motions of muscular movements which minimised the use of energy. In France, Gilbreth's associates sought to derive a harmonious and "rational form of gymnastics" (Rabinbach, 1982, p. 51) using time-lapses photography. They hoped to develop

> ... the ability to accomplish a large amount of mechanical labour in a given time with as little fatigue as possible (Perrot, 1979, p. 164).

The body had become the focus of the production apparatus, not so much for its physical strength which was rendered less essential with the advent of machines on the factory floor, but for its ability to resist mental attrition. It was within this frame of concerns revolving around competing theories of fatigue that attempts were made to allay fears about fatigue and overwork accruing from the application of scientific work methods. Indeed, *BUR* used the stigma attached to fatigue to the company's advantage by making the case for the application of scientific management principles even more persuasive.

In sum, financial incentives which the Ministry of War provided to factory owners to make the necessary expenditures for introducing scientific management, pleas to workers not to oppose Taylorism in the name of patriotism, support for greater cooperation between the *patronat* and the working class and calls for unity in the face of war were important elements in enabling Renault to apply scientific work rules during the war years. This was further aided by Albert Thomas's policy to encourage the employment of unskilled workers which helped dilute opposition to reforms in work organisation at Renault. In addition, the possibility of deploying scientific management techniques to enhance productivity and work activities was also linked to a wider discourse concerning the interrelationship between fatigue and work. This was to render Taylorism even more appropriate as a form of guiding the management of work tasks. In the main, the war had precipitated the redeployment of scientific management which, in turn, was to prove important in altering accounting processes and control activities at Renault during the post-war years. It is the configuration of various elements including the stigma of fatigue, the political rhetoric regarding unity and patriotism, Albert Thomas's vision of the "new factory", the enhanced pliability of the workforce during the war years and the relaxation of laws concerning work conditions which presented novel dimensions in the way in which organisational activities could be controlled. But the war also offered the enterprise the possibility of making unprecedented economic gains, and industrialists' pursuit of profits coupled with the growing application of scientific work techniques was to subsequently alter Renault's accounting practices in significant ways.

WAR PROFITEERING AND COST CONTROL

Once industrialists became implicated in producing war material to supplement the output of state munition factories, it became evident that large profits could be made from participating in the war effort. A growing number of factory owners rapidly began turning their production facilities toward the manufacture of munitions. Initially, war profiteering was condoned if not encouraged by the state. Albert Thomas had remarked on 5 December 1914:

> The government has just legislated that industrialists aiding with (war) supplies will be assured prices higher than those which prevailed before the war and will benefit from less severe costing justifications (Thomas, cited in Hatry, 1982, p. 168).

Partly this was a reflection that it was still not clear how drawn out the war was going to be. High prices thereby allowed industrialists to cope with the uncertainty surrounding both the duration of high demand and the stability of the market for war supplies. The state's attitude produced a situation which induced producers to quickly mobilise their forces to partake in the war effort. Prices for war materials were established by the producers and typically went undisputed by the Under-Secretariat. Renault's first order for aircraft engines in August 1914 for instance, were priced at 35,360 fr., which included a 12% profit mark-up. To this, an additional "extraordinary depreciation charge" (Hatry, 1982, p. 169) of 1890 fr. was applied on the first 1000 engines to allow for the uncertainty in continued demand.

The production of shells was seen as being among the most profitable item of munition, as revealed by the findings of a state investigation committee which reported that between 14 September 1914 and 15 October 1915 the average profit margin on shells had been in the order of 28%. The profits being made on shell production led Albert Thomas to appoint a team to work on establishing the cost-price of producing shells in August 1914. Part of the problem had been that producers chose to manufacture 75 mm shells rather than the more urgently required 155 mm and 220 mm shells. The reason was linked to the time lags in obtaining the necessary raw material, which in turn curtailed manufacturers' profits from the production of larger shells. In his plea to increase production in the interest of the National Defence, the Under-Secretary told industrialists to

... leave the questions of prices ... entirely to his sense of fair play (Thomas cited in Godfrey, 1987, p. 203).

At stake was not only the delicate relationship which existed between state officials and industrialists, but also the lack of a standardised universal definition of profit or any conception of what might constitute a "fair profit" (Godfrey, 1987, p. 213).

Albert Thomas's position in the Ministry of War made him ultimately responsible for maintaining supplies of munitions for the fighting armies rather than worry about profiteering:

From the government's point of view, the "dishonest" industrialist was not the one who charged excessive prices — they all did — but the one who failed to deliver the goods (Albert Thomas cited in Godfrey, 1987, p. 219).

Without the right to examine accounts, state officials had to accept the word of industrialists about the nature of their operations and the size of profits. But even in cases where enormous profits and fraud were discovered, the need for productive capacity was sufficiently great that the government had to resist imposing sanctions. Moreover, the government was compromised in its efforts to assert its authority over private enterprise, given that so many industrialists also held important part-time offices in the civil service.

As material shortages compounded during the war, prices for supplies, machinery and raw materials escalated. These prices had to be accounted for by industrialists in setting prices for war supplies which became contractually binding. Rapid fluctuations in raw material and production costs often led to an "inequality of prices" (Godfrey, 1987, p. 202) existing for the delivery of material by different suppliers at the same points in time. For instance, one industrialist complained to the Under-Secretariat about the variety of prices which the state paid for 90 mm shells. A difference of 40% to his disadvantage existed between the price he had been paid and the price other firms had been paid. The industrialist demanded an upward revision of the price for shells stipulated in his original contract. Albert Thomas's reply was that a uniform price for the same product woud be even more unfair and that the price probably reflected a difference in "cost-price" (Godfrey, 1987).

It was within the context of the protracted emergence of French thinking supporting ideas underlying Taylorism, alongside the possibilities the war presented industrialists for making large profits, that scientific management principles began influencing Renault's accounting practices in significant ways. A particular conceptualisation of a dynamic between work methods, productive output and cost containment was starting to emerge. For instance, the first issue of *BUR*, which appeared on 2 August 1918, described the costing function which had been installed and how it could be used by factory foremen. Particular emphasis was placed on overhead costs:

Mr Renault wishes that we advise you on the importance of overhead expenses in the factory — costs which are very important and most of which are under your control ...

What is your goal? It is to ensure that the work assigned to your work group is well executed which means with the lowest possible cost.

In the factory, two types of costs exist:
1) the cost of the labour paid to workers
2) other cost incurred during production which we call overhead costs. These include power, tools, oil and cloths, machine maintenance, training costs, interest expenses, depreciation, etc ...

In all workshops, the overhead costs far exceed labour costs:

Machine tool costs	Daily labour costs	Daily overhead
200 HP drill	1.80	3.251
Milling machine	1.80	5.331
Norton rectifier	1.80	8.104
Sharpening device	0.55	4.989
—	—	—
—	—	—

(*BUR*, 2.8.1918, p. 2).

The article in *BUR* then stressed that

... you are to control these two categories of expenses. For labour expenses, it is your professional abilities which will enable you to assess the work and the output of your subordinates. Control of overheads however, will require other capabilities on your part. You must carefully monitor all expenses to avoid wastage; you must make economic use of raw materials; you must ensure that all material issued to you is in good order and use it as soundly as possible.

Capabilities which you need to meet these demands are called administrative capabilities. Since overhead costs exceed labour costs, you must give priority to your role as administrators in the control of your workteams, particularly in this factory as there is already a Time and Motion Studies Department (*Service de chronométrage*) which relieves you partly of this task (ibid.).

A link was being created between the application of scientific management techniques and overhead cost control. The foreman was told

... not to think that once the Time and Motion Studies Department (*service de chronométrage*) has established work methods and set rates, that you have no other role to play. Once a rate is established, it is your duty to show workers that it is appropriate and will result in higher than average wages (ibid.).

Moreover, the foreman was to develop an understanding of costing concepts in order to effectively control overhead costs. As part of an example, the *BUR* article explained

... a 250 horse power drill uses 3.34 F per hour. Thus a team of fifteen workers will spend 540 F per day, working 11 hours in addition to earning their wages (ibid., p. 4).

But just as the emergence of ideas about the scientific management of work tasks has been argued to have affected Renault's accounting practices, so the role played by statistics in the regulation of national economic affairs and the conduct of state activities can also be viewed as an historical force which conditioned Renault's internal system of accounting. Prior to examining ways in which statistical thinking became an integral part of cost control at Renault, it is desirable to consider briefly the manner in which statistics as a tool of state control emerged.

THE ANTECEDENTS OF STATISTICAL CONTROL

During the sixteenth century, statistics was concerned with "that which related to the state" (Rosanvallon, 1990, p. 37). Accordingly, *Intendants* collected statistical data on the nation's population as "counting subjects served to measure riches" (Rosanvallon, 1990, p. 38). By 1727, the results of a comprehensive statistical survey on the population was published by Boulainvilliers (*L'Etat de la France*) which

... from this time marked for the state, the use of statistics in governing (Rosanvallon, 1990).

At this time, the Abbé de Saint-Pierre proposed the creation of a central bureau for the collection and analysis of statistics. The introduction of calculus into statistical methods by Condorcet, who viewed massive public health programmes as a step toward the perfection of mankind, was also a significant step in applying a science of numbers to public policy (Baker, 1975). In 1784, Necker, the General Director of Finances established his *Bureau de la balance du commerce* to collect information on national production, paving the way in 1800 for a *Bureau de statistique* put into place by Chaptal, the Minister for the Interior, who noted that the government

... must know everything in order to take appropriate action (Chaptal, cited in Baker, 1975, p. 39).

Into the second quarter of the nineteenth century, professional journals appealing to statistical data for guiding public policy were established. The *Annales d'hygiène publique et de médecine légale* set out to widen its agenda by aiding legislators and magistrates in interpreting the law and monitoring the maintenance of public health. Rabinow (1989, p. 60) notes that:

The importance of the *Annales* was that it opened a discursive space linking the systematic study of hygiene, statistics and the social world.

At this time, the works of Adolphe Quételet (1796–1874) publicised how the concept of the norm could come to be viewed as a privileged means of understanding and defining society. He actively promoted the notion of the "average man" as a useful means of understanding "moral" statistics (on marriages, crimes, suicides, etc.) (Hacking, 1981). Quételet had campaigned vigorously for the creation of statistical data banks, standard statistical terminology and the comprehensive collection of "moral" and social statistics and from the middle of the nineteenth century

... countings of all types began to appear. Congresses were held, international and national statistical societies were created, bringing together novices, physicians, hygienists, actuaries, social reformers ... (Desrosières, 1985, p. 280).

This was a time when statistics was

... caught in a web of social practices ... resembling a moral and political science (Desrosières, 1986, p. 66).

Consequently, organisations which collected statistical information existed principally to serve a specific political role. The *Office du Travail*, for instance, was established in 1891 to enable the Ministry of Labour to draw on surveys of salary trends, unemployment, working conditions, etc. Numerous other organisations were

established to collect "moral" statistics (for instance: *Institut d'économie sociale, Alliance d'hygiène sociale, Musée sociale, Sociéte pour l'éducation sociale* (see Elwitt, 1986)). In this respect, Rosanvallon (1990, p. 43) notes that the collection of statistical information became

... first of all, a method of producing visibilities, to dissipate for the state the opacity of the social, to unveil that which lies underground, hidden in the innermost folds of society.

To this he adds that the "state became sociologist" (Rosanvallon, 1990, p. 44).

During the First World War, a number of mathematicians took up provincial government posts and subsequently had considerable influence in shaping state affairs. For instance, Paul Painlevé, a mathematician, was Minister of War for a time working alongside the *"probabiliste"* Emile Borel, who was Secretary General of the coordinating body — the Presidence du Conseil. In addition, Albert Thomas at the Ministry of War recruited Simiand and Halbwachs (two prominent social statisticians) as cabinet members to oversee material supplies, the allocation of resources and the production activities of munitions factories. With the help of statisticians, Albert Thomas:

Through his influence in the management of war industries, which was necessarily a centralised task, and through standardising procedures put into place, developed new tools of state administration (Desrosières, 1985, p. 283).

"Rationalisation" in managing state affairs was also bound up with the use of statistics. Jules Moch, a labour leader was to write in his book *Socialisme et rationalisation* on the causes of the "rationalisation era of the 1920s" that the war had been an essential factor in its development:

The scarcity of labour and the growing supply needs of the armed forces necessitated higher productivity in factory workshops; the growth in number and the enlargement of factories, to initially serve military needs and subsequently as an outlet for war profits, modernised work organisation and techniques of control; the centralisation of government under the direction of state technocrats ... combined with the shortages of raw material ... enabled waste and scrap to be tackled (cited in Rials, 1977, p. 137).

Desrosières (1985, p. 285) argues that because the state relied heavily on collecting statistical information from industrialists involved in the war effort, "statistical rationalisation as a management technique" became increasingly important in the functioning of industrial organisations.

COST CONTROL AND STATISTICAL INFORMATION AT RENAULT

At Renault, statistical information began to be used towards the end of the war by supervisors and foremen rather than just top management along the lines which the state's *Statistique Générale de la France* and other bodies had utilised statistical data for many decades for controlling the economy and for the social management of the individual. The Renault worker was to start linking aspects of scientific work techniques to productivity and cost control by referring to statistical data. For instance, information on overhead cost application rates for individual machines was provided to supervisory factory personnel and foremen and for this purpose, a new department had been set up:

> Given the need for such data and in order to encourage you to reduce costs, the management has created a Department of Statistics (*Service de statistique*) which is already in operation and which within a few months, will enable you to know all expenses for every individual workteam (*BUR*, 2.8.1918, p. 2).

The foremen were encouraged to develop an understanding of costs, to appreciate the usefulness of statistical data relating to factory operations, and to recognise the links between this information and scientific work methods. In this sense, once the individual could understand the different categories of costs (labour, material and overhead), he or she was to then recog-

nise that overheads can be controlled by differentiating between types of cost behaviour:

> We will outline different types of overhead expenses and show you how it is possible to reduce them ... These expenses are divided into two types: variable costs — those that vary with production ... and fixed costs which are independent of production ...
>
> Now let us see how good administration can alter these expenses (ibid., p. 5).

The *BUR* article made use of data tabled by the *Service de statistique* on individual categories of variable and fixed costs for an array of machines (see Exhibit 2) to illustrate how cost control could be effected.

For each category of variable and fixed costs, a number of suggestions were made on cost control. Thus for power costs (*dépense de force motrice*), the foreman had to ensure that machine dials were properly set, maintenance was regular, and drill bits were sharp. This would help keep power expenses at a minimum. For fan-belts (*dépense entretien courroie*) suggestions were made as to their proper mounting and change of speeds. The issue of *BUR* (ibid., p. 11) noted that:

> We have undertaken a statistical analysis of the usage of fan-belts since 1914 and have obtained the following results:
>
> Expenditure on fan-belts has increased from 22 F to 132 F per machine. In terms of quantity, the increase has been of the order of 45%. This proves that fan-belts are not maintained properly and are misused.

Likewise, for salaries (*dépenses de maitrise et de manoeuvre*), the article suggested that foremen

> ... should ensure the total deployment of available labour and reduce its use if it is in excess. Ths is a time when we must cut down on personnel given the shortage of labour [due to the war] (ibid., p. 12).

For rejects (*dépenses de pièces loupées*), statistical records were created to monitor their value at different levels of the factory:

EXHIBIT 2. Table of variable and fixed costs (*BUR*, 2.8.1918, p. 5)

DESIGNATION DES DEPENSES	Tour parallèle de 200 à 280 de H de P	Machine à fraiser moyenne	Machine à rectifier genre Norton grosse	Tour automatique Brown et Sharpe	Tour automatique à quatre broches	Tour Potter électrique	Machines à tailler les engrenages
1° Dépenses variables							
Dépense horaire force motrice ···	0.260	0.381	0.690	0.363	0.685	0.339	0.246
Dépense horaire huiles, chiffons··	0 090	0.115	0.194	1.009	2.040	0.805	0 359
Dépense hor. entretien machines··	0.294	0 400	0 657	0.152	0.297	0.253	0.154
Dépense hor. entretien outillage··	0.407	1.467	2.196	0.570	0.958	0.462	1.870
Dépense hor. entretien courroie···	0.105	0.154	0.536	0.102	0.103	»	0.110
Dépense horaire de camionnage et magasinage ················	0.238	0.299	0.474	0.137	0.208	0.155	0.101
Dépense horaire de chauffage et entretien bâtiment·········	0.174	0.250	0.411	0.103	0.179	0.146	0.123
Dépense horaire de maitrise et manœuvre ················	0 660	0.624	0.910	0.667	1.014	0.598	0.409
Dépense horaire de vérifications et loupés·················	0.157	0.259	0.236	0.048	0.147	0.080	0.080
Dépense horaire d'administration et direction·················	0.283	0.286	0.390	0.125	0.234	0.187	0.148
Dépense horaire assurances et impôts ···················	0 206	0.209	0.283	0.091	0.170	0.136	0.108
2° Dépenses fixes							
Dépense horaire d'intérêt du capital.	0.108	0.168	0.279	0.100	0.146	0.204	0.297
Dépense horaire d'amortissement du bâtiment ···············	0 041	0 048	0.099	0.017	0.017	0.070	0.073
Dépense horaire des machines et installation ······· ·········	0.228	0.673	0.749	0.297	0.449	0 581	0.911
Dépenses horaires totales:	3 251	5.331	8 104	3.781	6.647	4.016	4.969

We have established a register of the value of defects giving detail across individual workers and across individual teams, and this data will be given to you such that you fully realise the significance of rejects (ibid., p. 13).

For fixed expense categories, the article pointed out that

... it is not their total value which is of interest, but their hourly cost. You will immediately understand that the more hours a machine operates, the lower the hourly cost ... It is therefore important that machines should

always be utilised as much as possible ... Each month, you will be notified of the average use of machines in your workshops such that you fully appreciate the progress you can realise from this approach (ibid., p. 15).

The emerging role of statistical information, as evidenced by the information which was to be imparted on a regular basis to foremen and other supervisory personnel, was beginning to play a role in the control of operational activities at Renault. Although prior to 1916 statistical records of production and costs had been maintained, statistics had not been collected for the use of foremen and supervisors in monitoring the aggregate activities of their departments and subordinates. This tool for management control now offered lower level managers, supervisors and foremen, a way of quantifying organisational processes relating to the activities of workers, production teams and departments and other resources within and across time.

Aside from having instigated more sophisticated costing practices and having set in motion factory reforms along the lines of Taylor's scientific work methods, the war had also enabled statistics as an instrument for overseeing work activities to emerge. The war had created conditions and organisational circumstances which enabled the rise of a novel form of enterprise control. The increased application of scientific management techniques dividing production tasks and redefining work responsibilities was paving the way for more detailed, focused and in-depth control of enterprise activities. The growing complexity of cost records was beginning to allow a more elaborate number of organisational activities to be appreciated in economic terms. The emergence of increasingly detailed statistical information on workers, work activities and productivity was starting to render possible the calculative control of organisational processes. It is the confluence of these organisational practices within Renault during and following the war which was to give shape to an extensively cost-based managerial ethos (see below). Whereas scientific management was beginning to enable the dissection of every aspect of factory work into manual movements to be calculated, evaluated and reformulated, statistical rationalisation was making possible its more comprehensive analysis. The complexity of costing practices, in turn, was starting to proffer economic meaning to the emerging array of intricate data on production and workers. Interdependencies arising between scientific work organisation, complex costing techniques and statistical data within Renault, were to serve as precursors to more elaborate forms of cost

controls for the management of organisational affairs during the post-war years.

POST-WAR ACCOUNTING CONTROLS AT RENAULT

As noted above, a Department of Statistics had been established at Renault during the war years to maintain information on the utilisation of resources and on the productivity of individuals and workteams. The Department of Statistics recorded information on cost containment by individual workers, workteams and workshops to help identify the more productive from the less productive. But alongside the records maintained by the Department of Statistics, a system of individual log books was also put into place. Log books were maintained to inform section heads, foremen and team leaders about individual workers' wages, rejection rates, damaged tools, tardiness and absences. Such information was not only useful to supervisors in managing their subordinates, but also in enabling an assessment of supervisors' abilities in properly assigning tasks to the most appropriate worker. Individual log books provided

> ... all necessary data for assessing the professional qualities of workers on the one hand and evaluating whether supervisors adequately monitored the work of their subordinates taking all necessary measures to minimise rejects and damaged tools on the other (*BUR*, No. 14, 15.2.1919, p. 2).

In addition to measuring the output of workers and assessing and monitoring their performance, log books permitted "comparisons between different work teams" and "different workshops" (ibid.) and thereby increased the calculative nature of organisational controls.

The reliance placed on statistical data in relation to accounting information on wages, output and productivity continued to increase after the war. Complex calculations to determine worker wages linked to productive output began to emerge. For instance, a personnel memorandum dated 1 July 1919 sets out the intricate procedures for determining the salaries and wages of different factory personnel using a wide array of "productivity coefficients" (91 AQ 59(2), *Atelier 38 — Forge et Estampage: Barème d'Etablissement des Primes de Chefs de Section et de Chefs d'équipe*, p. 2). Moreover, *BUR* articles stressed the objectivity of scientific work methods and the elements of "fairness and justice" (*BUR*, No. 38, 15.2.1920, p. 12) these conveyed:

> Time and motion studies ensure a degree of exactitude and accuracy which eliminate all possibility of contestation and furnish a base for determining remuneration from which no reasonable deviation could be expected (ibid.).

Intertwined with a pursuit of greater productivity was the quest for objectivity which itself was tied to enhanced quantification. For Renault,

> ... the information contained in log books must be mathematical ... based on controlled factors rather than feelings, personal relationships or sentiments (*BUR*, No. 14, 15.2.1919, p. 2).

The application of scientific management procedures, the provision of data by the *Service de statistique*, the maintenance of worker log books and the existence of calculative relationships between productive output and wage determination, were factors at Renault which transformed the organisation into units of productive capacity which could be monitored, assessed and controlled numerically. In effect, work activities were starting to be perceived as processes to be quantified. The administration of the factory, the management of the workforce and the articulation of organisational priorities, could now be formulated and expressed numerically. A realignment of the vocabulary of enterprise management and work activities was progressively taking place, giving precedence to quantified rationalisations and accounting-based mechanisms of control over qualitative interpretations. The transformation of organisational control from an activity lacking a set of rationally derived objective methods and rules to a scientific process that was seen as more legiti-

mate and independent of subjective assessment was continuing to take place. Gide and Oualid (1931, p. 341) suggest that a process of "rationalisation" characterised French industry in the 1920s. At Renault, this trend was evident. Indeed, changes at Renault were very much in line with the urgings of a state commission appointed in March 1919 which identified "scientific work methods and specialisation of tasks" (cited in Bonin, 1988, p. 49) as priorities for post-war reconstruction. The pace of change in the management of organisational activities reflected a concern with enhanced quantification and greater scientific rationality. An array of techniques was emerging at Renault for rendering different segments of the enterprise increasingly accountable. One such specific form of control was the establishment of a General Control Department.

The General Control Department

In 1919, Renault established a General Control Department (*Service de Contrôle Général*) whose object was to "... prevent irregularities and losses" (91 AQ 169 (4), *Etude sur l'organisation d'un contrôle général*, 1.7.1919, p. 1). It had been noted that

> ... in spite of specific controls existing within individual departments at Renault, it is without doubt that grave irregularities must be occurring to the detriment of the Company (ibid.).

The principal areas of activities to be controlled by the new department encompassed factory workshops, stock warehouses, the salaries function and factory repair shops but it was to be

> ... understood that as with the General Control for the Administration of Armed Forces, the General Control Department of Renault will, if required by senior management, control areas of activity other than those stated (ibid., p. 5).

The General Control Department was to be staffed by

> ... two or three clerks to deal with accounting matters, one or two clerks to deal with questions of shop control,

EXHIBIT 3. Example of an early general control report (91 AQ 167, No. 8, 15.7.1919)

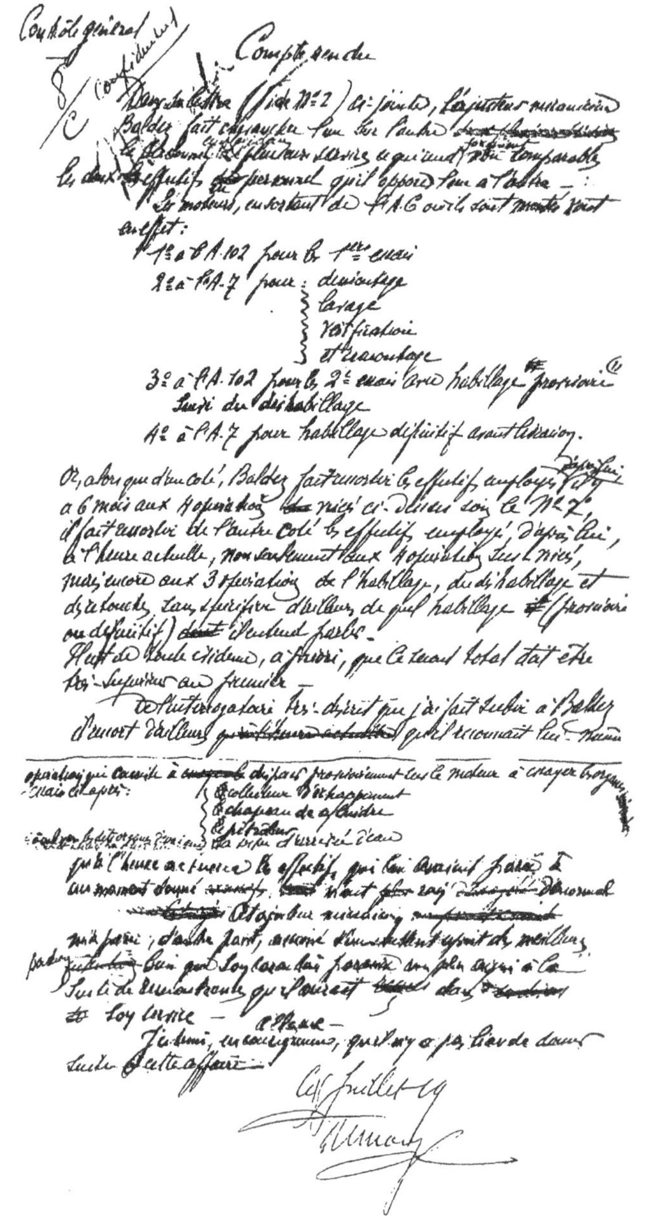
Contrôle général
C/ Confidentiel

Compte rendu

Dans sa lettre (Pièce No 2) ci-jointe, l'ajusteur mécanicien Baldez fait ressortir l'un sur l'autre ... les deux effectifs du personnel qu'il oppose l'un à l'autre.

Les moteurs, en sortant de l'A.G. où ils sont montés, vont en effet:

1° à l'A.102 pour le 1er essai
2° à l'A.7 pour: démontage, lavage, vérification et remontage
3° à l'A.102 pour le 2e essai avec habillage provisoire suivi du déshabillage
4° à l'A.7 pour habillage définitif avant livraison.

Or, alors que d'un côté, Baldez fait ressortir les effectifs employés il y a 6 mois aux 4 opérations [illegible] ci-dessus soit le No 7, il fait ressortir de l'autre côté les effectifs employés, d'après lui, à l'heure actuelle, non seulement aux 4 opérations susdites, mais encore aux 3 opérations de l'habillage, du déshabillage et [illegible] sans spécifier d'ailleurs de quel habillage (provisoire ou définitif) il entend parler.

15 Juillet 19

EXHIBIT 4. Example of a pre-formatted general control table (91 AQ 169, No. 10, 25.7.1919, p. 11)

Item No.	Material	Quantity used	Comments on Use of Material
303243	Fibre	218	....
89962	Steel	162	....
89832	Steel	32	....
312005	Brass	141	....
314664	Steel	5	....
7565	Rubber	818	....

one or two clerks to deal with general control matters, and one secretary (ibid.).

One major function of the new department was to

... shed light on internal affairs with an *impartiality* such that the conclusion of any inspection stand on their own without in any sense, giving rise to the slightest recrimination (ibid., p. 5).

Underlying this objective was a concern that control be guided by objective facts and independent evaluations rather than personal judgement.

The first report prepared by the Chief of General Control (*Chef du contrôle général*) appeared on 25 May 1919 and provided a detailed description of how delays arose in factory billings. The observations made did not follow a ready pattern of order and relied significantly on approximations. The report first outlined the necessary billing procedures:

A stamp should be affixed on delivery statements which should indicate the invoice number, the date at which the invoice was prepared and also bear the accountant's signature ... (91 AQ 169, No. 1, 25.5.1919, p. 1).

The Chief of General Control then indicated that

In 90% of cases, the above noted procedures are not observed or are performed only in part (ibid.),

and the report concluded that lack of control and non-adherence to stipulated procedures was "detrimental to the firm" (ibid., p. 3).

Subsequent general control reports dealt with a variety of issues including pilferage, excessive use of fuel by delivery vehicles, improper

observation of payroll procedures, and letters of grievances sent to the personnel department by workers who felt they had received ill-treatment from their immediate supervisors. These early reports appeared at irregular dates (with gaps of one day to three weeks between reports). They were sometimes hand-written rather than typed and provided, in the main, qualitative explanations and descriptions of different departments' activities (see for instance Exhibit 3).

The tenth general control report dated 25 July 1919 looked at work processes in factory workshops presenting some items of data in the form of graphs and tables (see Exhibit 4) to support qualitative points raised. The report identified factors which a particular factory workshop head was held responsible for, but which were, in effect, not within his control:

The Chief Shop Manager (Monsieur Mille) often attempts to tackle problems which are outside his control but which his position forces him to address and deal with (91 AQ 169, No. 10, 25.7.1919, p. 28).

This conclusion was arrived at partially through a calculative analysis and made visible by an explanation relying on quantitative data supporting qualitative reasoning.

Another report (91 AQ 169, No. 39, 16.3.1920) provided a detailed quantified analysis of differences existing in the accounting records of different sections, and concluded that not all accounting activities could be coordinated by a centralised accounting department because of the special needs of certain sections. Efforts to standardise procedures within different departments were nevertheless being made to increase

EXHIBIT 5. Variance reporting using a standard format (91 AQ 170, No. 959, 10.12.1926)

Contrôle Général

N° *959*

Vérification de la paie du *10 December 1926*

Atelier *1/3* (Sondages)

N° de pointage	Nom de l'ouvrier	N° de bon de travail	Nature de l'erreur constatée	Somme payée	Somme à payer	Différence en +	en −
92	*Buoff*	*21090*	*Acomp le 9/16 ou ordonné dom petit 1 du ten*	*224.40*	*124.40*	*100*	
96	*Laigny*	*43668*	*d°*	*200 —*	*100 —*	*100 —*	
1252	*Amiralle*	*36072*	*Erreur repo. feuille de paie*	*395 —*	*163.95*	*31.05*	
295	*Dilagba*	*11594*	*d°*	*52.50*	*26.25*	*26.25*	
40	*Guenguen*	*28926*	*a rembar*	*145 —*	*140 —*	*5 —*	
271	*Messahoff*	*56012*	*report feuille de paie*	*225.86*	*223.86*	*2 —*	
140	*Maréchal*	*60220*	*d°*	*10.50*	*12.50*		*1 —*
1511	*Lepelure*	*7222*	*d°*	*19.50*	*19 —*	*0.50*	
312	*Galieff*	*32769*	*non trouvé, ou le*	*54 —*	*56 —*		*2 —*
369	*Dalmart*	*52922*	*report feuille de paie*	*110 —*	*110.50*		*0.50*
						264.30	*3.50*

Ci-joint feuilles de paie, bons de travail et cartons de pointage des ouvriers mentionnés ci-dessus

Observations : _____

_____

_____

_____

_____

Billancourt, le *8/1/27*

their comparability. Over the following years, the frequency of reports grew and the situations examined increasingly focused on discrepancies between records maintained by different departments. By the mid-1920s, variance calculations appeared in general control reports but were limited to comparisons between accounting records and actual transactions. For instance, one report examined discrepancies between material vouchers on hand and physical stock

244

counts (91 AQ 169, No. 252, 1.4.1925) and another between time record sheets and actual salaries paid (91 AQ 169, No. 948, 27.12.1926). General control reports had become much more structured and almost totally quantitative by this time, using pre-printed standard formats with separate tables for recording variances (see Exhibit 5). Accounting controls gradually widened the locus of control to other activities. In 1927, for example, one General Control Department memorandum explained the procedures for controlling raw material:

Once every three months, inspectors compare the physical quantity with the registers ... Variances are then notified to the Industrial Accounting Department (*Comptabilité Industrielle*) (91 AQ 170, 11.2.1927).

Although general control inspections at this stage mainly focused on differences between records and actual physical counts, and between employees and departments across time, they offered a very high degree of detail. One inspection report on an engine parts workshop completed on 21 January 1928 reveals that for each type of engine part manufactured, discrepancies in physical stock counts and records for the second half of 1927 appeared alongside those for the first half of the year to permit an appreciation of any improvement in variances noted. In addition, information on the average variance rate for each part for prior years was also provided (91 AQ 170, No. 1454, 21.1.1928). Another general control analysis undertaken in 1928 provided a summary of the impact of a new system of control in a forge:

Before July 1928: Metal ingots were counted rather than weighed ... no information on daily spoilage as a percentage of combustible was available, nor of forge capacity, or proportion of recycled versus new metal or overall accuracy of accounting.

Presently: The installation of a weighing machine ... and a compulsory register of weights according to metal weight, type and stock ... provides daily results. Accounting is now accurate (91 AQ 170, No. 1609, 22.11.1928, p. 2).

and noted that:

A study of accounting records and an on-site investigation allowed us to confirm that not every item is weighed regularly (91 AQ 170, 22.11.1928).

The reliance placed on accounting as a technique for controlling organisational activities was thus becoming more widespread.

The quantification of internal accounting

The increasing role of accounting in controlling organisational processes, as evidenced by the changing nature of general control reports during the 1920s, coincided with the expanding role of the General Accounting Department at Renault. In 1926, the Chief Accountant at Renault, in a 45-page report, outlined the activities of the General Accounting Department (*Service de la Comptabilité Générale*) at Renault. This department's function was:

— to maintain current accounts on clients and suppliers;
— to maintain general accounts and to consolidate records relating to the manufacture of products for compiling financial statements;
— to provide statistical information and financial projections;
— to manage credit.

(91 AQ 39, *Usines Renault: Mémento sur l'organisation de la comptabilité générale*, 1.7.1926, p. 3).

The role of accounting was much more extensive than that noted in the 1916 report *Project d'Organisation Comptable* (91 AQ 39) and pointed to a much larger set of ledgers and subsidiary accounts at Renault. Moreover, although much of the report dealt with record-keeping entries and the maintenance of ledgers, an emphasis was also placed on the need to provide daily statistical updates on stock flows, payments and sales.

By the early 1930s, Louis Renault was placing considerable importance on accounting as a technique for monitoring production output. In a memorandum dated 30 September 1930 (91 AQ 3), he requested that forges keep daily journals to record production such that

... the slightest increase in yield may be felt; as well as

the slightest fall in labour output. Unproductive labour must be placed under the spotlight.

On 22 October, 1930, Louis Renault requested:

> A review of the question on industrial accounting in the sheet-metal workshops which is presently insufficient ... (91 AQ 3),

and again on that date:

> Create an industrial accounting system for the tool and car body workshops ... It is necessary that daily accounting journals be kept on the consumption of bolts (ibid.).

Louis Renault also insisted on making increasing use of statistical data and graphs in controlling both financial and production activities:

> Provide graphs of funds available during the year and for previous years if useful (91 AQ 3, 14.10.1930)

and

> Provide graphs of vehicle stocks in our factories with agents, with affiliates and other branches (ibid.).

In a memorandum dated 20 January 1931 addressed to Louis Renault in response to his requests, Francois Lehideux, a senior executive at Renault, confirmed that journals indicating production yields for tooling and car body workshops had been established and that

> ... daily surveillance of these yields through graphs (91 AQ 3)

was being undertaken. The memorandum also confirmed that a committee on cost reduction (*Commission des Economies*) met weekly with production supervisors to review shortfalls in yields, overhead cost savings and the proportion of "non-productive" activities. In a note to Lehideux on 21 February 1931, Louis Renault requested that the ratio of productive to non-productive workers be calculated when the maximum production yields are being achieved and noted:

This number must presently be at a maximum (91 AQ 15 (4), 21.2.1931).

Overhead allocations were determined by the Industrial Accounting Department and relayed to individual workshops every month to provide information on cost reductions. Production supervisors subsequently became increasingly concerned about cost containment as a note to Louis Renault by Francois Lehideux written on 1 February 1931 reveals:

> This question over overhead expenses seems to interest production supervisors who come in to see me frequently to ask for information (91 AQ 3, *Réponses aux notes de Monsieur Renault adréssées à Monsieur Lehideux depuis le 1er Février, 1931*, p. 4).

Lehideux ensured that he received all copies of accounting information sent monthly to factory workshops from the Industrial Accounting Department:

> At the same time as workshops, my department also receives a copy for close inspection (ibid., p. 5).

Likewise, Lehideux received statistical and accounting information from every production point in the organisation. This information encompassed both actual and standard production data. For instance, for electric furnaces:

> A graph revealing consumption is sent to me every month ... Actual production level is indicated to me on a daily basis. The ratio of these factors is provided weekly. Monsieur Jannin determines the theoretical level of daily consumption and these figures are submitted every week to my department (ibid., p. 8).

The General Control Department reported on investigations directly to Lehideux on issues ranging from stock control, to the adherence to accounting procedures to cost containment. A number of investigations into the efficiency of administrative practices were also undertaken such as, for instance, an analysis of the speed with which an order was processed on average, or studies on delays in responding to customer queries. One such study by the General Control Department concluded that:

The proportion of letters with responses made in less than five days after their receipt is 66% (72% in May). The average response delay is three to four days (91 AQ 171, No. 6008, undated but circa 1933).

In the 1930s, tables analysing variances across departments, individuals and time continued to be reported. The calculation of variances, however, had become somewhat more detailed than they had been, showing differences between actual levels of production and theoretically determined levels of attainment achievable. For instance, one analysis dated 16 February 1933 reported on

> ...comparisons of petrol used with theoretical consumption levels for January 1933 (91 AQ 71, No. 4492, 16.2.1933)

for a particular workshop. Theoretical notions of normal productivity enabled the analysis of variances, which in turn rested on a knowledge of standard manufacturing capacity and actual performance.

At this time, the level of statistical detail in accounting reports was considerable. For instance, in 1936, Louis Renault was to request information on overhead costs in the form of graphs, since:

> Analyses of accounts appear to cause managers a level of difficulty. Conversely, the reading of graphs is easier and allows ready information on workshop management (Louis Renault's *Note*, 91 AQ 3(6), 22.12.1936, p. 10).

One report on the cost of medical treatment for workers injured on the job (91 AQ 171, No. 7107, 5.2.1937) included data on the frequency of consultations, the variety of medical requirements and the lost time from consultants' movement around the factory works. The study drew on previous years' statistics of medical treatments, calculations of consulting costs by the minute, and examinations of the shortest possible routes to and from different points in the Renault plants, to ultimately arrive at a total annual cost for medical services of 692,648.20 fr. An equally complex investigation was carried out to establish whether a particular production

supervisor should be held responsible for production errors, or whether a faulty weighing machine in fact caused the problem. The analysis entailed a detailed examination of the quarterly performance of the production supervisor over a four year period, before concluding that:

> No reproach can be made from a professional standpoint of Monsieur Thibaut, manager of the workshop under investigation (91 AQ 172, 30.11.1937).

In general, control over organisational activities as depicted by the changing nature of general control inspections and other management reports continued to rest increasingly on accounting and costing mechanisms and statistical reasoning. Louis Renault's concern with cost containment could now find even fuller expression in an ever-increasing reliance on accounting modes of controlling his enterprise. In particular, the establishment of a Department of Cost Savings (see below) would complement the activities of Renault's other accounting departments and create an accounting-based network of organisational controls which ultimately would enable extensive and widespread management through costs.

Managing through costs

During the late 1930s, Louis Renault was ever mindful of costs. In reviewing his company's financial performance, he commented, for instance, that:

> The rising cost over the past years of salaries, material, and other parts making up our products are far in excess of the increases in our product prices and jump to the eye ... Our profit margin has been rapidly absorbed by the brutal rise in costs and product price increases cannot meet this rise (Louis Renault, cited in 91 AQ 3, *Résumé de la Conférence de Monsieur Renault*, 12.5.1938).

Among Louis Renault's concerns at the time was the firm's inability to satisfy the demand for commercial trucks, small passenger vehicles, agricultural tractors and boat motors. He was aware that overhead costs reduced profit margins on some items more than others and was keen to both reduce cost prices for the firm's products and to focus production capacity on the more profitable lines. Louis Renault in his attempt to understand costs had wanted the determination of cost to be

> ... very precise and approaching as far as possible, reality. The determination of costs should not just be an element of bureaucracy, but should provide the opportunity to make objections on particular aspects of the product and even to propose alterations (91 AQ 3(6)), *Notes de Monsieur Renault No. 3934*, 10.11.1937).

The management and control of the enterprise was becoming increasingly based on accounting data and systems for the collection of accounting information were being created with relationships being forged with existing modes of accounting information capture. Thus in 1937, a Department of Cost Savings was established at Renault (*Service Economies*) whose mandate was:

> To search for and seek to realise cost savings which may be possible within any part of the organisation (91 AQ 3 (6), *Note concernant le Service des Economies 1937–1938*, 22.12.1938).

A report outlining the role of this new department stressed that:

> Whilst certain potential cost savings may be brought to light by directly observing the operation of workshops, it appears indispensable to examine "expense accounts" for the organisation to find savings that may be "evident" or "possible" (ibid., p. 1).

The Department of Cost Savings sought to provide information on costs incurred relating to "any item at any stage of production" (ibid.). Moreover, the accounts were to enable calculations of production costs for each item for every workshop and allow a comparison with standard "theoretical" (ibid.) costs. The mandate of the Department of Cost Savings was essentially to restructure the organisation such that cost savings and greater accountability of personnel could be effected. The new department established an accounting system by grouping similar production workshops together, each group to

be headed by a departmental manager in charge of "supervising and managing" (ibid., p. 2) the production workshops.

Whilst this process of decentralisation was taking place, "Administrative Engineers" (91 AQ 3 (6), *Conférence du 31.12.37 aux ingénieurs administratifs*) were appointed to oversee the operation of temporary departments. Initially, 22 departments were identified and the same number of administrative engineers were appointed. Their task was to then search for possible cost reduction options by focusing on material, labour and overheads identifiable with each department. For material, they noted that

> ... quantities consumed must be compared to quantities theoretically necessary and the attention of the heads of the department concerned is directed to the difference between these two quantities (ibid., p. 2).

In addition, following a number of general meetings, the administrative engineers suggested that:

> To increase labour productivity ... two elements of information are essential: actual production achieved and planned production. This implies a need to *control* ongoing work by counting the output and also to extend time and motion studies (from which theoretical production levels may be deduced) to all aspects of manufacture (ibid., p. 5).

They indicated that:

> The information obtained for both material and labour is officially only available to those workshops where time and motion studies take place. This is why it is requested with insistence, that the principles of time and motion studies be applied to all workshops (ibid).

The containment of costs rested on the availability of standards and the ability to calculate variances. This in turn necessitated the application of time and motion principles.

The Department of Industrial Accounting which was already in existence and which functioned to

> ... oversee all factory expenses: material, labour and overheads (91 AQ 3 (6), *Note*, 12.11.1937, p. 12)

and to

> ... maintain control over all accounts relating to production, in conformance with general guidelines of sincerity (91 AQ 3(7), *Role du Service des Economies et de la Comptabilité Industrielle dans leurs support avec les départements*, 20.5.1938)

was to be supported by the Department of General Control and the new Department of Cost Savings. The authority of the Department of Industrial Accounting itself was the subject of some change in May 1938. A memorandum report outlining the technical procedures to be observed by production departments and work-shops commented on the necessity to provide all relevant data to the Department of Industrial Accounting but also noted that production departments had to identify an individual responsible for conveying this information who would

> ... receive directives and procedures to be followed from the Department of Industrial Accounting, and who would be required to furnish the latter with all the information it requires (91 AQ 3(8), *La Comptabilité du Département*, 20.5.1938, p. 1).

Moreover,

> ... to maintain good liaison between the Department of Industrial Accounting and other departments, and to facilitate the accounting tasks to be carried out, the Department of Industrial Accounting will, at its cost, place an accountant within production departments in charge of compiling production accounts, controlling all accounting procedures and participate in all other accounting matters as it sees fit (ibid.).

In November 1937, the Department of Costing (*Service des Prix de Revient*) was reorganised. Rather than being attached to the General Accounting Department as had been the case, it was now to be

> ... an autonomous department with a head reporting directly to general management (91 AQ 3 (6), *Note: Service des Prix de Revient*, 12.11.1937, p. 1).

Its primary function was

> ... essentially to fix cost prices within which production must take place ... It is charged with providing a normal cost which guides production (ibid.)

and it was

> ... to be situated between the Technical Studies Department (*Bureau d'Etudes*) and the Time and Motion Studies Department (*Chronométrage*). The head will be in constant contact with:
> — an officer from the Design Department (*Bureau d'Etudes*)
> — an officer from the Tooling Department (*Bureau d'Outillage*)
> — an officer from the Time and Motion Studies Department (*Chronométrage*)
> — an officer from the Purchasing Department (*Service d'Achat*) (ibid.).

Moreover,

> ... the Department of Costing will naturally be in contact with the production operations, that is, it will have to know how production keeps up with costs provided such that revisions can be made and ultimately, such that costs can be reduced which is the principal goal sought to be achieved. In this respect, the Department of Industrial Accounting will likewise, have a permanent officer liaising with the Department of Costing (ibid., p. 2).

The Department of Costing was, like the Department of Cost Savings, to be linked to operational processes through other auxiliary departments which themselves were implicated in the control of production activities. The network created by these departments (the General Accounting Department, the Industrial Accounting Department, the Department of General Control, the Department of Costing, and the Department of Cost Savings) ultimately produced cost information on operational departments which was subsequently made available to top management. The availability of such information was seen as important and in May 1938, the Chief Accountant outlined the technical details of the general accounting procedures at Renault in a report entitled *Plan Comptable* (91 AQ 3 (8), 12.5.1938). He concluded the report by noting that

... even if it is not yet possible to establish the above accounting procedures for all departments on a daily basis, it is the priniciple of daily accounting (*une comptabilité quotidienne*) which must be borne in mind ... nothing is as valuable as daily accounting. Such accounting offers elements of total and permanent control (ibid., p. 4).

By this stage, scientific management information and statistical data had become an integral and inherent part of the compilation of accounting reports.

SUMMARY AND DISCUSSION

Examining the metamorphosis of accounting practices and forms of internal control at Renault over the company's existence prior to the outbreak of the Second World War has provided some insights into the process of accounting change. It was noted that during the first decade of this century, Renault used a bookkeeping system which covered an extensive range of cost records. One primary concern of the firm's founder was to keep costs at a minimum, and it was this which for a period held back the application of scientific management principles because of the way in which costs were categorised at the time. Yet over time, the application of scientific management principles was eventually to become a principal strategy for cost reduction. A number of unrelated changes and independent forces external to the organisation ultimately contributed to the widespread usage of Taylor's scientific management techniques at Renault. In part, social thinkers had advocated from the mid-eighteenth century the use of scientific management approaches to the administration of the state and the governance of the country. The rhetoric surrounding scientific rationality had pervaded much of philosophical and later social and political thinking. Ideas about social differentiation, the division of labour and the scientific break-up of tasks had already achieved wide currency, particularly in the conduct of state affairs, in a way complementary to work principles advocated by Taylor. The propagation

of Taylor's ideas in France, however, was also tied to the political struggles of industrial engineering societies seeking the advancement of their professional status and social image as well as to the predisposition of industrialists to scientific ideas. It was, in effect, the pursuit of rational scientific reforms at the political level, broad notions of the propriety of scientific objectivity and the attempts at bridging the professional void which had existed between state engineers and industrial engineers which played a part in sponsoring the use of scientific management principles within French organisations prior to the First World War. At Renault, this occurred initially through a link between an engineer and an important advocate of scientific management, but later through Louis Renault's personal observations in the U.S.A. of the method's potential for reducing costs. Ultimately, it was the First World War which was to promote the widespread application of scientific management and its firm footing at Renault.

The demand for artillery and munition during the First World War far exceeded the supply capacity of state operated factories, and the ability of the private sector to produce war material was diminished by the German advances into the north-eastern parts of the country. Consequently, the Ministry of War placed high priority on maximising productivity in factories engaged in servicing the needs of the war effort by whatever means available. According to Albert Thomas of the Ministry of War who had been exposed to scientific management through his longstanding friendship with Louis Renault, Taylorism was an approach which could address the productivity problem. Scientific management had in effect served as an antecedent to its own promotion during the First World War. Moreover, the resistance to Taylorism which had dampened its success prior to the war had been quashed once its use became linked with notions of patriotism during the war years.

Whilst productivity had been of primary concern to the state, developing an understanding of the level of profitability from partaking in war contracts was becoming increasingly important to industrialists. The price of supplies, machinery and raw materials during the war had escalated because of shortages and had to be accounted for in setting contractually binding prices for artillery and munitions. Renault consequently overhauled its costing system introducing an array of new costing categories as well as comparative cost data. Further, as part of its altered accounting methods, the company more closely coupled product cost determinations with selling prices using "*la méthode Taylor*". In addition to making changes to its accounting system, Renault also established a *Service de statistique*. Production foremen and supervisors were encouraged to develop an understanding of costs, an appreciation of statistical data relating to factory operations and more importantly, to develop an awareness of particular conceptions of a linkage between cost and statistical information and scientific work principles. Although industrialists' desires for better understanding costs arose partly as a result of the situation presented by the war, and was therefore a relatively contemporary concern, as discussed above scientific management had distant antecedents. The use of statistical information in the regulation of complex entities likewise found its roots in history. It was deployed in sixteenth-century France as a tool for state control but had become particularly prevalent during the nineteenth century in collecting information on the economic and social condition of the country. During the war, the government relied extensively on statistical information as a tool for the administration of state affairs and appointed a large group of statisticians, probabilists and mathematicians for the purpose of installing and running an apparatus for data collection.

By the end of the war, Renault had both enabled and witnessed the genesis of a complex of forces, contemporary and historical, making possible the conceptualisation of new strategies for the management of organisational affairs. This had been in part, the outcome of the availability of sophisticated costing information within a statistical frame of reference resting on

economic conceptions of Tayloristic work methods. The subsequent transformation of cost control and accounting practices at Renault depicts a trajectory conditioned by the configuration of historical and contemporary forces which converged within the organisation during the war years. Independent forces of change had penetrated the enterprise at a specific historical juncture causing later accounting change to result. Such change was dependent on a complex set of relationships and preconditions including not only Louis Renault's penchant for economy and cost information, but also certain broader influences which produced within Renault an environment conducive to the use of statistical information and complex costing techniques.

The analysis brings to the fore a number of issues about the process of accounting change. First, the examination points to the possibility that factors which find their origins outside the organisation can come to be lodged within it, instilling sources of influence which affect its internal processes. The organisation ultimately reveals particular forms of administration, systems of operation and modes of action which appear to be internally rooted, and not dependent on any historical antecedents, but which in fact find their provenance in historical changes and extra-organisational forces. The analysis illustrates the manner in which the specificity of Renault's internal functioning can be interpreted in part, as arising from earlier external influences rather than solely from notions of functional requirements dictated by forces internal to the organisation.

The multitude of linkages and the diversity of relationships which emerged between Renault's internal forms of control and accounting practices, and extra-organisational factors, point not only to the externally contingent nature of organisational structure and processes but also to the "arbitrariness of institutions" (Foucault, cited in Martin, 1988, p. 11). The analysis suggests that certain historical factors residing outside the enterprise such as Saint-Simonian thought, occupational conflicts within the engineering profession and the stigma of fatigue alongside an independent discourse on the use of statistics in guiding state affairs conditioned possibilities for organisational reforms which the war presented. Such a dynamic of change in turn produced a complex of forces which influenced and stimulated effects in Renault's internal structure and practices. This configuration of forces was, however, time specific and peculiar to the sociohistorical juncture in which Renault found itself. The characteristic nature of post-war accounting practices at Renault was engendered in part through the indeterminate interaction of various contemporary events and socio-historical forces. Of significance is that any such "arbitrariness" relating to accounting is not overt. By delineating a contextual history which has focused on the diverse origins of accounting controls at Renault, the analysis has sought to "show the foreignness of the past" (Stewart, 1992, p. 68) and has attempted to render the "previously familiar strange" (Stewart, 1992). Rather than suggest that accounting evolved as a reaction to organisational needs and that it accords with notions of essentialism, this essay has posited the existence of distant antecedents conditioning accounting practices at Renault and has, in this sense, defamiliarised accounting's past. Moreover, the analysis suggests that wider social rationalities altered conceptualisations of legitimate organisational action and with the passage of time, such rationalities became embedded within the functioning of the organisation losing their association with their external roots. Appeals to exogenous rationales over time disappeared, enabling accounting to develop its own domain of reason. Thus, Taylorism and statistical thinking affected internal processes within the company prior to 1920 and Renault's justifications as to the propriety of their use was that they were "rational" (*BUR*, No. 4, 15.9.1918, p. 2), "efficient" (*BUR*, No. 6, 15.10.1918, p. 1), "fair" (*BUR*, No. 38, 15.2.1920, p. 12) and "accurate" (ibid.). But over time, such appeals to objectivity diminished. In this regard, accounting came to represent the "embodiment of rationality" (Carruthers & Espeland, 1991, p. 60) of a certain order without reference to other systems of meaning. Accounting at an initial stage, afforded credibility and purpose on the basis of a pre-existing logic but ultimately, it symbolised that which justified its own being.

A second issue raised by the analysis is that although external factors can affect organisational processes, the emergence of particular internal activities themselves establish a basis for continued organisational change. Sources of influence on the workings of the organisation arising from autonomous extra-organisational factors and their interaction within the enterprise confer the organisation with a potential for mobilising and sustaining its own subsequent forms of change. In this sense, the organisation acts as a platform upon which previously independent discourses and emerging social processes can create and give rise to novel directions for further organisational change emanating from within (Hopwood, 1987b). The enterprise enabled social forces with particular priorities and purposes to penetrate its workings and instil themselves such that they continued to exert pressure for further internal change. External processes directly affected the organisation but also permitted subsequent organisational change to echo the agendas of past currents of change. Influences and processes such as these which penetrated and reverberated within Renault included circumstances peculiar to the firm. The personality traits, concerns and proclivities of Louis Renault, for instance, had repercussions on the nature of organisational actions and managerial practices which emerged at Renault. External conditions and organisational circumstances both played a role in determining the modes of control and systems of accounting which Renault was to witness. Local and enterprise-specific characteristics become intertwined with extra-organisational specificities to delimit the form of internal administrative mechanisms which came to exist at Renault.

Finally, accounting change at Renault has been characterised here as having been mobilised by a configuration of forces and intermingled effects consolidated within the enterprise. The mesh of mechanisms for the management of organisational affairs which existed at Renault prior to the Second World War found its roots in factors both internal and external to the organisation. Forms of calculative practices, economic rationalisations and accounting processes had diverse and sometimes distant extra-organisational antecedents. If this analysis can be taken as an indication that the specificity of the internal workings of an organisation and its accounting and control systems can be better understood by a consideration of precursors not initially inhabiting it, then such a view must also suggest that the interplay of a multitude of factors comprises accounting in action. Abstractions of the functioning of accounting detached from its context cannot be relied upon to illuminate our understanding of its conditions of existence, nor reveal the nature of its contingency on extra-organisational factors.

Forms of accounting within Renault are argued to have emerged partially as a product of historical extra-organisational influences revealing a lack of calculated design. The functioning of internal accounting mechanisms is therefore argued to an extent to have been shaped by incidents that were unanticipated and unplanned but which nonetheless affected and altered organisational possibilities over a protracted period of time.

What is evident is that emerging rationales for the regulation of enterprise activities do not follow a unidirectional path of advancement. Nor do forms of accounting control depict a logic of change which appeals to a supra-rationality divorced from their context. No invisible dynamics shape accounting in a predictable manner. Even though accounting change is in part a response to actors exercising choice, the basis of choice, rather than being predefined, is conditioned by a conjuncture of complex sociohistorical circumstances. As such, accounting change is neither an inevitable consequence of a universal force of logic nor a predictable outcome reflective of a rationale transcending contextual elements. Conditions of change do not follow structural patterns such as to evoke predictable ends. Likewise, the nature of shifts in an enterprise's control systems cannot be conceived as adhering to universal imperatives. Indeed, such change is determined by circumstance rather than by essence.

BIBLIOGRAPHY

Ansart, P., *Sociologie de Saint-Simon* (Paris: PUF, 1970).

Armstrong, P., The Rise of Accounting Controls in British Capitalist Enterprises, *Accounting, Organizations and Society* (1987) pp. 415–436.

Aron, R., *Les Etapes de la Pensée Sociologique* (Paris: Gallimard, 1967).

Baert, P., Unintended Consequences: a Typology and Examples, *International Sociology* (1991) pp. 201–210.

Baker, K. M., *Condorcet: From National Philosophy to Social Mathematics* (Chicago: CUP, 1975).

Becker, J., *The Great War and the French People* (Leamington Spa: Berg, 1985).

Becker, J., *La France en Guerre 1914–1918* (Paris: Editions Complexe, 1988).

Bonin, H., *Histoire Economique de la France depuis 1880* (Paris: Masson, 1988).

Burchell, S., Clubb, C. and Hopwood, A. G., Accounting in its Social Context: Towards a History of Value Added in the United Kingdom, *Accounting, Organizations and Society* (1985) pp. 381–413.

Carruthers, B. G. & Espeland, W. N., Accounting for Rationality: Double-Entry Bookkeeping and the Rhetoric of Economic Rationality, *American Journal of Sociology* (July 1991) pp. 31–69.

Chandler, A. & Daems, H., Administrative Coordination, Allocation and Monitoring, *Accounting, Organizations and Society* (1979) pp. 3–20.

Chatfield, M., *A History of Accounting Thought* (New York: Dryden Press, 1974).

Cole, C. W., *Colbert and a Century of French Mercantilism* (2 Vols) (New York: Columbia University Press, 1939).

Collinet, M., *Essay sur la Condition Ouvrière (1900–1950)* (Paris: Editions Ouvrières, 1951).

Cross, G., *A Quest for Time* (Berkeley, CA: UCP, 1989).

Dent, J., *Crisis in France: Crown, Financiers and Society in Seventeenth Century France* (Newton Abbot: David and Charles, 1973).

Desrosières, A., Histoire de Formes: Statistique et Science Sociales avant 1940, *Revue Française de Sociologie* (Mars/Avril 1985) pp. 277–310.

Desrosières, A., L'Ingenieur d'Etat et le Père de Famille: Emile Cheysson et la Statistique, *Annales des Mines — Gérer et Comprendre* (1986) pp. 66–80.

Dubreuil, H., *Le Travail et la Civilisation* (Paris: Plon, 1953).

Dupeux, G., *La Société Française 1789–1960* (Paris: Armand Colin, 1964).

Durkheim, E., *The Division of Labour in Society*, transl. Simpson, G. (New York: Macmillan, 1947).

Dyas, P. G. & Thanheiser, T. H., *The Emerging European Enterprise: Strategy and Structure in French and German Industry* (London: Macmillan Press, 1976).

Eldridge, H. J., *The Evolution of the Science of Book-keeping* (London: The Institute of Book-keepers, 1931).

Elwitt, S., *The Third Republic Defended: Bourgeois Reform in France, 1880–1914* (London: Louisiana State University Press, 1986).

Fine, M., Albert Thomas: a Reformer's Vision of Modernisation, 1914–1932, *Journal of Contemporary History* (1977) pp. 545–564.

Fridenson, P., *Histoire des Usines Renault* (Vol. 1) (Paris: Editions du Seuil, 1972).

Friedmann, G., *The Anatomy of Work*, transl. Rawson, W. (Connecticut: Greenwood Press, 1961).

Gambiez, G. F. & Suire, C. M., *Histoire de la Première Guerre Mondiale* (Paris: Fayard, 1968).

Garner, S. P., *Evolution of Cost Accounting to 1925* (Alabama: University of Alabama Press, 1954).

Gide, C. & Oualid, W., *Le Bilan de la Guerre pour la France* (Paris: PUF, 1931).

Godfrey, J. F., *Capitalism at War: Industrial Policy and Bureaucracy in France 1914–1918* (New York: Berg, 1987).

Hacking, I., How should we do the History of Statistics, *Ideology and Consciousness* (1981) pp. 15–26.

Hatry, G., *Renault: Usine de Guerre 1914–1918* (Paris: Lafourcade, 1978).

Hatry, G., *Louis Renault: Patron Absolu* (Paris: Editions Lafourcade, 1982).

Hindess, B., Power, Interests and the Outcome of Struggles, *Sociology* (1982) pp. 498–511.

Hopper, T. & Armstrong, P., Cost Accounting, Controlling Labour and the Rise of Conglomerates, *Accounting, Organizations and Society* (1991) pp. 405–438.

Hopwood, A. G., The Archaeology of Accounting Systems, *Accounting, Organizations and Society* (1987a) pp. 207–134.

Hopwood, A. G., Accounting and Organisational Action, in Cushing, B.E. (ed.), *Accounting and Culture*, pp. 50–63 (Florida: American Accounting Association, 1987b).

Hopwood, A. G. & Johnson, H. T., *Accounting History's Claim to Legitimacy, International Journal of Accounting* (1987) pp. 37–46.

Hoskin, K. W. & Macve, R. H., Accounting and the Examination: a Genealogy of Disciplinary Power, *Accounting, Organizations and Society* (1986) pp. 105–136.

Hoskin, K. W. & Macve, R. H., The Genesis of Accountability: the West Point Connections, *Accounting, Organizations and Society* (1988) pp. 37–73.

Humphreys, L. G., *Taylorism in France 1904–1920* (London: Garland, 1986).

Iggers, G. G., *The Doctrine of Saint-Simon* (Boston, MA: Beacon Press, 1958).

Ionescu, G., *The Political Thought of Saint-Simon* (London: Oxford University Press, 1976).

Johnson, H. T., Toward a New Understanding of Nineteenth Century Cost Accounting, *Accounting Review* (1981) pp. 510–518.

Johnson, H. T., The Search for Gains in Markets and Firms: a Review of the Historical Emergence of Management Accounting Systems, *Accounting, Organizations and Society* (1983) pp. 139–146.

Johnson, H. T. & Kaplan, R. S. *Relevance Lost: the Rise and Fall of Management Accounting* (MA: HBS Press, 1987).

Labbé, D. and Perrin, F., *Que Reste-t-il de Billancourt?* (Paris: Hachette, 1990).

Laux, J. M., *In First Gear: the French Automobile Industry to 1914* (Liverpool: Liverpool University Press, 1976).

Le Chatelier, H., *Le Système Taylor: Science Expérimentales et Psychologie Ouvrière* (Paris: Paul Dupont, 1914).

Littleton, A. C., *Accounting Evolution to 1900* (New York: American Institute Publishing Co., 1933).

Loft, A., Towards a Critical Understanding of Accounting: the Case of Cost Accounting in the U.K., 1914–1925. *Accounting, Organizations and Society* (1986) pp. 137–169.

Martin, R., Truth, Power, Self: An Interview with Michel Foucault, in Martin, L. H., Gutman H. & Hutton, P. H. (eds), *Technologies of the Self*, pp. 9–15 (Amhert, MA: University of Massachusetts Press, 1988).

Merkle, J.A., *Management and Ideology: the Legacy of the International Scientific Management Movement* (Berkeley, CA: CUP, 1980).

Miller, P., Accounting Innovation beyond the Enterprise: Problematizing Investment Decisions and Programming Economic Growth in the U.K. in the 1960s, *Accounting, Organizations and Society* (1991) pp. 733–762.

Miller, P. & O'Leary, E., Accounting and the Construction of the Governable Person, *Accounting, Organizations and Society* (1987) pp. 235–265.

Miller, P. & O'Leary, T., Hierarchies and American Ideals, 1900–1940, *Academy of Management Review* (1989) pp. 250–265.

Miller, P. & O'Leary, T., Accounting Expertise and the Politics of the Product: Economic Citizenship and Modes of Corporate Governance, *Accounting, Organizations and Society* (1992).

Miller, P., Hopper, T. & Laughlin, R., The New Accounting History: an Introduction, *Accounting, Organizations and Society* (1991) pp. 395–404.

Moutet, A., Les Origines du Système Taylor en France: Le Point de Vue Patronal (1907–1914) *Le Mouvement Social* (Oct/Dec 1975) pp. 15–49.

Moutet, A., La Première Guerre Mondiale et le Taylorisme, in de Montmollin, M. & Pastré, O. (eds), *Le Taylorisme*, pp. 67–81 (Paris: La Découverte, 1984).

Napier, C., Research Directions in Accounting History, *British Accounting Review* (1989) pp. 237–254.

Ory, P. & Sirinelli, J., *Les Intellectuels en France, de l'Affaire Dreyfus à nos Jours* (Paris: Armand Colin, 1986).

Perrot, M., The Three Ages of Industrial Discipline in Nineteenth-Century France, in Merriman, J. (ed.), *Consciousness and Class Experience in Nineteenth-Century Europe*, pp. 149–168 (London: Holmes and Meier, 1979).

Power, M. K., From Common Sense to Expertise: Reflections on the Prehistory of Audit Sampling *Accounting, Organizations and Society* (1992) pp. 37–62.

Preston, A. M., The Birth of Clinical Accounting: a Study of the Emergence and Transformations of Discourses on Costs and Practices of Accounting in U.S. Hospitals, *Accounting, Organizations and Society* (1992) pp. 63–100.

Rabinbach, A., The Body Without Fatigue: a Nineteenth Century Utopia, in Dreschers, S., Sabean, D. & Sharlin, A. (eds), *Political Symbolism in Modern Europe*, pp. 43–62 (London: Transaction Books, 1982).

Rabinbach, A., The European Science of Work: the Economy of the Body at the End of the Nineteenth Century, in Kaplan, S. L. & Koepp, C. J. (eds), *Work in France: Representations, Meaning, Organisation and Practice*, pp. 425–513 (London: Cornell University Press, 1983).

Rabinow, P., *French Modern: Norms and Forms of the Social Environment* (London: MIT, 1989).

Rebérioux, M. & Fridenson, P., Albert Thomas, Pivot du Réformisme Français, *Le Mouvement Social* (1974) pp. 85–98.

Rials, S., *Administration et Organisation* (Paris: Beauchesne, 1977).

Rosanvallon, P., *L'Etat en France de 1789 à nos Jours* (Paris: Seuil, 1990).

Saint-Simon, Louis, duc de, *Versailles, the Court, and Louis XIV*, transl. Norton, L. (New York: Harper & Row, 1958).

Shinn, T., From 'Corps' to 'Profession': the Emergence and Definition of Industrial Engineering in Modern France, in Fox, R. & Weisz, G. (eds), *The Organisation of Science and Technology in France, 1808–1914*, pp. 182–208 (Cambridge: Cambridge University Press, 1980).

Stewart, R.E., Pluralizing our Past: Foucault in Accounting History, *Accounting, Auditing and Accountability Journal* (1992) pp. 57–73.

Taylor, K., *Henri Saint-Simon (1760–1825)* (London: Croom Helm, 1975).

Tocqueville, Alexis de, *The Old Regime and the French Revolution* (New York: Vintage Books, 1964).

Touraine, A., *L'Evolution du Travail Ouvrier aux Usines Renault* (Paris: CNRS, 1955).

Trustée, *Le Bilan de la Guerre* (Paris: Plon, 1921).

Le Plan comptable général/
The national
accounting plan

P. Standish

"Origins of the Plan comptable général: a study of cultural intrusion and reaction," *Accounting and Business Research*, 1990, vol. 20, no. 80, pp. 337–351

Accounting and Business Research Vol 20 No 30 pp 337-351. 1990

Origins of the Plan Comptable Général: A Study in Cultural Intrusion and Reaction

Peter E. M. Standish*

Abstract—This study examines the origins of the present-day French *Plan comptable général*, the first national accounting code in the world to be adopted under normal peacetime conditions. Its origins occurred during the Second World War when the Vichy Government appointed a commission to develop and implement a national accounting code. The intention was that the code be made obligatory for all enterprises and the commission would advise on adaptations of the code to meet the needs of particular industries. The original inspiration for the wartime project was the Goering Plan, the pre-war German national accounting code adopted in 1937 by the Nazi Government. Until now, the circumstances of the wartime French project have been largely unknown or forgotten due to the dispersal or disappearance of relevant official archives and other contemporary source documents. The object of this study is to throw light on why the Vichy Government undertook the project, and how it proceeded. From examination of records of the commission and other documents of the period, it is possible to make judgements about the relative influence of the German Occupation authorities and indigenous French priorities on the development of the Plan.

Introduction

The objective of this article is to explain and interpret the circumstances leading to the foundation of a national accounting code, the *Plan comptable général*, in France during World War II. The significance of the *Plan* as a social arrangement for the organisation and control of accounting is that France became the first nation to retain and actively develop a national accounting code under normal peacetime conditions. The Plan has since evolved to the point where it is deeply embedded in French accounting practice and financial administration. It can be regarded as a form of social software, through which all manner of financial functions are programmed. The example of the French code has been significant internationally, especially within the European Community as a model for other member states that have instituted national accounting codes (Spain, Belgium, Greece). As well, it has influenced a number of African states having colonial or cultural links with France and which have instituted codes or are in the process of doing so.

*Particular thanks are due to Mme C. de Tourtier-Bonazzi, Conservateur en Chef de la Section contemporaine, Direction des Archives de France, for arranging an interview with M. François Lehideux, former Minister of the Vichy Government; to Mme M. Digoud, Service des Archives économiques et financières, Ministère de l'Economie et des Finances, for locating an invaluable collection of war-time archives and the *Plan comptable général* as published in 1943; and above all to Mme C. Servouse, Bibliothécaire, Ordre des Experts Comptables et des Comptables Agréés, for assistance without stint in locating and photocopying archives and documents of the period.

Historic Context

The first nation to institute a national accounting code was Nazi Germany in the years immediately prior to World War II. The idea of a standardised accounting code had been advanced in Germany prior to the Nazi regime by the much respected German accounting professor, Eugen Schmalenbach, but without a response in the political domain. It appealed, however, to the Nazi Government as a convenient national instrument of control over an economy being moved rapidly on to a war footing (Forrester, 1977) and was approved in 1937 by Reichskommissar Hermann Goering as the regulations for bookkeeping principles, *Grundsätze für Buchhaltungsrichtlinien*, known henceforth as the Goering Plan. The Government then set about using the structure of commerce and industry chambers to adapt the basic standardised chart of accounts to the needs of each branch of economic activity and to apply the concept of a standardised chart of accounts throughout the economy (Singer, 1943).

Following the fall of France, the Vichy Government was faced with two imperatives: to meet German demands for French economic resources and, from its own viewpoint, to find ways to preserve possibilities for an autonomous French economy and society. It put in train a project for developing a national accounting code and, having established a structure of industry committees for the purpose of meshing industrial and commercial activity with the requirements of the Occupation, sought to use that same structure as a basis for adapting the national accounting code to each industry sector. The national code, the *Plan compt-able général*, was substantively completed in 1941, presented to the Government in 1942 and published in 1943. Before measures could be taken to apply it throughout industry, however, the authority of the Vichy Government had been swept aside and conditions no longer existed for the orderly introduction of this or any other major social change.

The Explanatory Task

To reveal the bare bones of this context explains little. There was nothing inevitable about the implantation of a national accounting code in France during the war or its retention afterwards. It is not known whether the Germans tried seriously to introduce the concept of a national accounting code into other occupied countries during the war. Certainly no other country instituted one.[1] West Germany after the war did not preserve the 1937 Goering Plan by legislative means and has not done so to this day (although the idea of industry accounting codes is said to be prevalent in German accounting practice). Other Western nations which moved post-war, as did France, in the direction of a larger role for the state in economic affairs (e.g. through nationalisation, as in Britian) did not at that early stage take up the idea of a code.

To carry out a proper analysis of the origins of the *Plan comptable général* requires attention to the interplay of factors and values in the social context of accounting. In addition, allowance must be made for the chance involvement and contribution of the individual. The task is not rendered easier by the fact that accounting has little by way of socially grounded history. Rather, its writers and commentators have found it more interesting to stick closely to the specifics of the accounting theories and practices than to venture into deeper waters of social analysis.

As a contextual factor, the turbulence of the war-time period in France produced major discontinuity in the structures of French governance and retention of records. It also generated memories that still touch on raw nerves (Rousso, 1987). Nevertheless, it is instructive to compare the present field of enquiry with that of the establishment of national economic planning in France. Prior to this paper, there has been no reported study dealing with national and other specialist archives relating to the war-time development of the *Plan comptable général*. Moreover, the meagre French accounts of the origins of the *Plan* and the few brief references to the subject in English, either from the period of its conception or subsequently, deal with its history and circumstances almost

without reference to the principal actors in the story. The field of accounting, as an area fit for scholarly attention or as one of interest to *le haut monde* of politics, bureaucracy and policy making, has had a low profile in France. without the comparable attention devoted to *planification*. It seems that we are looking at two sets of personages—the high technocrats of economic planning and the would-be standardisers of financial accounting. The former would certainly have been known in some degree to the latter but the technocrats appear to have taken little cognisance of the accountants. In this regard. Fourquet (1980) is instructive. This singular work records a series of interviews with or recollections of the post-war planners. It is replete with references to institutions concerned with economic affairs and national accounting but neither the 1942 Plan nor the 1947 Plan and their related institutions rate a word. The index does not refer to a single known accountant.[2]

Research on the origins of the *Plan comptable général* has uncovered a more diversified French accounting literature from the 1940s and early 1950s bearing on the subject of a national accounting code than had been expected, given the narrow concentration of contemporary French financial accounting literature on the present-day *Plan*. The early literature has to all intents and purposes been forgotten or mislaid by the French themselves.[3] Its value resides in the wide-ranging way in which it addresses policy issues concerning standardisation and regulation of financial accounting and reporting, having regard to the interplay of social and political forces. Thus the conduct of the research has on the one hand been easier, given the wealth of ideas and proposals advanced at the time (primarily from the post-war period), and more difficult, due to gaps in the source records so far located.

Two planes of analysis can be envisaged, one to examine the *Plan* in its social context and the other to address the acounting theories and practices embedded in the *Plan*. Here, attention is given to the former since detailed consideration of the choices made for adoption or rejection of technical accounting bases and procedures merits attention in its own right. The period chosen for analysis is that of the war, with some reference to antecedent

---

[1] Mommen (1957, p. 47) refers to the occupied countries as becoming acquainted with projects for accounting standardisation, but gives no details.

[2] Two economists who made significant contributions to the literature of the 1940s dealing with the *Plan*, Fourastié and Lutfalla, rate brief mention on three pages and one page. respectively, but only in relation to their activities as economists.

[3] I have personally rescued a number of important works of the period from almost certain destruction or ruin, given the poor quality of paper available for printing at the time and the extreme fragility of many early surviving records. The library of the *Ordre des experts comptables et des comptables agréés* has in consequence begun an active programme of document copying and conservation.

events and ideas, and a brief epilogue pointing to the post-war period and the new *Plan* of 1947. By that time, the *Plan* has been recreated and an institutional infrastructure established, both of which have continued to this day, albeit with much subsequent modification and expansion.

Originating events and social influences on the *Plan*

Using Hindsight to Trace Pre-war Influences on Accounting Standardisation

This section is concerned with the origins of the concept of a national accounting code, as related to the circumstances of its adoption in France and as seen by writers of the period. Those origins are identified in indigenous French ideas on financial accounting and through foreign influences, notably German experience with the Goering Plan. In this context, there are two principal explanations found in the literature of the time for acceptance of a national accounting code:

(1) French writers and thinkers on accounting had increasingly come to favour the idea, whether as a result of foreign influence or simply as a process of indigenous development of views on what was required for the satisfactory social organisation of accounting.

(2) Government was moving to implement the idea when war intervened.

French literature on the *Plan* is somewhat divided between those who drew attention to the Goering Plan as an example of a functioning code and those who wished rather to push it into the background, whilst emphasising pre-war French ideas and experience with accounting standardisation. Three persons of importance in the development and diffusion of the 1942 *Plan comptable général* all refer to the Goering Plan, without throwing direct light on the circumstance of the Occupation as a possible factor in the move to adopt a national accounting code modelled on the German code (Detoeuf, 1941, p. 9; Chezleprêtre, 1943, p. 14; and Fourastié, 1943, p. 14). Some post-war writers dealt more frankly with the issue of German influence, eg. Lutfalla (1950, p. 79) who evidently saw the 1942 *Plan* as thoroughly German in conception and design.[4] Mommen (1957, p. 47) saw the 1942 *Plan* as slavishly imitative of the Goering Plan.[5] Lauzel, (1959, p. 71), whilst acknowledging points of

similarity with the Goering Plan, argued that the 1942 *Plan* incorporated important elements from French developments before the war[6] but cited one example only, namely the pre-war ideas on uniform determination of cost of sales published by the *Commission générale d'organisation scientifique* (or CEGOS,[7] as it was widely known; Commission générale d'organisation scientifique, 1937). With a different twist, Fourastié (1943, p. 84) accepted that the *Plan* benefited from the precepts of the Goering Plan.[8]

Others argue a line of descent from indigenous French ideas about financial accounting. At one level, this is inevitable. The nomenclature for financial accounting items and widespread professional familiarity with basic accounting techniques would have combined to ensure a code having many points of familiarity with pre-war practice, as noted in Retail (1951, p. 1).[9] Indigenous ideas on accounting standardisation have been traced back as far as 1880. Lauzel (1955, pp. 90–91) refers to the first French Accounting Congress of that year, held under the patronage of the *Comité Central des Chambres Syndicales Patronales* and the *Union Nationale du Commerce et de l'Industrie*, on the subject of unification of accounting (*Unification de la Comptabilité*). From the viewpoint of the later development of the *Plan comptable général*, the following circumstances of the Congress are noteworthy:

(1) The holding of the Congress under the aegis of two bodies representing employers and the chambers of commerce and industry reflects the fact that there was at the time no national body to speak for accountants.[10]

---

[6] "Du point de vue technique, il est vrai que ce plan [of 1942] présentait des analogies avec les principales parties de l'instruction allemande de novembre 1937. Mais, en sens contraire, il a été établi que la dite instruction avait fait des emprunts importants à certains travaux français d'avant-guerre ...'.

[7] The CEGOS 1937 report summarises its activities dating back to 1928 in its search for standardisation of accounting for cost of sales. The report acknowledges, pp. 3–4, that these were inspired by Lieutenant-Colonel Rimailho, 'apôtre de l'organisation rationnelle'. I have been told that Rimailho was an army engineer who had developed ideas relevant to problems of cost control for purposes of defence production. He has even been described to me as the true father of the *Plan comptable général* though, as his name appears nowhere in the records of its formative years during World War II, this claim appears rather fanciful.

[8] '... le plan comptable français ... a bénéficié des enseignements du plan allemand; il présente donc de notables perfectionnements techniques'.

[9] "Aussi bien, et depuis longtemps, un très grand nombre d'usages se sont-ils généralisés. Les comptabilités des sociétés sérieuses se ressemblent de plus en plus pour tout ce qui concerne l'essentiel. On peut dire qu'un bilan type a été imposé par la pratique'.

[10] Nor was there a statutory procedure at that time for registration of accountants or auditors.

---

[4] Referring to the replacement of the 1942 Plan by the 1947 Plan, Lutfalla remarks: 'Le cadre allemand a été repensé et naturalisé'.

[5] '... ce plan 1942 n'est qu'une adaptation fort servile du plan Goering'.

(2) Without seeing records pertaining to the Congress, it is not possible to know what was implied by its title, what its substantive concerns were or why the two bodies went to the trouble of organising it. But it does point to an early interest by employers (the *patronat*) in questions relating to accounting. This was to become important much later, in the Vichy period and especially post-war.

Retail (1951, p. 1) refers to the foundation in 1881 of the *Société de Comptabilité de France* and to the spread of cognisance of proper accounting principles through teaching at the *Ecole des hautes études commerciales*, as well as other (unnamed) schools of higher commercial studies. The *Société* continues to exist, though as an interest group and not as a professional institution. The *Ecole* itself, founded in 1881 by what is now the *Chambre de commerce et d'industrie de Paris* (Weisz, 1983, pp. 112–113), provided a further sign of a long-standing general interest by important sections of the business community in advancing an awareness of accounting. From 1880 to World War II, a number of French writers contributed to the financial accounting literature with ideas that variously underpin possibilities for standardisation in accounting (Reymondin, 1909; Mommen, 1957, ch. 1; Mommen, 1958, index references; Lauzel, 1959, pp. 62–63). In summary, the perceived possibilities rested on:

(1) accounting principles claimed to be primordial and universal bases for financial measurement and reporting;
(2) ideas similarly advanced as universal bases for the construction of charts of accounts and associated recording of accounting transactions;
(3) model formats for balance sheets and income statements.

Pre-war literature on standardisation dealt little with issues of financial measurement (other than the question of determination of cost of sales) but concentrated on design of charts of accounts and on standardised formats for annual accounts. By degrees, ideas for accounting standardisation came to be seen as applicable in ever wider contexts. In the inter-war period various writers and speakers at international accounting congresses advocated international standardisation or uniformity and examples of standardised charts of accounts were promoted in the countries of their authors, eg. Faure in France, Blairon in Belgium and Schmalenbach in Germany (Mommen, 1957, ch. 1). Although their texts have not been examined, it appears (and no statement to the contrary has been sighted in any of the sources quoted) that none of these authors or others cited in Mommen advocated establishment by government of a national accounting code. Neither these contributions nor the advocacy of CEGOS on the more limited issue of standardised accounting for cost of sales had any widespread practical effect prior to the German Government adoption of its national accounting code inspired by the work of Schmalenbach.

Support for the second line of French parentage for a national accounting code, namely government support for accounting standardisation, is advanced by reference to examples of regulatory imposition of a standard chart of accounts and model annual accounts. Prior to the advent of the *Plan comptable général*, the *Code de commerce*, as the relevant basic law dealing with French commercial and company law, contained no general prescriptions for the arrangement of the annual accounts nor for the organisation of the accounting system on the basis of a model chart of accounts.[11] There were, however, three important pre-war exceptions (Lutfalla, 1950, pp. 72–76), namely the accounting and reporting requirements relating to insurance companies (1939), banks (1935 and 1941) and contractors for defence and war materials (various decrees and laws, 1938 and 1939). Banking and insurance, however, have been regarded in many nations at different times as industries requiring special regulation in relation to the keeping of accounts, compliance with prudential and valuation constraints, and presentation of annual accounts. Defence contractors have also often found themselves subject to governmental attempts at profit regulation. In none of these examples could French experience be regarded as unusual. None of them, therefore, provides convincing support for an argument that might imply a consequent likelihood of a national accounting code.

In summary, there was nothing in the conventions of pre-war French financial accounting practice or in the requirements of the *Code de commerce* that presaged implementation of a national accounting code under normal peacetime conditions. There is a near universal theme amongst French writers during and after the war that the state of pre-war French accounting was unsatisfactory, even parlous, but that for want of appropriate laws and institutional arrangements, advance in any direction was unlikely. There were many strands in practice, in ideas about financial accounting and in the limited initiatives to strengthen financial reporting regulation to provide a base on which to develop a code, but none of them appeared likely to produce much effect without the catalytic impact of the war and its consequences for France.

---

[11] See Culmann (1980, ch. 1) for a summary of the actual requirements.

German Occupation and the Vichy Government

In this section the focus shifts to a consideration of whether the Germans were principally responsible during the war for provoking development of a national accounting code in France or whether it was the Vichy Government. There are two principal competing explanations for what happened:

(1) The Germans, to suit their own aims for France following its defeat, directed the French to institute a code based on the Goering Plan but left the French civil administration to work out the details and their application, provided the result conformed with overall German policy.

(2) Alternatively, having become aware of the Goering Plan but without any particular prompting from the Germans, the French judged that a similar code would suit their national aims and instituted it primarily for their own ends.

To try to identify the more likely explanation requires that regard be paid to the relative priorities of the two sides, German and French, and the distribution of effective authority between them in the relevant area of social process. The broad structure of French governance from June 1940 to August 1944 may be briefly summarised in the following terms (abstracted from Paxton, 1972; Michel, 1986). France effectively withdrew from the war by signing an armistice with Germany effective 25 June 1940. France was territorially dismembered into two principal zones, the Occupied Zone comprising the northern half of the country and its western seaboard, including Paris and the majority of the French population, and the Non-occupied Zone, nominally consituting a free nation and over which ran the writ of the French Government, then installed in Vichy.[12] The Germans subsequently occupied the Free Zone on 11 November 1942, though the structure of the Vichy Government continued until it crumbled in the face of Allied advances across France in August 1944. In practice, the Germans did not want the burden of civil administration of France and a wide range of civil functions continued to be carried out by the normal structures of French administration in both zones throughout the whole period of the Occupation.[13]

In matters judged important for the war effort, the Germans showed little or no respect for the terms of the armistice or integrity of the Vichy Government and requisitioned materials and supplies, dealt directly with French enterprises capable of supplying industrial products and demanded a supply of labour to work in German industry. An enormous indemnity was laid upon France, initially set at 400 million francs per day and finally totalling 632 billion francs by the time of its cessation on 3 September 1944, amounting to 58% of French Government income in the period 1940–1944 (Paxton, 1972, p. 144), payable at an exchange rate blatantly favourable to the Germans. It was repeatedly made clear to the French that the Germans did not really care what the French had to do to comply with German demands or what deprivations and financial pressures might be engendered. For example, the Germans set quotas for food delivery to Germany but left details of the inevitable systems of rationing and price control to the French.[14] Although the Vichy Government was at all times based as a political entity in Vichy, together with many of its high functionaries, Paris remained the base for much French administration, including departments and authorities concerned with economic affairs, financial controls and tax administration.[15] The work of the commission charged with developing the national accounting code was carried out in Paris. The headquarters of the German Occupation, at the Hotel Majestic, were also in Paris.

The question of what actions the German Occupation may have taken to direct the establishment of a national accounting code is complicated by the fragmentary nature of surviving records, given that many of the official records emanating from the Occupation authorities were either destroyed or have, in any event, disappeared. Fortunately, a quantity of relevant official archives and other wartime records, referred to subsequently as the AEF documents, have recently been located.[16] By reference to AEF documents and other sources, some indication of the attitudes and actions of the German Occupation may be gleaned:

(1) Villard (1947, pp. 95–96) states that in November 1940 a French translated copy of

---

[12] Though not stipulated by the armistice, Alsace-Lorraine was reannexed by Germany and the Départements of Nord and Pas-de-Calais were attached to the German military administration of Belgium.

[13] By Article 3 of the armistice, the French Government was bound to assist the German authorities in exercising the 'rights of an occupying power' in the Occupied Zone (Paxton, 1972, p. 19).

[14] Milward, 1970, pp. 68–69, gives some indication of the steps by which rationing was put into effect.

[15] Cathala, Minister of Finance and National Economy, 1942–1944, in describing the discharge of his responsibilities, refers to work carried out by 'the entire general staff and all the services of the rue de Rivoli', traditional location of his Ministry (Cathala, 1958, p. 90).

[16] The material was located by me earlier in 1989 in the *Archives Economiques et Financières* (here referred to as AEF), *Ministère de l'Economie, des Finances et du Budget*, rue de Rivoli, Paris. The archives included a quantity of memoranda, minutes and other assorted documents, as well as a genuine rarity, the 1942 *Plan comptable général* published in 1943 by Editions Delmas, of which no copy exists in the libraries of the *Ordre des experts comptables et des comptables agréés* or the *Conseil national de la comptabilité*.

a memorandum of 15 pages from Goering, originally circulated in technical circles in Germany, was similarly circulated in France. Entitled *Circulaire du maréchal Goering concernant la tenue des livres comptables*, the memorandum was stated to be for the use of public accountants when advising clients. After traversing objectives for accounting, it deals with the matter of the establishment of an accounting code for manufacturing enterprises.[17]

(2) A confidential AEF document, signed by the Secretary General, *Commission du Plan Comptable*, 23 March 1942, addressed to the *Ministère de l'Economie et des Finances*, indicates that, the Commission having completed its task of developing the *Plan comptable général*, the Secretary General can add further discreet commentary on its work and outcomes. Included in the document is the reproduced text of a two-page memorandum of 20 October 1941 from the Head, German Military Administration in France, Dr Michel (presumably the *Militärbefehlshaber in Frankreich*),[18] which is highly indicative of German policy and objectives. The addressee of the memorandum is not stated nor whether there was a wider distribution list to whom it was circulated. Its principal observations and demands may be summarised as follows:

(a) The official work of price control has been extraordinarily complicated by the huge variety of ways employed in enterprises for arriving at production cost;

(b) To deal with this, uniform accounting rules are needed for each sector of activity, to be published before the next accounting period and to cover the whole industrial sector;

(c) The commission of the French Government then working to develop a code is requested to transmit its view of the appropriate accounting principles by 15 November [1941];

(d) Following their receipt, the accounting principles in force in Germany will be brought to the attention of the Commission, which will then be expected to establish a comparison with its own proposals.

Thus there is evidence of German pressure for the development of a national accounting code. To

command, however, is not the same as to be obeyed. Nor does a command constitute a policy or framework for execution of what would be, as in this case, a matter with many complications. Standardisation of accounting principles alone does not constitute a standardised accounting code. Moreover, the circular is dated some seven months after the Vichy Government had announced the formation of its commission to draw up a national accounting code. Thus we do not know whether the German circular was in essence reinforcing a French initiative or whether it was repeating an earlier German direction to the Vichy Government. No later indications have been found of direct German interest in the development of the *Plan comptable général*[19] nor, once the *Plan* had been drafted and circulated, in prodding the French to follow any particular timetable of procedures for its implementation.

By inference, it is not clear on what grounds an active concern with establishment of a national accounting code would have been worth the effort in terms of German war aims. This could only have made sense if there were some evident way in which a code could have simplified the task of extracting economic resources from the French, such as forcing measurement of production cost on to some Procrustean bed of standardisation, or reconstructing the basis for business taxation to mesh in with the code (as happened much later, after adoption of the 1957 *Plan*). Instead, to have become directly involved in the project for a code, the Germans would presumably have been obliged to bring in their own accounting personnel to supervise and work effectively with the French, with all the usual differences of technical language and likely hostility to their presence. But why go through that long arduous toil when a detachment of armed troops could directly commandeer goods, or, at a more sophisticated level, inducements could be offered for companies to develop defence production factories with special access to resources (Gaillochet, 1958)?[20] Essentially, the Germans had neither the need nor the time to do any more than draw the attention of the French to the Goering Plan and commend it as a model.

---

[17] The AEF documents include what is presumably a copy of this memorandum, though the AEF document runs to 18 pages plus a large fold-out sheet setting out the standardised accounting code of the Goering Plan. It is contained within a sleeve bearing a date in 1941 and a handwritten note, difficult to decipher, from a Sub-Director to a Director.

[18] See references in Milward, 1970, to the structure of the German military administration and especially to its *Wirtschaftsabteilung* (Economic Affairs Division).

[19] For example, the minutes of the *Commission du plan comptable* make no reference to the Goering Plan or to German views and requirements, nor was any representative of the Occupation authorities ever recorded as present at its meetings.

[20] These points are strikingly illustrated in incidents recorded in Cathala (1958). Cathala recounts that, in December 1942, he refused to accept appointment by the German Government of its own financial counsellor to his ministry, on the grounds that it had no right to interfere with French administration (pp. 109–110). By contrast, on 11 August 1944, presumably when the Allied advance had almost reached the gates of Paris, a refusal by the *Banque de France* to hand over an occupation indemnity of 8 billion francs provoked the arrival of an armed and motorised German detachment which obtained the money (pp. 87–88).

The second explanation, that of an autonomous initiative by the Vichy Government, demands consideration of possible reasons. As Paxton (1972) and Michel (1986) show, Vichy was the focus and battleground of contending explanations for the defeat of France, of questions about what France would do next, and of ideas about how it should seek its way in the world ahead, whether in a German-dominated Europe, or following an eventual Allied victory. Perhaps the one theme on which there was unanimity was a conviction that France had drifted hopelessly under the shifting parliamentary factions and practices of the Third Republic, which seemed designed for vacillation and disregard of expertise in economic affairs (see also Zeldin, 1979, ch. 6 et seq.). Initially, Pétain and his regime were identified with a resurgence of conservatism, Catholic social values, a rather dreamy conception of the peasantry and the supposedly uplifting moral values of rural life, and a corporatist social organisation in which there would be a web of self-governing intermediary organisations between the individual and the state (on this latter, see Elbow, 1953, chs. V and VI; Ehrmann, 1957, index references; and Kuisel, 1981, pp. 144–146). What materialised, however, was quite different, summarised by Paxton, 1972, p. 350, in these terms:

> ... the evolution we have seen at Vichy, away from traditionalist values toward administration by experts and planned modernisation, conformed with the longer-term trend in French politics and society.

Both Paxton (1972, pp. 259–268) and Ehrmann 1957, ch. II) examine the rise and influence of experts in a situation where there were no longer any incommoding parliamentary procedures and where the expert might well, and frequently did, become a minister. Particularly significant was the interaction between industrialists, often engineers trained at the prestigious *Ecole des Mines* or the *Ecole Polytechnique*, and inspectors of finance graduated from the celebrated *Ecole des Sciences Politiques*. What they widely shared was a deep rooted conviction that France had somehow to modernise and restructure its industry if the nation were to survive the insatiable demands of the Germans,[21] let alone the constant threat of war damage.

In this context, moves were made by the Vichy Government to institute economic planning (which may be regarded as creating an ideological foundation for national economic planning after the

war). Prominent in this activity and an example of the technocrat turned functionary-minister was François Lehideux, formerly a director of the Renault motor vehicle company, and holder of various senior positions in the Government. At one stage, as Delegate-General for National Equipment, he produced a ten-year plan for national investment in productive plant which in spirit was a forerunner of aspects of the post-war Monnet Plan (Lehideux, 1958; Kuisel, 1981, pp. 146–156). Lehideux was definitely aware of the project for a national accounting code, being Minister for Industrial Production and signatory to the Decree of 19 November 1941 which varied the composition of the commission for the *Plan*.[22]

A key link in economic relationships with the Germans, in the working out of ideas about the future of the French economy and its industrial strength, in asserting control over the economy as against direct German control, and in providing a framework for detailed economic planning, was to be played by the *Comités d'Organisation* (Milward, 1970, see index). Established by a law of 16 August 1940, they were to stand in authority over each branch of industry and commerce. By Article 2, the *Comité* was to undertake the following functions (Ehrmann, 1957, pp. 77–78):

(1) inventories of production facilities, available raw materials and manpower;
(2) establishment of manufacturing programs;
(3) organisation of the purchase and distribution of raw materials;
(4) development and standards for production, quality and competition;
(5) price fixing;
(6) overall measures for the better functioning of the industry in the common interest of enterprises and their employers.

As a class of institutions, the *Comités* were at the same time authoritarian in imposing the will of the state and corporatist in throwing weight upon their constituency to achieve a degree of self-government and self-regulation. The manner in which the

---

[21] Documents and depositions reproduced in the Hoover Institution (1958) pertaining to the Vichy Government bring home tellingly the incessant tug-of-war between the Germans and the French ministers and bureaucrats: of relevance here, see ch. I, Industry, and ch. II, Finance.

[22] Lehideux was one of the key persons in a television studio programme, *Droit de réponse*, which I saw when screened in January 1986. The studio panel also included the American historian, Paxton, cited in this article. As an occasion which revealed some of the intense emotions still surrounding the Vichy period, it was electrifying viewing. Though 40 years on from the period, Lehideux was unshaken in his convictions that much of what was done was for the longer term benefit of France.

M. Lehideux was kind enough to grant me an interview in April 1989. It ran for over two hours and was tape recorded. Again and again, he returned to the theme of French economic backwardness at the outbreak of the war and of the determination of himself and other like-minded persons to reform its institutional structures. He is not an accountant and had no close recollection of the matter of the *Plan comptable général* or its outcome.

Comités operated is explained in Ehrmann (1957, pp. 76–90). He notes (p. 87) that there were 91 in operation in the spring of 1941 and 234 three years later.[23]

The pull of conflicting necessities on the Vichy Government in regard to the *Plan* is clearly reflected in the AEF document of 23 March 1942, referred to previously. In introducing the October memorandum from the German Head of the Military Administration, the Secretary General stated that one could acknowledge or regret the need to have recourse to a national accounting code but that in any event the Germans had now intervened in the debate.[24] Following the text of the German memorandum, he went on to report, though without furnishing specific details, that the Military Administration had, since that October memorandum, foreshadowed a system for price approval applications that would necessitate fine-tuning of accounting systems, and that it had begun to despatch German experts to verify enterprise accounting. The Secretary General posed what he evidently regarded as the crucial choice for Government and business enterprises, in these terms:

(1) In resisting a French national accounting code, would enterprises find themselves saddled with one of German inspiration and its disadvantages, particularly in regard to its use for price control, without the Government being able derive some advantages.

(2) On the other hand, if the Government were rapidly to adopt a national accounting code generally in line with German precepts, would it not gain time and thereby evade new measures for German control.

From this evidence it is inferred that the Vichy Government had the motivation to establish a national accounting code. Its motivation reflected the perceptions of a dominant combination of bureaucrats and technocrats, eager to modernise the economy, to obtain more reliable and systematic financial information on business performance and to integrate that information more firmly in line with overall government policy for economic planning and direction. The direct model for a functioning national accounting code was indisputably the Goering Plan, but the birth of the *Plan comptable général* in France was seen as an idea in the service of the French nation. Moreover,

the Vichy Government could take a longer view of the domestic advantages of a code than was possible for the Germans. At the same time, it understood that realisation of a code would take much time and effort (Ordre National des Experts Comptables et des Comptables Agréés, 1943, address by Minister Cathala, p. 17).[25]

The project for a national accounting code

This section is concerned with the means by which the *Plan comptable général* was developed. Experience of accounting standard setting and accounting harmonisation in the past 20 or so years demonstrates the difficulty of achieving significant changes in accounting practice and reducing the freedom of choice available to those responsible for preparing and presenting accounts. At the time when the Vichy Government set about the task of implementing a national accounting code, there was little to draw on in the way of examples of accounting standardisation elsewhere, other than the processes used in Germany to achieve the fairly rapid adoption and application of the Goering Plan (Singer, 1943).

Drawing on general theories and observed instances of major social change, it might be anticipated that there were two principal alternative explanations for the manner in which the Plan was developed:

(1) The process was essentially a dictatorial one, in which the government sought to impose a code regardless of the wishes of those to be affected;

(2) The process was in significant respects a consultative one, in which a substantial effort was made to consult with those to be affected and to take account of their wishes.

The point of posing these alternative explanations is to throw light on the extent to which the notion of the Plan was culturally embedded or imposed from without. If the process was highly dictatorial, its hold would be fragile in open peacetime conditions. That is to say, French war-time experience with the development of a national accounting code would suggest that the code was unlikely to have been instituted under peacetime conditions in which it is easier for competing interest groups to mobilise their support or opposition. On the other hand, if the process was largely

---

[23] Paxton (1972, p.194) refers to there being 321 *Comités* (no date cited). The explanation for this difference is not known.

[24] 'On peut, chacun selon ses sentiments personnels, ou admettre ou regretter la nécessité de recourir à des mesures comme celle de l'institution d'un Plan comptable général. Mais il faut penser que, du fait des événements actuels, l'Allemagne intervient dans le débat'.

[25] 'Je crois . . . qu'une bonne comptabilité générale constituera un énorme progrès pour l'ensemble de l'économie française, mais je crois aussi que l'établissement d'une bonne comptabilité est une oeuvre de longue haleine qui doit être accomplie, dans les conditions où nous sommes, avec infiniment de prudence; ce qui n'empêche pas, dès maintenant, d'y travailler et de la préparer'.

one which locked in negotiated commitments, the experience would have implications for a peacetime society, as a model for how a national accounting code might be developed and instituted.

The question of the degree of direction or participation in the project is one to be tested in light of evidence in official records, contemporary commentary and personal recollections. The first official indication of a project for a national accounting code came with the Decree of 22 April 1941 (*Journal Officiel* of 3 May 1941), which instituted the *Commission du plan comptable*.[26] to the following effect (summarised and interpreted from the text of the Decree):

Article 1: Tasks

(1) to elaborate a general accounting framework which could at a later stage be made compulsory for all enterprises;
(2) to provide its opinion on proposals for detailed accounting codes established in each specialised trade by the relevant organising committee.

Article 2: Membership

The membership of 32 persons specified in 14 separate categories may be classified as follows in terms of the relationship of its members to the State:

Public sector	17
Private sector	10
Autonomous associations and centres for enquiry	5
	32

Article 3: Process

Each detailed accounting code established by a trade or industry organising committee was to be drawn up at the same time by a *rapporteur* selected by the committee and a professional accountant designated by the President of the Commission from a list established by the Ministry of the national economy and finance.

Article 4: Implementation

The Ministers of the national economy and finance, agriculture, justice, industrial production and national education were charged with carrying out the Decree.

In addition to the Decree and the AEF documents, there are published or circulated secondary sources wholly or partly devoted to the *Plan* and the circumstances of its development, ranging from

conference presentations to books.[27] Examination of the AEF documents relating to the work of the *Commission du plan comptable* points strongly to the role of three key persons (Chezleprêtre, Detoeuf and Caujolle) in giving the whole project a sense of urgency, in securing political commitment and in achieving professional acceptance.

Technical Expertise and Task Definition

The role of providing the *Commission* with what it accepted as requisite technical expertise and of defining its task was performed by Jacques Chezleprêtre,[28] Secretary-General of the *Commission du plan comptable* throughout its deliberations. At the commencement of the project he was a senior civil servant within the *Ministère de l'économie nationale et des finances*.[29] Chezleprêtre had already taken the high ground in the matter of a national accounting code with a substantial report presented by him in December 1940 to the *Commission de la normalisation des comptabilités*.[30] Its four chapters address the

---

[27] Those located and consulted are:

(i) War-time period

Detoeuf (1941), Caujolle (1942), Comité d'Organisation du Bâtiment et des Travaux Publics (1942), Chezleprêtre (1940), Chezleprêtre (1943), Commission Interministérielle (1943), Péricaud and Calandreau (1943), Fourastié (1943) and Viandier (1942).

(ii) Post-war period

Brunet, C. (1945), Fourastié (1945), Brunet, A. (1947), Brunet, C. (1948), Horace (1948), Caujolle (1949), Cauvin (1949), Lamson (1950), Lutfalla (1950), Brunet A. (1951), Retail (1951), Lauzel (1955), Lauzel (1959) and Villard (1947).

[28] Invariably cited only as J. Chezleprêtre in the war-time texts, his given name, Jacques, is shown in Cordoliani (1947, bibliography).

[29] Chezleprêtre is inferred to have been appointed to the *Commission du plan comptable* as representative of the *Directeur de l'economie générale*, *Ministère de l'Economie nationale et des Finances*, the latter or his representative being named in the constituting Decree to be a member of the *Commission*.

From personal enquiry I have been told that Chezleprêtre was a statistician by training. His official position at 29 May 1941, the first meeting of the *Commission* for which the minutes have been sighted, was *Directeur des Contributions directes*. Evidently his position was redesignated at about the same time. In the following minutes of 19 June 1941, he is recorded as *Directeur des Enquêtes régionales et de la Documentation économique (Finances)* and is so recorded thereafter. His various memoranda to the *Directeur général* of his ministry, commencing with that of 7 November 1941, also use this latter title. Both positions evidently came under the *Administration des Contributions directes*, a division within the ministry. The various secondary works during the war that refer to Chezleprêtre or which contains prefaces written by him use the latter title.

[30] No documentation has been located to throw light on the constitution, task or operation of this *Commission*. Was its creation a response to the November 1940 circulation of the Goering memorandum referred to above? It is assumed that the Commission was subsumed by the establishment of the *Commission du plan comptable*, April 1941. Ironically, the first official moves after the war to institute a *Plan comptable général* were by appointment of a *Commission de Normalisation des comptabilités*.

---

[26] Also termed in the Decree, the *Commission interministérielle du plan comptable*.

following:

(1) the need for accounting standardisation without delay;
(2) the objective of and case for accounting standardisation;
(3) structure of the code of accounts and its manner of application;
(4) measures for bringing accounting standardisation into effect.

The report further contains six appendices, running in total to 51 of its overall 81 pages, as follows:

(1) the outline code of accounts, showing 10 classes, numbered 0 to 9;
(2) the schematic code (*Plan schématique*), setting out sub-classes and individual accounts to the three-digit level;
(3) the detailed code, setting out sub-classes and individual accounts to the five-digit level;
(4) model balance sheet;
(5) model trading account, alternatively for enterprises with or without perpetual inventory accounting;
(6) model profit and loss account, alternatively for enterprises with or without perpetual inventory accounting.

As far as can be determined, the accounting code in Chezleprêtre (1940) is closely similar to but not identical with the Goering Plan.[31] Tabled as the starting point for the deliberations of the *Commission du plan comptable*,[32] it had a defining effect on the work of the *Commission*. Through the subsequent meetings of the *Commission*, there were various amendments to the Chezleprêtre proposals but repeated reference is made to his report and views. The final *Plan comptable général* differs in a number of technical respects from his original report but the central concept of a code capable of

universal application and one which integrated financial and cost accounting persisted throughout.[33]

Process Management

For the *Commission du plan comptable* to succeed by producing a scheme for a national accounting code within a tight timetable required effective management of a large and disparate working group. The President of the *Commission*, by its constituting Decree, was the Secretary General *pour les Questions Economiques*, a functionary attached to the *Ministère de l'économie nationale et des finances*. His role was perhaps intended to be no more than that of general oversight.[34] Effectively the Commission was directed by its Vice-President, who from its meeting on 19 June 1941 was Auguste Detoeuf. AEF minutes of the Commission under his chairmanship show that Detoeuf ran its business with a tight hand. Attempts by individual members to assert a higher moral or technical authority or to lead the *Commission* along a different path were brushed aside.[35] Important aspects of the work of the *Commission* were hived off to sub-committees, namely the *Comité comptable de rédaction du plan* and the *Sous-Commission des règles*.[36] The latter, formed at the *Commission* meeting of 10 July 1941, comprised 13 members, all of whom were public accountants apart from Chezleprêtre and one other who was an expert in the field of accounting (i.e. bookkeeping) equipment. The accountants were to be locked into the *Plan* by being given the task of drawing it up.

---

[31] I have not seen the text of the Goering Plan. It is not even clear from secondary sources what constitutes a definitive text of the Plan. A comparison of the 1942 French *Plan*, as set out in Mommen (1957, p. 85, showing accounts numbered to the two-digit level) and the version of the Goering Plan in English translation in Singer (1943, Appendix III, showing accounts numbered to the four-digit level), indicates that each has a codified structure for accounts organised in ten broad classes and that the purpose for which each successive principal class is to be used in the classification of accounting transactions is the same for both codes (e.g. Class 1: Capital and investments; Class 2: Financial accounts; and so forth). There are, however, many points of difference between the two codes at the two-digit level of account numbering (and by inference in successive sub-classes), e.g. Account 00 in the Goering Plan is reserved for buildings and Account 01 for land whereas, in the *Plan comptable général*, Account 00 is for both land and buildings (Account 01 in the latter being reserved for machinery and equipment).

[32] Minutes, 29 May 1941, p. 5, III-Etude du projet de M. Chezleprêtre, AEF documents.

[33] The resulting Plan is described by Richard (1988) as 'un plan de type moniste', closely linked in terms of its integration of financial and cost accounting with the ideas of Schmalenbach and the later accounting codes of the Soviet Union and East Germany.

[34] The Secretary General at the time of the *Commission* meeting of 29 May 1941 was M. Moreau-Neret who is listed as attending only one of the six meetings for which minutes have been sighted. The final report of the Commission, dated 10 March 1942, was addressed to the Secretary General, by this stage M. Filippi.

[35] At the meeting of 19 June 1941, one member, Camille Evezard sought to present a report of his own relating to the task of the *Commission*. Detoeuf dealt with this by asking Evezard to send it to the members. Subsequently Evezard circulated his report under cover of a letter of 3 July 1941. Its tenor, excruciatingly embarrassing to read even now, sought in the one breath to displace Chezleprêtre from the technical task, to substitute himself for this role and to genuflect before the Goering Plan. Subsequent minutes of the *Commission* do not rate his report a single mention.

More striking still as an indication of the division of roles between Detoeuf and Chezleprêtre, Detoeuf at the meeting of 29 May 1941 had argued strongly for requiring disclosure of sales revenue, a position successfully opposed by Chezleprêtre on technical grounds. Detoeuf thereafter is not shown as contributing to debate on technical issues.

[36] No minutes, working papers or records from either of these bodies have been sighted. The *Sous-Commission* is recorded in the *Commission* minutes of 29 May 1941 as having met on 23 May. Its task and membership are not known. Subsequent *Commission* minutes refer to its work and recommendations.

The outcome from the work of the *Commission* was in the first instance its printed report of 153 pages plus lengthy annexes, dated 31 December 1941, addressed as a confidential report to the President of the *Commission*. This document is in fact the proposed *Plan comptable général*. The final outcome was publication of the *Plan* (Commission Interministérielle, 1943), as a book of 227 pages. It is an astonishing achievement, given all the circumstances.[37] The following summary of the contents is set out to convey its scope and content:

Introduction:	Reasons for a national accounting code
Terminology:	Definition and explanation of terms
Ch. I:	General rules for the recording of transactions, the responsibilities of the *Comités d'Organisation* for development of industry adaptations of the *Plan*, and penalties envisaged in the proposed accounting law
Ch. II:	The chart of accounts, in two versions, for enterprises which account for cost of sales by means of product costing, and those which do not
Ch. III:	List of accounts, by classes
Ch. IV:	Definitions and rules for using and interpreting the function of the various detailed accounts within each class
Ch. V:	Particular accounting issues (e.g. foreign operations and foreign currency translation, enterprise activities using state-owned assets, extraordinary items, incomplete contracts)
Annexes:	Model profit and loss accounts, profit and loss appropriation accounts and balance sheets, with alternative formats for enterprises using product cost accounting for cost of sales purposes, and those that do not, together with model supporting accounting schedules (e.g. an allocation schedule)
Appendix:	Explanation and model schedules for use in calculation of production cost
List:	Items for the attention of *Comités d'Organisation* in drawing up industry adaptations of the *Plan comptable général*

Whilst much has changed through the years in the successive stages of evolution of the *Plan comptable général*, one cannot but be struck by the extent to which the current publication of the *Plan* (Conseil national de la comptabilité, 1986) retains much the same broad form and coverage in explanatory terms as found in the original 1942 *Plan*.

Winning Political, Bureaucratic, Professional and Business Acceptance

If the project for the *Plan comptable général* was to proceed other than by *diktat*, it is clear that concurrence would be required from disparate interest groups. The most obvious groups were:

(1) the Vichy politicians who above all, as they saw it, had somehow to placate the Germans whilst striving to preserve an element of French autonomy and self-respect;
(2) the bureaucracy which, almost regardless of the political tidal waves sweeping over them, would be responsible for operating the wheels of civic administration, such as tax assessment of business income and, if their political masters so decreed, price control;
(3) the professional accountants who would have to make a national accounting code work;
(4) the business community which would undoubtedly see the code as primarily serving interests of state and as being contrary to its need for commercial confidentiality and freedom for managerial decision.

For the purpose of sustaining political support for the project, Auguste Detoeuf was ideally placed. He rates seven index references in Kuisel (1981) and 16 in Ehrmann (1957) where he is identified (p. 47) as a director (evidently pre-war) of the heavy electrical manufacturing company, Alsthom, and more generally (p. 1) as industrialist and graduate of the Ecole Polytechnique. That he had an interest in aspects of accounting standardisation, though not himself an accountant, is shown by his involvement with CEGOS. Detoeuf was President of CEGOS at the time of its 1937 report on accounting for cost of production, to which he contributed the preface, 'Le problème des prix de revient' (Commission générale d'organisation scientifique, 1937).[38] Following the law of 16 August 1940 for establishment of the *Comités d'organisation*, he had been appointed to direct the Comité for electrical equipment (Kuisel, 1981, p. 137). He was personally known to Lehideux and was a member of a consultative committee appointed by Lehideux to assist in the work of economic planning undertaken by the

---

[37] The finally published work, printed by Editions Delmas, Bordeaux, is notable in book production terms. Printed on high quality paper, with elaborate coloured fold-out charts and diagrams, it belies the difficult publishing conditions of the time and is in striking contrast to the crumbling paper of many of the other wartime documents consulted.

[38] His contribution to the report is simplistic in the extreme. It is not hard to see why Detoeuf deferred to the technical expertise of Chezleprètre in the work of the *Commission du plan comptable*.

Délégation générale à l'équipement national (Kuisel, 1981, pp. 147–148). Detoeuf opposed the general idea of economic liberalism which he saw as morally bankrupt and productive of social misery, a position argued in polemical fashion in a 1936 conference paper (reprinted, Detoeuf, 1982). From the evidence, it can be seen that Detoeuf was influential in a number of respects, linking the views of technocrats in industry with those of the bureaucracy and key modernist political figures of the Vichy Government, as well as being closely in tune with its strand of corporatist political philosophy.

In the bureaucratic domain Chezleprêtre seems to have been highly effective during the life of the project. He was assiduous in keeping his departmental superiors informed[39] and had access to his Minister, as indicated by direct despatch to the Minister of his letter of 23 March 1942, containing confidential commentary on the work of the *Commission du plan comptable*. The *Commission* report of December 1941 containing the proposed *Plan comptable général* was evidently subjected to examination within the *Ministère de l'économie nationale et des finances*, which raised a number of technical objections. The AEF document of 12 March 1942 shows that these were effectively overcome by Chezleprêtre. It seems unlikely that the tax authorities within the same Ministry had sufficient time to pass their fine combs through the *Plan* in terms of its fiscal implications. A much later AEF document of November 1943 deals with this aspect but by that stage of the war the whole issue was becoming largely academic.

The matter of gaining the support of the accounting profession was bound up with reform of the profession itself, which was reconstituted by the Vichy Government. Here the hand of the Germans seems more evident, even though the laws creating institutions for a number of the professions at that time fitted well enough with the corporatist philosophy of Vichy. By a separate Decree of 22 April 1941, the Government established the *Commission pour l'organisation de la profession d'expert-comptable*. The outcome was the institution of the *Ordre des experts comptables et des comptables agréés*, to which Chezleprêtre was appointed as *Commissaire du Gouvernement* (Cordoliani, 1947). The foundation President of the *Ordre* was Paul Caujolle (1891–1955) an *expert judiciaire*.[40] Caujolle was not a member of the *Commission du plan comptable* and played no direct part in the development of the *Plan comptable général*. His writings and activities during and after

the war nevertheless show that he supported the concept of a national accounting code by conviction rather than necessity (Caujolle, 1942, 1943 and 1949). The effect of his role and the extensive involvement of highly regarded public accountants in the actual drafting of the *Plan*[41] appear to have provided a sufficient extent of professional commitment to the project.

The reaction of the business community, as judged from records located, was more diverse and harder to gauge. In the early stages of development of the Plan and its diffusion, there must inevitably have been much anxiety in the private sector about what it might portend in terms of state interference and direction. Viandier (1942) complains in the weekly *Bulletin de la Chambre de Commerce de Paris* that the Chambre had not been called on to participate in the drafting of the law for application of a national accounting code which he evidently assumed to be in course of preparation. Given the importance in France of the role played by Chambers of Commerce, especially the Paris Chamber, this could be viewed as an unwise omission from steps needed to secure acceptance for the *Plan* within the business community. On the other hand, July 1942, the month of his article, was only three months after the *Plan* had been presented to the Minister and months before its 1943 publication. The fears expressed by Viandier concerning the effects of a national accounting code concentrate on the likely use that would be made of it for purposes of tax administration and, more generally, on the loss of freedom that would be felt by managers in designing their accounts as they might wish. These issues were to surface time and again after the war.

Culmann, author of the preface in Péricaud and Calandreau (1943, p. 3) notes that the Decree of 22 April 1941 gave neither a definition of what might be understood by a national accounting code, nor an indication of its objective, nor a prescription of its general lines. He opined that, as between the extremely flexible and wide dispositions of the *Code de Commerce* as it then existed and the extremely detailed dispositions of the *Plan*, there would be almost a revolution. At numerous points in Péricaud and Calandreau (1943) reference is made to the future role of the *Comités d'organisation* in developing adaptations of the Plan appropriate to their members and to the *Commission permanente du plan comptable*, taken to have been an ongoing organisation to oversee implementation of the *Plan comptable général* or of industry adaptations as the case may be. Whether this latter *Commission* was duly formed and what it may have done are not known.

---

[39] AEF documents of 7 November 1941, and 6 February, 12 March, 23 March 1942.

[40] Caujolle was clearly the founding father of the *Ordre*. A large bust of him is still to be seen at the entry to its library at 88, rue de Courcelles, Paris.

[41] For example, Evezard, to whom reference was made in fn. 35, describes himself as President since 1936 of the *Syndicat national des experts-comptables de France et des colonies*.

In the event, Brunet (1951, p. 254) states that there was only one industry for which an adaptation of the *Plan* was produced, namely the *Comité d'organisation des industries aéronautiques* (*'Indaéro'*), and which was to be applied by enterprises in the field of aircraft production from 1 January 1944, as regards financial accounting, and to be extended from 1 January 1945 to cover cost accounting.[42] Brunet (1951, pp. 254–257) also mentions that the *Plan* affected many enterprises in three categories: makers of *cellules* (it is not clear to what this refers), producers of motors and manufacturers of spare parts. In addition, he states that a number of major enterprises adopted the Plan voluntarily (no details provided), without official measures being taken for its adaptation. Caujolle (1949, p. 22) refers to the aeronautic industry and the printing firm, Nab, as providing notable experiments in adaptation. Another example exists in a typewritten report by an accountant in Rheims presenting a proposed adaptation to an enterprise (whether as a class of enterprise or intended for a specific client is not clear) in the business of quarrying, manufacturing and trading in construction materials, transport and movement of goods by barge (Lecompte, 1943). Of wider significance is the circular from the *Comité d'Organisation du Bâtiment et des Travaux Publics* (1942) containing documentation for a one-day seminar in June 1942, organised by the building and public works industry for its member enterprises. The theme was the problem of accounting-based price determination in that industry, and the documentation includes a specific section on the ongoing evolution of the *Plan comptable général* and the role of the *Comité d'organisation* in its adaptation. These various references and sources lead to the surmise that there were a number of adaptations of the *Plan comptable général* by professional accountants, enterprises and industry committees seeking to respond to opportunities for interpreting the *Plan*, diffusing information about it and operating through the *Comités d'organisation* to make the code serviceable at industry level. Nevertheless, on balance it appears that the attitude of the business community toward the concept of a national accounting code was wary. If this is correct, that state of affairs may have been due in part to a failure to involve private enterprise more closely in the work of the *Commission du plan comptable*, a matter that could easily have been addressed through existing organisations such as the Chambers of Commerce.

Although the code proposed by the *Commission du plan comptable* had been submitted for official approval on 21 March 1942, the *Plan* was never promulgated (Brunet, 1945). An AEF document of

November 1943 produced within the *Ministère des Finances*, 'Note sur les conséquences fiscales de la mise en application du Plan comptable', refers to an *arrêté* of 18 October 1943 to establish a *Comité d'adaptation du Plan comptable* for examining, coordinating and bringing up to date industry accounting codes and assuring their conformity with the rules of the *Plan* itself.[43] Brunet (1951, pp 254–257) records that this *Comité* was instituted by *arrêté* of 13 December 1943, comprising representatives of government and industry, but that circumstances prevented it from doing anything more than examining the aeronautic industry adaptation of the *Plan*. Notwithstanding these measures for consultation and cooperation, Brunet notes that the 1942 *Plan* provoked much hostility, partly due to its close association with the same *Comités d'organisation* which themselves were increasingly resented for their heavy handed direction and interference (see also Kuisel, 1981, pp. 132–144). The *Plan* seemed all too ready made, like its counterpart, the Goering Plan, to serve German needs. Lamson (1950, ch. X) observed that the moment was badly chosen for putting a national accounting code into effect since it was overshadowed by the circumstances of the Occupation.

Given these objections, the government evidently thought it best to refrain from giving the *Plan comptable général* official standing. A draft law to institute the *Plan comptable général*, presented with the report from Detoeuf in March 1942, was not taken up. Nor was a later shortened draft law which accompanied a report of February 1943 to the Minister.[44] In the increasingly tenuous conditions of government, the Vichy régime backed right away from the *Plan comptable général*. Even the de luxe publication of the *Plan* is vague about its provenance, confining itself to noting that the *Commission* had given permission for its commercial publication, but that the *Plan* had no official status.[45]

---

[43] Perhaps the *Comité d'adaptation* was the same body as the *Commission permanente du plan comptable* referred to in Péricaud and Calandreau (1943).

[44] This later report does not bear the name of an author, though it may not be fanciful to see in it the indefatigable hand of Chezleprêtre.

[45] The title page has no author or source of authority but merely states:

Le Plan Comptable

Projet de cadre comptable général élaboré par la Commission Interministérielle instituée par le décret du 22 avril 1941.

A reader without recollection of what that Decree might have been about would have been suitably mystified. To show even more definitely that the Government was distancing itself from the whole matter, the next page contains a warning: 'La publication du rapport de la Commission Interministérielle a été autorisée par M. le Secrétaire général pour les Affaires économiques au Ministère de l'Economie nationale et des Finances. Cette autorisation ne confère toutefois aucun caractère officiel à la présente édition, qui est réalisée sous la seule responsabilité des Editeurs'.

---

[42] Presumably its full effect, certainly as regards the second stage, was aborted by the liberation of France.

The picture that emerges from this sifting of fragmentary information does not support a characterisation of the process for developing a national accounting code as highly dictatorial, if that means one to be imposed against the wishes of those affected. There appears to have been a degree of enthusiasm for the project, at least among a group of senior technocrats with industrial experience and bureaucrats expert in economics and financial policy. Moreover, this enthusiasm manifested itself more as time went on and even as German interest in the project appeared to evaporate under pressure of events. The large network of *Comités d'organisation* was a structure for genuine consultation to elicit the particular accounting needs of given industries, albeit within the overall framework of the *Plan comptable général*. The membership structure of the *Commission du plan comptable* was heavily weighted, perhaps excessively so by present day standards, in favour of public policy and administration but it provided a useful degree of representation for private sector interests and especially for professional accountants who in the end would be left to carry out the *Plan*. Because the Vichy régime was increasingly caught in a fatally compromised relationship with Nazi Germany, disaffections against it and things German could easily have spilt over on to the project for a national accounting code and the accomplishments of the period. Yet what is striking from the early post-war literature is how little acrimony or recrimination the 1942 *Plan* and its associated policies seemed to generate or leave as a residue. In summary, the effective degree of consultation by the Vichy Government on the issue is hard to assess but there was clearly a significant interchange of views with some of the major interests concerned. That this is so is further supported by the involvement of members of the 1941 *Commission du plan comptable* in the post-war 1946 *Commission de normalisation des comptabilités*, constituted to propose a national accounting code appropriate to nationalised industries and the enterprises of the private sector.[46]

Epilogue

With the restoration of national government, attention turned to urgent tasks of post-war reconstruction. The difficulties to be faced were of kinds familiar everywhere at that time in the war-torn countries, notably rampant inflation, chronic shortages and a poorly maintained or badly damaged economic infrastructure. The mood was for political change. Possibilities of national economic direction and planning beckoned as a seemingly better alternative to the pre-war times of largely unregulated capitalism and economic fluctuation. The humiliation of the war years and an awareness of national vulnerability created a determination that the state should have a greater say in the operation of the economy and the performance of key sectors. If the government were to conduct its newly found economic responsibilities effectively, it would need to put its own accounting house in order.

In these conditions, the idea of a national accounting code and accumulated experience with the 1942 *Plan* provided the impetus for its recreation in indigenous terms. Following the report of the 1946 *Commission de normalisation des comptabilités*, a permanent statutory authority to be responsible for its implementation was established in 1947 and the code itself, still entitled the *Plan comptable général*, was promulgated later in 1947. Immediately following this, steps were taken to apply the *Plan* in the public sector, to nationalised undertakings and to enterprises receiving significant public subsidies. With these measures, the *Plan comptable général* was well and truly launched upon French social and economic life.

Of the three who had been so influential during the war in bringing about the *Plan comptable général* and gaining for it a measure of acceptance that survived those times, Chezleprêtre came under a cloud for what was judged to have been his collaboration with the Germans but survived it all to become Finance Director of the well-known department store, Bon Marché; Caujolle gained prominence as the leading light in organising the 1948 International Congress of Accountants in Paris, at which attention was given to the idea of an international standardised accounting code; and Detoeuf, who seems to have been universally liked, gained prominence in the affairs of the patronat.[47]

References

Brunet, A., *Rapport général, présenté au nom de la Commission de Normalisation des Comptabilités* (Paris: Imprimerie Nationale, 1947).

Brunet, A., *La normalisation comptable au service de l'entreprise, de la science et de la nation* (Paris: Dunod, 1951).

Brunet, C., 'Le plan comptable de l'occupation', *Bulletin fiduciaire* (No. 212, December 1945), pp. 47–53.

---

[46] Of the members of the 1941 *Commission du plan comptable*, Fourastié, later Professor at the *Conservatoire national des Arts et Métiers*, and Lemoine, a public accountant, were appointed to the 1946 *Commission de Normalisation des Comptabilités* and Parenteau and Léon were listed in its report as persons who had taken part in the work of that *Commission* (Commission de Normalisation des Comptabilités, 1947, Annexes II and III).

[47] He was also well-known as the author of what even today is regarded in France as a minor classic on managerial behaviour, published anonymously in 1938 under the title, *Propos de O. L. Barenton, Confiseur, Ancien élève de l'Ecole Polytechnique*, a collection of aphorisms.

Brunet, C., *Les principes d'établissement d'un plan comptable universel* (Paris: Société d'éditions professionnelles et techniques, 1948).

Cathala, P., 'Finance', in The Hoover Institution on War, Revolution, and Peace, *France during the German Occupation 1940–1944*, Vol. I (Stanford: Stanford University, 1958), pp. 78–100.

Cathala, P., 'Finance-Negotiations with the Germans, 1942–1944', in the Hoover Institution on War, Revolution, and Peace, *France during the German Occupation 1940–1944*, Vol. I (Stanford: Stanford University, 1958), pp. 101–127.

Caujolle, P., Principes généraux de comptabilité, et ce qu'il faut savoir sur le bilan (Paris: Centre de Documentation Universitaire, 1942).

Caujolle, P., 'Discours', *Bulletin de l'Ordre national des experts comptables et des comptables agréés* (Paris: No. 1, October 1943), pp. 7–10.

Caujolle, P., (Introduction to; authors unknown), *Le Plan Comptable; Elément de progrès économique* (Paris: Institut d'observation économique, 1949).

Cauvin, R., 'Historique et critique du Plan comptable général', in E. Archavlis, *Le Plan comptable général* (Marseille: Edition du Conseil Régional de l'Ordre national des experts comptables et comptables agréés, 1949), pp. 19–36.

Chezleprêtre, J., 'Normalisation des comptabilités', *Rapport présenté à la Commission de la Normalisation des Comptabilités* (Paris: mimeo, 1940).

Chezleprêtre, J., *Raisons d'être et modalités d'un plan comptable général* (Paris: Conférence faite à la Sorbonne, 1943).

Comité d'organisation du bâtiment et des travaux publics, *Le problème des prix dans le bâtiment et les travaux publics* (Paris: Comité d'organisation du bâtiment et des travaux publics, 1942).

Commission générale d'organisation scientifique (CEGOS), *Une méthode uniforme de calcul des prix de revient: Pourquoi? Comment?* (Paris: Commission générale d'organisation scientifique, 1937).

Commission Interministérielle, *Le Plan comptable* (Bordeaux: Editions Delmas, 1943).

Conseil national de la comptabilité, *Plan comptable général* (Paris: Conseil national de le comptabilité, 4th Edition, 1986).

Cordoliani, A., *L'Ordre national des experts comptables* (Paris: Sirey, 1947).

Culmann, H., *Le Plan comptable révisé de 1979* (Paris: Presses Universitaires de France, 1980).

Detoeuf, A., *Exposé sur le plan comptable* (Paris: Centre d'information interprofessionnel, 1941).

Detoeuf, A., 'La fin du libéralisme', in X-Crise, *De la récurrence des crises économiques: son cinquantenaire 1931–1981* (Paris: Economica, 1982).

Ehrmann, H., *Organized Business in France* (Princeton: Princeton University Press, 1957).

Elbow, M., *French Corporative Theory, 1789–1948* (New York: Columbia University Press, 1953).

Forrester, D., *Schmalenbach and After* (Glasgow: Strathclyde Convergencies, 1977).

Fourastié, J., *La comptabilité* (Paris: Presses Universitaires de France, 1943).

Fourastié, J., *Comptabilité générale conforme au plan comptable général* (Paris: Librairie générale de droit et de jurisprudence, 1945).

Fourquet, F., *Les Comptes de la puissance* (Paris: Encres, 1980).

Gaillochet, R., 'The "S" Factories', in The Hoover Institution on War, Revolution, and Peace, *France during the German Occupation 1940–1944*, Vol. I (Stanford: Stanford University, 1958), pp. 47–50.

Horace, A., 'Doctrine: Art. 5202, Le Plan comptable officiel de 1947', *Journal des Sociétés Civiles et Commerciales* (July–October 1948), pp. 201–240.

Kuisel, R., *Capitalism and the State in Modern France* (Cambridge: Cambridge University Press, 1981).

Lamson, J., *Principes de comptabilité économique* (Paris: Dunod, 1950).

Lauzel, P., 'Autres réflexions sur le plan comptable 1947', *Bulletin bimestriel de la société de comptabilité de France* (No. 144, March 1955), pp. 91–116.

Lauzel, P., 'Normalisation-rationalisation: Guides comptables', in P. Lauzel and A. Cibert, *Le Plan comptable commenté*, Tome II (Paris: Foucher, 1959), pp. 5–302.

Lecompte, R., *Projet préparatoire à l'adaptation du 'Plan comptable national'* (Reims: Privately prepared, 1943).

Lehideux, F., 'National Equipment', in The Hoover Institution on War, Revolution, and Peace, *France during the German Occupation 1940–1944*, Vol. I (Stanford: Stanford University, 1958), 35–38.

Lutfalla, G., 'Rapport présenté au nom du Conseil économique', in Conseil économique, *Mise en application du plan comptable* (Paris: Presses Universitaires de France, 1950), pp. 3–126.

Michel, H., *Pétain et le régime de Vichy* (Paris: Presses Universitaires de France, 1986).

Milward, A., *The New Order and the French Economy* (Oxford: Oxford University Press, 1970).

Mommen, H., *Le Plan comptable international*, Tome I (Brussels: Cambel, 1957).

Mommen, H., *Le Plan comptable international*, Tome II (Brussels: Cambel, 1958).

Ordre national des experts comptables et des comptables agréés, *Bulletin No. 1* (October 1943).

Paxton, R., *Vichy France: Old Guard and New Order, 1940–1944* (New York: Knopf, 1972).

Péricaud, J. and A. Calandreau, *Le Plan Comptable dans les entreprises* (Paris: Editions 'Le Commerce', 1943).

Retail, L., *Etudes critiques du plan comptable 1947* (Paris: Sirey, 1951).

Reymondin, G., *Bibliographie méthodique des Ouvrages en langue française parus de 1543 à 1908 sur la Science des Comptes* (Paris: Société Académique de Comptabilité, 1909).

Richard, J., 'Pour un plan comptable moniste français', *Revue de droit comptable* (March 1988), pp. 41–86.

Rousso, H., *Le Syndrome de Vichy (1944–198 . . .)* (Paris: Seuil, 1987).

Singer, H., *Standardized Accountancy in Germany* (Cambridge: Cambridge University Press, 1943; reprinted New York: Garland, 1982).

The Hoover Institution on War, Revolution, and Peace, *France during the German Occupation 1940–1944*, Vols I–III (Stanford: Stanford University, 1958).

Viandier, P., 'Le Plan comptable', *Bulletin de la Chambre de Commerce de Paris* (Paris, 25 July 1942), pp. 182–190.

Villard, H., *L'Exactitude et la sincérité des bilans: le Plan comptable* (Paris: Sirey, 1947).

Weisz, G., *The Emergence of Modern Universities in France* (Princeton: Princeton University Press, 1983).

Zeldin, T., *France 1848–1945: Ambition & Love* (Oxford: Oxford University Press, 1979).

A. Fortin

"The 1947 Accounting Plan: origins and influences
on subsequent practice,"
The Accounting Historians Journal, vol. 18, no. 2, 1992, pp. 1–25

The Accounting Historians Journal
Vol. 18, No. 2
December 1991

1991 Vangermeersch Manuscript Award

Anne Fortin
UNIVERSITY OF QUEBEC IN MONTREAL

THE 1947 FRENCH ACCOUNTING PLAN: ORIGINS AND INFLUENCES ON SUBSEQUENT PRACTICE

Abstract: The first official French Accounting Plan, adopted in 1947, had a marked influence in several countries. Its impact can still be felt today and many of its features have been retained in the 1982 French Accounting Plan. The article highlights the economic, political and accounting influences on the development of the 1947 Plan. The main characteristics of the Plan are also described. After presenting an overview of the events that marked the evolution of French accounting subsequent to the adoption of the 1947 Plan, the paper concludes with a comparison of the 1947 Plan with the latest French Plan (1982).

The 1947 French Accounting Plan, later revised in 1957, had a marked influence in several European, Asian and African countries (Greece, Turkey, Tunisia, for example). Its impact is pervasive today through the model financial statements of the European Fourth Directive adopted in 1978. What were the forces that led to the development of the 1947 Accounting Plan? What were the sources on which its development was based? What were the strong elements of the Plan that gave it its usefulness and led to its widespread adoption? These are important and basic questions that need to be answered to understand more fully the present state of accounting in the many parts of the world that have been influenced by French standardized accounting, and to understand why it had so much influence.

After considering the methodology used in the study, the paper will address, in turn, the aforementioned research questions. An overview of the events that marked the French Accounting Plan's history subsequent to the adoption of its first official version of 1947 will follow. The paper then proceeds to highlight the pervasive features of the 1947 Accounting Plan that have been retained in the latest revised version of the Plan, that of 1982. The conclusion recapitulates the landmarks of French accounting history since 1940.

RESEARCH METHODOLOGY

The research approach used in this study involved library research to obtain the following type of data: evidence on social,
cultural, political, and economic factors in the relevant time periods; pertinent laws and decrees affecting accounting; rulings and
decisions from accounting normalization bodies. Primary and secondary types of evidence were reviewed, including contemporary
records and reports, government documents and compilations,
and expressions of opinions, such as books.

Essentially, the necessary literature was obtained at the library of the *Conseil National de la Comptabilité* and the library of
the *Ordre des Experts Comptables et des Comptables Agréés*.

The research process was one of abstraction and analysis of
the factors which influenced the development of French accounting thought. The analysis included such steps as the determination
of actual events that have happened and their sequence, and an
identification of interrelationships among those events together
with inferences about possible explanations.

FORCES THAT LED TO THE DEVELOPMENT
OF THE 1947 ACCOUNTING PLAN

On August 31, 1944, after the liberation of Paris by the Allies,
De Gaulle's interim government moved from London to the
French capital. The war had left a devastated country with diminished productivity in both the agricultural and industrial sectors.
Faced with an enormous task of reconstruction, De Gaulle's government initiated a number of economic and social measures:
companies in key sectors of the economy were nationalized; a five-
year economic plan for modernization and equipment was
launched; revaluation of assets was permitted; and social security
was extended. Nationalizations and economic planning were the
driving forces that spurred the development of the 1947 Accounting Plan.

Nationalizations

In the post-war period, the general sentiment shared by the
resistance organizations, the three major political parties (the
Communists, PC; the Socialists, SFIO; and the Christian Socialists,
MRP), and the leading trade unions was that nationalization of
key sectors of the economy would allow for a structured reform of
the economy and lead to a new social democratic order. Three

motives were behind the nationalization movement: distrust of private companies, the urgent need for economic reconstruction, and the desire for improved labor conditions [Baum, 1958, pp. 175-177].

In the immediate post-war period, the first companies to be nationalized were the coal mines of the North and Calais regions, which badly needed structural reforms to play their role in the recovery of French industry. The next companies nationalized were, among others, the Renault manufacturing plants, the Gnôme and Rhône motor company and Air France. After the November 1945 election, the first Constituent Assembly continued the nationalization program with the Bank of France and the four largest credit institutions; gas and electrical utilities; and thirty-four major insurance companies.

After May 1946, there was a virtual halt in the nationalization movement. The constitution of the Fourth Republic, adopted in October 1946, recognized and retroactively defined nationalization in the following terms:

> "any good or any company whose operations have or ac-
> quire the characteristics of a national public service, or of
> a de facto monopoly, must become the property of the
> collectivity" [Chenot, 1977, p. 22].

There is no doubt that the nationalization of so many companies in such a short time was a determining factor in the creation in April 1946 of a committee to study accounting normalization *(Commission de Normalisation des Comptabilités)*. The government needed to put some order into the disparate accounting of nationalized enterprises if it was to manage and control them adequately. What could be a better way to meet this objective than a uniform accounting plan? The fact that nationalized companies and the companies in which the state had an interest were the first to have the plan applied to them underlines the key role played by nationalization in the standardization of French accounting.

In time, the government's objective was to extend the application of the plan to private industry so that everyone could benefit from the enhanced comparability of accounting information.

Economic Planning: The Modernization and Equipment Plan

War destruction and appropriations by the occupying forces had left France in poor economic condition. In 1945, agricultural and industrial production levels were respectively at two-thirds and one-half of their pre-war levels.

In the early post-war period, Jean Monnet, who had been a wartime member of the first French committee for national liberation, convinced De Gaulle of the necessity for an organized and planned development of the economy. Monnet believed that the strength of a country rested on its productive capacity. In this area, France lagged behind other industrialized countries due to the lack of innovative spirit which, in the past, had brought insufficient investment in productive and modernized equipment.

To restore and improve upon France's pre-war productivity, the country's productive structure needed to be rebuilt and modernized; this was the objective of Monnet's five-year economic plan. Emphasis was put on the key sectors of the economy: coal, electricity, cement, steel, transportation and agricultural equipment, some of which the government already controlled through nationalization.

The plan was prepared from scarce data; no set of national accounts was available. However, economic planning spurred the development of national accounting by drawing attention to its importance both in the elaboration of the plan and in the assessment of its realization, concurrently demonstrating a need for more sophisticated and more plentiful statistics. It was probably to meet this need that the National Institute of Statistics (*l'Institut National de la Statistique et des Etudes Economiques, INSEE*) was created in April 1946. It was also to meet the need for comparable and reliable data for statistical and national accounting purposes that the 1946 Committee for the Normalization of Accounting (*Commission de Normalisation des Comptabilités*) was created. In fact, the committee had a section whose mandate was to study the normalization of accounts for national accounting purposes.

THE SOURCES OF THE 1947 ACCOUNTING PLAN

Two major sources inspired the characteristics and structure of the 1947 Accounting Plan, namely the 1942 Accounting Plan and the Plan of the National Committee of the French Organization (*Comité National de l'Organisation Française, CNOF*) [Brunet, 1951, p. 168]. The influence came through individuals who had worked on the respective committees that developed these two plans, and who were later appointed to the 1946 Committee for the Normalization of Accounting. What were these plans, why were they elaborated and what were their respective contributions to the 1947 Accounting Plan? The following paragraphs seek to answer to these key questions.

The 1942 Accounting Plan

Developed during World War II, the 1942 Accounting Plan was the product of an Accounting Plan Committee (*Commission Interministérielle du Plan Comptable*) instituted by an April 1941 Decree. The plan's objectives were stated as follows by Detoeuf [1941, pp. 9-12], vice-president of the committee:
1. To allow the determination of assets, capital, profits and product costs at both the company and the industry level;
2. To make it possible to calculate industry-wide average costs for certain product types for government price control purposes;
3. To decrease the possibilities of deceiving tax authorities by increasing the clarity of accounts;
4. To help the government to avoid making mistakes in its tax and economic policies by normalizing accounting for each industry.

As can be seen from these objectives, the motivation behind the 1942 Plan was government control of firms and prices. This comes as no surprise since the plan was drawn up during the war, at a time when *dirigisme*, or the planned economy, was very strong. Although accounting normalization was considered useful for company management, this objective was not among the driving forces that led to the development of the 1942 Accounting Plan.

Contents of the Plan. To meet its expressed objectives, the 1942 Plan contained a chart of accounts, terminology, valuation rules, financial statement models — a balance sheet, a trading account and a profit and loss account — as well as a method for computing product costs [Brunet, 1951, p. 250].

The headings of the ten categories of the chart of accounts are the following [Fourastié, 1943, pp. 171-179]:
0. Capital and investments
1. Financial accounts
2. Regularizations and encumbrance accounts
3. Inventory and purchase accounts
4. Expenditures classified by type
5. Allocation accounts
6. Charges by sections
7. Product costs

8. Sales and other revenues

9. Profit and loss accounts and results of operations

In fact, there were two charts of accounts: a complete one with ten classes for companies which used cost accounting, and a simplified one without the cost accounting classes (numbers 5, 6 and 7) for others. Due to the integration of cost accounting into the accounting chart, there had to be two formats for the trading account and two for the profit and loss account: one set of statements classifying expenses by destination (functions) for companies using the cost accounting classes, and another classifying expenses by nature for companies which did not use these classes.

The 1942 French Plan was developed on the basis of a document prepared by Chezleprêtre, a Vichy government senior civil servant within the *Ministère de l'Économie Nationale et des Finances*, who had been trained as a statistician [Standish, 1990, p. 346]. Chezleprêtre had probably drawn up his Plan using the 1937 Goering Plan as a starting point since it had the only official chart of accounts in use at the time. In fact, there are similarities between the German and the 1942 French charts.

In both the German and French charts, cost accounting was integrated with financial accounting. This arrangement of accounts reflected Schmalenbach's conception, in which the chart of accounts follows the cycle of manufacturing activity: first, capital is raised and invested in fixed and current assets; then, materials are purchased and processed to create products that are sold; and lastly, all accounting elements are assembled in class 9 for the periodic closing of the books.

However, even if the German and the 1942 French charts of accounts were similar, the French influence had impact in two areas of the 1942 Plan: product costing and the standard balance sheet. The resulting characteristics were later retained in the 1947 Plan.

First the latest innovations in French cost accounting were embodied in the 1942 Plan. The homogeneous sections method, developed and defined by Lieutenant-Colonel Rimailho in a 1928 pamphlet under the aegis of the *Commission Générale d'Organisation Scientifique du Travail* (C.E.G.O.S.), was to be used in computing product costs. This method was concerned with the allocation of indirect charges to product costs. These charges were to be accumulated in various accounting units or sections (such as a division of the enterprise or a specific activity like distribution). Then, section costs were charged to product costs using a chosen work unit *(unité d'oeuvre)* as basis of allocation (such as kilometers or direct labor hours). This method allowed cost prices to be determined at each successive stage of the production process. The addition of the charges incurred at one level of production to the previous charges provided the cost of the product at that particular production level. However, since the method did not provide the original breakdown of the various cost components, components had to be recomputed on a separate schedule. The homogeneous sections method was adopted in the plan for cost computations because it allowed precise calculations, and afforded great possibilities of application to various situations.

Another characteristic related to product costing introduced in the French Plan was the use of mirror or contra-accounts which allowed product costs to be computed without altering expense accounts. In fact, charges were debited to the appropriate cost accounts by crediting contra-accounts, which preserved the information registered in financial accounting's expense accounts while ensuring the identity of the information carried from financial accounts to cost accounts.

Second, the rational classification (discussed in the next section) which had developed in France in the 1920s [CNOF, 1946, p. 46] and which, by the 1940s, had been widely adopted by the majority of French enterprises for their balance sheets [CNOF, 1946, p. 23] inspired the 1942 Plan's standard balance sheet. However, the rational classification was not retained for the 1942 Plan's chart of accounts since it was inspired by the German chart.

The 1942 Plan was mainly criticized for its lack of logic and its complexity, and for being overly oriented toward the determination of financial results for external purposes, and of product costs for internal and external pricing of products. Not enough attention was paid to the role of accounting in the daily management of operations [Brunet, 1951, pp. 252-253].

The other major criticism addressed to the Plan concerned the duality of the operations account and the profit and loss account, stemming from the possibility of classifying expenses either by nature or by function depending on whether the cost classes (5, 6 and 7) were used or not. This situation deprived national accountants of valuable information needed in the preparation of national accounts [Brunet, 1951, p. 252]. As will be seen in a later section, this criticism was taken into account in the drafting of the 1947 Plan.

An official adaptation of the 1942 Plan was only produced for the aeronautic industry. However, Brunet [1951, p. 254] mentions that a number of major companies also adopted the general plan, and applied it without any official approval. The application of the plan allowed users to discover its weaknesses, and the experience they gained was valuable for the 1946 accounting normalization committee.

The Plan of the National Committee of French Organization

The National Committee of French Organization (CNOF) was an association of individuals from various professions who were interested in the organization of work in general. In 1928, Gabriel Faure, who in fact had been the first author to offer a modern decimal accounting chart in 1909, formed the CNOF's accounting section, whose major concern was normalizing the balance sheet.

In July 1942, the CNOF's accounting section was invited by the CNOF council to study the plan prepared by the 1941 Accounting Plan Committee. Upon examination, the 1942 Plan was found to be too complex and technically difficult to apply to the large industrial companies for which it had been primarily conceived. Its classification was believed to be too empirical, without reflecting any particular order or method. To make a positive contribution to the advancement of accounting, the accounting section then devoted its efforts to the rationalization of current French practice; by 1944, the section had published a rational plan for the organization of accounts. Eminent French accountants participated in the deliberations of the section: Garnier, Brunet, Anthonioz, Demonet, Fourastié and others, all of whom later helped in the drafting of the 1947 Plan, carrying over ideas that they had applied in the CNOF Plan.

The objectives set by the authors of the rational plan were the classification, codification and articulation of accounts. No definitions were provided in their plan, since the authors believed that there were enough excellent definitions in current practice. Nor was there any new method given for computing product costs. The plan provided a structure for making and registering the desired computations, but confined them to a particular set of accounts. Their correspondence with, and complete independence from, financial accounting were ensured by the use of contra-accounts (imputation accounts). Any cost accounting method could be used in conjunction with the plan.

The CNOF's Rational Plan. The proposed plan presented three double-entry systems, each containing two *ordres*. Each *ordre* classified events or accounting elements from a different perspective. The summation of all the accounts of any *ordre* provided the results of operations. The *ordres* were linked together either by double-entry or by the use of contra-accounts. The plan's double-entry systems were as follows [CNOF, 1946]:

Financial accounting	*Ordre* 1 — Operating accounts (revenues and expenses) (accounting elements seen as causes)
	Ordre 2 — Balance sheet accounts (assets and liabilities) (effect of transactions on the company's position)
Managerial accounting	*Ordre* 3 — Cost accounts and sales accounts (transactions classified as to purpose)
	Ordre 4 — Imputation or contra-accounts
Budgetary accounting	*Ordre* 5 — Budgeted operations
	Ordre 6 — Budgeted liquidities

Ordre 7 and 8 were left open, in case other accounting systems were developed in the future. *Ordre* 9 was devoted to commitments and transitory accounts, such as purchases and sales in cash, and internal transfers. In financial statements, transitory accounts were to be replaced by the *ordre* to which they were related (1 or 2), and commitments were to be listed at the end of the balance sheet.

Each *ordre* was further divided into categories, each having its own specific meaning. For example, the categories found in *ordre* 1 were charges and revenues that are included in the gross profit margin, operating charges and revenues, investment-related charges and revenues, administrative charges, miscellaneous revenues and financial charges. These categories were further grouped to provide the following summary accounts: the gross profit margin, results of operations, net revenue from investments, net administrative charges and financial charges. The classification adopted in that *ordre* was based first on the economic function of the transactions and second on their nature. Another example of the breakdown of an *ordre* into categories is provided by *ordre* 2. In the latter, assets were divided, according to their economic function in the company and their degree of liquidity, into fixed assets, investments, short-term assets (inventories and short-term investments), receivables and liquid assets (cash and cash equivalents).

Ordre 3 and 4 were devoted to cost accounting, constituting a separate double-entry system. Separation of cost accounting from financial accounting was believed to be essential. The reasons that were given then for this separation seem still valid today in view of the maintenance of the same practice in the 1982 Accounting Plan. The most important justifications were the following:

1. It facilitated the establishment and further modification of the cost accounting system;
2. In cases where there were modifications in production or in the company structure, the cost accounts could be adapted without modifying the plan for financial accounting, thus preserving the inter-firm comparability of the financial information, as well as its comparability over time;
3. Charges included in product prices could differ from expenditures registered in financial accounting;
4. The use of contra-accounts allowed complete freedom in cost accounting; the transformation of data for the computation of product prices and the determination of results of operations could thus be done freely without altering the original accounts [CNOF, 1947, pp. 32-34, 99].

The CNOF Plan was very well designed; however, to preserve the recent tradition introduced by the 1942 Plan, only some of its features were retained in the 1947 Plan. The influence of the CNOF Plan and of the 1942 Plan on the 1947 Plan will be considered after introducing the latter.

THE 1947 ACCOUNTING PLAN

As the first official plan drafted after the Liberation, the 1947 Plan constituted the real beginning of accounting normalization in France. It was initially designed for industrial and commercial undertakings, but with the intention of adapting the plan to all sectors of the economy. The ultimate goal of the Committee for the Normalization of Accounting was to create a system that would allow the summation of the accounts of all economic units, thereby facilitating the preparation of national accounts.

The Committee was headed by its vice-president, Turpin, who was secretary of the Central Committee for Prices. The secretary of the Committee was Pujol, a state economic expert and former secretary of the adaptation committee for the 1942 Plan. Among the sub-committees that were formed to work on specific topics, the three most important ones were the sub-committee on principles, definitions and rules, headed by Fourastié and Lauzel; the sub-committee on the general chart of accounts and financial statements, headed by Lemoine and Pujol; and the sub-committee on cost accounting, headed by Martin [Brunet, 1951, p. 166].

The committee had to focus on accounting in industrial and commercial businesses as the starting point of what would ultimately become a national rationalization of accounting. More, specifically, the accounting system chosen had to be simple, complete and flexible enough to be applied to large companies as well as to the more numerous small and medium-sized companies. Finally, the orientation chosen by the plan's designers was towards the determination of financial results for investors and creditors (particularly banks), and the determination of product costs for pricing purposes. Although finding a plan suitable for national accounting was not the primary goal of the committee, several measures were nonetheless adopted which stressed the economic orientation of the accounting reform. The economic concerns of the designers were reflected in the following features of the plan:

1. Classification of companies' assets according to their economic function or location;
2. In the balance sheet, grouping of accounts into classes that reflected the accounts' economic function: permanent capital, long-term assets, inventories, third-party accounts and financial accounts;
3. The classification of expenses by type, which provided the necessary elements for the study of the economic situation at the company, industry and national levels;
4. The production of information on company operations to complete the financial statements, such as endorsements and commitments, or to facilitate the analysis of certain elements of the balance sheet (depreciation, fixed assets, provisions).

Contents of the 1947 Plan

The plan constituted a complete set of accounting procedures, including [Veyrenc, 1950?; Retail, 1951]:

1. A definition of financial and cost accounting;
2. A chart of accounts (see Appendix) and related terminology;
3. A list of the accounts and how they interact;
4. General rules for the application of the plan;
5. Valuation rules for assets;
6. Rules for determining depreciation and provisions;

7. Models for the balance sheet, the trading account and the profit and loss account;
8. A section on cost accounting, including a description of the system adopted, terminology, rules for computing product costs, an explanation of the perpetual inventory method and the procedure for the classification of expenses into fixed and variable categories;
9. Statistical accounts necessary to analyze the company's situation and establish a national accounting system (see point 4 in the previous section).

General Features of the 1947 Plan

The plan offered a simple, logical and flexible structure, while introducing the most advanced cost accounting techniques of the time (the homogeneous sections method described earlier). Terminology and presentation were largely borrowed from the accounting tradition. The chart of accounts (see Appendix) classes were chosen in accordance with the two traditional objectives of financial accounting: the determination of the firm's situation and the analysis of the year's results. The plan used the decimal system to number accounts and classes of accounts. The main classes of the plan were as follows:

Balance sheet accounts	1. Permanent capital (capital, reserves, liabilities);
	2. Fixed assets and investments;
	3. Stocks;
	4. Third-party accounts (receivables and payables);
	5. Financial accounts (short-term loans and borrowing, short-term investments, cash);
Operating accounts	6. Expenses, classified by type;
	7. Revenues, classified by type;
	8. Profit and Loss accounts;
	9. Cost accounting accounts;
	10. Statistical accounts.

This structure made it easy to prepare the balance sheet which was established from the accounts of the first five classes. Unlike the 1942 Plan, the order of appearance of the accounts on the balance sheet was the same as in the chart of accounts. Accounts were first classified according to the duration of use or realizability for assets (short or long-term) and according to the degree of payability of debts and capital. Subsequent classification of accounts depended on the physical or legal nature of the elements they represented.

The logic behind the balance sheet framework was based on the representation on an industrial and/or commercial firm with the following characteristics: productive assets having a long-term useful life and an irregular renewal pattern; long-term financing for long-term productive assets; inventories rotating rapidly in less than a one-year time period; and an operations cycle whose duration was also considered to be less than one year. This representation led to a classification of assets, debts and owners' equity based on the one-year time period, the year being traditionally considered as the usual time frame for the accounting period. The permanent resources at the disposal of the firm, together with their investment in long-term production means, were therefore shown in the upper part of the balance sheet, with short-term assets and debts appearing below. Exhibit 1 indicates the structure of the balance sheet as it has been outlined above, as well as the

Exhibit 1

Structure of the Balance Sheet:
Relationships Between Classes of the Chart of
Accounts and Balance Sheet Elements

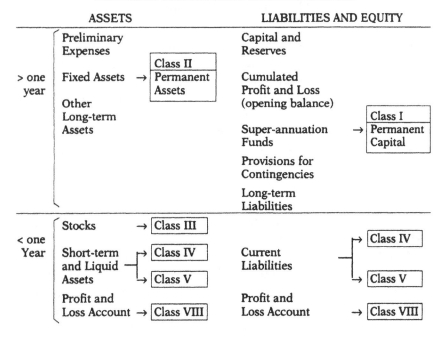

relationship between the classes of the chart of accounts and the elements of the balance sheet.

The main categories of the balance sheet defined above were then subdivided into as many elements as needed to register the results of the various transactions that modified the patrimony of the firm. The correspondence between the nomenclature of balance sheet elements and the structure of the statement facilitated the passage from the list of accounts to the balance sheet.

The 1947 balance sheet was presented in the form of a T account, with the income or loss for the year as the credit or debit balance of that account. This provided a link between the balance sheet and the profit and loss account which was given some prominence. The following paragraphs will detail how income related operations were dealt with in the chart of accounts and financial statements.

Classes 6 and 7 of the chart were used to account for expenses and revenues. At the end of the period, the accounts were closed to account code number 80 (see Appendix) which then provided the information needed to draft the trading account. The profit and loss account was established from the information contained in account code number 87. The structure of the two statements is presented in Exhibit 2.

In the trading account, charges were classified by type, so it was impossible to determine the gross profit figure from the information provided. The plan offered an alternative presentation for these two statements, which could be used on an optional, supplementary basis: after reclassifying the charges by function, it was possible to present a trading account showing the gross profit on operations. In this alternative presentation, administrative charges appeared in the profit and loss account, rather than in the trading account. The option of presenting the trading account by function was offered in the hope of making it easier for management to analyze charges and set up a cost accounting system in companies that in the past had only been concerned with financial accounting.

The logic that prevailed in the subdivision of income accounts into two statements was based on the character of the operations which were being accounted. In the first statement, the trading account, all regular transactions that repeat themselves from period to period were grouped. The balance of this account thus provided an indication of the current performance of the firm. Next, all irregular or exceptional transactions were grouped in the second results statement, the profit and loss account. The break-

Exhibit 2

Structure of Income Accounts

TRADING ACCOUNT

Current Results Related to Operations	Opening Stock	Closing Stock
	Purchases	Sales
	Wages and Salaries	Scrap Proceeds
	Taxes and Duties	Proceeds from Packing Materials
	Rent and Maintenance	Own Construction of Fixed Assets
	Transport and Travelling	Other Income
	Supplies	Interest Revenue
	General Operating Expenses	Allowances Received
	Interest and Charges	
	Provisions for Super-annuations and for Amortization	
	Credit Balance	Debit Balance

PROFIT AND LOSS ACCOUNT

Exceptional (non current) Results	Operating Loss (from Trading Account)	Operating Profit (from Trading Account)
	Losses Relating to Prior Years	Profits Relating to Prior Years
	Exceptional Losses Exceptional Provisions	Exceptional Profits
	Income Taxes	
	Total Net Profit	Total Net Loss

down between regular and irregular transactions was based on the assumption that certain types of transactions were always of an exceptional nature, whatever the type of firm involved. Transactions classified as irregular or exceptional were gains and losses on the sale of permanent assets, foreign exchange gains and losses, and profits and losses from previous periods. It must be noted that the classification by type adopted in the trading account was here replaced by a classification according to the origin of transactions.

Further classification of revenues and expenses in the trading account was developed from an analysis of the various elements to be accounted for. The logic that prevailed in the selection of the order of presentation of charges was based on the distinction between the major economic and financial operations usually conducted by the firm. First, production operations necessitate the purchase of material, the payment of wages to employees and of taxes to the state, and the incurring of various operating expenses. Next, a category was created to register financial charges resulting from the firm's financing policy. Finally, a category was devoted to the cost of permanent productive means related to the period: depreciation of fixed assets. On the revenue side of the trading account, resources coming from the sale of production or purchased goods were shown first, since they result from the primary activity of the firm. Next, sales revenues from two secondary sources were shown in separate categories. Production by the firm of its own fixed assets, which was considered revenue since it represented a transfer of charges to the balance sheet, also appeared under a separate heading. Finally, a category was allocated to revenues from financial operations such as interest and dividends.

Aside from financial accounting provisions, the plan contained an important section on cost accounting. As mentioned earlier in the case of the CNOF Plan, to maximize both the standardization of financial accounting and the flexibility and adaptability of the cost accounting system, the plan reserved a separate class for cost accounts, number 9. Separation of cost accounting also favored the progressive introduction of cost accounting, without delaying the application of the financial accounting section of the plan. The role assigned to cost accounting by the plan was threefold, including the periodic determination of:

1. The cost of manufactured or purchased products;
2. Inventories, using the perpetual inventory method;
3. The results of operations by each branch or subdivision of the firm's activities

In the general plan, a main structure for industrial accounting was prescribed, leaving the problem of application to particular cases to company plans.

Two measures ensured the flexibility and adaptability of the plan. First of all, the use of the decimal system meant that any account could be subdivided by adding extra digits to the account number. Secondly, the free accounts left in the general plan could be used to fill specific needs.

Comparison of the 1947 Plan with the 1942 Plan
and the CNOF Plan

To facilitate the adoption of the plan, the Committee for the Normalization of Accounting did not want to upset accounting traditions unduly. Since the 1942 Plan had already been introduced in some companies, it seemed natural that the committee base its work on that plan, and try to improve upon it. The committee benefited from companies' experience with the 1942 Plan, and took into account the criticisms that had been expressed of the earlier plan.

The 1947 Plan was a major advance over the 1942 Plan. First, to number the first class, the zero was dropped and replaced by the number one to facilitate the use of accounting machines. The zero was used thereafter for statistical accounts. Second, separate classes were created for fixed assets and third-party accounts (short-term receivables and payables). Third, class number 2 of the 1942 Plan, which contained the regularization and engagement accounts, was abolished, and the accounts reallocated to other classes. Fourth, purchases now appeared in class 6 instead of class 3, which was reserved for inventories, and the cumbersome accounts for purchases added to inventory were eliminated. Lastly, accounts were classified in the same order on the balance sheet and in the chart of accounts.

The separation of cost accounting from financial accounting, a feature of the CNOF Plan, was retained, together with the imputation of both expenses and revenues in the cost accounts. As in the CNOF Plan, contra-accounts were placed in the same categories as the accounts they corrected, and accounts that had the same function in the firm were designated by the same number of digits.

The rational classification used in the CNOF Plan was adopted for the balance sheet. However, the committee did not retain the classification into *ordres* and categories found in the CNOF Plan, since the flexibility of decimal coding was preferred. This meant that, as in the 1942 Plan, the balances of the 1947 chart's classes were meaningless.

Applicability of the 1947 Plan

The Superior Council for Accounting, created by a January 1947 decree, was to supervise the application of the 1947 Plan. The conditions under which it was to operate were to be specified by a subsequent law. However, none of the propositions formulated concerning a possible accounting law were adopted. The government, through several decrees, simply extended the application of the plan to nationalized industrial and commercial companies, and mixed capital companies in which the government had interests (decree of October 22, 1947); government and public establishments of either an industrial or commercial nature, or of an administrative character; private companies benefiting from government subsidies or financial guarantees; private companies under administrative control (for example, farming cooperatives); companies which had revalued their assets in accordance with the June 1948 decree.

Finally, as a result of the rational conception of the plan, and due to the unsuitability of existing accounting systems in most French businesses, the plan was spontaneously adopted by several firms. This is confirmed by the fact that more than 45,000 copies of the official edition of the 1947 Plan were sold, and several private editions of the plan were also successful [CNC, 1957, p. 8].

The introduction of the plan was also facilitated by the fact that it was adopted by professional accountants, and taught in colleges and high schools.

Impact of the 1947 Plan

Favorable consequences of the 1947 Plan could be observed in several areas. First, in providing a rational organization of both financial and cost accounting, the plan provided the tools needed to improve company management — an objective of utmost importance in the post-war reconstruction period. Secondly, the introduction of uniform rules of valuation, classification, and presentation, together with the establishment of a clear terminology, facilitated inter-firm comparisons and improved the quality of the information collected for national accounting purposes. The increased homogeneity of the data collected further allowed them to be added at various levels of analysis. Finally, the classification of expenses by nature and of some assets according to their economic function in the company met the needs of national accounting.

These characteristics of the 1947 Plan made it appealing for countries looking for order in company accounts and readily available data for national accounting. Those were the reasons for the widespread influence of French accounting from the 1950s up to the present.

THE POST 1947 PLAN ERA

During the 1950s, the Higher Council of Accounting made the first revision of the 1947 Plan. The new Plan was approved in 1957. The Council mainly devoted its efforts to improving the various elements of the 1947 Plan while retaining its framework and giving the cost accounting section of the plan more flexibility. A 1962 decree required the 1957 Plan be used in the private economic sector. The 1957 Plan thus became legally binding in over eighty lines of business for which particular plans were developed. Further, in the 1960s, the 1957 Plan served as basis for the development of the Plan for the African, Madagascar and Mauritius Organization (grouping of former French colonies) by a group of experts from the National Council of Accounting and INSEE.

With changing economic conditions in France, the passing of new laws, the rapid development of information processing techniques and the internationalization of trade and capital markets, the Accounting Plan needed revision. The need to improve the possibilities for financial and economic analysis offered by the plan's financial statements played an important role in drafting the revised plan's conceptual framework; in fact, this consideration dominated the first phase of the revision (1970 to 1975). The new proposed plan changed the classification criteria adopted in the 1947 and 1957 Plans, and introduced a number of innovations. The classification of balance sheet elements according to their degree of liquidity/maturity was replaced by a classification of assets and liabilities according to their economic function in the firm. The impact of tax regulations on accounting income and on the balance sheet was to be shown separately in accounts such as regulated provisions. The presentation of a statement of changes in financial position was to be made mandatory as a result of banks' and financial analysts' requests for information about the impact of the firm's transactions on its financial position. In the income statement, components of production were to be shown separately, and computation of value added was required to meet national accountants' information needs. These changes were approved by the National Council of Accounting *(Conseil National de la Comptabilité)* in 1975.

Unfortunately, the 1975 Plan could not be adopted as such, since it had to be harmonized with the requirements of the European Economic Community (EEC) directive on company financial statements, which was approved in 1977. The EEC fourth directive had both positive and negative impacts on the evolution of French accounting.

Among the positive results were the introduction of the "true and fair" concept used in English-speaking countries, which -goes beyond the French notion of *comptes réguliers et sincères* (whose meaning is closer to careful obedience of the law), the new level of importance granted to notes to financial statements, the breakdown of income taxes information on deferred taxes.

Among the negative impacts of the fourth directive on French accounting were the abandonment of the requirement for the preparation of a statement of changes in financial position; the partial abandonment of the functional classification in the balance sheet reverting to the previous classification of elements according to their degree of liquidity/maturity; and the abandonment of the computation of value added on the income statement. At the EEC level, financial statements were not designed with the same broad objective of serving micro and macro-accounting as in France. Furthermore, its development was based on the 1957 Accounting Plan's financial statements and on the German financial statements in use in the 1960s [Nichus, Spring 1972]. Therefore, a number of innovations of the 1975 Plan, some of which reflected national accountants' demands, were not incorporated into the fourth directive. Similarly, since no conciliatory work had been done on a possible statement of changes in financial position at the EEC level, no such statement was included among the mandatory documents to be prepared annually by firms.

EEC member countries could go beyond the fourth directive's requirements when incorporating its provisions into their respective laws. Nevertheless, France was bound by the EEC requirements, since the French industry representatives at the CNC found support in the directive for their claims for simpler statements and fewer disclosures than originally anticipated in the 1975 Plan. French companies did not want to have to disclose more information than was required from their EEC competitors. Furthermore, it was not difficult at this point for industry representatives at the CNC to bring about changes in the 1975 Plan, since it was only a draft and had not yet been implemented. A compromise solution involved providing, in addition to the basic set of financial statements, a more elaborate, optional set of documents with the same basic structure as the EEC directive statements, but retaining as many as possible of the innovations of the 1975 Plan. A third, much shorter set of statements was adopted for small firms.

The revised plan was adopted by ministerial decision in June 1979. A final version of the plan, very similar to the 1979 draft, was approved in April 1982, and came into effect on April 30, 1983 with the passing of the accounting law designed to incorporate the provisions of the EEC fourth directive into the national legislation.

THE HERITAGE OF THE 1947 PLAN
AND RECENT INNOVATIONS

The basic characteristics and structure of the 1947 Accounting Plan remain in the 1982 Plan. However, some elements were added, the terminology was refined and augmented, the presentation of the Plan was improved, and a number of changes were made to the chart of accounts and the financial statements. To highlight what has been retained of the past experience in the 1982 Plan and what are its main new characteristics, a comparative analysis with the 1947 Plan will be presented in the following paragraphs.

The 1982 version of the Plan contains basically the same elements as the 1947 edition (refer to the previous presentation of the 1947 Plan). However, accounting principles, which were implied in the 1947 Plan, are now specified clearly in the first section of the Plan. The cost accounting section of the Plan was greatly expanded. However, cost accounting remains independent from financial accounting. Additional information provided in this section includes the objectives of cost accounting, its uses for the management of operations, and a framework for the analysis of transactions in cost accounting.

The 1982 chart of accounts uses only nine of the ten classes, the class for statistical accounts (number 10) having been eliminated. Classes 1 to 5 are still reserved for balance sheet accounts and they retain the same titles. The operating accounts remain in classes 6 and 7. However, in each class, important reallocations were made in two-digits accounts in order that the chart more closely correspond to the new financial statement presentation of the classes' elements. Class 8 is now used for special accounts, such as commitments and consolidation accounts. Former profit and loss accounts of class 8 were reallocated into other classes because there is now only one statement for income related operations.

In fact, the fusion of the former trading account, and profit and loss account into one income statement is a major change that has been made to the 1947 Plan. However, the current/exceptional breakdown of operations has been maintained in the structure of the 1982 income statement, which is now divided into four sections namely, operations results, financial results, exceptional results and income taxes.

As far as the balance sheet is concerned, the 1947 liquidity/maturity criterion was retained for the classification of elements, except for financial investments and for liabilities. These elements are shown globally, details of maturity using the one-year criterion being given in notes to the balance sheet. A noteworthy change in the balance sheet concerns the presentation of net income for the period: it has been made part of equity instead of being shown separately as the last element of either the left or right section of the statement.

New importance has been granted to the supplementary information provided with the financial statements. In fact, notes are now regarded as being an integral part of the financial statements, subjected to the concept of true and fair presentation of financial information. Also, supplementary schedules are more numerous than in the 1947 Plan. A schedule presenting assets and liabilities maturities has been added and some summary statistics covering a five year period are requested, concerning such elements as capital, net income, wages and social security benefits.

The three sets of financial statements (the basic set; the optional, developed set; the abridged set, for small enterprises), all based on the basic framework, also represent a new feature of the 1982 Plan.

As can be noted from the comparison of the 1982 and 1947 Plans, the successive French committees on normalization had a good basis to work upon and, even if many improvements have been made, several features of the 1947 Plan have been preserved.

CONCLUSION

Since the 1940s, the road to French accounting standardization has been paved by a number of episodes, each building upon the previous stages. First, there was the unofficial 1942 Accounting Plan drafted during World War II under government's initiative. Then, in the 1942-1944 period, the Rational Plan was elaborated under the aegis of the CNOF, a private organization. Following the war, the 1947 Accounting Plan was the first plan officially approved by a governmental decree. Subsequently, revised editions of the 1947 Plan were approved in 1957 and in 1982, the latest version of the plan incorporating European considerations originating from the harmonization at that level.

Since the 1950s, French plans influenced accounting practice worldwide through their adoption by several countries and their adaptation for the former French colonies in Africa. Still today, some countries, like Madagascar who has adopted the latest French Plan, continue to be influenced by French innovations in accounting.

REFERENCES

Baum, Warren C., *The French Economy and the State*, New Jersey: Princeton University Press (1958).

Berry, B.M., "Uniform Accounting in France: *le Plan Comptable*", *The Accountant* (February 26, 1949 and March 5, 1949): 157-161, 176-180.

Brunet, André A., *La normalisation comptable au service de l'entreprise, de la science et de la nation*, Paris: Dunod (1951).

Chenot, Bernard, *Les entreprises nationalisées*, Paris: Presses Universitaires de France, *"Que sais-je?"* Number 695, 6th edition (1977).

Comité National de l'Organisation Française (CNOF), *Plan rationel d'organisation des comptabilités*, Paris: CNOF (1946).

Comité National de l'Organisation Française (CNOF), *Le plan comptable et la normalisation des comptabilités*, Proceedings of the CNOF meetings held on November 17 and 18, 1944, and March 18, 1946, Paris: CNOF (1947).

Conseil National de la Comptabilité, *Plan Comptable Général*, Paris: *Imprimerie Nationale* (1957).

Detoeuf, M.A., *Exposé sur le plan comptable*, Paris: *Centre d'information interprofessional* (1941).

Fourastié, Jean, *Comptabilité générale conforme au plan comptable général*, Paris: *Librairie générale de droit et de jurisprudence* (1943).

Nichus, Rudolph, "Harmonized European Economic Community Accounting - A German View of the Draft Directive for Uniform Accounting Rules", *The International Journal of Accounting Education and Research* (Spring 1972): 91-125.

Retail, L., *Étude critique du Plan Comptable 1947*, Paris: Ed. Sirey (1951).

Standish, Peter E. M., "Origins of the *Plan Comptable Général*: a study in Cultural Intrusion and Reaction", *Accounting and Business Research* (Vol. 20, No. 80, 1990): 337-351.

Veyrenc, Albert, *Exposé pratique du Plan Comptable Général 1947*, Paris: Ed. G. Durassié et Cie. (1950?).

APPENDIX

The 1947 Accounting Plan — Chart of Accounts

Group 1 Permanent Capital	Group 2 Permanent Assets	Group 3 Stocks	Group 4 Third Parties	Group 5 Financial Accounts	Group 6 Expenditure Accounts	Group 7 Income Accounts	Group 8 Profit & Loss Accounts	Group 9 Costing Accounts	Group 0 Statistics
10 Capital	20 Preliminary Expenses	30 Goods	40 Supplies	50 Short-term Borrowings	60 Purchases	70 Sales	80 Operating Results	90 General Control Accounts	00 Data to be attached to Balance Sheet
11 Reserves	21 Fixed Assets	31 Raw Materials	41 Customers	51 Short-term Advances	61 Wages,	71 (Available)	81 (Available)	91 (Available)	000 Commitments
12 Profit & Loss Appropriation	22 (Available)	32 Supplies	42 Personnel	52 Bills & Notes Payable	62 Taxes and Duties	72 Scrap Proceeds	82 (do)	92 Sectional Accounts (Indirect Charges)	001 Fixed Assets
13 Renewal Reserves	23 Constructions in Progress	33 Scrap	43 State Bodies	52 Bills & Notes Receivable	63 Rent, Maintenance, etc.	73 Proceeds from Packing Materials	83 (do)	93 Cost Price Accounts (Direct Charges)	002 Depreciation
14 Superannuation Funds	24 War Damage	34 Partly-finished Products	44 Shareholders	54 Cheques & Warrants	64 Transport & Traveling	74 Sales Allowances etc.	84 (do)	94 Permanent Inventory	003 Provisions

APPENDIX (CONTINUED)

The 1947 Accounting Plan — Chart of Accounts

Group 1 Permanent Capital	Group 2 Permanent Assets	Group 3 Stocks	Group 4 Third Parties	Group 5 Financial Accounts	Group 6 Expenditure Accounts	Group 7 Income Accounts	Group 8 Profit & Loss Accounts	Group 9 Costing Accounts	Group 0 Statistics
15 Provisions for Contingencies	25 Long-term Loans	35 Finished Products	45 Associated Companies	55 Investments	65 Supplies	75 (Own) Construction of Fixed Assets	85 (do)	95 Stocks Consumed	004 Turnover
16 Long-term Liabilities	26 Trade Investments	36 Work in Process	46 Sundry Debtors & Creditors	56 Banks & Post Office	66 General Operating Expenses	76 Supplementary Income	86 (do)	96 (Available)	005 Founders' Shares
17 Inter-Branch (Capital) Accounts	27 Guarantee Deposits	37 Packing Materials	47 Provisions for Accruals, etc.	57 Cash	67 Interest, Charges etc.	77 Interest & Discounts	87 Profit & Loss Accounts	97 Oncost Differences, etc.	05 Statistical Data
18 (Available)	28 (Available)	38 (Available)	48 Deferred Charges etc.	58 (Available)	68 Provisions Superannuation, Depreciation, etc.	78 Allowances Received	88 Appropriation Account	98 Industrial Profit & Loss Accounts	
19 (do)	29 (do)	39 (do)	49 (Available)	59 Funds in Transit	69 (Available)	79 (Available)	89 Balance Sheet	99 (Available)	

J. Richard

"De l'histoire du plan comptable français et de sa réforme
éventuelle," in R. Le Duff et J. Allouche (eds.),
Annales du management,
Economica, Paris 1992, vol. 2, p. 69–82

De l'histoire du plan comptable français et de sa réforme éventuelle

Jacques RICHARD (CEREG – Université de Paris-IX Dauphine)

En France, la comptabilité des entreprises et son enseignement sont très fortement marqués par l'existence d'un Plan Comptable National dont la dernière version remonte à 1982.

Ce plan comptable, qui suscite la curiosité des spécialistes étrangers, notamment des pays anglo-saxons, est omniprésent dans la pratique et la pédagogie : toutes les entreprises doivent en respecter les classes et beaucoup d'étudiants en récitent le chapelet des comptes jusqu'à les connaître par cœur : après l'Évangile, le Plan Comptable est peut-être l'ouvrage le plus récité en France! Il est protégé tout naturellement par son père, le Conseil National de la Comptabilité, mais aussi par les auteurs d'ouvrages techniques qui lui doivent leur célébrité.

Dans l'ensemble, d'ailleurs, le Plan Comptable français n'a guère à être défendu : les critiques à son égard sont rares. Plus que des critiques fondamentales, il s'agit, le plus souvent, de propositions d'aménagement. En général, les techniciens de la comptabilité sont fiers de leur plan comptable qui leur paraît digne d'être un objet d'exportation apte à sauver les malheureux peuples qui n'en disposent pas encore : le Plan Comptable paraît être un des bons produits français qu'il convient de promouvoir en toute circonstance sur tous les continents.

Au risque de passer pour un iconoclaste et peut-être, même, pour un mauvais Français, je voudrais profiter de cet article pour oser remettre en cause l'objet adulé.

Je montrerai d'abord que ce plan, qui passe pour une création française originale, a peut-être des origines étrangères, s'il faut croire de nouveaux éléments d'information disponibles. Je voudrais ensuite souligner que le choix de ce modèle de Plan Comptable n'a pas eu que des effets bénéfiques. Je terminerai en montrant que les raisons de son adoption tendent à disparaître et qu'il est peut-être temps de s'interroger sur sa réforme en profondeur.

1. LES ORIGINES NÉBULEUSES DU PLAN COMPTABLE FRANÇAIS

Le Plan Comptable français est donc un objet respecté, sinon respectable ! Mais, fait étrange pour certains ou fait explicatif pour d'autres, cette respectabilité du Plan Comptable va de pair avec une grande méconnaissance de ses origines et, très souvent, dans les ouvrages d'enseignement de la comptabilité, d'un grand laconisme à l'égard de cette question.

1.1. La méconnaissance des origines

Malgré un certain nombre de travaux précurseurs, comme ceux d'André Brunet (1951), on peut dire que l'étude « détaillée » des premiers pas de la normalisation comptable en France n'a vraiment commencé qu'avec les travaux de Peter Standish (1990).

Encore faut-il signaler que P. Standish, commençant logiquement par le commencement, n'a traité pour l'instant et pour l'essentiel que du Plan Comptable de 1942 et non du Plan Comptable de 1947. Mais le (grand) mérite de P. Standish est double : il est d'abord d'avoir montré l'exemple en nous incitant à entreprendre des recherches en ce domaine ; il est, d'autre part, d'avoir formulé une thèse originale et ouvert un débat sur les conditions de la collaboration du régime de Vichy à l'élaboration du Plan Comptable de 1942.

1.2. Le laconisme des ouvrages de comptabilité actuels à l'égard des sources du Plan Comptable français

Il est d'abord frappant qu'il n'existe pas d'ouvrage d'histoire de la comptabilité française ; d'autre part, les manuels « de base » se bornent pour l'essentiel à situer la naissance du premier Plan Comptable français en 1947 sans entrer dans les détails de sa genèse. Ce laconisme est évidemment la conséquence de la méconnaissance des origines : il est difficile de parler d'un sujet dont on maîtrise mal les données.

1.3. La cause de cette situation

Elle réside fondamentalement dans le fait que l'enseignement de la comptabilité n'a pas été, jusqu'à une période très récente, véritablement développé dans l'Université et n'a donc pas fait l'objet de recherches, notamment dans le domaine historique. En France, l'enseignement de la comptabilité est né et s'est focalisé dans des écoles professionnelles plus intéressées par l'enseignement des techniques que par la recherche.

Il semble que le premier enseignement doctoral relatif à l'histoire de la comptabilité et même le premier enseignement d'histoire de la comptabilité (tout court) remonte à 1990, date à laquelle B. Colasse, Professeur de Comptabilité à l'Université de Paris-Dauphine, fonde le premier Diplôme d'Études Approfondies (3ème cycle) spécifique à la comptabilité (DEA 124 – «Comptabilité, Décision, Contrôle»).

1.4. Faut-il relativiser?

Nous avons parlé d'ignorance des origines du Plan Comptable français. N'est-ce pas un peu sévère? Nous connaissons tout de même, notamment grâce aux auteurs précités, un certain nombre d'éléments sur la période 1939-1947. Il semble qu'en l'état actuel de nos connaissances et en se limitant aux éléments qui intéressent le plus directement notre sujet, on puisse dégager les enseignements suivants :

• Premièrement, le premier Plan Comptable «français» date de 1942, pendant l'Occupation. C'est un plan comptable fortement inspiré du Plan Comptable National allemand imposé par le troisième Reich en 1937 aux entreprises allemandes (Reichskontenrahmen) qui lui-même dérivait d'un plan comptable élaboré par E. Schmalenbach en 1927 (J. Richard, 1988). La caractéristique fondamentale du Plan Comptable de 1942 est qu'il est «moniste», c'est-à-dire qu'il est agencé selon le schéma de la circulation des biens dans l'entreprise (approvisionnement – production – vente) et intègre donc la phase de la production en son sein (J. Richard, 1988).

Ce monisme répond aux souhaits de E. Schmalenbach de garder sous une même coquille comptabilité financière (générale) et comptabilité de gestion (analytique). Bien qu'on puisse s'interroger, avec P. Standish, sur les objectifs des responsables du régime de Pétain mandatés pour mettre en place le Plan de 1942, on peut affirmer, par contre, que la commission du Plan Comptable instituée en 1941 par Vichy n'a pas créé une œuvre originale : pour l'essentiel, le Plan comptable de 1942 est un plan allemand : il suffit pour cela de comparer les intitulés des classes du Reichs Kontenrahmen et du Plan Comptable français de 1942 (voir mon exposé au Congrès de l'Association Française de Comptabilité à Bordeaux en 1992 sur les «deux plans comptables allemands»[1]).

• Deuxièmement, le Plan Comptable de 1947 est très différent : c'est un plan comptable dualiste, en deux circuits, distinguant soigneusement un premier ensemble de comptes consacrés à la comptabilité générale d'un second ensemble consacré à la comptabilité analyti-

---

(1) Cet exposé fera l'objet d'un article à paraître ultérieurement.

que. Généralement, sinon systématiquement, on présente ce plan comme un produit original des normalisateurs français : autant le Plan Comptable de 1942 (moniste) est allemand, autant le Plan Comptable de 1947 (dualiste) est français, cela semble clair ; d'autant plus clair que, par la suite, la solution dualiste française va apparaître comme un produit d'exportation original notamment en Europe de l'Est où l'influence allemande (celle de Schmalenbach, en fait) reste dominante à l'heure actuelle.

Certes, les raisons pour lesquelles le choix du dualisme a été fait restent floues. Mais, l'essentiel demeure dans l'esprit des enseignants et des étudiants français ou étrangers : le Plan Comptable de 1947 est une œuvre bien française.

Au risque d'accroître l'incertitude qui empreint les origines du Plan Comptable de 1947, je vais essayer de montrer qu'en fait cette affirmation est discutable.

2. DE NOUVEAUX ÉLÉMENTS SUR LES ORIGINES DU PLAN COMPTABLE DE 1947

Mes questions sur les origines du Plan Comptable de 1947 résultent de deux événements qui m'ont plongé dans une profonde perplexité : la lecture d'un ouvrage de E. Kosiol et la rencontre de J. Parenteau.

2.1. La lecture d'un ouvrage de E. Kosiol

Dans un de ses ouvrages consacré à la normalisation des comptes en Allemagne, Erich Kosiol (1962) montre très clairement que dès 1938-1940 il existait outre-Rhin deux types de plans comptables : non seulement des plans comptables de type moniste (dont le plus célèbre était celui préconisé par E. Schmalenbach), mais également des plans comptables de type dualiste comme ceux préconisés par Bred en 1938 et surtout celui imposé en 1940 par le 3ème Reich pour la normalisation des comptes des petites et moyennes industries de l'artisanat.[1]

---

(1) Le plan comptable moniste était imposé aux grandes entreprises industrielles tandis que l'artisanat disposait d'un plan dualiste (dérogatoire).

2.2. La rencontre de Jean Parenteau

Jean Parenteau, qui fut un grand spécialiste de la comptabilité analytique dans la période des années 30 à 50, reste, sauf erreur, la seule personne vivante qui ait participé à la préparation des deux plans comptables de 1942 et 1947. De l'entrevue qu'il a bien voulu m'accorder le 29 mai 1992[1] et des textes qu'il a eu l'amabilité de me communiquer, je retire les idées fondamentales suivantes :

• premièrement, Martin et Poujol, fonctionnaires du Ministère des Finances sous le régime de Vichy, ont joué un rôle déterminant sur le plan technique dans la mise au point du Plan Comptable de 1942 ;

• deuxièmement, non seulement les mêmes Martin et Poujol ont participé à l'élaboration du Plan Comptable de 1947[2] mais, comme souligne Jean Parenteau, ce sont eux aussi qui ont joué le rôle moteur dans l'élaboration du Plan de 1947.

2.3. De nouvelles hypothèses sur la naissance du Plan Comptable de 1947

La juxtaposition des informations fournies par E. Kosiol et J. Parenteau permet, semble-t-il, d'émettre les hypothèses suivantes :

• premièrement, l'idée d'un plan comptable dualiste n'est pas française mais allemande ;

• deuxièmement, Martin et Poujol, qui avaient disposé de la traduction du Plan «Goering», ont eu vraisemblablement connaissance par la même occasion du Plan Comptable dualiste de la branche artisanat institué par le troisième Reich en 1940 ;

• troisièmement, Martin et Poujol, après avoir d'abord pris comme référence en 1942 un plan comptable moniste allemand, ont à nouveau, en 1947, pris comme référence un autre plan comptable allemand, dualiste cette fois-ci ;

• quatrièmement, l'originalité de l'apport français en 1947 serait sinon marginale du moins faible : l'essentiel viendrait des Allemands.[3]

Voici donc une nouvelle piste pour l'origine de «notre» Plan Comptable de 1947. Reste à élucider les raisons pour lesquelles on était moniste en 1942 et dualiste en 1947. Ceci nous mène à l'étude des avantages et des inconvénients des deux types de plan.

---

(1) L'entretien a été enregistré sur magnétophone à Gif-sur-Yvette.
(2) Jean Parenteau affirme que seules trois personnes ont participé à la fois à l'élaboration des deux plans : Martin, Poujol et lui-même.
(3) Lors de mon entretien avec lui, j'ai été fort surpris d'entendre Jean Parenteau affirmer à plusieurs reprises que le Plan Comptable de 1947 n'était pas très différent de celui de 1942. À mon avis, ils sont différents mais on peut interpréter l'opinion de Jean Parenteau comme une indication de l'origine commune (allemande) des deux plans.

3. AVANTAGES ET INCONVÉNIENTS DES PLANS COMPTABLES MONISTE ET DUALISTE

En principe, l'étude des avantages et des inconvénients de tel ou tel type de plan comptable doit s'effectuer d'un point de vue historique et géographique en tenant compte des caractéristiques d'une économie à un moment donné de son histoire ; on peut toutefois estimer qu'il y a des éléments fondamentaux à relativiser ensuite en tenant compte des spé-cificités de la période et du pays étudiés. Nous énumérerons donc d'abord ces éléments fondamentaux avant de nous demander dans quelle mesure ils ont pu jouer en 1947, en France, pour le choix de telle ou telle solution.

Je distinguerai cinq éléments fondamentaux concernant la pédagogie, l'organisation, le secret des affaires, la difficulté de normalisation et les différences d'évaluation entre la comptabilité générale et la comptabilité analytique.

3.1. La pédagogie

Il peut peut-être paraître curieux, pour certains, d'invoquer un argu-ment de pédagogie dans le choix de tel ou tel modèle de plan comptable mais je pense qu'il s'agit en fait d'un élément fondamental. L'expérience de l'utilisation du Plan Comptable français montre clairement que l'influence du Plan Comptable peut être considérable en pédagogie ; à cet égard, il est manifeste que le dualisme imprègne très fortement l'enseignement de la comptabilité française ; alors qu'aux États-Unis, par exemple, l'activité de production est décrite, même dans les livres de comptabilité financière (financial accounting), dans notre pays la pro-duction ne figure (éventuellement) dans les ouvrages de comptabilité générale que sous la forme d'une écriture d'inventaire[1] : c'est évidem-ment la conséquence du choix du dualisme qui exclut la représentation de l'activité de production de la comptabilité financière.

Je pense donc que le choix du dualisme présente de graves inconvé-nients sur le plan pédagogique car il aboutit à déconnecter l'enseigne-ment de la comptabilité de la réalité économique : que doit-on penser d'une représentation de l'entreprise qui exclut la production de son champ de vision? Peut-on parler d'image fidèle à ce propos? On

---

(1) Nous proposons à nos lecteurs de faire un test et de prendre les ouvrages d'enseignement technique les plus répandus en France (en comptabilité générale). Il constatera sans peine que la plupart des exercices proposés dans ces ouvrages sont des exercices portant sur des entreprises commerciales. Non seulement la représentation de la production n'existe pas (ne peut exister d'ailleurs) mais c'est tout le secteur des entreprises de production qui se trouve éliminé. On a vraiment affaire à une comptabilité commerciale.

s'étonne parfois de trouver des étudiants peu motivés par la comptabilité, par une discipline qui leur paraît abstraite et peu intéressante ; mais comment pourrait-on attirer des étudiants à partir d'une représentation qui fait fi de tout réalisme ?

En fait, j'estime à ce propos que E. Schmalenbach avait raison. L'une des idées maîtresses de l'illustre auteur était qu'un plan comptable doit avoir pour rôle fondamental de fournir un bon modèle pédagogique de la réalité de l'entreprise : c'est l'une des raisons pour laquelle il avait donné sa préférence à un plan comptable de type moniste qui permet de représenter dans son intégrité le déroulement du cycle approvisionnement – production – vente.

3.2. L'organisation de l'entreprise

Une autre idée maîtresse d'E. Schmalenbach était qu'un plan comptable doit aider à organiser l'entreprise. En préconisant un plan moniste, Schmalenbach pensait favoriser le développement de la comptabilité des coûts (Kostenrechnung) en obligeant en quelque sorte l'entreprise à intégrer cette dimension dans son plan comptable. Il est difficile de vérifier la validité de cette thèse ; soulignons toutefois qu'elle demeure d'actualité puisque dans un débat récent. M. Mazars estimait que l'une des raisons de la faiblesse du développement de la comptabilité analytique en France tiendrait à l'adoption d'un plan dualiste et de ce fait à un excès d'attention aux problèmes de la comptabilité générale (débat publié par la Revue de Droit Comptable n°87-4 en décembre 1987).

3.3. Le secret des affaires

Lorsqu'il s'agit de mettre la comptabilité analytique à l'abri des regards indiscrets, la formule du plan dualiste est a priori la plus efficace puisque, dans sa variante extrême, elle permet de déconnecter complètement la comptabilité financière (généralement accessible à des degrés divers à certains partenaires sociaux de l'entreprise) de la comptabilité de management (généralement privée) et donne facilement la possibilité d'affirmer qu'il n'existe pas de comptabilité analytique. Il ne faut cependant pas exagérer la portée de cet avantage du modèle dualiste, ceci pour deux raisons :

• d'abord, souvent, les partisans du modèle dualiste éprouvent le besoin, pour notamment des raisons de contrôle de l'information, de relier (par des comptes réfléchis notamment) les deux parties de comptabilité générale et de la comptabilité analytique ; lorsque cette liaison existe, il est plus difficile de préserver le secret de l'existence et du contenu de la comptabilité analytique ;

- ensuite, il est possible, même au prix d'une moins grande sûreté et d'une moins grande efficacité, d'organiser le secret des affaires dans le cadre d'un plan moniste : bien que l'accent de la comptabilité soit mis sur la comptabilité des coûts, cela ne signifie évidemment pas qu'on ait à donner les renseignements concernant les coûts des différents produits : il suffit pour cela de synthétiser l'information et de ne laisser filtrer, par exemple, que le coût des grandes fonctions de l'entreprise. On peut même affirmer à cet égard que des plans monistes d'entreprise tels que ceux qui sont utilisés généralement dans les entreprises américaines, anglaises ou japonaises produisent parfois, sinon souvent, au niveau des comptes sociaux, une information sur les charges de l'entreprise moins fine que celle que l'on peut trouver au débouché du système dualiste français !

3.4. La difficulté de la normalisation

Il est une opinion très répandue selon laquelle une normalisation des comptabilités dans le cadre d'un Plan Comptable National serait très difficile à mener à l'aide d'un plan comptable de type moniste. L'argument invoqué est qu'il est difficile et en tout cas dangereux pour l'efficacité de l'entreprise de normaliser la comptabilité des coûts des produits (qui rappelons-le est placée au cœur du cadre d'un plan de type moniste). L'opinion prévaut souvent que seuls les plans de type dualiste offriraient une solution viable en permettant de normaliser la comptabilité générale tout en laissant à l'entreprise la possibilité d'organiser sa comptabilité des coûts comme elle l'entend (à l'aide de comptes ou de tableaux, etc...).

Il me semble que ces opinions reposent sur un malentendu ; l'adoption d'un plan comptable de type moniste ne préjuge en rien du sort qui sera fait aux classes de comptes réservées à l'enregistrement des coûts des produits : on peut très bien décider que, à l'instar de la classe 9 du Plan Comptable français, ces classes seront organisées et tenues librement par l'entreprise ! C'est bien ainsi d'ailleurs que l'entendait E. Schmalenbach lui qui était un adepte de la liberté de l'entreprise et de la décentralisation des décisions.

En d'autres termes, la solution moniste ne fait qu'affirmer la nécessité de placer la comptabilité des coûts de production au cœur du dispositif des classes du plan comptable de façon à pouvoir « lire » le déroulement du cycle d'exploitation dans son ordre naturel ; il est inexact d'affirmer qu'elle veut aboutir et qu'elle aboutit ipso facto à une normalisation de la comptabilité des coûts : dire cela serait tout aussi faux que d'affirmer que le système dualiste met en exergue la comptabilité analytique pour favoriser sa normalisation (à l'échelle nationale).

314

3.5. Les différences d'évaluation entre la comptabilité générale et la comptabilité analytique

Après la première guerre mondiale, le problème des relations entre une comptabilité juridico-fiscale (pour les besoins des créanciers et du fisc) et une comptabilité des coûts (pour la gestion) s'est posé avec de plus en plus d'acuité. Il est probable que, comme c'était le cas et c'est encore le cas en Allemagne et en France, lorsque la comptabilité sert à la fois à déterminer le résultat fiscal et à calculer le coût des produits tout en tenant compte de la règle de prudence, un système comptable moniste devient plus difficile à «gérer». Une solution rationnelle consiste alors à séparer la comptabilité analytique de la comptabilité générale de façon à différencier les évaluations économiques des autres types d'évaluation (fiscale notamment).

En 1927, E. Schmalenbach était conscient du «danger» que représentaient ces différences d'évaluation qui pouvaient conduire à un éclatement du système comptable moniste auquel il tenait tant. Il a donc dû recourir à des techniques de traitement de l'information qui permettent de conserver la «coquille» moniste tout en différenciant l'évaluation selon les zones du Plan Comptable : pour l'essentiel, ces techniques consistaient en comptes d'écarts qui permettaient de «dériver» les évaluations strictement fiscales vers le résultat final et de ne faire pénétrer dans la zone de la comptabilité des coûts que les évaluations de type économique.

Apparemment donc, sur ce point précis, le système moniste s'avère moins rationnel et plus difficile à gérer que le système dualiste. Il faut toutefois nuancer cette affirmation par deux remarques :

• premièrement, le problème se pose avec beaucoup moins d'acuité si la comptabilité est déconnectée de la fiscalité ;

• deuxièmement, l'avantage du système dualiste n'est réel que s'il est poussé à l'extrême, c'est-à-dire jusqu'à la séparation. La fonction des deux comptabilités générale et analytique à l'aide de comptes réfléchis repose le problème que E. Schmalenbach devait résoudre dans son plan moniste.

Avec ce dernier point nous avons, semble-t-il, passé en revue l'essentiel des éléments fondamentaux qui, sur un plan abstrait, peuvent alimenter le débat sur les mérites respectifs des systèmes moniste et dualiste. Reste maintenant à replacer ce débat dans son contexte historique.

4. LES ÉLÉMENTS QUI ONT PU JOUER EN 1947 POUR LE CHOIX D'UNE FORMULE DUALISTE

Chacun sait qu'en histoire il est toujours délicat de démêler l'écheveau des causes d'un événement. Je pense qu'il sera particulièrement difficile d'arriver à une explication définitive des raisons qui ont conduit les auteurs du Plan Comptable de 1947 à opter pour un modèle dualiste du fait que les facteurs réels qui ont joué sont complexes et non quantifiables ; par ailleurs, ces facteurs, pour des raisons tenant aux relations socio-politiques de l'époque, ne seront pas forcément exprimés dans les textes officiels.

Pour essayer de nous faire une opinion, je prendrai pour base mon entretien avec Jean Parenteau en l'accompagnant de mes commentaires personnels. Comme Jean Parenteau m'avait déclaré que le Plan Comptable moniste de 1942 avait reçu un accueil favorable de la part des entreprises dans lesquelles il avait été appliqué, je lui ai demandé pour quelles raisons ce type de plan n'avait pas été repris en 1947. L'examen de l'ensemble de ses déclarations fait apparaître, semble-t-il, trois éléments d'explication.

Le premier élément est d'ordre moral : il s'agissait d'abord de choisir un modèle de plan différent du plan « Goering » pour se démarquer de la période précédente, celle de la collaboration.

Le deuxième élément a trait aux circonstances de la période de l'après-guerre : dans un contexte politique marqué, jusqu'en 1947, par la présence des communistes au pouvoir et une puissance accrue des syndicats, le patronat n'était guère rassuré ; pour ne pas risquer de voir l'État maîtriser l'information sur les coûts il préférait scinder la comptabilité en deux zones : l'une, la comptabilité générale, étant éventuellement réglementée, l'autre, la comptabilité analytique, restant libre.

Le troisième élément est relatif à l'orientation des travaux : il ne s'agissait plus de mettre au point un instrument de contrôle des coûts mais bien d'établir un plan comptable au service du droit et de la fiscalité.

De ces trois éléments, les deux derniers ne sont pas pour nous surprendre : j'ai toujours soutenu (1980 et 1988) que le secret des affaires et la crainte d'une « nationalisation » de la comptabilité avaient dû jouer un rôle lors du choix en 1947 en faveur du dualisme. En outre, il est évident que si, en 1942, les membres de la commission de normalisation étaient commandités pour mettre au point, à la demande des Allemands, un instrument de contrôle des coûts, cet objectif n'était plus de mise en 1947.

Ce qui me paraît plus surprenant, c'est que Jean Parenteau accorde une importance primordiale au facteur moral que j'ai toujours tenu pour secondaire. Je continue d'ailleurs à manifester mon scepticisme quant à l'importance de ce facteur : Martin et Poujol, déjà mis à contribution en

1942, auraient pu, me semble-t-il, s'ils l'avaient voulu, « maquiller » le Plan de 1942 pour le rendre acceptable et du reste, selon mon hypothèse, n'avaient pas hésité à prendre pour modèle un autre plan comptable (allemand)!

Quels que soient leurs poids respectifs, il semble donc que trois facteurs principaux aient joué en 1947 en faveur de la formule dualiste. La question maintenant, en 1992, est de savoir si ces facteurs sont encore d'actualité.

5. FAUT-IL RÉFORMER LE PLAN COMPTABLE FRANÇAIS ?

En 1947, le normalisateur français accouchait d'un plan comptable dualiste vraisemblablement inspiré d'un plan comptable allemand destiné au secteur de l'artisanat. Plus de 45 ans après, ce Plan Comptable, après certaines modifications qui ne remettent pas en cause sa structure d'ensemble, reste en vigueur et domine très largement les pratiques pédagogiques françaises. On peut légitimement se demander si cette situation doit se prolonger.

Pour répondre à cette question, nous prendrons en considération trois séries d'arguments d'ordre historique, technique et pédagogique avant d'envisager les principes d'une réforme éventuelle.

5.1 Les arguments d'ordre historique

Nous avons montré qu'en 1945-1947, le choix d'un modèle dualiste s'est effectué, semble-t-il, pour des raisons tenant à la « moralité », au secret des affaires et à la volonté de faire d'abord du Plan Comptable Général un instrument au service du droit et de la fiscalité.

Il est évident que ces facteurs n'ont plus la même force à l'heure actuelle :

• Le facteur moral, déjà discutable en 1947, n'est évidemment plus de mise à l'heure actuelle dans un contexte d'internationalisation des pratiques comptables.

• Le facteur secret des affaires n'a pas le même degré d'acuité qu'en 1947. Plus personne ne parle de normaliser la comptabilité des coûts et les chefs d'entreprise prennent l'habitude de communiquer certaines informations de la comptabilité analytique. De toute façon, l'exemple américain montre qu'il est possible d'être moniste sans pour autant risquer de dévoiler des informations névralgiques : le recours au dualisme ne s'impose pas.

317

• Enfin, l'orientation de la comptabilité française vers la fiscalité et le droit est de plus en plus critiquée[1] et même, pour une part, en cours de révision[2]. L'heure semble venue d'une réorientation de la comptabilité générale vers des objectifs d'information économique.

5.2 Les arguments d'ordre technique

L'explosion des moyens informatiques et le développement de systèmes d'information de plus en plus sophistiqués ne peuvent que bouleverser des conceptions vieilles de cinquante ans.

• L'évolution des systèmes d'information vise à l'intégration des comptabilités générale et analytique et non à leur séparation (voir les enquêtes de Jacqueline Kipfer à ce sujet).

• La modélisation de l'entreprise fait abstraction de la traditionnelle césure entre les diverses comptabilités et retient tout naturellement le cycle d'exploitation comme base de la représentation de l'entreprise.

• Les travaux de J.-C. Dormagen (1990) montrent clairement qu'il est possible d'obtenir à la fois une information sur les charges par nature relatives à la production globale et les charges par fonction relatives aux ventes dans le cadre d'une conception moniste de la comptabilité.

5.3 Les arguments d'ordre pédagogique

Je soutiens la thèse selon laquelle, en France, l'enseignement technique de la comptabilité aboutit, pour l'essentiel, à une catastrophe pédagogique ; les étudiants, sauf exception, en sortent avec l'impression que la comptabilité est d'abord une technique au service de la fiscalité et surtout n'ont pas de vue d'ensemble des phénomènes décrits par les systèmes comptables[3] : ils s'initient à la comptabilité par une comptabilité d'épicier. Je ne pense pas que la raison de cette situation tienne au fait que la normalisation s'opère (en France) par un Plan Comptable National. Elle tient vraisemblablement à la conjonction de deux facteurs :

• premièrement, le faible développement de la recherche en comptabilité et de son enseignement à l'Université ;

• deuxièmement, le recours à un plan comptable dualiste qui par sa structure même ne peut donner une représentation correcte de la réalité économique.

---

(1) Voir à cet égard l'intervention du représentant du CNPF lors de la dernière Assemblée plénière du Conseil National de la Comptabilité.
(2) L'optique patrimoniale a déjà subie quelques «attaques» en comptabilité des groupes (consolidation).
(3) Nous menons actuellement une enquête sur cette «dérive» à l'IUT de Sceaux.

5.4 Principes d'une réforme éventuelle

Pour améliorer la situation actuelle, deux solutions semblent possibles :

– Une solution maximale consisterait à réformer notre Plan Comptable pour revenir à un modèle moniste[1] avec un cadre conceptuel qui affirmerait la priorité du rôle économique de la comptabilité. Cette solution aurait l'avantage d'entraîner un bouleversement des méthodes pédagogiques et de réorienter rapidement l'enseignement de base vers l'appréhension de la réalité des phénomènes économiques de l'entreprise. Elle aurait l'inconvénient d'être coûteuse et de se heurter à des habitudes qu'il est normal de respecter.

– Une solution minimale consisterait à maintenir le plan dualiste et à en contrebalancer les effets pernicieux sur le plan pédagogique par deux moyens :

• Premièrement l'insertion systématique dans les programmes officiels de l'histoire de la comptabilité et plus particulièrement de l'histoire du Plan Comptable. Ceci permettrait de relativiser le choix fait par la France en 1947.

• Deuxièmement, l'inversion de la séquence comptabilité générale comptabilité analytique. Au lieu de débuter, ce qui est la règle générale, par l'enseignement de la comptabilité générale (selon l'optique dualiste), on pourrait commencer les cours de comptabilité par une approche beaucoup plus globale en favorisant une approche intégrée du type de celle qui est enseignée, par exemple, aux États-Unis[2]. Le modèle comptable français et le dualisme seraient enseignés dans un deuxième temps. On partirait ainsi du général pour aller au particulier et on favoriserait la mobilité intellectuelle des étudiants et leur aptitude à maîtriser plusieurs conceptions de la comptabilité.

Bien entendu, d'autres solutions sont envisageables et je n'ai pas la prétention de vouloir donner un avis définitif sur des questions fort complexes ; mes propos visent plus modestement à présenter un élément de discussion pour un débat qui ne fait que commencer à l'occasion de la nécessaire réforme de notre technique comptable et de son enseignement.

Bibliographie

BRUNET A., *La normalisation comptable au service de l'entreprise, de la science et de la nation*, Dunod, France, 1951.

(1) Bien entendu, comme nous l'avons déjà souligné, un modèle moniste n'implique pas qu'il faille normaliser la comptabilité analytique, ni même imposer sa tenue sous forme de comptes.
(2) Nous avons fait une expérience à l'IUT de Sceaux en débutant nos cours par un exposé sur la technique comptable anglo-saxonne (de plus en plus utilisée en France pour les comptes consolidés). Cette expérience sera relatée dans un article ultérieur

DORMAGEN J.-C., *La comptabilité intégrée,* La Villeguerin Éditions, France, 1990.

KOSIOL E., *Die deutschen Kontenrahmen,* Girardet, Allemagne, 1962.

RICHARD J., «Pour un Plan Comptable moniste français». *Revue de Droit Comptable,* France, mars 1988, p. 41 à 86. Thèse de Doctorat d'État, «Comptabilité et systèmes économiques», Paris I, 1980

SCHMALENBACH E., *Kostenrechnung und Preispolitik,* West Deutscherverlag, Allemagne, 1963.

STANDISH P. «Origins of the Plan Comptable Général : a study in cultural intrusion and reaction», *Accounting and Business Research,* Grande-Bretagne, n° 80, Autumn 1990, pp. 337 à 351.

LA COMPTABILITÉ NATIONALE/ NATIONAL ACCOUNTING

A. Sauvy

"Historique de la comptabilité nationale," *Economie et Statistique*, no. 15, September 1970, pp. 19–32

Historique
de la Comptabilité nationale

par Alfred SAUVY

Le Conseil économique et social a adopté le 11 mars 1970 un avis sur « la révision des méthodes de la comptabilité nationale et de la prévision ». Le rapport joint a cet avis, dû à M. Alfred SAUVY, est constitué de huit parties, successivement historiques, descriptives, méthodologiques et critiques*. *Économie et statistique* en reproduit ici la première partie, historique. Toutefois, le dernier paragraphe, « Évolution internationale depuis 1965 », est reporté de ce numéro au prochain, où sera reproduite aussi la quatrième partie de ce rapport, consacrée à la comptabilité économique internationale actuelle.

1 L'Ancien Régime

On ne peut guère appeler comptabilité nationale les dénombrements, les inventaires plutôt, faits à diverses époques, dans divers domaines féodaux ou abbayes (par exemple le *Domesday Book* de Guillaume le Conquérant), pour connaître les ressources en hommes et en biens. Il s'agissait de comptes statiques sans intervention d'aucun flux.

Pendant longtemps, le concept d'économie nationale s'est à peu près identifié avec celui des recettes royales ou seigneuriales, signe de richesse et de puissance. Une production (presque entièrement agricole) aussi élevée que possible et des impôts sévères étaient les deux assises de cette prospérité financière.

Dans cette optique, le revenu qui restait entre les mains des travailleurs n'occupait qu'une place très secondaire ; seul pouvait intervenir le souci de les voir rester assez forts pour pouvoir travailler. « Il faut protéger le menu peuple, il est utile », disait Boulainvilliers, après d'autres sans doute.

Les précurseurs

Laissant de côté les bilans purement énumératifs, mais puissants d'intérêt, de Froumenteau ou Nicolas Barnaud (vers 1580-1590) et la tentative peu poussée de Sully (1560-1641) dans les *Œconomies royales* (1570-1606), nous pouvons mentionner que la théorie mercantiliste, dont la grande époque se situe au XVIIᵉ siècle, étant en somme assise sur un modèle, et qu'elle aurait pu se traduire par une comptabilité nationale, la situation d'un pays étant jugée d'autant meilleure que les métaux précieux affluaient, signe d'un emploi intense des travailleurs, d'une population croissante et d'une balance du commerce (au sens large) excédentaire. Mais, en fait, aucune comptabilité effective n'était produite, à l'appui de cette doctrine, autre que les Finances royales.

En Angleterre, Petty crée en 1690 l'arithmétique politique, conception statique, mais qui marque un progrès remarquable dans le désir de connaître les rouages de l'économie nationale en échappant aux comptes proprement financiers. L'arithmétique politique restera en faveur, surtout en Angleterre, jusqu'à la fin du XVIIIᵉ siècle.

Toujours en Angleterre, Davenant s'inspire des travaux de King, qui en 1696, a, le premier, évalué le revenu national. Il établit, en 1698, la distinction entre ce qu'il appelle le *revenu général* d'une nation (c'est-à-dire le produit global des terres, du commerce, etc., bref de toutes les activités des habitants) et sa dépense annuelle ou consommation. Lorsque le revenu excède la dépense, il reste un profit.

Vauban et Boisguilbert

Dans le fameux *traicté de l'Oeconomie politique* (1615) du tragédien Montchrétien, on ne trouve non seulement rien qui ressemble à une comptabilité, mais même à peu près aucun chiffre (quelques prix en annexe).

La grande misère de la fin du règne de Louis XIV a eu pour résultat les importants travaux de Vauban et Boisguilbert. Ces deux hommes jouent, en France, le même rôle que Petty et King en Angleterre. Tous deux introduisent le concept de revenu national mesurable, donnent une large définition de la production économique et avancent les premières évaluations. L'œuvre de Vauban est surtout statistique, et vise à connaître le revenu imposable, tandis que Boisguilbert ébauche une théorie complexe, mais puissante, de la formation et de la circulation du revenu global.

* *Journal Officiel.* — Avis et rapports du Conseil économique et social, 1970 n° 4, 23 avril 1970.

C'est Boisguilbert qui tente la première synthèse de l'économie d'un pays et esquisse la première ébauche d'un tableau économique, en introduisant la notion de flux. Le revenu national s'identifie au total des revenus des sujets du royaume, c'est-à-dire à l'ensemble des revenus des fonds et des revenus d'industrie ou à la somme de tous les flux monétaires formés en une année. Ces revenus circulent entre deux catégories d'agents économiques, les producteurs de la terre ou de l'industrie et les détenteurs des revenus des fonds. Nous trouvons bien là l'ébauche de la comptabilité nationale.

Dans sa *Dîme royale* (1707), Vauban voit dans le revenu du royaume, conçu de façon très large, l'assiette des recettes fiscales du roi.

Après ces deux maîtres, les auteurs sommeillent, sans doute en raison de l'amélioration économique. Seuls Cantillon (1680-1734), Dutot (vers 1700-1760) et Veron de Forbonnais (1722-1800) méritent citation. Sans dresser un véritable modèle, Dutot montre les possibilités d'accroître indéfiniment l'activité économique et l'emploi par émission d'espèces monétaires.

Les physiocrates

Avec François Quesnay (1694-1774), fondateur et chef de file de l'école physiocratique, apparaît vraiment le premier modèle dynamique embrassant l'ensemble de la comptabilité nationale, dans une vue macroéconomique.

La définition de la richesse est plus restrictive et matérialiste que celle des prédécesseurs anglais et français puisque seule la terre est considérée comme productrice de richesse.

La richesse du pays est mesurée, chaque année, par le *produit net*. C'est la valeur ajoutée par l'agriculture et l'exploitation des ressources naturelles. C'est ce qui reste entre les mains des exploitants, une fois nourri le bétail et assuré la subsistance des hommes. La notion de *produit net* (fort différente de l'actuel produit national net), sera utilisée par K. Marx un siècle plus tard et deviendra la *plus-value*, englobant cette fois l'industrie, les services restant exclus du compte.

Le tableau économique (1758) est la première tentative de représentation comptable d'un ensemble économique. Les agents économiques sont bien définis et les comptes aboutissent à divers agrégats. Ce modèle retrace en effet la circulation des flux monétaires et réels entre trois catégories d'agents économiques : la classe productive, la classe stérile, et la classe des propriétaires. Quesnay insiste sur le rôle essentiel joué par les investissements en capital (ou « avances » à la terre, selon sa terminologie), dans la formation du revenu national.

Mais la doctrine physiocratique (Letrosne, Dupont de Nemours, Mercier de la Rivière, Turgot, etc.) n'a jamais vraiment débouché sur le plan politique, même pendant le gouvernement, du reste assez bref, de Turgot (1774-1776).

En 1776, Adam Smith (1723-1790) adopte la distinction physiocratique entre activités productives et non productives, mais fait entrer, dans la première catégorie, toute

activité consacrée à la production de biens matériels. Cependant, en considérant la richesse comme un stock et non comme un flux, Smith marque plutôt un recul. D'autre part, en se limitant à la production matérielle (comme le fera Marx), il retardera le développement de la théorie du revenu national, en France en particulier, où ses idées seront suivies pendant toute la première moitié du XIXᵉ siècle. Nous verrons cependant quelques exceptions.

Quant aux calculs du produit net, Quesnay n'a pas poussé lui-même dans cette voie, ils sont surtout le fait d'initiatives individuelles, dues en général à des disciples de Quesnay. Le *produit territorial ou agricole* est souvent distingué du *produit total*, sans qu'intervienne nécessairement la notion de *produit net*.

En 1761, le marquis de Mirabeau (1715-1789) converti aux idées de Quesnay, évalue le *produit net* de l'agriculture à 400 millions de livres, Le Trosne en 1779, à 834 millions, Dupont de Nemours en 1785 à 1 500 millions. En 1781, Isnard distingue « le *produit disponible* » du *produit total*; Hocquart de Coubron estime, en 1787, le « revenu net » au cinquième de la « dépouille totale ». Aubry de Saint Vibert évalue, en 1789, un *produit net agricole* de type physiocratique. Arthur Young (1741-1820) lui-même, le célèbre agronome, distinguera, en 1792, pour la France de 1789, le *produit net* du *produit brut territorial*.

En 1776, Condillac (1715-1780) reprend, sur le plan de la méthode, le point de vue des précurseurs anglais et français.

Pendant les années qui précèdent la Révolution, les calculs du revenu national se multiplient, sans prendre en général le caractère officiel, ni bénéficier d'aucune continuité. Citons les évaluations de Voltaire (1768) sans doute prises sur quelque autre, de Le Trosne (1776), Dupont de Nemours déjà nommé (1785), du ministre Clavière (1788) et surtout de Tolosan (1789).

Signalons aussi l'effort théorique, peu connu, de Cazaux, dans *Le mécanisme des sociétés*.

En 1781, Necker (1732-1804), directeur général des finances, publie le *Compte rendu au roi*, où il donne diverses indications sur les finances publiques. Bien qu'il ne s'agisse que du budget de l'État, cette publication a engendré de vives protestations, diverses personnes de haute noblesse estimant que des comptes de cette sorte devaient rester secrets. C'est une des premières manifestations en faveur du secret des affaires publiques.

Dans l'*Introduction* de son ouvrage fameux de l'*Administration des finances de la France* (1785), le même Necker s'exprime ainsi : « J'ai cru surtout que, si l'on pouvait rendre évidente et plus sensible à tous les yeux l'étendue des ressources et des richesses de la France, ce serait un moyen efficace et pour en imposer davantage aux ennemis de ce royaume et pour tempérer un peu, dans l'esprit de ceux qui seront appelés à le gouverner, ces jalousies politiques qui ont été la source de tant de maux ».

La multiplicité des recherches et des évaluations du revenu national à la veille de la Révolution traduit d'une part le progrès de la méthode statistique et, d'autre part, l'inquiétude générale et l'intensité des querelles de répartition.

2 La Révolution et l'Empire

Poussés eux aussi par les difficultés économiques et financières, les gouvernements de la Révolution prennent un certain intérêt à l'évaluation du revenu national. Le *Comité de l'Imposition* créé en 1790, dirigé par le duc de la Rochefoucauld, et, bénéficiant du concours de Dupont de Nemours, évalue à 1 440 millions le revenu net foncier de la France.

De tous les auteurs de calculs, c'est le nom de Lavoisier (1743-1794) qui retient surtout l'attention. En 1791, il dégage dans *Richesse territoriale du royaume de France* les méthodes d'une comptabilité globale qu'il applique à l'agriculture. La richesse territoriale est, pour lui, un flux, c'est-à-dire un revenu et non un stock. Son produit net est de type physiocratique. Il identifie le revenu national à la valeur brute de la production agricole (2 750 millions) et le revenu net ou imposable à la rente du sol (1 200 millions). Il s'agit donc d'une sous-estimation mais ayant plus que les physiocrates, conscience de l'importance de l'industrie. Lavoisier ne manque pas d'évaluer séparément la production non agricole. Le détail des calculs et, sans doute, d'autres résultats ont malheureusement été perdus.

Signalons encore les travaux d'Aubry du Bouchet (1791), Baignoux (1792), Sollivet et Benard (1792) qui distinguent le produit net imposable du produit territorial brut. Arnould (vers 1750-1812) évalue la balance des comptes et le revenu foncier imposable pour 1789 et 1798. Francis d'Ivernois, noble émigré, élargit le concept de *revenu national*.

En 1796, sans évaluer le revenu national total, Lagrange (1736-1813) calcule la consommation alimentaire par tête.

Après la création des départements et des préfets, les statistiques se multiplient, mais en ordre dispersé. La population et les ressources sont mieux connues, mais rien n'évoque un ensemble comptable cohérent pour la nation.

La théorie des débouchés

Sous le règne de Napoléon, qui voyait dans la statistique, « le budget des choses », l'intérêt pour ces questions reste vif, sans qu'il soit à proprement parler question de comptabilité nationale. L'objectif essentiel est d'évaluer la puissance économique de la France et de la comparer à l'Angleterre. Le caractère officiel de la statistique s'affirme encore de ce fait.

C'est cependant à cette époque que se fait connaître J.-B. Say (1767-1832), disciple d'Adam Smith et champion du libéralisme économique. Les idées bouillonnantes d'avant la révolution, en faveur de la liberté, avaient attaqué aussi bien le despotisme politique que les interventions économiques, les deux formes de pouvoir et d'abus semblant étroitement liées. Une certaine contradiction se manifeste désormais du fait de leur dissociation.

J.-B. Say reste sceptique à l'égard des calculs du revenu national, déjà teintés selon lui d'interventionnisme, ou tout au moins susceptibles de lui fournir des armes. Par contre, il s'engage volontiers sur le terrain de la doctrine et des concepts.

En 1803, s'éloignant à la fois d'Adam Smith et de Quesnay, il en vient à une notion plus large et, en somme plus moderne du revenu national, assez conforme d'ailleurs à l'optique de Boisguilbert, dont le caractère de génial précurseur est, du coup, plus accusé encore. Le revenu global est la somme de tous les revenus monétaires individuels et est équivalent à la valeur de la production.

A la suite de J.-B. Say, les auteurs du XIX⁰ siècle feront, peu à peu, entrer les biens et les services dans le revenu national. Cependant, le concept plus restreint d'Adam Smith conservera encore assez longtemps des adeptes.

La théorie des débouchés (déjà entrevue par Tucker en Angleterre, au XVIII⁰ siècle), si décriée par la suite, marque cependant un progrès très important. Certes, J.-B. Say l'a exprimée sous une forme trop simpliste et du coup trop optimiste. Mais il est curieux de voir que, chez les auteurs économiques, la primitivité est tantôt honorée comme une grande vertu, tantôt condamnée comme un vice rédhibitoire. La théorie des débouchés (« les produits s'échangent contre des produits ») pourrait, avec quelques correctifs (et notamment l'intervention du facteur temps ignoré ou sous-estimé comme dans la plupart des doctrines) se prêter à un modèle de comptabilité nationale, avec usage de calcul matriciel. Poussant bien plus loin que Quesnay, J.-B. Say peut être considéré comme l'ancêtre le plus direct de Léontief.

Mentionnons encore, sous l'Empire, les premiers travaux de Chaptal (1756-1832) en 1804 et ceux de Montalivet (1766-1823), qui, en 1813, trace un tableau fort optimiste de la situation économique en 1813. Il évalue à 7 milliards de francs la valeur de la production de l'Empire.

3 De la Restauration à la première guerre mondiale (1814-1914)

Le libéralisme économique, si bien défendu par J.-B. Say, l'emporte définitivement, le contraste étant plus accusé encore par le retour de l'autorité royale traditionnelle. Par réaction contre l'Empire, la statistique subit une éclipse. Non seulement elle paraît désormais moins utile, mais elle risque, juge-t-on, de donner aux interventionnistes de fâcheuses tentations. Louis XVIII et Charles X y voient même une invention quelque peu diabolique et, en tout cas, un facteur de subversion. Le bureau de statistique déjà mal en point à la Restauration est supprimé en 1819.

Quels que soient les principes, il reste cependant une

Intervention Inévitable de l'État : les dépenses publiques et la fiscalité propre à les couvrir. Aussi, diverses évaluations seront tentées, inspirées le plus souvent par le concept de revenu imposable.

En 1815 et en 1822, Charles Ganilh (1758-1836), qui a beaucoup travaillé la question, part d'une large conception du revenu national et évalue *rétrospectivement* le produit brut et le produit net en 1789. Il semble le premier à avoir vraiment calculé la répartition du revenu entre les diverses classes sociales.

En 1817, C.-L. Lesur donne, dans l'ouvrage *La France et les Français*, un bilan général de l'économie et de la population et estime le revenu général à près de 5 milliards, dont Il donne la répartition.

En 1818, Gaudin (1756-1844) calcule un produit brut des terres, des manufactures et du commerce, un produit brut agricole et un produit net imposable.

En 1819, Chaptal, déjà cité, utilise les statistiques préfectorales et les données du cadastre au calcul de la production agricole et de la production manufacturière.

Signalons encore les calculs du « revenu territorial » par Garnier en 1821, du revenu total par Balbi, en 1829.

Un bilan énergétique

En 1827, dans un essai de bilan national, qui a pour titre *Forces productrices et commerciales de la France*, le baron Dupin (1784-1873), député, mathématicien, statisticien, s'efforce de mesurer la puissance du pays en termes d'énergie. A cette fin, il a additionné les hommes et les bêtes, en assimilant un cheval à sept hommes et un homme à un âne. Il montre ainsi que la France dispose d'un total de 37 millions d'hommes actifs, dont 8 400 000 de race humaine. La force de la population active se trouve ainsi quadruplée par les bêtes.

Passant sur sa lancée à d'autres formes d'énergie (le charbon est déjà assez largement en usage), le baron parvient, pour la France, à un total équivalent à 48 800 000 hommes, alors que l'Angleterre dépasse les 60 millions.

Le rappel de cet épisode n'a pas seulement valeur de curiosité. Il montre combien les assimilations et les transferts de diverses quantités disparates en une unité commune peuvent varier avec le temps. A l'époque où était surtout utilisé l'apport musculaire des travailleurs, l'addition d'hommes et de bêtes de somme n'était pas plus extravagante que certaines opérations contemporaines, qui additionnent des complémentaires au lieu de les retrancher. Elle fournissait, en tout cas, un test commode de comparaison internationale.

Calculateur infatigable, le baron Dupin n'a pas borné son activité à ce calcul pittoresque. Il a publié une série d'évaluations de la richesse ou du revenu national s'étalant de 1780 à 1840.

La contradiction s'accentue

Nous avons signalé plus haut le conflit ou tout au moins la contradiction entre le retour à un pouvoir politique rigoureux et le triomphe du libéralisme économique. Une nou-

velle contradiction apparaît au cours de la première moitié du XIX⁰ siècle entre l'obscurantisme prôné par certains doctrinaires et le désir général de connaissance.

Quoi qu'il en soit, il devenait difficile, pour les économistes, d'affirmer leur désir croissant de décrire le mécanisme économique, tout en refusant d'en analyser les résultats ou tout au moins en manifestant de la tiédeur envers ces observations. D'autre part, le pouvoir politique, même résigné à ne pas intervenir dans les affaires privées, avait divers problèmes à résoudre, ne serait-ce que le problème financier. La phase de refus ne pouvait donc guère avoir que la durée d'une bouderie.

L'avènement de Louis-Philippe est l'occasion d'un changement d'attitude. Son règne marque un net renouveau de la recherche en ce domaine, encore stimulée par les à-coups et les déficiences du système économique, par les crises en particulier. En 1831, le *Bureau de statistique* est rétabli par Thiers (1797-1877) et confié à A. Moreau de Jonnes (1778-1870) qui se signalera aussi bien par ses réalisations administratives que par ses travaux personnels. De remarquables recensements de la population, de l'agriculture et de l'industrie vont être entrepris de 1836 à 1845.

On peut signaler, vers cette époque, les travaux de Charles Dutens (1765-1848) qui, en 1842, évalue le produit brut agricole et le produit brut industriel pour les années 1815 et 1835, mais qui, soit par scrupule de physiocrate attardé, soit par connaissance insuffisante du maniement des valeurs ajoutées, hésite à totaliser les évaluations qu'il obtient.

Villeneuve-Bargemont (1784-1850) pour 1835, Moreau de Jonnes, déjà cité, pour 1850, calculent et publient la valeur du revenu ou de la production totale. Ce même Moreau de Jonnes, déjà cité, avait publié, pour l'année 1840, le produit brut agricole, à peu près en même temps que Schnitzler (né en 1802) calculait pour 1842 la somme du produit agricole et du produit industriel [1].

P. Rossi (1787-1848) et Ch. Dunoyer (1786-1862) font entrer à leur tour (respectivement en 1840 et 1845) les services privés dans le calcul de la production nationale. Cette notion, qui sera refusée par Marx et ses disciples, ne triomphera cependant de façon définitive auprès des auteurs classiques qu'à la fin du siècle.

Premières tentatives de prévision des crises

Nous voici parvenus au milieu du XIX⁰ siècle et grande est la tentation, pour l'historien, d'y voir une sorte de gîte d'étape ou de relais, précédant une nouvelle période. La révolution de 1848 nous pousse aussi en ce sens.

Et cependant, c'est moins la révolution politique qui nous incite à suspendre quelque peu le cours antérieur que la question des crises cycliques.

---

1. Rappelons, comme à propos de Quesnay, que le terme *produit*, fréquemment employé en ce temps, s'identifie à peu près avec la production, tout en lui donnant un caractère, monétaire plus accentué. Il ne doit pas être confondu avec le *produit*, brut ou net, selon la conception moderne anglo-saxonne, qui ajoute à la valeur de la production nationale le coût des services publics administratifs pour obtenir le *produit national*.

Si confiants qu'ils soient dans les mécanismes automatiques et dans l'ordre naturel, les économistes libéraux sont troublés par les crises cycliques, véritables orages, qui provoquent non seulement un effondrement des prix, mais un recul des affaires, accompagné de faillites et de recrudescence de chômage. Les crises survenues pendant les guerres de l'Empire et à sa liquidation avaient déjà semé quelques inquiétudes et doutes, chez Sismondi (1773-1842) par exemple. Mais elles pouvaient être considérées comme un résultat des événements politiques, donc accidentels, tout au moins dans leur ampleur.

Il n'en est pas de même de la sévère crise de 1847 qui voit un effondrement des prix (baisse de plus de moitié de certains prix de gros en un an) et une violente poussée de chômage. Même en faisant abstraction de la révolution qu'elle a largement contribué à déclencher, il devient difficile de rester impassible devant un choc aussi violent.

Jusqu'à ce moment, les crises cycliques ont volontiers été considérées comme des purges salutaires contre des excès spéculatifs. Elles permettent, ajoute-on, une saine sélection des entreprises et le triomphe, recherché, des plus forts, disons des plus efficaces. Certains ne sont même pas loin d'y voir une sorte de juste pénitence.

Après la crise de 1847, les plus vifs défenseurs du libéralisme économique admettent qu'il serait utile de prévoir le mieux possible ces accidents, sinon de les prévenir.

Ainsi, comme l'a fait la fin tragique du règne de Louis XIV et comme le feront plus tard les drames de la crise des années 1930 et de la guerre 1939-1945, nous voyons que le malheur est une source intense de réflexion.

Tandis que K. Marx (1818-1883) établit ce que nous appelons aujourd'hui un modèle (sans toutefois procéder à aucune évaluation d'agrégats nationaux) et n'admet pas les services dans le concept de revenu national, le Français Clément Juglar (1819-1905) s'oriente vers l'étude et la prévision des crises. Ses travaux, publiés en 1856 et 1857 dans l'*Annuaire de l'Économie politique* et dans le *Journal des Économistes*, sont réunis en un ouvrage en 1860, après la grande crise de 1857. Ne se contentant pas de décrire, Juglar essaie d'analyser le mécanisme et de mesurer la périodicité de ces troubles ; divers auteurs, le Britannique Jevons notamment, cherchent une corrélation avec les taches du soleil.

Déjà à cette époque, la pensée est hantée par la recherche de l'indice unique, du baromètre qui fournit la solution. Pour le choix de ce baromètre, les propositions les plus simplistes seront formulées, prix du blé (Briaune), écart entre le portefeuille et les réserves métalliques (Juglar), cours du change (Lavaleye), commerce extérieur (Rawson) industrie du fer (Lexis), et même nuptialité (W. Farr).

Nouveau calcul du revenu national

Ces préoccupations dynamiques, tournées vers la prévision, ne contrarient pas les travaux de pure observation et notamment les calculs du revenu national.

Parmi les auteurs capitalistes, la conception de J.-B. Say ne l'emporte définitivement sur celles de Quesnay et de Smith, et par suite aussi sur celle de Marx, qu'à partir de 1880 : les services privés doivent entrer en ligne de compte. C'est, en particulier, sur ces bases que reposent les travaux de Maurice Block (1874) ; il additionne les valeurs de tous les produits finaux, biens et services. Sur l'autre plateau de la balance, on doit retrouver la somme des revenus de tous les individus.

Signalons encore les travaux, de L.Wolowski (1871), Balluc (1876), Elisée Reclus (1877), Leroy-Beaulieu (1881), Bonnet (1883), A. Crochut (1883), de la commission parlementaire pour la réforme fiscale (1885), de Fournier de Flaix (1885), Alphonse de Foville (1887) que nous allons retrouver à propos de la prévision, C. Colson (1899), etc.

Préoccupations sociales

Cependant, la conscience libérale, déjà troublée par la fréquence des crises, est également touchée par la question sociale ; sur le plan de la comptabilité nationale, cette préoccupation se traduit par des essais, en vue de connaître la répartition des revenus par tranches d'importance et par catégories. Cependant, cette évaluation est rendue très difficile en France par l'absence de tout impôt sur le revenu, alors que cet impôt a été établi en Angleterre au milieu du siècle. Pour évaluer par tranches les revenus individuels (total 20 à 25 milliards), de Foville utilise les différentes classes d'enterrement. En 1881 Leroy-Beaulieu (1843-1916), de tendance très conservatrice, estime non seulement qu'il n'y a pas tendance à la paupérisation, mais qu'au contraire un certain mouvement se produit dans le sens du nivellement.

En 1896, le ministre des Finances, Paul Doumer (1857-1932), présente un rapport relatif au projet d'impôt sur le revenu et évalue par tranches le revenu total : 22 milliards, chiffre sans doute inférieur à la réalité.

Les recherches sur la prévision prennent corps

Cependant, la multiplicité et la variété des systèmes à indice unique, ayant valeur de baromètre, rendent de plus en plus nécessaire l'établissement de méthodes moins simplistes. Les travaux s'orientent d'abord, aux alentours de l'année 1880, vers la recherche d'indices composites mesurant les variations de la prospérité, elle-même jugée d'après l'importance des affaires. Deux noms apparaissent à peu près simultanément, ceux du Français Alfred de Foville (1842-1913) et de l'Autrichien F. X. von Neumann-Spallart.

Dès 1879, de Foville, préoccupé par la prévision des crises et un moment quelque peu séduit par la théorie des taches solaires, s'attache à tirer un baromètre commercial des statistiques du commerce extérieur. Le 26 septembre 1887, il présente à Toulouse un essai de *météorologie économique et sociale*. « S'il y a une loi des tempêtes, il y aussi une loi des crises ». Il rassemble 32 séries chronologiques, qui vont de la production de houille aux condamnations judiciaires et, dans un souci de claire présentation, remplace ses courbes par des rubans diversement colorés ; rouge, situation bonne, rose, assez bonne ; gris, médiocre, et noir mauvaise.

En avril 1887, Neumann-Spallart présente un rapport sur « *la mesure des variations de l'état économique et social des peuples* » et rassemble lui aussi un grand nombre de données réunies en faisceau.

Une tentative analogue est l'œuvre, en 1892, de M. Panta-léoni (1857-1924) et de R. Benini. Ces travaux aboutissent essentiellement à une observation de l'évolution cyclique. Mais comme on croit sinon à une périodicité véritable (la prévision irait alors de soi), mais à un cycle continu, l'évolution suivie (nous dirions aujourd'hui la conjoncture) doit permettre une prévision sur le proche avenir, selon une formule telle que nos observations météorologiques courantes : « Le temps tourne au beau » ou bien « Le temps se gâte ».

Les travaux se poursuivent et se multiplient, jusqu'à la guerre de 1914, en divers pays. Citons, en Angleterre, les noms de Sauerbeck et de W. Beveridge (1879-1963). C'est lui qui, en 1909, mettra à la mode l'expression héritée de Davenant : « Prendre le pouls de la nation »; en Belgique, Armand Julin et ses 43 indices, en Italie G. Mortara et W. Pareto, en Autriche R. Sorer qui utilise 39 symptômes, etc. Pour la France, nous pouvons relever les noms de Leroy-Beaulieu, déjà cité, de l'infatigable et fécond Neymark, L. March, Y. Guyot, Ch. Gide (1847-1932). Celui-ci, partisan moins fervent du régime capitaliste que les précédents, insiste dès les premières pages de ses « Principes d'économie politique » en 1884, sur la possibilité et sur l'importance de la prévision :

« La prévision, voilà le critérium auquel on reconnaît l'existence de lois naturelles et par suite aussi auquel on reconnaît le caractère de véritable science. Si, en effet, les faits s'enchaînent dans un ordre constant, s'il y a, pour employer une expression populaire, une « marche » des événements, il doit être possible, un fait étant donné, de prévoir celui qui doit lui succéder ou doit l'accompagner. Dans certaines sciences, en raison de leur simplicité, cette prévision s'exerce avec une telle ampleur qu'elle fait la stupéfaction du vulgaire et atteint les proportions d'une véritable prophétie : c'est le cas de l'astronomie... L'économiste est-il en mesure de faire valoir, à l'appui de ses prétentions scientifiques, une semblable faculté de prévision ? Il le peut incontestablement ».

Instruits par l'expérience, nous sommes moins affirmatifs, ou tout au moins plus nuancés.

Avant de voir les premières tentatives officielles en France, disons quelques mots d'une tournure nouvelle des événements. L'avenir va se vendre !

La prévision devient une entreprise commerciale

Il y a déjà, en divers pays, des officines vendant, en quelque sorte, des « tuyaux de bourse »; mais il s'agit ici de tout autre chose.

L'idée de suivre la marche du cycle entraîne fatalement, nous l'avons vu, celle d'annoncer la suite de l'évolution et

suggère, du même coup, celle d'en tirer quelque profit. Cette conclusion est appliquée aux États-Unis, peu avant la première guerre, sous une forme commerciale.

A la fin du siècle se constituent, aux États-Unis, des officines privées (*American Institute of finance, Standard statistics company, Alexander Hamilton Institute,* etc.) qui fournissent, à des industriels et des commerçants, des baromètres précurseurs, dont le but annoncé est de fournir une manière pratique de faire fortune ou tout au moins d'accroître notablement ses revenus.

Les deux principaux organismes de ce genre sont la *Babson's Statistical Organisation* et le *Brookmire's économic service.*

Roger W. Babson se sert de seize séries élémentaires et en tire un « composite plot », après élimination des variations saisonnières. En 1911, il abandonne les quatre séries politiques, de sorte que le nombre est ramené à douze. Babson publie en 1912 et en 1914, deux ouvrages *Business Barometers for fore-casting conditions* et *Business Barometers for anticipating conditions* (en fait, réédition du premier, avec quelques modifications).

Quant à Brookmire, il fait appel à six facteurs principaux et élimine non seulement les variations saisonnières, mais la tendance de longue durée. Il donne, pendant quatre mois, à ses clients un avertissement conditionnel, qui se change en avertissement positif (sorte de clignotant) deux mois avant le début effectif d'un mouvement ascendant ou descendant des prix.

Il serait très léger de voir aujourd'hui dans ces organismes, du moins dans les deux que nous avons cités, des entreprises de pur charlatanisme. Tout d'abord, l'expérience constante, même judiciaire, nous enseigne que les distributeurs de quelque richesse contestable sont souvent inspirés par une foi sincère. D'autre part, les méthodes employées sont incontestablement scientifiques et même d'avant-garde. Le traitement d'une série chronologique par élimination des variations accidentelles de la tendance fondamentale et, si possible, des variations accidentelles, sera la technique la plus courante et la plus cultivée de la période entre les deux guerres et souffrira injustement d'une certaine désaffection après la seconde guerre.

Enfin, les travaux de Babson, et de Brookmire serviront de base à ceux de Harvard, que nous retrouverons plus loin.

Plus généralement, nous pouvons porter, sans même beaucoup approfondir, un jugement net sur l'ensemble des nombreuses méthodes de prévision antérieures à la guerre de 1914 : dès l'instant qu'elles ne se sont pas répandues, et qu'elles ont, au contraire, été abandonnées ou remplacées les unes après les autres, nous pouvons aisément conclure que la pierre philosophale, sous forme de baromètre unique annonciateur, n'a pas été trouvée. Il n'y a pas lieu dès lors de se préoccuper de l'influence éventuelle d'une prévision régulièrement juste sur les événements eux-mêmes.

Les travaux officiels en France

A partir de 1860 et jusqu'en 1914 les crises se sont faites bien moins violentes, pour des raisons qui n'ont jamais été bien élucidées. Mais l'opinion, par contre, est devenue plus sensible à ces tourmentes. Ainsi, bien que la crise de 1907 n'ait été ni profonde, ni durable, une commission a été créée par décret du 31 mars 1908, sur proposition du ministre du travail, en vue « d'étudier les mesures à prendre pour atténuer les chômages résultant des crises économiques périodiques, notamment en ce qui concerne les travaux exécutés par les administrations publiques ou pour leur compte ».

Cette initiative française n'est pas la première dans le monde.

Déjà, en 1886, le gouvernement des États-Unis a mis à son actif la première tentative officielle, semble-t-il, d'étude des cycles économiques. Le colonel Carrol D. Wright, commissaire fédéral au travail, a publié le premier rapport annuel du *Bureau américain du travail* consacré aux dépressions industrielles. On y trouve déjà en germe les doctrines naïves de la maturation et du stagnationnisme, doctrines selon lesquelles le progrès technique aurait fait son temps et qui feront tant de ravage dans les pays anglo-saxons. aux alentours de l'année 1930.

En Angleterre un rapport parlementaire a été publié en 1895 sur la détresse due au manque d'emploi, en particulier du fait des oscillations cycliques.

La commission française mentionnée plus haut et composée de quarante-quatre membres est présidée par Alfred Picard, puis par Georges Pallain. Dès ses premières séances, elle se préoccupe de la prévision sous la forme suivante : « Dans la multiplicité des phénomènes qui s'enchaînent et se conditionnent les uns les autres, existe-t-il des signes révélateurs de la dépression prochaine ? »

En outre, elle recherche les moyens d'atténuer le chômage résultant d'une crise, par des mesures gouvernementales que nous appellerions aujourd'hui anticycliques, comportant notamment un échelonnement approprié des grands travaux publics.

Après avoir examiné 108 phénomènes jugés symptomatiques, la commission retient huit indices particulièrement caractéristiques :

— chômage parmi les membres des syndicats anglais et des syndicats français;
— prix (matières premières, aliments, ensemble);
— commerce extérieur;
— prix de la fonte;
— fluctuations dans le commerce de la houille;
— portefeuille commercial de la Banque de France;
— encaisse métallique;
— trafic des chemins de fer (recettes et tonnages).

Le rapport sur cette partie est rédigé par Georges Cahen et Edmond Laurent, maîtres des requêtes au conseil d'État et adopté par la commission, appelée usuellement « commission des crises économiques », le 12 juillet 1909. Ayant achevé ses travaux, la commission est dissoute par un arrêté du 22 juin 1911, qui crée, en même temps, un *comité permanent d'études* pour appliquer ses conclusions. Ce comité permanent est chargé de suivre l'évolution des indices économiques et de transmettre périodiquement au Gouvernement les avertissements qu'il comportait. C'est, en somme, et pour la première fois, un éclaireur chargé de reconnaître la route.

Ce comité est présidé d'abord par Pierre-Émile Levasseur

(1828-1911), puis par Cauwes et par Albert Thomas (1878-1932). Dès ses premières séances, il constate la grande insuffisance, sinon l'absence, de moyens d'observation. Les travaux courants devront être faits par la statistique générale, ancêtre de l'I.N.S.E.E. qui ne dispose que de ressources extrêmement modiques. Le personnel qualifié comprend seulement 4 statisticiens et statisticiens adjoints et a toute la charge du recensement de la population (qui se fait alors tous les 5 ans, donc à un rythme plus rapide qu'aujourd'hui), des statistiques d'état civil, sanitaires, d'assistance, etc.

Le comité émet alors le vœu que soit adjoint à la statistique générale un service chargé de l'observation des prix et des autres indices de l'activité économique du pays. Mais comme l'économie est dans une phase ascendante, les préoccupations gouvernementales se portent ailleurs, si bien que le crédit de 60 000 F (représentant environ, en pouvoir d'achat, 180 000 F actuels) n'est voté par le Parlement (loi de finances) que le 15 juillet 1914. En raison de la guerre, le statut du service d'observation des prix ne sera adopté que le 17 octobre 1917.

D'autres initiatives officielles sont à signaler avant la première guerre : au ministère des Travaux publics, la direction du contrôle commercial des chemins de fer fait paraître une notice sur la périodicité des crises et ses rapports avec l'exploitation des chemins de fer. Le ministre a, en effet, prescrit de suivre mensuellement les fluctuations du trafic et divers indices économiques, pour atténuer l'effet des crises sur les transports.

Au ministère des Finances, le *Bulletin de statistiques et de législation comparée* présente chaque mois, à partir de mars 1908, divers indices économiques : commerce extérieur, encaisse, or, portefeuille, prix, impôts, activité des chemins de fer, etc. Le premier numéro, consacré à la prévision des crises, constate leur périodicité approximative de 8 à 10 ans et reprend à peu près la théorie de Juglar, prolongée par Jacques Siegried (1840-1909).

A partir de février 1913, le *Bulletin* ajoute à ses séries de nouveaux indices et présente des graphiques : avances sur titres, prêts hypothécaires du Crédit foncier, cours de 30 valeurs à la Bourse, émissions publiques. Son but essentiel, rappelle-t-il, n'est pas de prévoir automatiquement le moment précis où éclatera une crise, mais de connaître la tendance de l'activité économique.

Derniers travaux sur le revenu national

La prévision des crises laisse totalement en dehors le revenu national, agrégat annuel jugé impropre à l'observation continue. Aucun effort officiel ne s'est manifesté en faveur du calcul de ce revenu; la dernière évaluation privée est celle de C. Colson (1853-1939) pour l'année 1913.

Nous avons personnellement utilisé les divers calculs faits en France au cours du XIXe siècle et jusqu'en 1913, en rétablissant le mieux possible la comparabilité des diverses évaluations pour obtenir une série continue. Les résultats, peu diffusés encore, sont donnés ici à titre d'information :

La calcul concerne le territoire de l'époque (sauf en 1810) et ne porte que sur les années terminées par un zéro. Volontairement ont été éliminées les circonstances accidentelles (crise notamment) qui ont pu provoquer quelque dent de scie ; de cette façon les chiffres marquent mieux la tendance fondamentale. Voici, tout d'abord, les résultats en millions de francs courants :

1780.....	4.011	1830....	8.808	1880....	22.400
1790.....	4.655	1840....	10.000	1890....	25.000
1800.....	5.402	1850....	11.412	1900....	26.300
1810.....	6.270	1860....	15.200	1910....	33.200
1820.....	7.862	1870....	18.823	1913....	36.000

Le chiffre de 1913, calculé par C. Colson, semble un peu inférieur à la réalité. Peut-être toute la série devrait-elle être majoré de 5 à 10 %.

Voici maintenant comment on peut estimer les indices en volume à prix constants, base 100 en 1913

Années	Revenu national	Population en millions	Revenu par tête
1790...........	20,1	26,9	30,7
1810...........	22,7	29,4	31,7
1820...........	27,6	30,8	36,8
1830...........	28,6	32,8	35,8
1840...........	32,1	34,2	38,6
1850...........	43,9	35,8	50,4
1860...........	46	36,9	51,2
1870...........	54,7	38,7	57,9
1880...........	59,7	37,7	65,1
1890...........	70,4	38,4	75,4
1900...........	79,8	40,4	81,2
1910...........	95	40,9	95,5
1913...........	100	41,1	100

La dernière colonne, *revenu par tête*, résulte d'une simple division du revenu national (correspondant à la production) par la population. Le chiffre est sans doute supérieur à celui que donnerait le calcul direct, portant sur le revenu des ménages. La différence a dû, en outre, augmenter un peu, au cours du temps.

Quoi qu'il en soit, nous sommes devant une accélération sensible au cours de la seconde moitié du siècle, en dépit d'une politique peu favorable à l'expansion. La progression annuelle ressort à 0,83 p. 100 de 1790 à 1850 et 1,38 p. 100 de 1850 à 1900. De toute façon, ces pourcentages sont très inférieurs au rythme actuel. Cette simple constatation montre, qu'en dépit de larges approximations, de telles séries peuvent retracer des tendances fondamentales et présentent une signification historique.

4 De la première guerre à 1945

En 1914, on ne peut vraiment parler ni de comptabilité nationale, ni de prévision. Le revenu national n'est calculé que par des initiatives privées et isolées et n'a aucune application pratique.

Le seul acte comptable concerne *le budget*. Les dépenses ne sont qu'une décision juridique. Quant à l'évaluation des recettes, elle se fait selon la règle de la pénultième. Autrement dit, les prévisions de l'année n + 1 sont établies d'après les résultats de l'année n — 1, corrigés au besoin des modifications de la fiscalité. Pendant longtemps, la règle de la pénultième restera le signe même de l'honnêteté financière et du refus de s'aventurer dans le domaine du futur.

Entre les deux guerres

La guerre 1914-1918 a obligé l'État à intervenir dans de nombreux domaines, à taxer les prix, rationner certains produits, contrôler des fabrications, ouvrir des marchés témoins, etc. Et cependant l'on ne voit pas la moindre ébauche de ce que nous appelons une comptabilité nationale. Les comptes budgétaires et les échanges extérieurs restent les éléments essentiels de la politique économique, complétés naturellement par des bilans localisés.

La notion de comptes nationaux et même de comptes économiques est si peu présente à l'esprit que les bilans établis après la guerre par les meilleurs auteurs pour mesurer les pertes de guerre pour le pays recèlent de singulières erreurs de calcul. Le financier domine l'économique et la notion de fortune celle de richesse, ce qui crée des confusions continuelles.

Le bilan établi en 1924-1925 par le ministre des Finances Clémentel procède d'une heureuse initiative, fournit d'intéressants renseignements, mais atteste une insuffisance de méthodes, qui aurait pu se corriger peu à peu si de tels bilans avaient pris une allure périodique ; mais l'essai sera sans lendemain, entre les deux guerres.

Mais le souci de prévoir les crises, renforcé encore par la crise de 1920, s'affirme de plus en plus dans le mode et se manifeste de deux façons : par la méthode du Comité Harvard, dite des trois marchés, et par la création d'*Instituts de conjoncture ou de recherche économique*.

L'aventure Harvard

Crée en 1917, le *Harvard Committee on Economic Research*, rattaché d'abord à l'université, puis séparé financièrement d'elle en 1926, entreprend la première œuvre de prévision scientifique systématique, par application et usage de statistiques.

Les études expérimentales du comité le conduisent à schématiser le mouvement économique (on ne parlait pas alors de modèle), par un ensemble de trois courbes composites caractérisant respectivement :

— le marché financier (valeurs) [courbe A];
— le marché industriel et commercial (marchandises) [courbe B];
— le marché monétaire (taux) [courbe C].

On voit combien les questions de population active et d'emploi et même de production tiennent encore peu de place dans les préoccupations.

Les séries chronologiques brutes sont épurées pour éliminer la tendance de longue durée et le rythme saisonnier. D'autre part, les variations de chaque série sont mesurées en prenant pour unité son écart type.

Par une observation proprement empirique, il est apparu que les trois courbes ont des variations cycliques analogues, mais décalées, ce qui doit permettre la prévision.

Jusqu'en 1925, les pronostics du comité sont assez bien confirmés par les événements, mais ensuite des écarts apparaissent, ce qui conduit les chercheurs à modifier les courbes. A partir de ce moment, des corrections incessantes traduisent le défaut fondamental d'un système purement empirique. Il est toujours possible, dans la masse des statistiques existantes, d'en choisir un certain nombre dont l'ensemble constituerait un indice précurseur sur une période donnée. Aujourd'hui, on pourrait même se livrer au jeu de demander à l'ordinateur la combinaison de diverses séries donnant, depuis 1960, par exemple, une courbe précédant de six mois celle de l'indice de la production industrielle. Le résultat serait aussi remarquable, dans la rigueur de la corrélation, qu'abracadabrant dans l'explication et décevant dans les applications ultérieures [1].

Survient la sombre année 1929; non seulement les pronostics restent résolument optimistes, une crise analogue à celle de 1920-1921 étant, affirme-t-on, hors de toute probabilité, mais la baisse même de la production restera longtemps contestée, par amour-propre et manque de franchise, peut-être aussi par peur de précipiter un mouvement dangereux que bien des personnes considèrent comme d'essence psychologique. (Nous retrouverons cette crainte bien souvent plus tard). Finalement, en 1931, l'aventure se termine par la défaillance, tragiquement logique, des ressources financières qui alimentent le service de prévision.

Les instituts de conjoncture

En Europe sont créés, aux environs de l'année 1920, des instituts de *recherche économique* ou de *conjoncture*. Le terme *conjoncture* fait quelquefois un peu peur, parce qu'il semble impliquer, précisément, l'idée de prévision; les prudents lui préfèrent le terme « recherche économique ».

Le terme *conjoncture* est, du reste, venu curieusement de l'Union soviétique; l'*Institut de conjoncture de Moscou* a été créé en 1921 au moment de la N.E.P.

L'institut européen le plus célèbre a été l'*Institut für Konjunktur Forschung* de Berlin, fondé en 1925 et dirigé par Wagemann.

Plus prudents que Harvard, dans leurs prévisions, les instituts européens s'inspirent cependant du fameux schéma des trois marchés et sont attachés à l'idée de *baromètres*, c'est-à-dire d'indices précurseurs. En 1924, le Bureau international du Travail publie un rapport intitulé « Les *baromètres économiques* ». Ces *baromètres* diffèrent profondément des modèles d'aujourd'hui, en ce qu'ils sont sans lien de causalité entre eux et que le plus souvent ils sont construits de façon empirique.

Il faut mentionner particulièrement l'action décisive, en mars 1935, de l'*Institut des sciences économiques de l'université de Louvain*, parce que c'est la première intervention efficace de l'observation économique dans la politique. Créé en 1928, animé par L. Dupriez, F. Baudhuin, Van Zeeland, l'institut s'attache à l'indice clef du moment, c'est-à-dire à la différence entre les prix nationaux et les prix mondiaux. Il conclut formellement à la nécessité d'une dévaluation du franc belge (alignement). Le 23 mars, le roi confie le pouvoir à Van Zeeland, qui appliquera les enseignements de l'Institut de Louvain.

Par ailleurs, et quelles que soient les illusions qui aient pu marquer cette époque et les erreurs commises dans la prévision de la grande crise, ces instituts ont rendu de grands services à leurs pays, en faisant des recherches inédites. On peut rappeler ici la fable « Le Laboureur et ses enfants ». Les recherches ont abouti sur des points où les résultats n'étaient pas attendus ou bien ont donné des fruits ultérieurs. C'était une phase nécessaire.

La France fait exception

Un pays a cependant refusé d'entrer dans cette voie, la France. Non seulement, ni le Gouvernement, ni l'Université, ni les organisations professionnelles ne manifestaient un penchant en faveur de ce genre d'études, mais la *statistique générale*, organisme le plus qualifié initialement pour fournir un point de départ, a manifesté une extrême timidité, s'abstenant même de toute prévision démographique, opération cependant facile, lorsqu'elle est conditionnelle.

M. Jean Dessirier, qui fut le pionnier en France des méthodes de conjoncture, dut même quitter la statistique générale, en 1929, pour fonder une publication privée.

La statistique générale se bornait à publier quelques indices de séries chronologiques corrigées du rythme saisonnier, notamment l'indice de la production industrielle. Le calcul de cet indice se heurtait d'ailleurs à de fortes difficultés, du fait de la réticence des industriels à communiquer le chiffre de leur production, même sous forme d'un total national. De façon générale, dans les milieux patronaux et libéraux, la seule idée d'observation économique impliquait fatalement des interventions, jugées, dans le principe

---

1. M. Shiskin avait projeté un tel projet et peut-être l'a-t-il mis à exécution.

même, indésirables. Du côté des syndicats ou des partis avancés ne se manifestait pas un désir net d'éclairer convenablement les actions à entreprendre.

Quant à l'université, elle reste très éloignée des techniques d'observation rationnelle, même chez les partisans de la « méthode d'observation ».

Signalons cependant la création, en 1933, par Charles Rist, de l'*Institut scientifique de recherches économiques et sociales*, qui fait quelques enquêtes et publie la revue *L'activité économique*.

Dans ces conditions, deux indices prédominent dans les préoccupations, celui des valeurs à revenu variable (Bourse) et celui des prix de gros. L'optique « marche des affaires » l'emportait largement sur celle de la production. Dans les articles, les cours et les études, ce terme n'était guère évoqué que pour des produits déterminés.

De nombreux indices conjoncturels sont cependant calculés par la statistique générale.

Le revenu national

Le revenu national ne fait l'objet d'aucun calcul officiel, et le concept lui-même est très peu répandu et ignoré des hommes politiques. La notion de *fortune nationale*, que l'on a tendance à confondre avec la *fortune privée*, tient peut-être une place plus importante dans les préoccupations.

La seule tentative digne d'être citée est le calcul annuel des *revenus privés* par L. Dugé de Bernonville, publié chaque année dans la *Revue d'économie politique*. Le total obtenu correspond à peu près à ce que nous appelons le revenu des ménages, mais en raison de l'insuffisance des données de base et des erreurs de méthode (les bénéfices industriels et commerciaux étant basés sur les statistiques fiscales, sans correction appropriée), les totaux obtenus sont sensiblement inférieurs à la réalité, les mouvements dans le temps péchant eux-mêmes par insuffisante fidélité.

En 1931, une enquête est entreprise, par la statistique générale, pour connaître, comme en Angleterre, la valeur ajoutée par les entreprises. Les résultats ont été publiés, mais, en raison des lacunes et sans doute des moins-values des déclarations, ils n'ont guère été exploités.

C'est en Australie, semble-t-il, qu'a eu lieu la première tentative sérieuse pour bien distinguer la notion de revenus produits ou, plus exactement, de production de richesses, et celle de revenus distribués ou gagnés. En France, les revenus privés de Dugé de Bernonville ne font l'objet d'aucun rapprochement avec la valeur de la production.

La balance des comptes

Elle n'est pas davantage prise en considération que le revenu national. En 1925 la Statistique générale a reçu de la Société des Nations un questionnaire international à remplir à ce sujet et l'a soumis pour attribution au ministère des Finances. La lettre est revenue, avec une réponse relatant en marge le manque de sérieux d'une telle demande.

Cependant, la *revue d'Économie politique* publie chaque année une évaluation de la balance des revenus et de la balance des capitaux, sous la signature de M. Meynial, puis de MM. Ph. Schwob et L. Rist.

L'idée de lier revenu national, balance des comptes, budget, etc., en un tableau unique n'est pas encore mûre.

La théorie de Keynes

Cependant, tout en renversant les pronostics, et du même coup les méthodes qui ont servi à les élaborer, la grande crise de 1929 a eu pour effet de provoquer un intense effort de réflexion. Le résultat le plus important et le plus durable est la théorie générale de Keynes, qui soulève de nombreuses controverses, mais qui, quelles que soient ses qualités ou ses défauts, a le mérite de suggérer l'idée d'un mécanisme général, particulièrement sur les relations entre l'épargne et l'investissement.

L'ouvrage fondamental de Keynes (théorie générale) n'est traduit que tardivement en français. Il est, d'autre part, l'objet d'un préjugé défavorable en raison des positions prises antérieurement par son auteur, contre les réparations de l'Allemagne à la France. Les fruits ne viendront que plus tard.

Les conséquences

L'absence de comptes de la nation, même sous une forme rudimentaire, et la très insuffisante diffusion des statistiques existantes ont pour résultat, en France, des erreurs considérables de politique économique, erreurs que l'on doit attribuer non aux intentions qui se manifestent, chacun pouvant avoir son idée sur l'orientation sociopolitique la plus opportune, mais à la contradiction, entre les objectifs poursuivis et les moyens employés et à la non-connaissance des données élémentaires sur lesquelles s'appuie la construction envisagée.

On peut en particulier rappeler l'évolution des années 1934 et 1935. L'initiative, citée plus haut, de l'Institut de l'université de Louvain, en mars 1935, a sauvé le pays de la crise. Au contraire, la France, privée de semblables conseils, s'enfonce dans l'aventure, sans issue, de la déflation.

De façon plus générale, les années 1930 sont, pour la France, des années de grandes erreurs et de lourdes pertes pour l'économie, pertes durables en raison du retard important pris en matière d'équipement et de méthodes.

Lorsque sera créé, le 12 novembre 1938, l'*Institut de conjoncture*, il est déjà trop tard, et du reste aucun texte d'application n'a vu le jour avant la guerre.

La deuxième guerre

L'idée d'une comptabilité d'ensemble, qui semble germer à la veille de la guerre, se précise pendant celle-ci.

Pendant la première guerre, les comptes financiers avaient été simplement complétés par quelques chiffres sur la pénurie de certains produits, sans que prévalût aucune idée économique d'ensemble.

La deuxième guerre voit deux étapes bien différentes :

Dans une première phase, s'affirme le souci de mener la guerre le mieux possible.

Dès 1941, en Angleterre est ajouté au compte financier traditionnel un compte économique dans lequel s'insère le budget. C'est le premier « White paper ». Sa parution marque une date par la coupure profonde entre deux époques.

Tout au long de la guerre, s'affirme chez les belligérants et même les neutres le souci de bien lier l'économie à l'optique financière. Il s'agit en particulier d'adapter la production et la consommation à l'effort de guerre.

Dans une deuxième étape, qui commence à peu près avec le débarquement en Algérie et la bataille de Stalingrad, le souci de la paix et la peur d'un retour au chômage deviennent peu à peu prééminents.

C'est l'époque des célèbres travaux de lord W. Beveridge sur le plein emploi de la population active.

En 1943, une rencontre a eu lieu entre l'Angleterre, les États-Unis et le Canada, pour assurer le plein emploi, après la guerre, en appliquant la théorie générale de Keynes.

En 1944, paraît aux États-Unis, dans le même esprit, le *Full employment bill.*

En France, pendant l'occupation, il ne peut s'agir d'aucune initiative officielle, mais les recherches se poursuivent à la **Statistique générale** (M. R. Rivet) et à l'Institut de conjoncture (A. Sauvy, J. Vergeot, André-L.-A. Vincent, J. Dumontier, H. Brousse, R. Froment, etc.) qui reçoivent de nombreux renseignements de l'étranger par la Suisse.

Poussés tant dans la théorie que l'application, les travaux s'exercent surtout dans les directions suivantes :

— calcul général du coût de l'occupation allemande (J. Vergeot, J. Dumontier);
— études présentes et rétrospectives sur le revenu national en France. De nouvelles évaluations, plus proches de la réalité, sont données;
— construction d'un cadre comptable (André-L.-A. Vincent), qui servira, dès la guerre achevée;
— reconstitution de la comptabilité nationale des principaux belligérants : États-Unis, Angleterre, Allemagne, France. Un essai a également été tenté pour l'Union soviétique mais, faute de documents, seules ont pu être données quelques indications non chiffrées.

Les travaux visent surtout à montrer comment, en partant de la production de l'année 1938, les divers pays supportent un effort de guerre, qui, sous l'angle financier, semble dépasser les possibilités. La production « détournée à des fins stériles » provient de trois sources essentielles :

— augmentation de la production (pour la France, elle est négative);
— réduction de la consommation;
— réduction des investissements.

En outre, pour l'Angleterre intervient la liquidation de biens à l'étranger et pour l'Allemagne les prélèvements sur les pays étrangers ou les échanges commerciaux à son avantage.

Ces données et quelques autres résultats paraissent principalement dans le rapport n° 16 de l'Institut de conjoncture sur la situation économique vers le 15 mai 1944, dernier de la série publiée sous l'occupation.

Dans de précédents rapports ont été publiés des renseignements sur la conjoncture en Angleterre et aux États-Unis, sur la façon dont est financée la guerre et la production d'armement.

A la fin de la guerre, le terrain est prêt pour des recherches d'une grande ampleur.

 # De 1945
à l'époque actuelle
en France

De 1945 à 1950

Dans divers pays se répand l'idée de joindre au document budgétaire traditionnel un compte économique, souvent appelé *Budget de la nation,* de caractère en partie prévisionnel.

En dépit des recherches de l'Institut de conjoncture, la France se trouve, en 1945, en retard sur les autres pays dans l'application. Les statistiques de base font en effet cruellement défaut

Elles le font d'autant plus que le gouvernement et l'administration des États-Unis subordonnent le consentement d'un prêt à des motivations chiffrées présentées à l'appui de la demande exprimée (nous sommes encore à la période qui précède le Plan Marshall). A plusieurs reprises, les Américains posent des questions telles que : « Dans quelle proportion votre revenu national aura-t-il augmenté d'ici à cinq ans? » De telles questions surprennent et ne sont pas toujours pleinement comprises, tant la prévision a été longtemps combattue et considérée comme illusoire. Des efforts sont alors déployés de divers côtés, en particulier à l'*Institut de conjoncture* qui, malheureusement, disparaîtra (M. A. Platier), au *Service national des statistiques* (qui deviendra l'I.N.S.E.E.), au *commissariat général au Plan,* créé à la fin de 1945, au *ministère des Finances,* directement intéressé au succès des demandes de prêts.

Au *Service national des statistiques,* qui sera remplacé peu après par l'I.N.S.E.E., la comptabilité nationale est curieusement refusée au nom de principes qui considèrent précisément la statistique comme une comptabilité pure. C'est que, comme en tant d'autres occasions, la collecte des informations est plus difficile que leur traitement.

Le travail est particulièrement poussé par MM. Vergeot, Dumontier, Froment, Gavanier et aboutit en 1946 à l'établissement des comptes pour les années 1929, 1938 et 1945. M. Froment établit en outre des comptes pour les années 1938 à 1945.

En 1946, est créé au secrétariat aux Affaires économiques un *comité supérieur du Revenu national*, présidé par M. Hervé-Gruyer. Ce comité est spécialement chargé d'étudier les méthodes de calcul et d'utilisation du revenu national.

Purement théorique, sans moyens d'exécution, un tel comité ne peut guère faire avancer la question. Il a cependant l'avantage de permettre des échanges de vues sur une question encore incertaine.

En fait, seule l'année 1938 fait pour l'avant-guerre l'objet d'une véritable comptabilité. Bien que cette année soit exceptionnelle, à divers points de vue, elle va devenir la charnière entre l'époque « précomptable » et l'époque comptable. Des recherches ultérieures d'André-L.-A. Vincent permettront plus tard d'établir des comptes rétrospectifs depuis 1928 et même depuis 1913.

L'Institut de science économique appliquée (F. Perroux, P. Uri, J. Marczewski) étudie les problèmes de la comptabilité nationale.

En 1946-1947, à la *commission mixte des salaires et des prix* sont établis de nouveaux calculs de revenu national. Cette commission réunit des représentants du *commissariat général au Plan* (M. J. Dumontier) et de la C.G.T. (M. J. Benard, au nom de M. P. Le Brun).

Au *commissariat général au Plan* est créée, en 1947, une *commission du bilan national*, chargée de bâtir des comptes prévisionnels. Cette commission établit, en partant des comptes cités plus haut et les prolongeant, ceux des années 1946 et 1947. Pour l'année 1948, paraît le premier véritable compte prévisionnel. La commission poursuit ses travaux jusqu'à l'automne de 1949, moment où elle publie le budget économique prévisionnel pour 1950.

Ces comptes sont bâtis à l'aide des statistiques de production disponibles complétées par des évaluations sur la valeur ajoutée. Cette estimation du revenu national français est déjà différente, par la méthode des estimations faites dans les pays anglo-saxons et aux Pays-Bas, car c'est en France que, pour la première fois, sont établis des « éléments de comptes financiers ».

Entre-temps, paraît en 1947, le bilan Schuman, contenant un grand nombre de données économiques et financières.

En 1947, également, est créée au *conseil supérieur de la comptabilité*, une commission chargée de rechercher les moyens de lier la comptabilité des entreprises et la comptabilité nationale. Ces travaux ont été poursuivis jusqu'à aujourd'hui.

En cette même année, l'expert américain Milton Gilbert se montre très peu favorable à la comptabilité nationale, estimant que le modèle de Keynes suffit, avec l'égalité fondamentale production égale consommation.

En 1950 paraît, sous la signature de M. P. Gavanier, dans la revue *Statistiques et études financières* une étude retraçant l'évolution de la production nationale en 1938 et de 1946 à 1949.

De 1950 à 1956

A partir de 1950 sont peu à peu repris au ministère des Finances les travaux du commissariat au Plan.

En 1950, à la place de l'ancien bureau de documentation et d'études, dirigé par M. Montel, est créé le *Service des études économiques et financières (S.E.E.F.)*; ce service, pourvu de moyens appropriés pour établir la comptabilité nationale, est autonome mais reste au sein de la direction du Trésor. Sa direction est confiée à M. C. Gruson qui a fait auparavant plusieurs travaux personnels dans ce domaine.

Un modèle de comptabilité nationale est construit, différent du système de l'O.E.C.E. (plus tard O.C.D.E.) issu des travaux de M. Stone jusque là en faveur. La comptabilité nationale est prolongée par une prévision sur l'exercice suivant.

Vers la même époque est mise à l'étude la méthode Léontief des échanges inter-secteurs et amorcée la construction d'une matrice.

La commission des comptes de la Nation

Par décret du 31 mars 1950 est créé un comité d'experts chargé de suivre les travaux de comptabilité nationale qui comprend MM. Uri, Dumontier (commissariat au Plan), Platier (I.N.S.E.E.) et Gruson (finances). M. Froment en assure le secrétariat. Ce comité est chargé :

1° De proposer toutes les modifications dans l'établissement des comptes publics et des statistiques susceptibles de faciliter l'établissement des comptes et budgets économiques de la nation.

2° D'établir, pour le 15 octobre de chaque année, et dès 1950 :

a. Les comptes économiques de la nation pour l'exercice clos antérieurement;
b. Les comptes provisoires pour l'exercice en cours;
c. Les comptes prévisionnels pour l'exercice suivant.

3° De présenter un rapport sur la nature et le sens des résultats obtenus.

Les travaux présentés seront soumis à une *commission de la comptabilité nationale*, composée de vingt hauts fonctionnaires et d'un président (M. Tinguy du Pouët).

Le comité d'experts, après examen par la commission, doit soumettre son rapport au comité économique interministériel, qui sera chargé d'en préparer la présentation au *Parlement*.

Un décret du 19 février 1952 reprend la question. La *commission des comptes de la nation*, présidée par M. Mendès France et dont le secrétariat est assuré par le S.E.E.F. est composée, outre son président, de :

— *vingt-cinq membres* de l'Assemblée nationale, du Conseil de la République, de l'Assemblée de l'Union française et du Conseil économique;
— du commissaire général du Plan;
— du secrétaire général permanent de la Défense nationale;
— du gouverneur de la Banque de France;
— d'un magistrat de la Cour des comptes;
— de vingt-trois hauts fonctionnaires ayant rang de directeur ou chef de service ou un rang au moins équivalent

— et de quinze membres désignés parmi les personnalités qualifiées par leurs travaux et leur compétence économique et financière, notamment en matière de revenu national et de Comptabilité nationale.

Cette commission est chargée d'examiner les comptes établis par la S.E.E.F. et d'effectuer des études de méthodologie. Afin de venir à bout de ces nombreuses tâches, des sous-commissions ont alors été créées :

— *sous-commission des méthodes*, présidée par M. F. Perroux;
— *sous-commission des statistiques*, présidée par M. F. Closon;
— *sous-commission de la conjoncture*, présidée par M. A. Sauvy;
— *sous-commission de l'information*, présidée par M. G. Boris;
— *sous-commission des relations inter-industrielles*, présidée par M. Ricard.

De 1956 à 1960

En 1956, le décret du 16 juin introduit une réforme importante source de nouveaux progrès puisqu'il prévoit que dorénavant les projets de loi de finances devront être accompagnés d'un rapport économique et financier.

En 1957, les recherches méthodologiques faites par le S.E.E.F. aboutissent à la publication du « tableau économique pour l'année 1951 ». Ceci est la première étape des travaux poursuivis pour l'établissement d'un tableau des échanges inter-industriels. Ce tableau est établi selon une technique particulière (tableaux distincts pour les achats et les ventes) qui ne sera pas reprise ultérieurement.

Ce tableau est complété ensuite par un tableau pour l'année 1954, qui n'a pas été publié, puis par un tableau pour 1956, publié en 1960.

Ce modèle de 1956, très ambitieux au point de vue méthodologique, vise à établir un tableau dans lequel les comptes seraient présentés par secteur et par branche. Les recherches visent à pouvoir utiliser les statistiques fiscales comme source de renseignement. Cependant, en raison du manque de sources d'information, le tableau de 1956 est déjà surtout un tableau « inter-branches ». Et, comme on le verra, cette expérience ne pourra pas être prolongée

Des comptes de secteurs continueront à coexister avec les comptes de branches, sans toutefois être publiés, en raison de divergences difficiles à réduire.

Dès ce moment, la France a comblé son retard sur les autres pays et prend même une avance sur certains points (établissement de comptes financiers). Des progrès importants sont faits sous l'impulsion de M. Claude Gruson et de M. Nora.

De 1960 à 1965

Le 9 novembre 1960 un décret réforme la commission des comptes de la nation. Elle est désormais présidée par le ministre des Finances.

Elle comprend :
— le commissaire général du Plan;
— le gouverneur de la Banque de France;
— un magistrat de la Cour des comptes;
— un représentant des divers ministres;
— huit membres du Conseil économique et social;
— huit experts choisis parmi les personnalités qualifiées.

Elle est chargée d'examiner les comptes définitifs et les comptes prévisionnels chaque année au cours de deux sessions tenues habituellement, l'une en mai et l'autre en automne, avant la discussion du budget de l'État par les assemblées.

Il faut noter en outre que sont créées ou maintenues différentes commissions spécialisées : la *commission des comptes des transports* (créée en 1957), la *commission des comptes commerciaux de la nation* (en 1963) et la *commission des comptes de l'agriculture* (en février 1964).

En 1962, M. Gruson est nommé directeur général de l'I.N.S.E.E. Une partie des tâches de la comptabilité nationale est confiée à cet organisme, en particulier la synthèse des comptes du passé. Certains aspects physiques des prévisions sont également de la compétence de l'I.N.S.E.E., par exemple celles concernant la production ou celles concernant la consommation des ménages.

Le S.E.E.F. conserve la responsabilité des comptes de l'« Extérieur », des comptes des administrations et des institutions financières et celle des budgets économiques.

En 1963, la comptabilité nationale utilise une nouvelle base : l'année 1959 qui remplace l'année 1956. Le tableau pour l'année 1959, moins ambitieux du point de vue méthodologique que le précédent, puisqu'il est en réalité uniquement un tableau inter-branches, donne finalement plus d'informations car les sources de renseignement ont été fortement augmentées. Cependant, comme elles n'ont pu l'être en ce qui concerne les secteurs, ceci explique que cette notion ait été provisoirement abandonnée.

Ce tableau est composé de 76-77 postes correspondant à des branches différentes.

En *1965*, l'ancien *service des Etudes économiques et financières* est érigé en une direction — la *direction de la Prévision* Cette direction, chargée de conseiller le ministre des Finances, conserve en matière de comptabilité nationale les mêmes tâches que le S.E.E.F. Cependant, elle en a confié une partie :

— à la *direction de la Comptabilité publique* du ministère des Finances qui établit le compte définitif des administrations;
— à un service de la *direction générale des Etudes et du crédit de la Banque de France* qui établit les tableaux définitifs des opérations financières.

1967-1968. — Une modification dans le mode de nomination des experts de la *commission des Comptes de la nation* est décidée en août 1967.

En septembre 1968, la base 1959 est remplacée par la base 1962. Cette nouvelle base est le fruit du recensement, très lourd, fait en 1962, lequel avait été conçu précisément en fonction de la comptabilité économique et dont les pleins résultats n'avaient été connus qu'en 1968. Le nouveau modèle se rapproche du modèle initial en ce sens que s'il reste essentiellement un tableau inter-branche, il comporte néanmoins des données sur un certain nombre de secteurs. Les sources ont en effet été complétées pour l'année 1962 par l'exploitation des statistiques fiscales et par le recensement industriel, spécialement exploité en vue de l'établissement du tableau des échanges inter-industriels.

L'observation conjoncturelle depuis la guerre

Pour compléter cet historique, il nous reste à indiquer succinctement l'évolution des études conjoncturelles après la guerre. Nous appelons ainsi toutes les observations et prévisions à court terme, faites en dehors du cadre de la comptabilité nationale proprement dite.

Les instruments d'observation économique qui avaient servi entre les deux guerres étaient en 1945 devenus en partie inutiles ou caducs. Restaient significatifs surtout les indices généraux de production et d'activité (production industrielle, effectifs, durée du travail, etc.). En raison du contrôle des prix et du passage du rationnement au marché libre, l'indice des prix à la consommation n'avait plus son sens habituel, car il augmentait beaucoup plus vite que les prix réellement pratiqués

Les indices financiers perdaient eux-mêmes quelque peu de leur signification, pendant la période d'inflation qui a duré jusqu'en 1952.

Enfin la technique d'analyse d'une série chronologique a été à peu près abandonnée, en particulier la correction de variations saisonnières, tous les rythmes anciens n'ayant plus de valeur.

L'institut de conjoncture a malencontreusement été supprimé en 1946, alors qu'il aurait dû au contraire recevoir comme dans les autres pays une large autonomie.

La direction de la Conjoncture, qui a repris à l'I.N.S.E.E. les fonctions de l'institut supprimé, a lancé, en 1951, à l'heureuse initiative de M. A. Piatier, la méthode des test conjoncturels imaginée par l'institut de recherches économiques de Munich. Cette méthode permet de demander aux enquêtés que du qualitatif, ce qui rend les réponses plus faciles et plus nombreuses et à passer de là au quantitatif, d'après les fréquences des réponses positives ou négatives. L'enquête auprès des chefs d'entreprise, basée sur cette méthode, au début avec une cadence trimestrielle, a donné des indications précieuses sur l'activité, les commandes et les perspectives en matière de prix et de production.

L'annualité de la comptabilité nationale, le retour progressif à l'économie de marché ont fait apparaître de plus en plus la nécessité des études et des techniques conjoncturelles d'observation et de prévision à court terme. Celles-ci ont été reprises par l'I.N.S.E.E., en dehors des travaux de comptabilité nationale, en particulier à l'initiative de M. Méraud.

En 1962, après la fusion d'une partie du S.E.E.F. avec l'I.N.S.E.E., la division de la conjoncture a été rattachée à la direction des synthèses économiques, qui travaille parallèlement à la direction de la statistique générale.

Signalons enfin la création du C.R.E.D.O.C. (centre de recherches et de documentation sur la consommation). Placé sous la présidence de M. J. Dumontier et la direction de M.-G. Rottier puis de M.-E.-A. Lisle, cet organisme a comblé largement les immenses carences de la connaissance, en matière de consommation.

Économie et statistique publiera dans son prochain numéro un autre extrait du rapport de M. SAUVY, consacré aux organisations internationales de comptabilité économique

LA COMPTABILITEE PUBLIQUE/
PUBLIC SECTOR ACCOUNTING

V. de Swarte

"Essai sur l'histoire de la comptabilité publique en France,"
Bulletin de la Société de statistique de Paris, vol. 26, no. 9,
August 1885, pp. 317–352

JOURNAL

DE LA

SOCIÉTÉ DE STATISTIQUE DE PARIS

N° 8. — AOUT 1885.

ESSAI SUR L'HISTOIRE DE LA COMPTABILITÉ PUBLIQUE EN FRANCE (1).

(LÉGISLATION COMPARÉE. — STATISTIQUE.)

Nous allons étudier d'une manière sommaire l'organisation de la comptabilité publique sous l'ancien régime, nous constaterons en passant le rôle des États généraux, nous verrons l'accumulation successive des déficits depuis la dernière période du règne de Louis XIV jusqu'à l'Assemblée constituante ; nous nous rendrons compte ensuite des innovations apportées au début de ce siècle par le comte Mollien qui a organisé pour le Trésor public, le système aujourd'hui en vigueur. Son prédécesseur, l'honnête mais trop faible Barbé-Marbois, avait pu vérifier cette vérité de Franklin que rien n'est plus malaisé que faire tenir debout un sac vide. Nous examinerons enfin l'organisation actuelle de la comptabilité publique et nous en rapprocherons le mécanisme avec les divers systèmes usités à l'étranger.

I.

Je croirais superflu de rechercher avec vous à partir de quelle époque il exista une comptabilité. On doit admettre comme certain que lorsque plusieurs familles se réunirent en tribus et que ces tribus formèrent un État, il y eut des cotisations en nature fournies suivant un ordre déterminé, dont le paiement était constaté pour éviter les doubles paiements. Nous laisserons de côté comme exemple trop ancien, la législation du Sinaï où Moïse établit la dîme sur les onze tribus entre lesquelles il partageait le sol: le produit de cet impôt était placé à côté de l'arche sainte.

Sous les Pharaons c'était la crue du Nil qui servait de base aux impositions: les blés étaient emmagasinés, puis cédés, quand éclatait la famine, en échange de prestations en terres ou en main-d'œuvre. Nos laborieux collègues de l'assiette de l'impôt seraient bien heureux d'avoir une base d'imposition aussi facile à apprécier.

Les peuples maritimes n'ont pas tardé à inventer les douanes : Tyr et Sidon s'embellissent grâce aux produits des importations et des exportations. Nous trouvons chez ces peuples de la Phénicie la première trace d'une comptabilité par *doit* et *avoir*, tenue entre le roi Hyram et Salomon pour la fourniture des matériaux

---

(1) Conférence faite à la Société de statistique de Paris, le 4 mars 1885.

1re SÉRIE. 26e VOL. — N° 8.

destinés à son palais et au temple de Jérusalem. L'antiquité grecque et romaine nous présente l'aspect d'une organisation financière : le vote populaire sanctionne les lois de finances ; ordonnateurs et exécuteurs sont comptables de leurs actions. A Athènes, il n'existait pas à l'origine d'impôts sur les propriétés, les revenus publics se composaient du produit du domaine de l'État, des mines dont le demi-quart était accordé au Gouvernement, de la capitation sur les affranchis et les étrangers, des droits de douanes, de quelques droits perçus sur les marchés et dans certains lieux publics, du montant des amendes et confiscations et des tributs imposés aux peuples vaincus dans la guerre. L'impôt sur le revenu existe à partir de Solon, il est réparti progressivement entre quatre classes, et recouvré par les τελωναι (les impôts indirects étaient centralisés par les *practeurs*). Le Trésor fut successivement recueilli dans l'opisthodome, le temple de Délos et le château de la ville, sous la surveillance d'un directeur général. Les sénateurs qui ordonnançaient les paiements rendaient au peuple convoqué en assemblée générale les comptes de gestion par le ministère des *épigraphes* et *antigraphes* (teneurs et réviseurs d'écritures de comptabilité), contrôlés eux-mêmes par les *Euthymes* et les *Logistes* ou *logigètes*. Ces comptes étaient ensuite jugés par l'assemblée (1). A Rome les rois, puis les consuls contrôlés par les censeurs, étaient chargés de l'administration des revenus publics qui étaient recueillis par les questeurs. Le temple de Saturne renfermait le Trésor. Les entrées et sorties étaient contrôlées *in tabulis dati et accepti* (encore le doit et l'avoir, comme chez les Phéniciens). Les comptes *rationales* (2) étaient rendus au Sénat et au peuple.

Les Romains appliquaient aux peuples conquis leurs impôts en les mesurant au degré de la résistance qui avait été faite à leurs armes : les peuples qui s'étaient soumis en étaient indemnes — d'où les *immunes* et les *vectigales*.

Ces impôts consistaient en produits agricoles (blé, orge, huile, vin, fromage, bestiaux); produits bruts ou manufacturés (bois, charbon, fer, airain, vêtements); hommes et chevaux pour les armées, ou en espèces d'or ou d'argent qui remplaçaient les produits en nature et en représentaient la valeur. La quotité de l'impôt était chiffrée chaque année, de la main même de l'Empereur, avec de l'encre de pourpre et envoyée au préfet du Prétoire qui en faisait la répartition entre les gouverneurs des provinces et envoyait à chacun le rôle qui le concernait. La publicité consistait dans l'affichage qu'en faisait le gouverneur aux endroits les plus fréquentés, quatre mois avant la mise en recouvrement.

La publication de l'édit impérial se nommait *indictio* et la part d'impôt de chaque contribuable *titre* ou *canon;* la répartition se faisait par les principaux contribuables, sous la surveillance du gouverneur. La curie qui administrait les villes gallo-romaines nommait les percepteurs qui recouvraient de quatre en quatre mois et délivraient quittance. Les Romains avaient un mode bien simple d'augmenter leurs ressources en cas d'insuffisance, ils ajoutaient à la première indiction ou indiction canonique une *superindiction* répartie et perçue comme la première. Toutes les

---

(1) Nous trouvons chez les Grecs un impôt d'un caractère bien littéraire : le *Théoricon* était une somme prélevée depuis Périclès sur le Trésor public pour distribuer aux pauvres les oboles destinées à payer leur place au théâtre qui avait cessé d'être gratuit (*Histoire de la Grèce*, par Grote, trad. de Sadous, t. XII). Cette affectation s'explique chez un peuple qui considérait le théâtre à l'origine comme une cérémonie religieuse et qui voulait en faire une institution d'éducation populaire.

(2) C'est dans ce sens qu'est employé par Cicéron (in *Pisonem*) le mot *ratio : Ratio me Hercle apparet, argentum autem* ει χι ται.

propriétés étaient soumises à l'indiction canonique, sauf le domaine privé de l'Empereur, les terres des vétérans et celles des soldats sous les drapeaux.

Il y avait de plus une foule d'impôts directs et indirects, personnels, ordinaires et extraordinaires : la *jugatio* qui frappait les hommes, les animaux et les instruments utilisés pour la culture; la *lustralis collatio* qui portait sur les marchands et sur les marchandises ; les *vectigalia* et le *teloneum* sur la circulation ; les *sordida munera* qui atteignaient particulièrement les petits propriétaires. Plus tard, sous l'empire byzantin, nous voyons que sous Justinien le préfet des prétoriens fournissait au Trésor public une rente annuelle de plus de 30 centenaires (300 livres d'or valant 3,301,000 fr. environ). On l'appelait *rente aérienne*, sans doute parce qu'elle n'était pas régulière, ni usitée et qu'elle semblait par un certain hasard tombée du ciel. Procope auquel nous empruntons ce renseignement, ajoute dans ses Ανεχδοτα que Justinien laissait percevoir cet impôt injuste pour intenter ensuite procès aux préfets et confisquer leurs biens : encore un acte de moralité plus qu'équivoque que M. Sardou aurait pu mettre en jeu dans son drame tout vibrant de *Théodora*.

Les Romains qui recueillaient les tributs avec une grande rigueur, étaient redoutés des Gaulois qui accueillirent les Barbares comme des libérateurs.

Après la conquête de la Gaule par les peuples transrhénans, notre pays fut soumis à deux modes d'impôts bien différents. En effet, tandis que les Gallo-Romains restaient soumis à l'impôt romain, les Francs n'acquittaient envers les rois mérovingiens qu'un tribut volontaire, *annua dona*, c'étaient des armes, des chevaux, des vêtements, des bijoux, des manuscrits.

Les rois constituèrent sur leur domaine, sous le nom de *précaires*, des usufruits en faveur de leurs leudes, fidèles et ahrimans; ces bénéfices, d'abord temporaires, devinrent bientôt viagers, puis héréditaires; n'oublions pas les *alleux* qui étaient tirés au sort et partagés entre les guerriers: c'est là qu'il faut voir l'origine des petites principautés seigneuriales des Xe et XIe siècles.

Ces distributions du domaine dépouillèrent à ce point les Mérovingiens et les Carlovingiens qu'ils furent absolument dépossédés et suivant la logique égoïste abandonnés de tous.

Ce n'est point à cette époque que nous pouvons trouver une comptabilité assise. Les finances sont livrées à l'arbitraire; aucun document ne nous précise l'étendue des recettes, la nature des dépenses.

Pour suppléer à l'insuffisance des ressources, Charlemagne leva des impôts sur les peuples conquis, afin d'assurer le succès des cinquante-trois entreprises militaires effectuées sous son règne. C'est lui qui déclara permanents les *missi dominici*, ces ancêtres de nos inspecteurs des finances. Ils parcouraient en tous sens les provinces et s'assuraient de l'exécution des lois, de la répartition et de la perception des impôts. Le ressort de leur inspection, qui comprenait, sous Charlemagne, six comtés et quatre évêchés, s'appelait *missaticum ;* à leur arrivée les *missi* convoquaient les Francs, leur exposaient le but de leurs investigations et désignaient pour les aider dans leurs enquêtes, les citoyens les plus recommandables. Si un seigneur laïque ou ecclésiastique refusait de leur obéir, ils s'installaient sur ses terres avec toute leur suite, jusqu'à ce qu'ils l'eussent contraint à l'obéissance. Cette institution dura jusqu'à la seconde moitié du IXe siècle.

Les successeurs de Charlemagne ne purent empêcher les comtes qui administraient les diverses circonscriptions du royaume et les bénéficiers de s'attribuer tous les droits régaliens et de lever des subsides pour leur compte. La féodalité qui résulta de cet abaissement de l'autorité royale, vit naître de nouveaux impôts. Le régime fiscal de cette époque est subordonné à la règle des fiefs, à la condition des personnes et à celle des terres ; les droits de la royauté sont incertains et mal définis.

* *

Hugues Capet (988) qui avait pour domaine propre le duché de France, leva des subsides dans son domaine, c'étaient les aides (*auxilia*) qui étaient de deux natures : les aides légales, les aides gracieuses.

Les Capétiens jouissaient encore du domaine, c'est-à-dire d'un grand nombre de revenus tant comme suzerains que comme propriétaires.

L'impôt du *vingtième* a son origine dans les subsides votés sous Louis VII en 1149, avec l'autorisation du pape, pour la 2e croisade, c'était en réalité une taxe proportionnelle sur le revenu. 40 ans plus tard, Philippe-Auguste lève la *dîme saladine* pour les expéditions en Terre sainte ; il lève ensuite un second impôt en 1191 pour la défense du royaume. Dès lors, les *impôts d'État* qui avaient disparu au milieu du morcellement féodal tendent à se reconstituer, mais les dépenses étant toujours supérieures à ces ressources, les rois s'adressaient aux provinces et aux villes qui leur prêtaient sous la garantie du domaine. En 1259, saint Louis reçut d'un grand nombre de villes des subsides pour la paix d'Angleterre, c'est-à-dire pour l'acquittement de l'indemnité pécuniaire stipulée par Henri III dans le traité de 1258, en compensation de l'abandon de ses droits sur la Normandie, l'Anjou, la Touraine et le Poitou. C'étaient les *dona domini regis*.

D'importants produits résultaient aussi pour les rois de la vente ou de la confirmation des chartes des communes, de la création des foires ou marchés, où ils se réservaient une certaine portion des droits.

Le domaine était administré par les *prévôts* : les revenus en étaient payés aux trois termes de la Toussaint (d'abord la Saint-Remi, 8 octobre), de la Chandeleur et de l'Ascension (1).

Aux prévôts succédèrent les *baillis* dans les provinces du nord, et les *sénéchaux* dans le midi. Jusqu'aux premières années de Philippe le Bel, ils cumulaient les fonctions de receveur, de payeur et de comptable. Ils acquittaient sur les fonds reçus les dépenses nécessitées par leur administration et celle de leurs préposés et transmettaient l'excédent à Paris au trésorier de l'épargne (2).

Parfois aussi le pouvoir central ayant à effectuer un paiement sur un point éloigné, adressait au bailli un mandat qui lui servait de pièce justificative du déficit apparent que présentait sa comptabilité.

---

(1) La première période de l'année commençait à l'Ascension. A propos du compte de 1202, Brussel dit, en effet (*Nouvel Examen de l'usage général des fiefs en France pendant les* xie, xiie, xiiie *et* xive *siècles*. Paris, 1727, t. 1er, p. 421), « la règle étant pour lors que l'on comptât *trois fois l'année, c'est-à-dire aux fêtes de la Toussaint, de la Chandeleur et de l'Ascension*, ainsi que cela avait été ordonné par le testament de Philippe-Auguste de l'an 1190 ; et cette méthode de compter a continué d'avoir lieu pendant un très long temps. »

(2) Depuis Suger, les fonds étaient déposés au Temple sous la garde des templiers ; sous Philippe-Auguste, le trésorier de l'épargne était chargé de cette mission.

A partir de saint Louis, l'hôtel du roi possédait une cassette particulière qui était administrée par un caissier, son chambellan ; cette caisse s'appela, plus tard, la Chambre aux deniers.

Philippe le Bel constitua ensuite un trésor au Louvre.

Boutaric, dans son *Histoire de Philippe le Bel*, nous rend compte du procédé un peu naïf dont se servaient les baillis et sénéchaux pour opérer leurs versements. « Ils prenaient toutes les monnaies qu'ils avaient en caisse, les enfermaient dans des « tonnes qu'ils plaçaient sur des charrettes, après les avoir scellées de leur sceau, « et accompagnaient le tout à Paris, en apportant avec eux la note exacte de leurs « recettes et de leurs dépenses appuyée de leurs pièces justificatives. »

Brussel, dans son *Traité de l'usage des fiefs* (t. Iᵉʳ, p. 464), publié en 1727, c'est-à-dire dix ans avant l'incendie de la Chambre des comptes, relève l'importance du produit des prévôtés de France, c'est-à-dire de celles dont Philippe-Auguste était le haut seigneur.

Il donne pour :

1202	. . .	32,000 liv. parisis,
1217	. . .	43,000 —
1234	. . .	53,000 —
1256	. . .	56,000 —
1265	. . .	64,000 —
1277	. . .	52,000 —
1298	. . .	59,000 —

Nous trouvons dans le *Recueil des historiens des Gaules et de la France* publié par MM. Guigniaut et Natalis de Wailly (t. XXI), à la suite de la préface, une dissertation sur les dépenses et les recettes ordinaires de saint Louis. Ces renseignements ont été établis à l'aide de fragments de comptes et des tablettes de cire de Jean Sarrazin (1).

M. de Wailly examine :

1° Les dépenses de l'hôtel du roi.

---

(1) On conserve au Trésor des Chartes un de ces registres formés de feuillets enduits de cire dont l'usage remonte à la plus haute antiquité et qui sont devenus très rares dès le moyen âge, quoique l'abbé Lebœuf ait prouvé (t. XX, p. 267 de l'*Académie des inscriptions*) qu'on s'en servit pour écrire les comptes jusqu'au xviiiᵉ siècle. M. Natalis de Wailly avait publié d'abord une notice sur ces tablettes dans le tome XVIII, 2ᵉ partie, 1849, de l'*Académie des inscriptions*. Ces tablettes se composent de quatorze feuillets en bois de platane enduits de cire sur le recto et sur le verso, excepté le premier et le dernier qui n'en portent seulement sur leur surface intérieure, parce que l'autre côté n'était destiné qu'à servir de couverture au registre. Ces feuilles, arrondies par le haut, ont 20 ½ centimètres de largeur sur 47 ½ centimètres de hauteur, y compris la partie cintrée qui commence à peu près à 39 centimètres de la base. Sur chaque feuille l'espace réservé à la cire est environ de 18 centimètres sur 43 ; cet espace est entouré d'une marge qui a un peu plus de 1 centimètre à la base et sur les deux côtés, mais qui s'augmente graduellement sous la partie cintrée en formant sous le cintre principal deux courbes intérieures dont le point d'intersection est à 3 centimètres du haut de la feuille. Cette forme élégante est exactement dessinée sur toutes les feuilles ; en outre, l'espace circonscrit par les marges a été légèrement creusé, et avec tant de précision que la couche de cire qui n'est guère que de 1 millimètre se trouve parfaitement de niveau avec la marge qui l'entoure. L'épaisseur de chaque feuille varie entre 7 et 8 millimètres et celle du registre tout relié (au moyen de bandes de parchemin passées dans le dos de ces tablettes) n'excédait guère 10 centimètres ; c'est-à-dire qu'on avait réussi à réunir ces quatorze feuilles de bois et à les rapprocher avec une exactitude presque mathématique. M. de Wailly décrit la forme et la disposition de ce compte qu'on avait regardé jusqu'à lui comme appartenant au temps de Philippe le Bel ; on ne pouvait presque pas le lire alors, il est vrai, à cause de la couche de poussière qui s'était attachée à la cire ; mais M. de Wailly mentionne l'heureuse opération faite par un employé des archives, M. Lallemand, grâce à l'habileté duquel cette poussière antique a été complètement enlevée, malgré l'excessive fragilité des tablettes, et l'écriture rendue presque partout à la netteté qu'elle pouvait avoir au moment où elle fut tracée (Henri Bordier, *les Archives de la France*, 1855, p. 185-187). Il en existe dans les bibliothèques de Genève et Florence, à Dijon, Rouen, Senlis. La Bibliothèque nationale en possède 57, toutes consacrées à des comptes.

2° Celles des bailliages et des prévôtés.

3° Les recettes qui permettaient de subvenir à ces deux ordres de dépenses.

PREMIÈRE PARTIE.

Recettes et dépenses principales du Temple.

	Recettes principales.	Dépenses principales.
638 jours des années 1256 et 1257 . . .	120,019 liv. 16 s. 1 d.	122,239 liv. 5 s. 3 d.

Recettes et dépenses accessoires du Temple.

	Recettes accessoires.	Dépenses accessoires.
638 jours des années 1256 et 1257 . . .	4,775 liv. 7 s. 8 d.	2,555 liv. 18 s. 6 d.

Les chiffres qui précèdent se rapportent aux dépenses de l'hôtel. M. de Wailly les décompose pour faire ressortir les dépenses spéciales aux services principaux :

1° 6 métiers (on appelait ainsi les six services intérieurs de la graneterie, de l'échansonnerie, de la cuisine et de la chambre du roi. M. de Wailly évalue les dépenses (du 10 fév. 1256 au 9 fév. 1257) à 33,082 liv. 10 s. 9 d.

2° Arbalétriers, sergents, baptisés, aumônes, harnais, dons, chevaux, robes et fournitures du roi, robes données, manteaux et frais pour chevaliers. Dépenses évaluées (du 10 fév. 1256 au 9 fév. 1257) à 19,509 liv. 7 s. 1 d.

3° Gages, dépenses diverses, erreurs ou omissions du 10 février 1256 au 9 février 1257 : gages, 4,312 liv. 14 s. ; dépenses diverses, erreurs, 3,281 liv. 17 s. 2 d.

Récapitulation des dépenses de l'hôtel.

Du 10 février 1256 au 9 février 1257 : 64,181 liv. 19 s. 5 d.

Du 10 février 1257 au 9 novembre suivant : 58,057 liv. 5 s. 10 d.

DEUXIÈME PARTIE.

Dépenses des bailliages et prévôtés.

Les dépenses de cette nature sont établies à l'aide de deux comptes partiels rendus au terme de l'Ascension, l'un de 1238, l'autre de 1248.

Dépenses de 1238 et 1257.	Dépenses de 1248 et 1256.
80,909 liv. 17 s. 1 d.	63,760 liv. 18 s. 9 d.

Recettes ordinaires des bailliages et des prévôtés, entre la Chandeleur et l'Ascension.

En 1238	78,428 liv. 15 s. 8 d.
En 1248	59,510 liv. 4 s. 3 d.

Recettes extraordinaires des bailliages et des prévôtés, entre la Chandeleur et l'Ascension.

En 1238	7,851 liv. 1 s. 9 d.
En 1248	43,428 liv. 15 s. 9 d.

Évaluation de la recette ordinaire des bailliages et des prévôtés, d'après les comptes en 1238 et 1248.

Année 1238	235,286 liv. 7 s.
— 1248	178,530 liv. 12 s. 9 d.

M. de Wailly estime, en terminant, que les revenus ordinaires de la monarchie sous le règne de saint Louis suffisaient et au delà aux dépenses ordinaires et que l'excédent de ces revenus offrait toutes les ressources nécessaires.

M. Vuitry nous montre combien est hypothétique cette évaluation, puisque M. Natalis de Wailly, pour balancer les recettes et les dépenses, s'est trouvé obligé d'opérer sur des années différentes et de comparer les recettes de 1238 et 1248 avec les dépenses de 1256 et 1257. « Ce n'est pas, dit M. de Wailly lui-même, un « maximum ou un minimum que nous avons voulu présenter, ce sont deux éva- « luations qui semblent l'une et l'autre possibles et dont la moyenne pourrait être « acceptée comme probable. »

Étant donnée cette base d'appréciation, on est conduit à admettre que le budget de saint Louis était ainsi réparti :

	VALEUR INTRINSÈQUE (à raison de 17 fr. 97 c. d'argent fin par livre).	VALEUR RELATIVE (la puissance de l'argent étant aujourd'hui 5 fois moindre).
	livres. livres.	livres.
Les recettes brutes s'élèvent en moyenne à. 206,908	3,718,136	18,590,683
Et les dépenses locales à 72,334	1,299,841	6,499,209
Le produit net moyen des revenus était de. 134,574	2,418,295	12,091,474
Et le chiffre moyen des dépenses de l'hôtel (dépenses du roi) était évalué à 70,957	1,275,097	6,375,486
Il y avait en moyenne un excédent définitif des recettes sur les dépenses de 63,617	1,143,198	5,715,988

M. Vuitry adopte pour cette époque la multiplication par 5 de la valeur intrinsèque du métal fin pour obtenir le chiffre en francs à la puissance actuelle de l'argent.

Nous ferons remarquer incidemment que peu de questions archéologiques ont donné lieu à d'aussi intéressantes controverses :

M. Guiffrey, professeur à l'École des chartes, dans son *Histoire générale de la tapisserie*, au livre de la tapisserie française, adopte à la suite de curieux calculs le coefficient 100 pour l'époque de saint Louis, 70 pour les années 1360 à 1380 et 10 pour le xvie siècle. Il suffit donc, pour obtenir la valeur actuelle, de multiplier le chiffre en livres par 100, par 70, par 10.

Le savant archiviste des Ardennes, M. Senemaud, dont les travaux sont basés sur les documents historiques les plus sûrs et les mieux discutés, adopte dans son journal de l'enterrement de Jean d'Orléans, comte d'Angoulême, aïeul de François Ier (1), les tables de C. Leber (2).

*
* *

---

(1) Paris, Aubry, 1863.

(2) *Essai sur l'appréciation de la fortune privée au moyen âge relativement aux variations des valeurs monétaires et du pouvoir commercial de l'argent.* Paris, Guillaumin, 1847.

À la session des Sociétés savantes de Paris et des départements qui a eu lieu à la Sorbonne au mois d'avril 1885, M. Deloche exprima le vœu que l'ouvrage de Leber, qui remonte à quarante ans, soit complété et mis en rapport avec le *pouvoir actuel* de l'argent. Les Sociétés savantes de province qui ont à leur disposition des livres de raison, des registres de fiefs, etc., sont seules en mesure de réunir les éléments qui serviront à compléter l'ouvrage de Leber. Ces sociétés peuvent rendre ainsi un service signalé aux historiens et aux économistes.

Dans cette même session, M. Édouard Forestié, secrétaire de la Société archéologique de Tarn-et-Garonne, établit à 20 centimes de notre monnaie le pouvoir du denier tournois vers le milieu du xive siècle en s'appuyant sur le livre des comptes des frères Bonis. Ce chiffre, produit de la comparaison des prix anciens de la journée d'un charpentier, a été obtenu également par MM. Viollet-le-Duc et Alexis Monteil au moyen de calculs semblables.

M. Léopold Delisle fait remarquer à ce propos que la publication du livre de comptes dont vient de parler M. Forestié, sera très utile pour les études économiques, à cause des renseignements précis qu'il renferme sur les variations des monnaies, ventes et achats, etc., etc. (*Journal officiel*, 8 avril 1885, p. 1854.)

Nous avons cru utile en corrigeant les épreuves de cette conférence d'y noter ces renseignements.

En 1300, Enguerrand de Marigny fut nommé trésorier par Philippe le Bel ; les chroniques le qualifient de coadjuteur du roi. Nous voyons dès cette époque se constituer l'administration française : plus tard le trésorier unique sera remplacé par plusieurs trésoriers, les trésoriers *de France*. Ces mots *de France* indiquent qu'ils étaient grands officiers de la couronne ; ils avaient entrée, séance et voix aux conseils ainsi qu'à la Chambre des comptes. L'ordonnance de novembre 1323, dans ses articles 12 et 17, porte que « les trésoriers feront et ordeneront les besongnes « qui touchent leurs offices du Trésor..., que nul mandement de payer ne sera fait « aux gens des comptes, mais aux trésoriers par lettres ouvertes. » *Le droit de juger les comptables était en effet incompatible avec le maniement des fonds.*

Le chef des trésoriers est nommé souverain (ord. 3 janv. 1317, art. 1 et 4, et 18 juillet 1318, art. 9). Nul paiement ne peut être fait au Trésor, nulle assignation de paiement ne peut être donnée sur les baillis que par lettre du roi ou du souverain établi au-dessus des trésoriers. De plus, les trésoriers, le changeur ou le clerc du roi doivent chaque jour faire connaître par écrit signé de leur scel, le montant des recettes et des paiements au souverain de par-dessus (ord. 13 janvier 1317, art. 5, et 18 juillet 1318, art. 11). Ce souverain des trésoriers deviendra le surintendant des finances. Cette fonction qui joua un grand rôle dans notre histoire financière, eut des débuts bien tragiques. Trois administrateurs généraux furent, en effet, condamnés au dernier supplice : Enguerrand de Marigny fut pendu au gibet de Montfaucon le 30 avril 1315, Gérard la Guette mourut en 1322, à la question, et Pierre Remy, qui exerçait sous Charles IV, fut pendu en 1328.

Indépendamment des impôts que Philippe le Bel avait affermés à des banquiers lombards, florentins ou juifs, créant ainsi le premier précédent de ferme générale, comment étaient administrées, à cette époque, les autres ressources de l'État ?

A Paris, depuis saint Louis (1260), le prévôt avait cessé d'être fermier des revenus de la couronne et avait été remplacé par un receveur spécial du domaine. Philippe le Bel avait fait des clercs ou secrétaires que les baillis s'étaient donnés et qu'ils pouvaient jusque-là révoquer à loisir, des *agents royaux, des receveurs des domaines* surveillés, il est vrai, par les baillis, mais soustraits à leur arbitraire. Le partage du maniement des deniers publics entre les baillis et les receveurs a lieu jusqu'à l'ordonnance de janvier 1320 dont l'article 14 dit « que nuls, ni bailli, ni sénéchal, ni « autre official du roi, ne reçoive rien, fors que les receveurs à ce établis ». Au mois de mai suivant, une ordonnance détermine les fonctions des receveurs des droits royaux, qui sont d'ailleurs les mêmes que celles des anciens baillis, ils doivent verser à Paris l'excédent de leurs recettes, et il leur est interdit de *prêter les deniers royaux* et d'en faire aucun autre emploi. Peu de temps auparavant, comme nous l'atteste une lettre du 20 février 1315, de Louis de Nevers, fils du comte de Flandre, à son père, les receveurs se livraient au prêt sur gage et à diverses opérations. Cette lettre qui est contenue dans les bonnes feuilles de l'*Histoire de l'art en Flandre, en Artois, en Picardie et dans le Hainaut avant le XVe siècle*, de M. le chanoine Debaisnes, l'éminent archiviste honoraire du Nord qui a eu l'obligeance de nous la communiquer, nous montre Thomas Fin, le receveur du comte de Flandre, ayant emprunté sur le gage des joyaux et vaisselles d'or de Louis de Nevers, pour le compte de ce dernier et pris ensuite la fuite emportant « les joials et vacelamente d'or avec « pierres précieuses, ch'est à savoir rabbins, miraldes, balas, zaphiers et pierles ».

**
*

Boutaric, dans son *Histoire de Philippe le Bel*, étudie, d'après les originaux de comptes qui existent tant à la Bibliothèque nationale qu'aux archives, les recettes des bailliages et des prévôtés pour les années 1287, 1299 et 1305.

	1287 (Chandeleur).	1299 (Toussaint).	1305 (Ascension).
Prévôtés. . . .	15,034 l. 18 s. 10 d.	14,898 l. 13 s. 13 d.	15,076 l. 2 s.
Bailliages . . .	30,420 18 4	29,184 3 4	30,015 6 10 d.
	45,455 l. 17 s 2 d.	44,082 l. 17 s. 5 d.	45,091 l. 8 s. 10 d.

Pour l'année 1305 la recette totale peut être évaluée à 135,274 liv. 5 s. 6 deniers parisis.

Les dépenses pouvaient se diviser en 4 catégories :

1° Dépenses des bailliages.

2° — de l'hôtel du roi.

3° — des grands corps de l'État.

4° Dépenses diverses (missions, etc.).

Dépenses des bailliages.

1305. . . . . 85,757 liv. 13 s. 9 d.

1307. . . . . 87,902 liv. 19 s. 1 d.

Une ordonnance du 19 janvier 1311 fixe le budget des recettes et des dépenses de l'État. Dans ce document, Philippe le Bel évaluait lui-même à 177,500 liv. tournois les dépenses de l'hôtel, des grands corps de l'État et le paiement des rentes.

A ces dépenses on faisait face avec les recettes nettes de la Normandie et des anciens domaines du comte Alphonse de Poitiers.

Ce premier budget (?) de la monarchie dressé sous l'inspiration d'Enguerrand de Marigny, surintendant des finances, eut le sort de la plupart de ceux qui l'ont suivi, les dépenses extraordinaires nécessitées par les guerres en eurent bien vite brisé l'économie.

Les dépenses de l'hôtel du roi figurent pour 100 livres par jour, soit 36,500 par an. Il faut ajouter à cette somme :

Pour manteaux et robes	5,000 livres.
— harnais.	2,000 —
— veneurs, chasse, etc	3,600 —
— mise des maîtres d'hôtel . .	2,000 —
— dons.	3,000 —
— aumônes.	3,600 —
— remplacement de chevaux . .	3,000
— sergent d'armes	3,000 —
Soit en tout.	60,000 livres.

Les receveurs ou leurs clercs se rendaient aux assises des baillis et y recevaient les titres et les exploits dont ils devaient poursuivre le recouvrement. Ils ne devaient faire connaître la valeur et l'état de leurs recettes et le montant de leurs envois de fonds qu'aux trésoriers de France ou à leur souverain, et ne fournir aucun renseignement qui puisse provoquer des demandes de faveurs ou de concessions ; les fonctions d'administrateur étaient confondues avec celles de comptable, puisque les receveurs étaient chargés d'affermer les biens et de veiller à l'entretien des édifices.

Supprimés par un édit de novembre 1323, les receveurs ne rendirent pas aux baillis leurs attributions et l'édit fut rapporté.

* *

A la fin de son règne, le 19 janvier 1314, Philippe le Bel, entouré de ses trois fils, de ses deux oncles et d'Enguerrand de Marigny, tint un grand conseil où il détermina les recettes qui seraient versées au Temple et à la caisse du Louvre et les dépenses qui seraient faites sur chacun de ces deux trésors ; c'est à tort qu'on a qualifié du nom de *budget* cette répartition : la condition organique d'un budget réside dans les prévisions de recettes et de dépenses, évaluations qui ne pouvaient être faites à cette époque.

Nous trouvons dans une instruction de la Chambre des comptes au bailli de Cotentin, instruction sans date que M. Vuitry attribue à Charles le Bel et dont Monteil fait remonter la publication à Philippe le Bel, le tableau complet de la gestion des receveurs en résumant leurs recettes et leurs dépenses. Ce document se termine par le détail des impôts extraordinaires levés sous Philippe le Bel depuis 1295 jusqu'en 1314. Le total de ces impôts s'est élevé à 10,625,000 livres ; ce qui ferait en francs, d'après les calculs que nous avons indiqués plus haut, 955 millions de notre monnaie.

En ajoutant à cette somme le produit des impôts levés pour la guerre d'Aragon, de l'aide pour le mariage d'Isabelle et de la chevalerie de Louis X, de l'altération des monnaies postérieurement à 1296, etc., on arrive à 1,100 millions.

Les budgets communaux à cette époque seraient aussi bien intéressants à connaître : Monteil donne les développements de celui d'Abbeville en 1365. Les recettes s'élevaient à 8,767 livres, soit 420,736 fr. pour une ville qui ne devait pas compter plus de 20,000 hab., et 8,400 livres 12 s. 10 d. en dépenses, soit au pouvoir actuel de l'argent, 403,200 fr.

Philippe le Bel avait réuni les États généraux successivement à Notre-Dame en 1302, à propos de ses démêlés avec Boniface VIII ; deux fois en 1303 au Louvre ; en 1308 à Tours, à propos du procès des Templiers, et enfin en 1313, dans la cour du Palais, à l'occasion des embarras du Trésor. Les États étaient appelés à délibérer sur l'action des subsides destinés à alimenter l'administration du royaume ou à assurer les dépenses du pouvoir royal. Ce roi avait déjà fait l'essai d'un impôt que ses sujets avaient refusé d'acquitter, les États généraux le votèrent ; c'est ainsi que se trouva consacré ce principe du consentement libre et nécessaire des trois ordres du royaume pour la levée de l'impôt. Cette formule qui resta encore longtemps lettre morte, reparut souvent dans notre histoire comme une revendication libérale et ne trouva enfin sa définitive et glorieuse application que dans l'œuvre gigantesque et héroïque de la Révolution française. Sous Jean le Bon en 1355, les États accordèrent les subsides demandés et obtinrent, grâce au prévôt des marchands, Étienne Marcel, des concessions qui auraient donné au pouvoir la forme d'un régime représentatif, puisque l'administration des finances était entre les mains d'une commission des États.

En 1356, les États de la Langue d'Oc se réunirent à Toulouse et ceux de la Langue d'Oïl à Paris. Vous connaissez tous la résistance au pouvoir central de Robert le Coq et d'Étienne Marcel. Les États accordèrent les subsides demandés pour la défense du pays pendant la captivité du roi Jean, mais à la condition que les anciennes libertés seraient rétablies, que le dauphin Charles livrerait pour être jugés, ses principaux conseillers devenus odieux par leur tyrannie et leurs exactions, et que ce jeune prince se soumettrait à la direction et à la surveillance d'une commission nommée par les États et composée de 4 prélats, 12 nobles et 12 bourgeois. Le dauphin promit de donner une réponse à la prochaine assemblée qu'il convoquerait. L'année suivante, les États s'engagèrent à lever une armée de 30,000 h., exigeant le renvoi de 22 grands dignitaires; ils stipulèrent le droit de s'assembler deux fois, *sans convocation*, de créer une commission de 36 membres pour administrer le royaume, d'envoyer dans les provinces des commissaires munis de pleins pouvoirs pour réformer et administrer, ils demandèrent encore l'abolition des offices de judicature et des tribunaux d'exception, l'inaliénabilité des biens de la couronne, etc. Le dauphin consentit à tout. La commission des États s'empara du pouvoir et l'exerça avec une grande énergie, mais cette révolution toute parisienne fut paralysée par l'esprit rétrograde et jaloux de la province et définitivement anéantie par la mort d'Étienne Marcel.

Charles V supprima à la fin de son règne l'impôt direct qu'il avait organisé. Il avait précisé le mode d'acquittement de chaque contribution : des officiers réformateurs avaient été investis de la mission de parcourir les provinces pour y redresser les malversations et punir « sur-le-champ » les auteurs des méfaits. La sagesse de Charles V et la puissance de du Guesclin avaient donné à la France quelques années de bonne administration, bientôt suivies des embarras d'une régence, des désordres d'un gouvernement sans règle, des dilapidations de tout genre; la folie du roi, les guerres sanglantes des princes, la guerre implacable des partis, l'invasion étrangère triomphante et maîtresse de la plus grande partie du royaume, puis la trop courte mais si glorieuse épopée de Jeanne d'Arc signalent cette période. Enfin, la France épuisée abandonne au roi le soin et les moyens de former une armée régulière et permanente qui garantisse l'ordre au lieu de le troubler et qui complète l'œuvre nationale en affranchissant le pays de la domination étrangère (1).

Nous voudrions bien pouvoir nous étendre — mais le temps nous fait défaut — sur le rôle de Louis XI et sur la situation fiscale qui résulta de sa lutte énergique contre la féodalité; l'administration du cardinal la Ballue est connue et tristement popularisée. Le règne de Charles VIII vit enfin éclore un mode de comptabilité : la reddition des comptes dut dès lors être effectuée dans une forme déterminée.

Arrivons-en à la Renaissance. François Ier pour parer aux inconvénients qui résultaient de la dispersion des agents du fisc dans les provinces et du manque de direction, d'ordre et d'unité, remplaça les baillis et les sénéchaux par 16 receveurs généraux qui exercèrent dans 16 généralités (2) et furent chargés de centraliser les deniers de toute espèce et de les remettre au trésorier de l'Épargne. Le gage des receveurs généraux était de 1,200 livres tournois. Henri III créa un bureau de

---

(1) Sous Charles VII, la taille varia de 1,200,000 livres à 1.800,000 livres. Les aides, gabelies, traites foraines et divers produits domaniaux s'élevèrent à 500,000 livres. Sous Louis XI, la taille monta à 4,400,000 livres; l'importance des taxes est plus difficile à apprécier. Entre les États qui en 1484 les estimaient à 1,900,000 livres et le chancelier qui les fixait à 755,000, on peut croire qu'elles atteignaient en réalité environ un million. Après 1484 la taille descend à 1,500,000 livres, puis remonte à 1,800,000 livres et à 2,500,000 livres. Sous Louis XII (1498-1515) elle s'abaisse encore et se fixe à 2 millions, à ce moment les taxes étaient de 1,500,000 livres.

(2) Henri II en porta le nombre à 17. Ces généralités étaient celles d'Agen, Aix, Amiens, Bourges, Caen, Châlons, Dijon, Grenoble, Lyon, Montpellier, Paris, Poitiers, Rouen, Tours, Issoire.

finances qui se réunissait tous les ans, vers le mois d'octobre, dans chaque généralité. Ce bureau était composé de deux trésoriers des domaines, du receveur général, du garde du Trésor, d'un greffier et d'un huissier. Ce conseil avait le triple rôle de répartir l'impôt, de juger la gestion des employés et de statuer sur les réclamations des contribuables. Les états de répartition fixés, les receveurs généraux souscrivaient par avance des *rescriptions* pour une partie ou la totalité de la somme à recouvrer et les remettaient au Trésor qui se chargeait de les négocier. Les fonctions de receveur général s'achetaient à prix d'argent, aussi leur nombre fut-il augmenté sous les règnes suivants. Il y en eut 17 sous Henri II, puis 20 ; à la Révolution on en comptait 48. Ces charges rapportaient à l'État 36,400,000 livres. Elles furent successivement alternatives, triennales et même quatriennales, sous prétexte que les receveurs généraux à la fin d'un exercice étaient trop occupés de la reddition de leurs comptes pour pouvoir gérer l'exercice suivant. Ils possédèrent chacun une caisse particulière jusqu'au règne de Louis XVI, où Necker les fit remplacer par douze personnes qui agirent collectivement et eurent une caisse commune (1).

Les receveurs généraux percevaient la taille, les vingtièmes et la capitation. Les gabelles, la vente du tabac, la régie des droits à l'entrée, à la sortie et à la circulation des marchandises, les entrées de Paris, les aides du plat pays et les salines étaient affermées aux fermiers généraux qui servaient à l'État une redevance fixe.

François Ier avait rétabli les états ou ordonnances au comptant. Ces états étaient certifiés par le conseil des ministres et se référaient à l'origine aux dépenses diplomatiques ; dans la suite ils comportèrent des dépenses de toute sorte. La Chambre des comptes devait les juger sans justification.

Henri II par son ordonnance de 1551, en réunissant les fonctions des généraux et des trésoriers des finances, créa les trésoriers généraux qui devaient rendre compte :

1° Aux gens du conseil privé ou « aultres gens à ce déléguez ».

2° Au trésorier de l'Épargne.

3° Au receveur général, étant « soubz sa charge ».

L'ordonnance de Villers-Cotterets de décembre 1552 enjoignit aux receveurs généraux de faire parvenir les fonds au trésorier de l'Épargne « à leurs risques et périls ».

Cette ordonnance portait que les trésoriers généraux s'appelleraient « trésoriers de France » et généraux de finances. L'article 6 donnait droit de préséance aux trésoriers sur les « maistres d'hôtel, échansons, panetiers, valets tranchants et maistres des comptes dans les assemblées ».

---

(1) Situation de la taille et des taxes à cette époque (produits moyens) :

	Taille.	Taxes.
François Ier (1515-1547)	1523 — 3,567,000 . . . . 1547 — 4,600,000	2,400,000
Henri II (1547-1559)	6,192,000, mais 9,515,000 avec les accessoires, c'est-à-dire impôts sur les clochers et contributions des villes, des emprunts forcés	4,000,000
François II et Charles IX (1559-1574). .	8,250,000	Idem.
Henri III (1574-1589)	16,000,000 en 1588	6,000,000 (?)

Notons qu'à l'époque de François Ier le taux de la gabelle avait été triplé.

Henri III (ord. de mars 1584) établit une chambre de justice contre les financiers. Cette chambre fut supprimée en 1585 (Isambert, t. XIV; p. 591 et 695). On obtint des financiers, par l'intermédiaire de cette chambre, une somme de 200,000 écus, à titre de composition et 40,000 écus pour frais de justice. Nous trouvons des chambres de justice du même genre fonctionnant en 1597, en 1601 et 1607. Celle de 1597 avait produit 3,600,000 livres, celle de 1607 ne produisit que 1,200,000 livres. Richelieu en institua une autre en octobre 1624 qui fut révoquée en juin 1625. Il voulait, à la fois, dit M. Clamageran, contenir les contribuables et ceux qui les exploitaient, effrayer les uns et endormir les autres : « Les peuples, disait-il, chargés à l'extrémité estimeraient être soulagés par la saignée de telles gens. » Cette taxe produisit onze millions. D'autres chambres de justice furent encore instituées en 1661 et en 1716.

Mais n'anticipons pas sur les événements. Nous avons à étudier des règnes importants, Henri IV et Louis XIV et les grands ministres Sully et Colbert.

Dès avant les réformes apportées par Sully, on trouvait, en France, trois classes d'agents : les uns dont les services s'étendaient aussi bien aux recettes qu'aux dépenses, certains autres qui n'étaient que receveurs, d'autres enfin qui n'étaient que payeurs.

La première classe comprenait les receveurs généraux créés par François I*. La seconde classe était composée des payeurs des services publics, du taillon, de l'ordinaire et de l'extraordinaire des guerres, des payeurs de la maison du roi et des maisons royales, des chambres et parlements et des payeurs des réparations de villes et châteaux, etc. Les receveurs des amendes, les receveurs des restes, les receveurs de l'impôt sur les greniers à sel pour paiement des présidiaux, le trésorier des parties casuelles, les receveurs de la garde des ponts, des péages, des entrées de Lyon étaient compris dans la 3ᵉ classe. Déjà, sous l'ancienne monarchie, les payeurs devaient se faire produire les preuves justificatives. C'est ainsi que nous voyons, au sujet de travaux exécutés dans les châteaux royaux, un ordre par lequel « il faut que ledit receveur général prenne garde si c'est pour un premier « on parfaict payement d'ouvrage ; à cause qu'il est nécessaire (outre l'ordonnance « et quictance) retirer, en ce cas, copie des marchez faicts avec l'ouvrier dénommé « en ladicte ordonnance de l'ouvrage y mentionné ; avec certification (si c'est « parfaict payement) de la visitation de la besongne, comme elle a esté trovée bien « et deuement faicte », — puis, au sujet des professeurs du Collège de France « pour « le payement des gaiges des lecteurs du Roy ès-sciences, faut retirer outre leur « quictance, certification du recteur de l'université ou plus ancien d'eux, comme « durant l'année, ils ont bien et-deuement faict les lectures qu'ils sont tenus de « faire. » C'est ce qu'on appellerait aujourd'hui un certificat d'exercice, comme il en est délivré pour le traitement des desservants et des instituteurs.

Enfin, M. Callery, dans son *Histoire des institutions financières de la France*, cite un des extraits « pour le payement des gaiges des trésoriers et généraux, faut, « outre leur quittance, le procès-verbal de leurs chevauchées; pour le contre-« roolleur général faut aussi l'acte de présentation de son contre-roole, en la « chambre des comptes...; en cas de nouvelleté de provision d'office des trésoriers « de France, faut qu'ils soient receus, ayant presté à la chambre le serment et « outre aux receveurs généraux bailler caution, etc., etc. ».

La distinction entre les ordonnances de paiement et de délégation n'existait pas sous l'ancien régime. Les ordonnances des ministres étaient signées par le roi et transmises au trésorier de l'Épargne. Les trésoriers généraux ordonnançaient en bloc, la plupart des dépenses, au moyen *d'états par estimation*, envoyés annuellement à leurs subordonnés ; les receveurs généraux à qui ces états étaient adressés devenaient des ordonnateurs secondaires. Il en résultait une confusion entre les fonctions d'ordonnateurs et de payeurs exercées par les receveurs généraux. De là ces abus de paiement, ces atermoiements si nombreux, ces erreurs volontaires, ces fraudes si faciles à dissimuler et qui se commettaient presque impunément, malgré le contrôle de l'administration et de la chambre des comptes. Le roi était dans certains cas ordonnateur des mandements et acquis patents (acquis au comptant) : c'étaient des gratifications, dons ou emprunts, remises ou taxes d'impôts.

Nous verrons plus tard Mazarin se faire acquitter ainsi 20 millions par an au Trésor public ; un jour, il se fit même rembourser par le surintendant des finances de prétendues dettes de l'État dont il avait, disait-il, fait l'avance, mais « dont il avait négligé de se faire remettre les titres ». (Montcloux, *Comptabilité publique*.)

Le paiement d'une dépense était subordonné à deux conditions principales :

1° La production de pièces justificatives ;

2° La nécessité d'effectuer cette opération dans le plus court délai possible.

Dès le XVIᵉ siècle, les pièces justificatives étaient annexées aux comptes des receveurs et venaient appuyer ce compte et affirmer la régularité des mandats.

Les ordonnances de septembre 1552, art. 2 ; 4 mai 1564 et novembre 1570 prescrivaient à chaque comptable de transmettre en fin d'année au trésorier général un compte exact des recettes et des dépenses qu'il avait effectuées, en mentionnant les restes à recouvrer et en y joignant les pièces justificatives. Après la vérification du trésorier général, ces états (comptes de gestion) prenaient le nom d'*états au vrai*.

Il n'était pas aisé, pour la chambre des comptes, de reconnaître l'exactitude de ces états qui n'étaient que des relevés de caisse et ne comprenaient pas les licences litigieuses, ni les produits éventuels du domaine, des aides, des gabelles ; il n'existait de plus aucune distinction entre les exercices. Il en résultait que les recettes et souvent les dépenses étaient difficiles à contrôler.

Les modes de comptabilité n'étaient pas uniformes : Sully avait repoussé les propositions du Brugeois Simon Stevin qui avait adressé à tous les États de l'Europe un projet de comptabilité en partie double. Il ne faudra pas moins de deux siècles (1806) pour que cette réforme soit mise en application.

Sully apportait un certain puritanisme à ne recevoir de gratifications que par un don direct et public du roi. C'est ainsi qu'il refusa le pot de vin de 8,000 écus qu'un certain Robin lui offrit, s'il consentait à lui accorder pour 216,000 livres les offices triennaux de Tours et d'Orléans. Sully le renvoya et vendit les offices 240,000 livres (1).

_____

(1) Pour les amateurs d'anecdotes, nous citons un extrait tiré du premier volume des *Historiettes* de Tallemant des Réaux :

« Quand le roi fit M. de Sully surintendant, cet homme, par bravoure, fit un inventaire de ses biens qu'il donna à Sa Majesté, jurant qu'il ne voulait que vivre de ses appointements et profiter de l'épargne de son revenu qui ne consistait qu'en la terre de Rosny. Mais aussitôt il se mit à faire de grandes acquisitions, et tout le monde se moquait de son bel inventaire. Le roi témoigna assez ce qu'il en pensait, car M. de Sully ayant un jour bronché dans la cour du Louvre, en le voulant saluer comme il était sur un balcon, il dit à ceux qui étaient auprès de lui : qu'ils ne s'en étonnassent pas, et que si le plus fort de ses Suisses avait autant de pots de vin dans la tête, il serait tombé tout de son long. »

Il se rendit lui-même dans les généralités et avec une patience et une sagacité admirables se mit à rechercher les fraudes. Il avait fait constater par les receveurs le montant des sommes expédiées par eux au Trésor; comparant ces sommes avec celles que le trésorier général d'Incarville avait portées sur ses registres, il y releva une différence de 80,000 écus; d'Incarville nia le déficit, mais il fut confondu par la vue des pièces émanées des receveurs et secrètement gardées par Sully.

Il apportait donc, comme on le voit, un grand souci dans le contrôle des choses publiques. Il entreprit, de 1596 à 1601, une vaste enquête sur les finances et ne se lassait pas de dresser pour le roi et pour lui des mémoires statistiques. Il prescrivit aux comptables la tenue d'un *registre-journal*, d'après un modèle uniforme. Il fit procéder à une nouvelle mise en adjudication des fermes aux enchères publiques et il exerça une surveillance incessante pour obtenir la prompte rentrée des deniers publics, le paiement exact des sommes dues à l'État et l'acquittement par celui-ci de toutes ses dettes. Des vérifications très scrupuleuses eurent lieu pour tous les états de recettes et de dépenses par les soins du ministre lui-même ou au moins sous son contrôle immédiat, sans se fier à la vérification faite à la chambre des comptes.

Mais toutes ces mesures ne purent suffire à donner des traditions de probité aux financiers, et Sully se plaignait en 1607 de dilapidations nouvelles et signalait comme complices les membres de la chambre des comptes.

Sous Louis XIII, l'assemblée des notables est ouverte par le rapport du surintendant d'Effiat. Il y est aussi donné connaissance officieusement de la lettre que Richelieu avait fait écrire au roi par le prince de Condé sur « le grand dessein du sel, l'unique moyen de soulager le peuple ».

Nous lisons à ce sujet, dans le *Mercure de France* (tome XII, 1726, page 792), le rapport d'Effiat: « Ainsi vous verrez que le feu roi faisoit toujours sa dépense plus faible que sa recepte de 3 à 4 millions de livres pour avoir de quoi fournir à toutes les dépenses inopinées; et en outre faisoit entrer sa recepte du *bon ménage* (1) qu'il pouvoit faire pendant l'année par moyens extraordinaires, et ce qui se trouvoit rester de bon, les charges acquittées, étoit mis en réserve, c'est de là qu'est provenue la somme qui s'est trouvée dans la Bastille après sa mort qui montoit à 5 millions tant de mil livres et environ 2 millions qui demeuroient entre les mains du trésorier de l'Épargne en exercice, pour faire ses avances, lesquels 7 millions étoient le fruit de dix années paisibles depuis son retour de Savoye. »

D'Effiat montre les inconvénients du système des anticipations. Vains conseils! A la mort de cet habile et infatigable surintendant, la dette, qui avait été presque en entier amortie par Sully, se montait à 250 millions.

Les dépenses s'élevèrent, de 1626 à 1630, à 204,400,000 livres (41 millions par an).

Bullion et Bouthillier succédèrent à d'Effiat: nous croyons devoir citer l'opinion de Tallemant des Réaux (2) sur ces surintendants. « Cette madame de Sault fit avoir à Bullion l'intendance de l'armée de M. le connétable de Lesdiguières, et il n'y fit pas mal ses affaires. Le connétable et lui s'entendaient fort bien. Le cardinal de Richelieu le fit après surintendant des finances (3) avec M. Bouthillier, père de

---

(1) On entendait par *bon ménage*, le règlement scrupuleux des comptabilités présenté par les trésoriers, receveurs, fermiers et traitants.

(2) Tallemant des Réaux, *les Historiettes*, 2ᵉ édit., Garnier, 1861, t. III, p. 6.

(3) En 1632.

M. de Chavigny, mais Bullion faisait quasi tout. C'était un habile homme et qui avait plus d'ordre que tous ceux qui sont venus depuis; il disait : « Fermez-moi deux « bouches, la maison de Son Éminence et l'artillerie, après je répondrai bien du « reste. » Cependant, on m'a assuré que quand les premiers louis d'or furent faits, il dit à ses bons amis : « Prenez-en tant que vous en pourrez porter dans vos poches. » Bautru fut celui qui en porta le plus. Il en eut trois mille six cents. Le bonhomme Senecterre en était, je doute de cela (1). »

Richelieu et plus tard Mazarin négligent la surveillance des finances.

Le surintendant de Louis XIV, Fouquet, confondant ses deniers propres avec ceux du roi, faisait des avances supposées, avait son intérêt dans les fermes et traités et recevait des pensions des fermiers et traitants. Nous savons qu'il faisait des prodigalités, donnait 12,000 livres de gages et en faisait 100,000 aux femmes de la chambre de la reine, autant au marquis de Créquy, 200,000 au duc de Brancas, autant au duc de Richelieu.

La disgrâce éclatante de ce fastueux surintendant est trop connue de tous pour que j'en rappelle les détails, bornons-nous à en signaler les conséquences et notamment l'ordonnance de Fontainebleau du 15 septembre 1661. Ce document des plus importants nous montre l'intention du roi de diriger lui-même les finances, de signer les expéditions soit pour la recette, soit pour la dépense. Cette ordonnance organise le conseil royal, composé d'un chef et de 3 conseillers dont un intendant des finances (au besoin, le chancelier pouvait être appelé dans ce conseil). La fonction de chef du conseil était purement honorifique, on la conféra au maréchal de Villeroi. L'intendant y exerçait une action prépondérante par ses rapports avec les agents du fisc qui lui remettaient tous les comptes de recettes; c'est lui aussi qui vérifiait et soumettait au roi toutes les ordonnances de dépenses. Il tenait les registres de toutes ses opérations.

Colbert avait une intelligence pénétrante et lucide, un jugement sain, une puissance de travail prodigieuse, une activité incroyable, un caractère ferme et résolu; il était capable de discerner les plus fins détails d'une affaire et de préparer les plus vastes plans. Il consacra pendant dix ans ses plus belles facultés à édifier la fortune de Mazarin. On souffre, quand on lit sa correspondance avec le cardinal, de le voir si souvent complice de la fraude, déguisant une flatterie sous l'apparence d'un blâme : il reproche à son maître de « se ruiner pour le bien de l'État » (lettre du 27 juin 1651); il le félicite des 400,000 livres que M. de la Vienville lui donne pour la surintendance (24 juillet 1651); il se plaint de la déclaration royale qui en 1648 avait limité à trois millions les ordonnances au comptant; il dit que ces ordonnances servent de remède à « tous les maux » (2), que pour régulariser les dépenses

---

(1) On m'a dit depuis que cela était vrai et qu'il le fit pour gagner Senecterre. (Note de Tallemant.)

(2) Après la mort de Mazarin, Colbert retrouve son indépendance. Il nous paraît intéressant de citer une lettre, jusque-là inédite, qu'il écrivit au roi le 17 août 1663. Nous trouvons ce précieux document dans la *Revue des chefs-d'œuvre* (mars 1884), qui l'a publié d'après les papiers provenant de la succession de M. le Bon de Monthyon :

« Je vois une si grande quantité d'ordonnances qui viennent de toutes parts, que je me sens obligé de dire à Votre Majesté qu'il serait absolument nécessaire de faire un projet, le plus exact qu'il se pourra, de toutes les dépenses qui sont à faire pour le siège de Marsal, afin que Votre Majesté étant informée, comme elle est de toute la recette, elle juge ce qui se peut et ce qui ne se peut pas, étant impossible de trouver rien à emprunter à présent, non seulement à cause de la longueur de la chambre de justice, mais

irrégulières, à défaut de comptant, il faut faire bien des faussetés (8 juillet 1651); il avertit Son Éminence qu'il lui envoie un compte peu intelligible, l'ayant fourni en la forme la plus favorable pour être reçu du public (16 octobre 1652); puis quand Mazarin se décide à prendre, pour remboursement de ses prétendues avances, les recettes d'une élection ou d'une généralité, il lui fait allouer à titre de non-valeurs des remises excessives (décembre 1658, 5 janvier et 31 août 1659).

Colbert appliqua les réformes aux sources mêmes de l'impôt : l'agriculture, l'industrie et le commerce. Il réduisit la dette de 52 à 32 millions, abaissa de 53 à 35 millions le produit de la taille, le plus lourd des impôts, et cependant le revenu monta de 89 à 115 millions par la suppression des abus et le développement de la richesse publique. On trouve à la Bibliothèque nationale un mémoire manuscrit de Colbert dirigé contre Fouquet; son programme y est bien détaillé :

1° La maxime d'ordre sera substituée à la maxime de confusion, et dans ce but il décide la suppression de la surintendance et la remise au roi ou au cardinal de la direction des affaires fiscales;

2° Institution d'une chambre de justice pour punir les financiers coupables, leur faire rendre gorge et intimider les autres;

3° Rétablissement de l'égalité dans la répartition des tailles par la restriction des privilèges et l'intervention énergique des intendants;

4° Diminution des frais de perception et amélioration du recouvrement;

5° Remboursement des offices inutiles;

6° Suppression des remises, rachat des rentes et des revenus aliénés.

Il créa pour la comptabilité trois registres :

1° Le *Registre-Journal,* mentionnant par ordre de date les recettes et les dépenses;

2° Le *Registre des dépenses,* mentionnant les dépenses par ordre de matières, avec l'indication des fonds sur lesquels elles étaient assignées;

3° Le *Registre des fonds,* qui indiquait les recettes par ordre de matières, avec l'indication des dépenses assignées sur chaque article.

Ces trois registres, comme on voit, se contrôlaient l'un l'autre Tous les mois on rédigeait pour le roi un abrégé des registres; celui-ci tenait pour l'année courante la situation avec la comparaison de l'année précédente. Au mois d'octobre de chaque année, on déterminait le budget provisoire de l'année suivante et au mois de février on réglait, par un *état au vrai,* le budget de l'année précédente.

Les recettes prévues par les engagements des receveurs et des fermiers étaient fixées à l'avance sur un état remis mensuellement au garde du Trésor qui avait succédé au trésorier de l'Épargne. Colbert vérifiait tous les mois le registre du garde du Trésor, le roi le vérifiait tous les 6 mois.

Colbert déploya, pendant cette seconde période de son ministère, une grande acti-

---

encore plus à cause de la misère des peuples, qui va être extrême cette année par le mauvais temps qu'il fait ; en sorte qu'il ne faut pas faire état de tirer les tailles et les prix des fermes sans de grandes diminutions, mais même pour sauver les peuples de cette misère et de la disette, qui sera presque universelle, il sera nécessaire de faire les achats de blé beaucoup plus considérables qu'en 1662. »

« Le roi répond......... Je ne sais si on vous parle beaucoup d'ordonnances, mais je sais bien que je n'en ai pas fait donner beaucoup ; et je prendrai garde à l'avenir, plus que par le passé, de commander qu'on n'en expédie, à moins qu'il ne soit tout à fait nécessaire.

« Et pour la dépense du siège, il n'y a rien à ajouter à ce qu'on vous a dit. »

vité et une volonté personnelle des plus opiniâtres. Malheureusement, le goût des conquêtes amena la prédominance de Louvois, et Louis XIV, pour satisfaire son ambition et sa vanité, poussé aussi par des considérations de religion, prépara la guerre de Hollande en distribuant aux divers États des subsides au détriment du Trésor de la France, pour les détacher des Pays-Bas.

On lit dans les Mémoires du marquis de Pomponne (publiés d'après un manuscrit inédit de la bibliothèque de la Chambre des députés, par M. Mavidal), que toute l'Europe était à vendre et que Louis s'inquiétait peu de ruiner la France pour faciliter sa vengeance. Il donna donc au grand Électeur 800,000 livres, plus une pension de 30,000 écus par an; au duc de Hanovre d'abord 10,000 écus, puis 40,000 écus par mois; à l'évêque d'Osnabruck, une pension de 5,000 écus; au duc de Zell, 20,000 écus par an; à l'Électeur de Saxe, 50,000 livres par an; 5,000 écus par an au duc de Neubourg; à l'évêque de Munster, 20,000 écus par mois; au roi de Pologne, 200,000 livres une fois payées et des subsides pour ses troupes; au roi d'Angleterre (1), 3 millions par an, plus 2 millions une fois payés; en outre, il lui

---

(1) L'ambassadeur n'était pas oublié non plus, comme nous le voyons par la correspondance inédite du roi à Colbert. (*Revue des chefs-d'œuvre,* mai 1884, p. 499 et suiv.)

Le roi à Colbert.

Péronne, 6 avril 1673.

. . . . Pomponne m'a dit que l'ambassadeur d'Angleterre n'était pas content du présent que je lui ai fait. Il n'y a pas moyen de le changer; mais comme sa femme s'en retourne en Angleterre, je crois qu'il faut lui en faire un au nom de la reine qui soit capable de la contenter. Songez-y donc, et faites bien exécuter mes intentions qui sont qu'il soit comme ceux que j'ai accoutumé de faire.

LOUIS.

Colbert au roi.

Paris, 8 mai 1673.

. . . . J'exécuterai les ordres que Votre Majesté m'a donnés sur le sujet de Mme de Guise et sur le présent à faire au nom de la reine à l'ambassadrice d'Angleterre qui sera de 10,000 à 12,000 livres.

Réponse du roi.

Arras, 11 mai 1673.

. . . . Je ne sais si le présent de l'ambassadrice ne serait pas mieux d'être un peu plus fort, c'est-à-dire de 15,000 ou 16,000 livres.

Colbert au roi.

A Sceaux, le 15 mai 1673.

Le présent donné à l'ambassadrice d'Angleterre de la part de la reine était une table de bracelet de 10,000 livres, en sorte que le présent entier était de 20,000 livres. J'ai fait dire à M. de Bonneuil de retirer ce bracelet pour donner un autre présent de 16,000 ou 18,000 livres, suivant l'ordre de Votre Majesté.

Réponse du roi.

Courtray, 19 mai 1673.

. . . . J'approuve ce que vous avez fait à l'égard de l'ambassadrice d'Angleterre; ce que vous avez mandé à Arnoul est très à propos.

. . . . Vous savez que sur les finances j'approuve toujours ce que vous faites et m'en trouve bien.

LOUIS.

Colbert au roi.

Paris, 18 mai 1673.

Sur l'ordre que Votre Majesté m'a donné d'augmenter le présent de l'ambassadrice d'Angleterre, j'ai tenté de faire retirer la table de bracelet qui lui a été donnée; mais il m'a été rapporté qu'elle l'avait trouvée si belle, qu'il serait difficile de la retirer sans lui donner du déplaisir. J'ai trouvé plus de facilité à retirer la boîte de diamants de l'ambassadeur, et il lui en a été donné une autre qui coûte 18,000 livres

donna un peu plus tard, une somme de 6 millions. Il achète, en même temps, la Suisse, la Hongrie ; les ministres de Charles II reçoivent aussi des pensions pour susciter à leur maître des difficultés intérieures qui le contraignent à rester le vassal et le valet du roi de France. Voilà toute l'Europe achetée et Louis XIV hors d'inquiétude.

Malgré tout, cinq ans après la paix de Nimègue, la plupart des aliénations étaient dégagées et les offices inutiles créés par la guerre remboursés, les anticipations n'étaient plus que de 7 millions, la caisse des emprunts ne devait que 27 millions, enfin la dette publique constituée était réduite à 8 millions.

Nous savons que Colbert était l'ennemi des emprunts. Jouville prétend même qu'il avait fait rendre un édit portant peine de mort contre quiconque prêterait de l'argent au roi. Mais, pendant la guerre de Hollande, les instances de Louvois l'emportèrent sur la sage réserve de Colbert.

Le président de Lamoignon appuya l'avis du ministre de la guerre et le fit adopter par le conseil du roi. « Vous triomphez, lui dit Colbert ; vous pensez avoir fait l'action d'un homme de bien ; eh ! ne savais-je pas comme vous que le roi trouverait de l'argent à emprunter ? Mais je me gardais avec soin de le dire ; voilà donc la voie des emprunts ouverte ! Quel moyen restera-t-il désormais d'arrêter le roi dans ses dépenses ? Après les emprunts, il faudra des impôts pour les payer, et si les emprunts n'ont point de bornes, les impôts n'en auront pas davantage (1). »

Disgracié par le roi, il dit à son lit de mort: « Si j'avais fait pour Dieu ce que j'ai fait pour cet homme-là, je serais sauvé deux fois et je ne sais ce que je vais devenir. »

Aucun des successeurs de Colbert ne parvint à rétablir l'économie dans les finances.

Sous Lepeletier et Pontchartrain, les énormes frais de la guerre, qui s'élevaient à 703,418,000 fr., ne purent être couverts malgré les dons des villes, du clergé et des particuliers, en dépit aussi de la refonte et de l'altération des monnaies dont le

---

à Votre Majesté, ce qui paraît plus de 30,000 livres, en sorte qu'avec la table de bracelet le présent aura coûté à Votre Majesté 28,000 livres et sera toujours estimé 40,000 livres.

Le roi à Colbert.

Au camp de Reist, 7 juillet 1673.

. . . .

J'ai ici trois ambassadeurs extraordinaires d'Angleterre à qui il faut des présents plus forts que ceux que j'ai ; c'est pourquoi il m'en faut envoyer de convenables à ceux à qui je dois les faire qui sont les ducs de Montmouth et Longwingan et le comte Barlington qui a toute la confiance de son maître. Songez à les faire préparer, et comme je doute que leur séjour sera assez long ici retenez-les jusqu'à ce que je vous mande ce que vous en devez faire.

Il les faut très beaux.

Envoyez encore quelques boîtes de portraits ordinaires, car j'ai peur d'en manquer, étant accablé d'envoyés de plusieurs princes.

Colbert au roi.

A Paris, le 19 juillet 1673.

. . . .

Je ferai passer les 30,000 livres de gratifications extraordinaires que Votre Majesté a accordé à M. le prince Guillaume. (Il s'agit ici de Guillaume Henri de Nassau, prince d'Orange.)

(1) Rappelons ici l'extrait d'une lettre de Colbert à Louis XIV : « Un repas inutile de mille écus me fait une peine incroyable, et lorsqu'il est question de millions d'or pour la Pologne, je vendrais tout mon bien, j'engagerais ma femme et mes enfants, et j'irais à pied toute ma vie pour y fournir, si c'était nécessaire. »

titre fut porté de 26 livres 15 sous à 29 livres 4 sous. Il en résulta un bénéfice de 40 millions.

La perception de tous les impôts était si onéreuse que l'État ne recevait pas la *moitié* de ce qu'il demandait aux citoyens ; il payait 100,000 percepteurs.

Pour nous rendre compte de la misère qui sévissait alors en France, reportons-nous aux appréciations de Vauban qui disait, dans la *Dîme royale*, que plus de la dixième partie du peuple était réduite à la mendicité et mendiait effectivement, que sur les neuf autres parties, il y en avait cinq qui n'étaient pas en état de faire l'aumône à celle-là, que des quatre autres qui restaient trois étaient fort malaisées, embarrassées de dettes et de procès, et que dans la dixième, où il comprenait tous les gens d'épée et de robe, ecclésiastiques et laïques, toute la noblesse et les gens munis d'offices militaires et civils, on ne pouvait compter sur 100,000 familles, parmi lesquelles Vauban estimait qu'il n'y en avait pas 10,000 fort à l'aise.

Son ouvrage de la *Dîme royale* valut à Vauban une disgrâce imméritée, puisque l'impôt qu'il proposait pouvait peut-être encore sauver les finances compromises. Ni Chamillard, ni Desmarets n'empêchèrent le déficit considérable que laissa à sa mort Louis XIV. — La dette était de 2,936 millions. — « Cette dette équivalait à près de 18 années du revenu public. Pour donner à notre dette actuelle les mêmes proportions, dit M. Clamageran (*Histoire de l'Impôt*, t. III, p. 119), il faudrait la porter au chiffre colossal de 48 milliards. »

Le régent promit, dans sa déclaration au Parlement du 2 septembre 1715, de rétablir le bon ordre dans les finances et de supprimer les dépenses superflues. Nous savons ce qu'il en advint de ces bonnes intentions.

La commission réformatrice nommée en 1717 fit un rapport sur l'ordre dans l'administration des finances : les fermiers devaient être à l'avenir assimilés par le service de leur comptabilité aux receveurs généraux, des états de recettes et de dépenses devaient être dressés, chaque dépense serait à l'avenir assignée sur un fonds particulier et enfin un véritable budget serait chaque année discuté d'avance par le Conseil, mais ces beaux projets n'empêchèrent pas le règne de Louis XV d'accroître encore le déficit. Le système de Law ne tarda pas à venir jeter le plus grand trouble dans les finances. Il serait facile d'établir, pour tout le xviiie siècle, l'échelle croissante des déficits qui amenèrent enfin Louis XVI, après la tenue des deux assemblées des notables, qui se montrèrent impuissantes à trouver un remède, à convoquer les États généraux. Louis XVI avait tour à tour confié le portefeuille des finances à Turgot, Necker, Calonne, au cardinal de Brienne.

Le Trésor public avait été organisé par l'édit de mars 1788 ; depuis cette époque jusqu'en 1791, le Trésor avait été administré par un intendant directeur.

Le cadre de cette conférence ne nous permet pas d'entrer dans tous les détails de l'histoire des finances sous la Révolution ; nous croyons utile pourtant de citer les chiffres du premier budget soumis aux États généraux. Ces chiffres constitueront en quelque sorte la *balance d'entrée* du régime intermédiaire.

Les recettes étaient évaluées à . . . . . . 640,546,049 livres
Les dépenses ordinaires et extraordinaires à 633,153,041 —
Différence . . . . . 7,393,008 livres.

Ce budget, qui paraissait se solder en excédent, était en réalité en déficit de 350,000,000 de francs.

L'Assemblée Constituante sentit toute l'importance du rôle qui lui incombait, et c'est à la régénération des finances de la France qu'elle consacra ses séances les plus mémorables. Un décret de cette Assemblée de 1790 supprima la ferme générale et nomma un comité chargé de procéder à sa liquidation. Les receveurs généraux furent supprimés aussi et les contributions furent perçues par les soins de ce comité et au moyen de receveurs de district élus aux termes de la loi du 24 novembre 1790. Certains désordres ayant été reconnus, la loi du 24 septembre 1791 institua des payeurs de département nommés par les commissaires de la trésorerie, tout en laissant aux receveurs de district le soin d'acquitter les dépenses locales. Ce système avait été établi à titre provisoire en attendant que l'expérience permît de trouver les moyens de contrôle et la réinstallation d'un comptable unique.

Une loi organique du 13 novembre 1791 établit des commissaires de trésorerie qui étaient les chefs hiérarchiques des receveurs de district. Deux caisses principales furent constituées pour le service de la trésorerie nationale. Quinze jours après la fixation des crédits ouverts par l'Assemblée aux divers départements ministériels, chaque ministre était tenu de faire connaître aux commissaires de la trésorerie quelle serait la dépense de son département pour chaque mois de l'année ; en cas de difficultés entre la trésorerie et les ministres, il en était référé à l'Assemblée.

Quatre payeurs principaux comptables, surveillés par quatre premiers commis contrôleurs, effectuaient leurs paiements en mandats sur l'une des deux caisses de distribution.

La Convention condamna à mort les fermiers généraux, et le lendemain les receveurs généraux allaient subir le même sort, sans l'influence de Cambon et l'intervention de Gaudin.

Ce dernier, qui prit plus tard le nom de duc de Gaëte, et dont nous allons apprécier dans un instant les services comme ministre des finances, raconte la scène de la Convéntion où il lui fut permis de sauver les agents du Trésor.

« En me rendant le soir à la trésorerie, j'avais entendu crier ce décret, je connaissais personnellement tous les receveurs généraux, parce qu'avant la Révolution, les recettes générales étaient placées dans mes attributions.

Effrayé de ce que je venais d'entendre, je me rendis de suite au comité des finances, je demandai au président comment il arrivait que les fermiers généraux et les receveurs généraux se trouvassent l'objet d'une même mesure lorsque leurs fonctions n'avaient rien de commun.

— Rien de commun ! et que veux-tu dire ?

— Je vais te l'expliquer.

Les fermiers généraux prenaient à bail la perception de certains droits dont ils devaient rendre une somme déterminée, le surplus leur appartenait.

Les receveurs généraux au contraire étaient seulement chargés de percevoir les contributions directes, comme vos receveurs de district les perçoivent aujourd'hui moyennant une remise au taux fixé par la loi. Nous parlions au milieu d'une réunion nombreuse et bruyante. Le président agite sa sonnette pour obtenir du silence et fait part à l'Assemblée de ce que je venais de lui apprendre. On se récrie, on veut que je sois dans l'erreur. J'insiste, je répète ce que j'avais dit au président, j'atteste la vérité sur l'honneur, et j'offre d'en rapporter preuve ; enfin, on reste convaincu et le président dit à un des membres : « Puisqu'il en est ainsi, va au bureau des procès-verbaux et efface le nom des receveurs généraux du décret rendu ce matin. »

Une loi du 5 fructidor an III (22 août 1795) chargea le Directoire exécutif de nommer les receveurs des impositions directes de chaque département. Les articles 315 à 325 sont consacrés à la trésorerie générale et à la comptabilité. 5 commissaires élus par le Conseil des Anciens sur une triple liste présentée par le Conseil des Cinq-Cents étaient chargés de surveiller les recettes, d'ordonner les mouvements de fonds et le paiement de toutes les dépenses, enfin, de tenir un compte ouvert des recettes et des dépenses, avec le receveur des contributions directes de chaque département, avec les différentes régies nationales et avec les payeurs des départements ; 5 commissaires de la comptabilité devaient être élus aux mêmes époques et dans les mêmes conditions que ceux de la trésorerie nationale.

A propos des opérations du Trésor public à cette époque, nous lisons (1) dans les *Mémoires* du duc de Gaëte qu'avant le 18 brumaire, le ministre des finances présentait tous les dix jours, au *Directoire exécutif*, un *état de distribution* qui affectait au service des divers ministères un certain nombre de millions dont *il n'existait pas, dans les premiers temps, un centime au Trésor*.

Il ne pouvait payer qu'avec les recettes opérées *dans la matinée même* du jour où les paiements devaient se faire. La caisse s'ouvrait à *deux heures* et se fermait lorsqu'elle avait épuisé ses modiques ressources.

Les ministres n'en délivraient pas moins leurs ordonnances, comme si le Trésor public eût été dans l'abondance ; et ces ordonnances jetées à *profusion sur la place* alimentaient un agiotage effréné qui ajoutait sans cesse au discrédit du Gouvernement.

« J'arrivai au ministère le jour où il était d'usage de présenter l'*état de distribution au directoire*, et l'on mit sous mes yeux celui qui avait été préparé pour la *décade* qui commençait afin que je le fisse autoriser par le *premier consul*.

« Je demandai l'état de situation du Trésor. On vient de voir ce qu'il possédait à cette époque, et le projet de *distribution* était comme à l'ordinaire de *plusieurs millions !*

« J'ajournai donc cette inutile mesure jusqu'à ce que j'eusse recueilli une somme *effectuée* sur laquelle la distribution que je proposerais pût être assise ; et je n'en proposai depuis aucune qui ne fût en rapport avec *les recettes effectuées*.

« Il en résulta sans doute que le service se fit très péniblement dans les premiers temps et que l'on put se plaindre de lenteur dans l'expédition des ordonnances pour des services exécutés, de même que dans le paiement de celles qui avaient été antérieurement délivrées ; mais du moins toute ordonnance *nouvellement expédiée* était *exactement acquittée*, et cette exactitude ramenait peu à peu la confiance qui diminua successivement les difficultés. »

Et plus loin (2), à propos de l'abus des marchés pour les fournitures sous le Directoire, le même ministre raconte qu'un simple marché passé avec un ministère pour une fourniture de quelque importance était alors un moyen de fortune. Sur la représentation de ce marché, le ministère des finances donnait, sur une partie de revenu, une *délégation* proportionnée à la *valeur estimative de la fourniture à faire*.

---

(1) *Mémoires* de Gaudin, duc de Gaëte. Paris, Baudouin, 1826 ; t. Ier, p. 277.
(2) *Ibid.*, t. Ier, p. 279.

« C'est ainsi que dans les premiers temps de mon administration, le Trésor ayant employé dans ses paiements des traites d'adjudicataires de coupes de bois, dont on ne pouvait pas soupçonner que l'acquittement pût éprouver la moindre difficulté à leur échéance, une forte partie de ces effets revint *protestée,* parce que le sous-cripteur justifia que sa compagnie était autorisée à ne les payer qu'*en ordonnances du ministre de la marine,* avec lequel elle avait *contracté un marché* pour la four-niture de *bois de construction.*

« Il lui avait été adjugé à cette condition, depuis trois ans, dans divers départe-ments *pour plusieurs millions de coupes de bois !*

« Je m'empressai de demander au ministre de la marine quelle était la situation de cette compagnie envers son département ; et après vérification dans les ports où les bois de construction auraient dû être livrés, il me répondit qu'*aucune livraison n'avait été faite !*

« Je chargeai alors la régie des domaines de séquestrer tous les bois qui n'auraient pas encore été enlevés des forêts pour le compte de cette compagnie, et de la poursuivre pour l'excédent de ce qui avait été adjugé.

« Quelques bois furent recouvrés ; le reste fut perdu, parce que la compagnie se trouva insolvable. »

Ab uno disce omnes.

Le ministre Gaudin ajoute (1), au sujet des services rendus à l'administration par les deux commissions législatives établies le 19 brumaire an VIII, que « les opéra-tions des deux premiers mois du gouvernement consulaire furent singulièrement facilitées par l'existence de deux *commissions législatives* qui remplacèrent tempo-rairement et jusqu'à la promulgation de la nouvelle *constitution,* les deux Conseils que la journée du 18 brumaire avait détruits. Je concertais avec une section de chacune de ces commissions, les dispositions qui exigeaient une autorisation *légale.* La loi était *de suite* rédigée et du *jour au lendemain* elle était rendue. Les instruc-tions nécessaires pour son exécution étaient préparées dans l'intervalle ; de sorte qu'elles arrivaient en même temps que la loi même, dans les départements. Cette espèce de *dictature en finances* prévint alors de grands malheurs. »

Les directions des contributions directes, les obligations des receveurs généraux et la caisse d'amortissement furent instituées par les lois des 3 et 6 frimaire.

Ainsi, d'un côté, une partie des dispositions *extraordinaires* que réclamait la situation périlleuse du Trésor public, et de l'autre, les *bases fondamentales du sys-tème des finances* furent décrétées en vingt jours.

Il est intéressant de constater, avec le duc de Gaëte (2), « que les opérations de dé-tail du service du Trésor furent dirigées avec talent depuis le 20 brumaire par feu M. Dufresne, conseiller d'État qui avait rempli, d'une manière fort distinguée, les mêmes fonctions sous le premier ministère de M. Necker. Il fut parfaitement secondé par M. Lemonnier, ancien commissaire de la trésorerie et alors administrateur des recettes et de la comptabilité.

« Je tirai aussi un grand secours des lumières et des connaissances du secrétaire général du ministère (M. Dupré, aujourd'hui commissaire général des salines), qui avait la trace de beaucoup d'opérations du dernier gouvernement qui restaient

(1) *Ibid.,* t. 1er, p. 285.
(2) *Idib.,* t. 1er, p. 165, note 1.

à terminer, et dont la complication m'aurait, sans son aide, exposé à de grosses erreurs au préjudice des finances, dans le règlement définitif de ces affaires. »

Au 20 brumaire an VIII, il restait plus de 35,000 rôles à établir pour l'an VII, et au commencement de l'an IX, il restait près de 400,000,000 à rentrer sur les contributions de l'année antérieure. Cette situation fâcheuse résultait de la mesure prise précédemment qui imposait aux communes les frais de confection de rôles et autorisait la mise en adjudication des collectes.

Le gouvernement consulaire rétablit l'organisation de 1788, c'est-à-dire un directeur général, trois administrateurs, trois caisses et quatre payeurs généraux. Chacun des administrateurs avait des attributions spéciales.

La caisse centrale recevait et payait en masse, le caissier central était seul justiciable de la Cour des comptes. Deux annexes de cette caisse, l'une chargée de la recette, l'autre de la dépense, opéraient le détail du service.

A partir de 1800 c'était le directeur général (et depuis 1802, le ministre du Trésor) qui autorisait toutes les sorties de fonds.

En fin d'année, les recettes se justifiaient par le journal du caissier central et par celui de la recette particulière, ainsi que par le registre du contrôleur chargé de viser les récépissés. Les dépenses l'étaient pareillement par les ordonnances parvenues au Trésor et par les autorisations de paiement données.

Dans chaque département, il existait un directeur des contributions directes, un inspecteur pour le seconder et le suppléer et un contrôleur par arrondissement chargé de faire établir les rôles. Ce système d'ailleurs n'a pas été modifié depuis, il fut installé en six semaines, par le duc de Gaëte.

Les contributions, dont les douzièmes étaient à cette époque payables par avance, furent recouvrées par des percepteurs nommés à vie sur une liste de trois candidats présentés par les préfets.

Une loi du 6 frimaire an IX ordonna aux receveurs généraux de souscrire des obligations payables par mois, à jour fixé, en espèces métalliques. Par l'effet de ces dispositions, les receveurs généraux obtinrent quelques jouissances de fonds provenant de la différence de la *recette effective* à chaque époque avec le montant des obligations, ce qui les intéressait plus particulièrement encore à activer le recouvrement. On peut voir dans ce système l'origine des conditions de service des comptes courants des receveurs généraux créés quelques années plus tard par le comte Mollien. Les obligations des receveurs généraux devaient être remises avant le premier jour de chaque année au Trésor, qui, nanti d'avance d'une masse de valeurs égale au montant total du revenu actuel, était en mesure d'en distribuer l'emploi suivant les besoins du service.

Cette organisation fut complétée plus tard par la création d'un comité de receveurs généraux résidant à Paris qui effectua pendant quelque temps, à l'égard du Trésor, à peu près les mêmes opérations que remplit plus tard la *caisse de service*. Le 27 septembre 1801, Barbé-Marbois avait été nommé ministre du Trésor. Son administration fut signalée par les négociations des obligations de receveurs généraux confiées à des fournisseurs et des banquiers connus sous le nom de *faiseurs de service* (1).

---

(1) A l'issue de ma conférence, le savant et sympathique docteur André Cochut, directeur du mont-de-piété de Paris, a bien voulu appeler mon attention sur des négociations de valeurs du Trésor opérées, au commencement de ce siècle, à l'aide des capitaux disponibles de l'établissement de la rue des Blancs-

Cette situation, qui amena des déficits importants, mérite d'être envisagée par nous avec quelques détails.

Barbé-Marbois pressé par les besoins résultant des guerres et les difficultés qui

---

Manteaux. Ces opérations présentent un caractère tellement spécial dans l'histoire du Trésor public que nous avons considéré comme une véritable bonne fortune la communication de documents que M. le docteur Cochut a bien voulu nous faire. Nous reproduisons des extraits de ce travail et adressons à notre aimable collègue de la Société de statistique nos plus vifs remercîments.

Le coup pressenti fut frappé huit jours plus tard (18 brumaire). Celui à qui échut le ministère des finances (Gaudin, depuis duc de Gaete) dit à cette occasion : « Au 20 brumaire il n'existait réellement plus vestige de finances en France..... Une misérable somme de 177,000 fr. était à cette époque tout ce que possédait en numéraire le Trésor public d'une nation de 30,000,000 d'âmes. » Les employés du Gouvernement n'étaient pas payés depuis 10 mois. La rente 5 p. 100 nouvellement consolidée avait été cotée à la Bourse le 17 brumaire, 11 fr. 38 c.

Un trait de génie financier rétablit la situation.

Le crédit, c'est l'art de créer la confiance. Quinze jours après son avènement au ministère, Gaudin a reconstitué les recettes générales, qui n'existaient alors que nominalement. Il exige des nouveaux receveurs généraux que chacun d'eux souscrive par avance des obligations représentant le montant présumé des contributions directes de son département. Ces obligations échelonnées par douzièmes sont payables en espèces au siège de chaque recette. En même temps, chaque receveur général est tenu de fournir en espèces un cautionnement égal au vingtième du contingent de son département et auquel un intérêt de 10 p. 100 est attribué. La réunion de ces cautionnements formant un capital effectif de 10 millions devient la « Caisse d'amortissement » dont la principale fonction est de rembourser immédiatement et sans frais les obligations des recettes générales qui n'auraient pas été acquittées à leur échéance. A l'origine, un certain nombre de ces valeurs revinrent protestées et c'est précisément ce qui fit leur fortune : la ponctualité avec laquelle la caisse d'amortissement les acquitta à présentation frappa les esprits et planta la confiance. On avait ainsi créé ce qui manquait pour faire reparaître l'argent, un papier escomptable. Le gouvernement consulaire put battre monnaie instantanément : il donna quelque satisfaction aux employés, éteignit les dettes criardes, fit luire quelques écus aux yeux de ses créanciers : l'effet fut magique.

Cette digression historique n'est pas hors de propos : si on lui donne place ici, c'est que les bons solidaires des receveurs généraux ont eu une influence marquée sur le sort du mont-de-piété ainsi qu'on va le voir.

On vient de dire qu'au lendemain du 18 brumaire le Trésor public n'avait en caisse qu'une somme effective de 177,000 fr. Vers la même date (30 brumaire), le solde en caisse du mont-de-piété était arrêté à 1,175,790 fr., avec tendance à monter rapidement. Aucun établissement financier en France ne présentait autant de ressources et de vitalité. La Banque de France n'existait pas encore et pour en jeter les bases, c'est-à-dire pour constituer son premier fonds métallique, le ministre était obligé bien malgré lui d'enlever 5 millions en espèces dans la Caisse d'amortissement qui était alors le pivot du crédit de l'État.

Le gouvernement consulaire comprit que la confiance exceptionnelle accordée à la maison des Blancs-Manteaux pouvait être monnayée. Un arrêté ministériel du 2 pluviôse an VIII (22 janvier 1800) porte en son article 6 : « Tous les mois, les administrateurs du mont-de-piété se rendront dans le cabinet du ministre, où il y aura conseil d'administration sans préjudice des séances qui auront lieu régulièrement rue des Blancs-Manteaux le duodi de chaque décade. » Si le mécanisme des recettes générales était d'un grand secours pour le Gouvernement, il n'était pas moins avantageux pour le mont-de-piété. Dans cet établissement qui doit prêter des millions sans posséder un centime de capital et qui se procure au jour le jour par des emprunts, l'argent qu'il répand dans le public, une des difficultés de la direction est d'éviter la perte sur les fonds qui lui sont apportés au delà des besoins du service et qu'elle ne peut refuser, car le mont-de-piété n'a pas, comme le Trésor de l'État, la faculté d'abaisser l'intérêt presque à néant ou même de fermer son guichet, lorsqu'il n'a plus besoin de fonds ; il est obligé de fournir toujours un intérêt acceptable, sous peine de détruire la clientèle spéciale de petits prêteurs à laquelle son existence est attachée. Or, les titres des receveurs généraux répondaient à cette nécessité : le mont-de-piété ne craignait plus d'appeler à lui trop d'argent, puisqu'il en avait l'emploi immédiat, emploi sûr et lucratif en escomptant les obligations solidement garanties par la caisse d'amortissement. Maître du taux de ses emprunts et de ses escomptes, il se réservait des bénéfices importants, tout en accomplissant un service d'utilité publique qui l'élevait, à l'égard du Gouvernement, au plus haut point de la considération.

*

existaient alors pour escompter les valeurs, avait remis à la Société des *négociants réunis* les traites que signaient pour chaque mois les receveurs généraux.

Ces *faiseurs de service*, comme on les appelait alors, s'appelaient Ouvrard, Van-lerberghe et Després et étaient mêlés à de vastes entreprises tant pour la fourniture des armées de la France que pour l'escompte des valeurs de l'Espagne à qui ils avaient fourni des blés pendant la famine ; ils finirent par occasionner au Trésor français un déficit évalué d'abord à 70 millions, mais qui fut reconnu plus tard être de 140 millions Cette situation avait ému à ce point Napoléon que dès le lendemain de son retour d'Austerlitz, le 26 janvier 1806, il réunit le conseil de finances composé de Gaudin, ministre des finances, Barbé-Marbois, ministre du Trésor, Mollien, directeur de la caisse d'amortissement, et de Crétet.

Sans permettre qu'on lui adressât quelques félicitations sur cette campagne si promptement et si heureusement terminée, « nous avons, dit-il, à traiter des questions plus sérieuses ; il paraît que les plus grands dangers de l'État n'étaient pas en Autriche. »

Barbé-Marbois commença la lecture de son rapport où il exposa le mécanisme de ses opérations avec les *faiseurs de services*. Napoléon l'interrompit en s'écriant : « Ils vous ont trompé, ils ont abusé de votre droiture à laquelle je rends justice ; ces hommes qui vous ont promis les trésors du Mexique (1) seront-ils plus puissants et plus habiles que le ministère espagnol, pour leur faire traverser les mers dont les Anglais sont les maîtres ? S'ils ont gagné la confiance de l'Espagne, c'est en lui livrant les fonds qu'ils ont puisés au Trésor public de la France. C'est nous qui avons payé un subside à l'Espagne au lieu d'en tirer celui qu'elle nous devait ; je veux interroger en personne ceux qui l'ont ourdi. » [*Mémoires d'un ministre du Trésor public* (le comte Mollien), 1780-1815, t. Ier, p. 435.]

Le rapport de Barbé-Marbois dont Napoléon avait interrompu la lecture exposait que les ressources du Trésor étaient toujours inférieures aux dépenses et que ces ressources ne pouvaient être recouvrées qu'en dix-huit mois. Les rescriptions ou traites des receveurs généraux n'étaient payées intégralement que six mois après l'expiration de l'année et il était nécessaire pour le ministre de les escompter afin de s'assurer des capitaux disponibles. Dans le principe, les receveurs généraux avaient effectué cet escompte à raison de 12 p. 100, mais on n'avait pas tardé à reconnaître qu'il n'y avait profit, ni pour l'autorité, ni pour le bon ordre à assurer sous cette forme ces emprunts auprès des comptables ; à ce moment, la banque Ouvrard, qui pourtant avait abaissé son taux d'escompte à 9 p. 100, fut chargée des négociations des traites du Trésor. Cette banque, ne trouvant plus, en raison de la guerre, des ressources suffisantes sur la place de Paris, traita avec l'Espagne des matières d'or

---

(1) La banque Ouvrard avait accepté en garantie de ses créances sur l'Espagne, créances résultant de fournitures de blé, les richesses d'or et d'argent que cette puissance possédait au Mexique. Le Mexique était à ce moment bloqué par les flottes anglaises et américaines, et c'est cet obstacle matériel que l'Espagne invoquait pour refuser à la France d'effectuer ses engagements résultant du traité de Saint-Ildefonse. Par ce traité, on le sait, l'Espagne devait primitivement fournir à la France 24,000 hommes, 15 vaisseaux de ligne, six frégates et quatre corvettes. Lors de la rupture du traité d'Amiens, le premier Consul ayant trouvé plus avantageux de laisser à l'Espagne les apparences de la neutralité, lui avait proposé de convertir en un subside annuel de 75,000,000 ce secours en nature, et la cour de Madrid y avait consenti, à la condition toutefois que si l'Angleterre lui déclarait la guerre, le paiement de ce subside cesserait immédiatement. Cette hypothèse s'était réalisée au bout de quelques mois et la portion échue du subside s'élevait à 48 millions.

du Mexique, et encaissa pour plus de 100,000,000 de traites espagnoles payables dans les comptoirs d'Amérique. L'Espagne avait concédé à Ouvrard, moyennant de très fortes avances, le monopole du commerce dans ses colonies. En dépit de ce monopole, Ouvrard n'arrivait pas à réaliser les valeurs qu'il aurait voulu négocier, c'est alors que Barbé-Marbois avait consenti à couvrir cette compagnie en lui donnant un nombre de délégations sur les receveurs généraux bien supérieur aux sommes escomptées déjà par elle pour le compte du Trésor français, et notamment des rescriptions de l'année suivante, et le Trésor ne possédait d'autres gages que des traites de la trésorerie d'Espagne, sur la Havane, la Vera-Cruz, etc.

A la suite de l'interrogatoire des négociants réunis (1), Napoléon dit à Barbé-Marbois qu'il en savait assez sur cette déplorable affaire (2). Il congédia le conseil qui avait duré neuf heures et, faisant rappeler Mollien au moment où celui-ci allait quitter les Tuileries, il le nomma ministre du Trésor. Dans l'année qui suivit, le comte Mollien réorganisa le service du Trésor français. Il mit en vigueur la comptabilité en partie double, réglementa les envois périodiques des receveurs généraux à l'administration centrale, organisa le compte-courant des receveurs généraux avec le Trésor public et créa la caisse de service qui est devenue depuis la Direction du mouvement général des fonds. Les règlements qui régissent aujourd'hui la comptabilité n'ont pas changé dans leurs lignes principales depuis la réforme du comte Mollien.

II.

On peut diviser la comptabilité des fonds publics en :

Comptabilité administrative ou des ministres ;

—   pécuniaire ou des comptables ;

—   générale ou centralisatrice ;

—   judiciaire ou contrôle de la Cour des comptes ;

—   législative ou vote de la législature.

Le cadre de notre conférence ne nous permettra de traiter sommairement que les trois premiers de ces genres de comptabilité.

La comptabilité que nous a léguée le comte Mollien a été réorganisée par les instructions générales des 15 décembre 1826, 17 juin 1840 et enfin par celle du 20 juin 1859 encore en vigueur bien qu'amendée par d'innombrables circulaires. Le décret du 31 mai 1862 est venu apporter à cette dernière des prescriptions ayant force de loi. Une commission ministérielle s'occupe en ce moment de la refonte du décret du 31 mai 1862.

Chaque ministère a la libre disposition du budget des dépenses qui lui est allouée par le vote des Chambres. Le Sénat et la Chambre des députés votent en outre

---

(1) Voir les *Mémoires* de G. J. Ouvrard. Paris, Moutardier, libraire, 3 volumes, 1827. Il est intéressant de connaître par ces révélations (tome I) l'origine des rapports de Napoléon avec le grand spéculateur.

(2) L'Espagne me devait un subside, dit Napoléon ... et c'est moi qui lui en ai fourni un. Maintenant il faut que MM. Desprès, Vanlerberghe et Ouvrard m'abandonnent tout ce qu'ils possèdent ; que l'Espagne me paie à moi ce qu'elle leur doit à eux, ou je mettrai ces messieurs à Vincennes et j'enverrai une armée à Madrid (Thiers, *Histoire de l'Empire*, livre VI). Grâce à l'activité du comte Mollien, du marquis d'Audiffret et du premier commis Bicogne, les 140 millions de ce déficit furent recouvrés. M. Ouvrard n'était plus débiteur, au 1er avril 1814, que de 7 millions dont il obtint décharge à l'avènement de Louis XVIII. (Lire à ce sujet : Marquis d'Audiffret, *Système financier de la France*. Introduction, souvenirs de ma carrière, pages 6 et suivantes.)

chacun séparément leur budget intérieur spécial. Le ministre des finances met en action les produits et capitaux de notre budget d'État.

Le ministère des finances (service central) peut se diviser en 4 grandes directions qui sont : Direction générale de la comptabilité publique, Direction du mouvement général des fonds, Direction du contentieux, de l'inspection générale, de l'ordonnancement, de la statistique et Direction de la dette inscrite. Il existe, de plus, trois divisions qui sont la Caisse centrale du Trésor public, le Service du payeur central de la Dette publique et le Contrôle central.

Nous étudierons successivement le mécanisme de chacun de ces services ; puis nous passerons rapidement en revue les grandes régies financières de l'Enregistrement, des Douanes, des Contributions indirectes et des Postes et Télégraphes qui, bien que constituant aujourd'hui un ministère spécial, transmettent des états mensuels à la Direction de la Comptabilité publique. Cette direction comprend autant de bureaux qu'il existe de régies placées sous son contrôle et en plus le bureau des Trésoriers généraux qui est de beaucoup le plus chargé, parce qu'il comporte toutes les opérations de ressources effectuées par ces comptables. Il nous restera, pour finir cette seconde partie, à préciser les fonctions des ordonnateurs secondaires : Préfets, Ingénieurs en chef des ponts et chaussées, Intendants, Directeurs des Contributions directes, Conservateurs des Forêts.

La *Direction générale de la Comptabilité publique* exerce son action et son contrôle sur toutes les comptabilités des deniers publics ; elle centralise les écritures dont elle assure l'uniformité et en dresse des comptes généraux.

C'est cette direction qui réunit les éléments de comptabilité relatifs aux opérations de trésorerie, qui détermine la position de chaque comptable et qui établit la situation générale et le compte annuel de l'administration des finances. Elle est chargée aussi de toutes les opérations qui concernent la présentation du budget de l'État et des crédits supplémentaires, ainsi que du règlement définitif de chaque exercice.

La *Direction du mouvement général des fonds* est chargée de l'application des recettes aux dépenses publiques dans toute l'étendue du pays. Elle exécute les ordres des ministres, pour l'émission et la création des valeurs, leur négociation, les emprunts, les bons du Trésor, obligations à long terme et autres effets publics. Elle comprend dans ses attributions les comptes-courants des trésoriers généraux, la caisse des invalides de la marine, la caisse des dépôts et consignations, la Légion d'honneur et, en général, tous les correspondants du Trésor, communes et établissements publics, dont les comptes figurent à la dette flottante.

La *Direction du contentieux* est chargée de toutes les questions litigieuses qui peuvent surgir entre le Trésor et les comptables, ainsi que de l'interprétation et de l'application des lois, ordonnances et décrets en matière contentieuse, du recouvrement des débets des comptables et autres créances du Trésor. C'est à elle que sont signifiées les oppositions sur les cautionnements en rentes et en immeubles, ainsi que les inscriptions de privilèges de 2e ordre sur les cautionnements en numéraire. C'est elle qui centralise les rapports que font chaque année les inspecteurs généraux des finances. C'est elle qui délivre les ordonnances ministérielles de paiement et de délégation pour l'administration intérieure du ministère des finances et qui centralise les travaux relatifs à la formation du budget de ce département ministériel.

La *Dette inscrite* embrasse l'administration générale de la dette consolidée, des cautionnements en numéraire des comptables ainsi que le service des pensions et rentes viagères, la liquidation des intérêts des primes et de l'amortissement des emprunts pour les travaux publics.

La *Caisse centrale* est chargée de toutes les recettes sans distinction, c'est-à-dire recettes contre récépissés à talon et recettes contre valeurs du Trésor, ainsi que de toutes les dépenses budgétaires et de trésorerie. Elle est dirigée par le caissier central du Trésor. Le payeur central de la dette publique n'effectue, lui, aucune recette en numéraire, il est simplement chargé du paiement des rentes nominatives et des pensions inscrites dans le département de la Seine, ainsi que de tous les coupons de rentes et de valeurs du Trésor.

Le *Contrôle central* enfin est chargé d'exercer sa surveillance sur la caisse centrale, sur le payeur central de la dette publique, et sur l'agent comptable du grand-livre de la dette inscrite.

Le service du Trésor public, tel que nous venons de l'exposer, est effectué en province par les trésoriers-payeurs généraux, qui ont pour auxiliaires les receveurs particuliers et les percepteurs.

La trésorerie générale est chargée de centraliser pour l'ensemble d'un département tous les fonds publics, y compris les recettes des régies financières et les excédents de recettes des caisses communales et hospitalières, et d'assurer le service du Trésor en recettes et en dépenses.

Il est tenu dans chaque trésorerie un journal général où sont décrites, jour par jour, et au fur et à mesure qu'elles se présentent, toutes les opérations qui s'effectuent à la caisse, et tous les dix jours seulement celles faites aux guichets des recettes particulières. Comme annexe au journal général, un carnet, appelé *Livre de détail,* est tenu aussi pour les recettes donnant lieu à la délivrance de récépissés à talon. Chaque receveur tient un grand-livre et des carnets auxiliaires, lesquels présentent les divers mouvements de chacun des comptes inscrits à la balance. Tous les dix jours, le 2, le 12 et le 22, une situation de tous les comptes est établie et transmise au mouvement des fonds, accompagnée des avis de recette et de dépense: ces documents servent à cette direction pour passer les écritures au compte du Trésor. Tous les mois, le grand-livre et les carnets auxiliaires sont arrêtés et il est établi une balance générale accompagnée de nombreux développements.

Les receveurs particuliers dans chacun des arrondissements représentent le trésorier général, et effectuent pour son compte les dépenses publiques et celles de trésorerie, centralisent les fonds publics et — fonction trop souvent oubliée par ceux qui veulent apporter des modifications profondes à notre organisation actuelle — les receveurs particuliers sont aussi les inspecteurs permanents et responsables du service municipal; les percepteurs, en dehors du recouvrement des contributions directes et taxes assimilées, amendes comprises, sont, la plupart du temps, chargés du service municipal et hospitalier. Ils facilitent aux contribuables une grande partie de leurs relations avec le Trésor, en payant à vue tous les mandats, pensions, rentes viagères, etc., revêtus du visa du trésorier général : ils prêtent également leur concours au paiement des coupons de rentes au porteur et acquittent les rentes nominatives, après avoir fait estampiller les titres par la recette des finances.

Les rôles de l'impôt direct recouvrés par les percepteurs sont établis par l'*administration des contributions directes* et du cadastre, représentée à Paris par le directeur général et dans chacun des départements par un directeur.

Les régies financières, qui ont à leur tête, à l'administration centrale, des directeurs généraux, sont représentées en province par des directeurs départementaux ou régionaux.

La *direction générale de l'enregistrement, des domaines et du timbre* possède dans chaque département un directeur secondé par un inspecteur, des sous-inspecteurs et un commis principal ; dans chaque canton un ou plusieurs receveurs sont chargés de l'enregistrement (actes civils et judiciaires), des domaines et du timbre ; dans les villes importantes, les actes judiciaires et les actes civils constituent des bureaux différents, au chef-lieu de chaque arrondissement un conservateur des hypothèques est chargé de la tenue des inscriptions sur les immeubles et de la transcription des actes de vente.

Les recettes se font sur douze registres de formalités.

Celles qui sont portées sur ces différents registres sont relevées, jour par jour, sur des feuilles de dépouillement par nature d'acte et par chaque quotité de droits.

Dans les conservations d'hypothèques, les recettes figurent sur un registre de dépôt.

Il existe en outre un registre de comptabilité des papiers timbrés et timbres mobiles.

Toutes les opérations en recettes et en dépenses font l'objet d'un bordereau mensuel adressé au directeur du département qui est chargé de rendre le compte de gestion.

Cette administration, comme celle des autres régies financières, acquitte toutes les dépenses intérieures du personnel et du matériel, à l'aide de ses recettes ou des fonds de subvention qui lui sont remis par le trésorier général.

Les *douanes* ont dans les départements 23 directions, une inspection à Bastia et 5 bureaux coloniaux. Le directeur a sous ses ordres un grand nombre d'agents parmi lesquels un seul, le receveur principal, est justiciable de la Cour des comptes: les receveurs ordinaires comptent de clerc à maître avec le receveur principal.

Le receveur principal tient un livre-journal qui comprend toutes les recettes et toutes les dépenses qu'il a à effectuer ; les receveurs ordinaires agissent de même. Indépendamment du livre-journal, le receveur principal et les receveurs ordinaires tiennent des registres élémentaires de perception, des registres d'acquits-à-caution ou liquidation de droits, qui se composent uniformément d'une souche conservée par la douane et d'un volant remis au redevable. Ces registres fort nombreux et spéciaux à chaque nature d'opération (acquittements de droit, transit, cabotage, admissions temporaires, sels, etc., etc.), sont arrêtés chaque jour. Le total de chacun d'eux est porté seul au livre-journal.

Le receveur principal adresse tous les mois à la direction générale de la comptabilité publique, un bordereau de développement des recettes et des dépenses de la principalité.

Enfin, comme pour les trésoreries générales, le receveur principal fournit chaque année deux comptes de gestion, l'un en fin d'année, l'autre en fin d'exercice.

L'administration des contributions indirectes a à sa tête, dans chaque département, un directeur assisté de plusieurs sous-directeurs et agents divers.

Nous n'avons à nous occuper que de ceux de ces comptables dont la comptabilité est centralisée par le receveur principal qui seul est justiciable de la Cour des comptes.

Les receveurs ordinaires sont munis d'un livre à souche qui leur sert de livre de caisse : toutes les recettes des assujettis, c'est-à-dire celles provenant de l'exercice des industries ou des abonnements (boissons, sels, sucres, huiles, vinaigres, etc.), par opposition au registre sur lequel les receveurs ordinaires relèvent les recettes des receveurs buralistes, c'est-à-dire les droits au comptant. Chaque receveur tient en outre un livre appelé registre des comptes ouverts. En fin de mois, il est dressé un sommier général récapitulatif par nature de recettes et dépenses qui sert à établir les bordereaux de recouvrements à fournir à la direction. Ce bordereau est appuyé des pièces justificatives. La direction le transmet au receveur principal, lequel en centralise les résultats. De son côté, le receveur principal tient un registre pour les recettes faites directement à sa caisse et pour les consignations. Le registre de centralisation du receveur principal est le livre-journal de caisse, lequel comprend toutes les recettes faites par lui ; le dépouillement du journal s'effectue chaque jour sur un sommier général qui sert à établir le bordereau des recettes et des dépenses par article du budget.

La direction fusionne tous les bordereaux des receveurs principaux en un bordereau unique qui est adressé à la direction générale de la comptabilité publique.

Les postes et télégraphes qui, depuis le 5 février 1879, constituent un ministère, opèrent des recouvrements et encaissent des droits ; cette administration a donc, de ce chef, à correspondre avec la direction générale de la comptabilité publique ; les liens sont restés les mêmes que ceux qui unissaient jadis l'ancienne direction générale des postes à notre grande direction de la comptabilité publique.

A la tête de chaque département se trouve placé un directeur assisté d'inspecteurs et de sous-inspecteurs. Les bureaux de poste sont gérés par des receveurs, le receveur du chef-lieu prend le nom de receveur principal. Il est chargé de rattacher à sa propre comptabilité celle des autres receveurs, afin de ne présenter qu'un seul compte pour tout le département ; seul, en effet, il est justiciable de la Cour des comptes. Toutefois, il n'est responsable que des faits de sa gestion personnelle et de la validité des pièces justificatives fournies par les autres receveurs du département et admises par lui dans sa comptabilité. Ces comptes sont établis par mois et par gestion, néanmoins, pour la facilité et la rapidité du contrôle, les comptes d'émission et de paiement d'articles d'argent sont arrêtés à la fin de chaque quinzaine.

Les opérations de la Caisse d'épargne postale sont déclarées par les comptables à la fin de chaque journée au directeur départemental chargé de les centraliser.

Les justifications sont vérifiées et transmises ensuite à la direction centrale de la Caisse nationale d'épargne. Les recettes et les dépenses sont présentées à la fin de chaque mois sur des états qui sont annexés à l'appui des comptes du receveur principal.

Il ne nous reste plus qu'à envisager le rôle des ordonnateurs secondaires.

Dans chaque département le *préfet* reçoit des ministères des ordonnances de délégation. Il les enregistre sur des carnets spéciaux, lesquels donnent le détail des crédits ouverts sur chacun des budgets, savoir : budget ordinaire, budget extraordinaire, budget sur ressources spéciales. Il y est pris note de la portion sous-déléguée aux ordonnateurs secondaires. Ces ordonnances se développent par chapitres, sous-chapitres et articles sur un carnet spécial dit *Livre des comptes*. Au fur et à mesure de leur création, les mandats sont enregistrés sur un autre carnet général dit *Journal,* où ils reçoivent un numéro d'ordre. Ils sont reportés au livre des comptes précités, afin de connaître le disponible de chacun des articles du budget. Ces mandats sont avec les pièces justificatives soumis au visa du trésorier général, appuyés d'un bordereau d'émission, et remis aux intéressés par la voie des mairies.

Mensuellement, il est établi au moyen des bordereaux sommaires dressés par le trésorier général et par les ordonnateurs secondaires, une situation générale présentant les crédits ouverts, les mandats délivrés, les mandats payés et la portion de crédits disponibles. A l'aide de ces documents, les ministères compétents se rendent compte de l'emploi des crédits ouverts ainsi que des augmentations ou radiations qu'il y a lieu d'exercer.

En fin d'exercice, il est dressé par la trésorerie un état des mandats restant à payer. Ce document sert à les faire réordonnancer sur l'exercice suivant au chapitre des dépenses des exercices clos.

Indépendamment de cette comptabilité générale, il est tenu une comptabilité spéciale pour les chemins vicinaux et pour les cotisations municipales et particulières. Jusqu'en 1869, il n'existait pour ainsi dire aucune comptabilité concernant les chemins, mais une instruction de 1870 a mis un terme à cet état fâcheux et une nouvelle instruction de 1877 a réglementé tout ce service.

Chaque route, chaque chemin de grande et de moyenne communication a actuellement son compte ouvert, lequel fait connaître les ressources, les recouvrements effectués, les restes à recouvrer et les paiements faits. En fin d'exercice on obtient alors une situation mathématique qui permet de s'assurer que les ressources d'un chemin ne sont plus appliquées à un autre. Il est bon d'ajouter que les receveurs municipaux dressent un compte spécial par commune en ce qui concerne les chemins.

La comptabilité des chemins proprement dite est tenue par les préfectures, les trésoreries, les ministères de l'intérieur et des finances.

Quant aux cotisations municipales, le préfet ne peut ordonnancer qu'autant que les fonds ont été réalisés ; pour lui permettre d'être tenu au courant de ces recouvrements sur les titres de perception qu'il a émis, la trésorerie lui fournit mensuellement la situation générale de ce service.

Le *directeur des contributions directes* est ordonnateur secondaire du ministère des finances. C'est à lui qu'incombe le soin de mandater les traitements de ses agents, les frais de tournée, de bureau, etc., et les remises à accorder aux percepteurs pour la rédaction des feuilles de mutations. Cet ordonnateur tient : un carnet des crédits délégués, un livre d'enregistrement des droits des créanciers, un livre-journal des mandats délivrés et un compte par nature de dépense.

L'*ingénieur en chef des ponts et chaussées* tient trois genres de carnets de comptabilité :

1° Les livres de comptabilité ;

2° Les registres des comptes ouverts ;

3° Les registres des comptes ouverts aux entrepreneurs.

Les *conservateurs des forêts* tiennent pour le service de l'ordonnancement 4 registres : le livre des crédits, celui des mandats, celui des comptes, celui des droits constatés.

Les *crédits* nécessaires pour solder une dépense prévue font l'objet d'une demande spéciale qui est adressée à l'administration le premier de chaque mois.

Les dix premiers jours de chaque mois, le conservateur fait parvenir à l'administration et au ministère, un état de situation donnant pour chaque division du budget le montant des crédits délégués, des droits constatés, des mandats délivrés, des paiements effectués.

Lorsqu'une conservation comprend plusieurs départements, on établit des états par département sur lesquels on consigne les sommes qui les concernent pour chaque nature de dépense.

La *Comptabilité de la guerre* est confiée aux sous-intendants qui tiennent pour leurs ordonnances un registre de dépôt des titres et créances, un registre des fonds et un carnet des créances et des droits constatés. Ces officiers supérieurs décrivent leurs opérations de la même manière que les ingénieurs des ponts et chaussées; ils sont placés sous le contrôle des intendants généraux. Les chefferies du génie et les directions des poudres et salpêtres opèrent de la même manière. L'administration de la guerre tient de plus des comptabilités-matières confiées aux soins des officiers chargés du matériel.

Cette comptabilité s'établit par des écritures journalières et des comptes annuels appuyés de pièces justificatives. Chaque comptable tient un journal général destiné à l'inscription, jour par jour, des mouvements de matériel soit d'entrée, soit de sortie opérées dans l'établissement. Les objets sont divisés en 3 classes : neufs, bons, à réparer.

Un compte annuel de gestion est dressé à la date du 31 décembre de chaque année et est transmis au ministre de la guerre avant le 31 mars.

Nous venons d'exposer le rôle distinct des comptables et des ordonnateurs. Toute comptabilité régulière a pour principe la séparation de ces deux fonctions.

Le fait d'un ordonnateur ou d'un administrateur qui effectue lui-même le paiement d'une dépense est ce qu'on appelle une comptabilité occulte ou extra-réglementaire. Il en est de même si un comptable, outrepassant ses fonctions, s'immisce dans celles de l'ordonnateur et acquitte une dépense qui ne serait pas ordonnancée par un mandat régulier.

Dans ce cas, le gérant occulte devient un comptable de fait, et de ce chef est soumis aux obligations qui pèsent sur les comptables en titre et notamment à celle de fournir un compte à la juridiction administrative compétente (1).

Il nous a paru intéressant de comparer notre comptabilité avec celles de l'Allemagne, de l'Italie et de la Belgique.

III.

L'organisation financière de l'Allemagne offre de nombreux points de rapprochement avec la nôtre. La comptabilité y est également tenue en partie double et les relations entre le Trésor et la Banque sont identiques aux nôtres. Le rôle des *Caisses principales de gouvernement* équivaut à celui des trésoreries générales, sauf qu'en Allemagne les principaux employés de ces caisses sont fonctionnaires, alors qu'en France ils sont seulement au service personnel des trésoriers généraux. Les

---

(1) Nous n'avons point à donner ici de détails sur ces comptabilités irrégulières. Nous ne pouvons que renvoyer le lecteur au *Traité de la comptabilité occulte et des gestions extra-réglementaires* (Victor de Swarte), chez Berger-Levrault et Cⁱᵉ, éditeurs, 1884.

trois principaux employés, qui sont le directeur de la caisse, le principal teneur de livres et le caissier, concourent à toutes les opérations : aucune dépense, aucune recette ne peut s'effectuer sans que ces trois fonctionnaires en aient connaissance. Le public s'adresse au directeur de la caisse (trésorier général) qui porte provisoirement la somme sur son journal dans une colonne dite avant-ligne. Ce fonctionnaire ne recevant pas d'espèces, se borne à délivrer un bulletin de versement, lequel est remis ensuite au caissier qui, après réception de l'argent, certifie le versement sur le bulletin, lequel est retourné au directeur de la caisse. Celui-ci inscrit la somme d'une manière définitive. L'importance de la somme définitivement inscrite est envoyée au teneur de livres qui la porte en recette et libelle le récépissé, lequel est signé par le directeur de la caisse. L'unité de caisse existe également en Allemagne : le directeur de la caisse, le caissier et le principal teneur de livres ont chacun une clef.

Il existe aussi, dans chaque caisse principale de gouvernement, des curateurs de caisse dont le rôle est de viser les mandats.

Les écritures sont vérifiées par le curateur et parfois par un fonctionnaire désigné à cet effet qui remplit, en quelque sorte, le rôle d'inspecteur des finances. Des conseillers de caisse sont chargés également de procéder à ces vérifications.

La comptabilité générale de l'État correspond exactement à notre direction générale de la comptabilité publique.

La Cour des comptes, à la différence de notre haute juridiction financière, a indépendamment du jugement des comptes le droit d'envoyer des commissaires au domicile des comptables pour leur adresser des observations et faire des vérifications extraordinaires.

L'organisation de la comptabilité publique en Italie a subi de nombreuses améliorations qui sont indiquées dans l'ouvrage : *Sur l'importance d'unifier les études de la comptabilité,* par le commandeur Cerboni, directeur général de la comptabilité du royaume d'Italie.

Les écritures sont tenues en partie double, les grandes lignes du budget et des comptes sont sensiblement les mêmes qu'en France, nous signalerons cependant une différence tout à fait logique. En Italie, le budget comporte, comme en Suisse d'ailleurs, les ressources patrimoniales en actif et passif et ce compte capital joue un très grand rôle dans les discussions budgétaires et fait l'objet de nombreux développements expliquant les augmentations et les diminutions survenues en cours d'exercice. Nous avons bien en France, sur les sommiers des domaines, toutes les propriétés de l'État avec leur valeur, mais leur chiffre ne rentre en rien dans les écritures une fois l'opération d'achat ou de vente consommée. Les développements de ces patrimoines en Italie ressemblent beaucoup à l'état de l'actif que les receveurs municipaux sont tenus de joindre à leurs comptes de gestion, lequel état est également appuyé d'un autre état annexe renseignant sur les augmentations et diminutions.

En Belgique, c'est la Banque nationale qui est chargée du service du Trésor public. Qu'il me soit permis de remercier ici M. Leyniers, inspecteur général de la Banque, et MM. Giffe et Stassin, hauts fonctionnaires de l'administration générale des postes belges, qui ont bien voulu, avec cette bonne grâce que nous trouvons toujours chez nos sympathiques voisins, me fournir tous les renseignements concernant leurs administrations.

Il existe une agence de la Banque nationale dans tous les arrondissements judiciaires et dans toutes les localités où le Gouvernement le juge utile. La trésorerie de l'État (direction de la comptabilité publique) centralise toutes les opérations.

Les recouvrements s'effectuent par les soins de divers comptables : receveurs des contributions directes, douanes et accises, receveurs de l'enregistrement, successions et domaines, receveurs des droits de navigation, conservateurs des hypothèques, percepteurs des postes, des télégraphes, chefs de stations pour les chemins de fer de l'État ; nul de ces comptables ne peut conserver un encaisse dépassant un chiffre déterminé : l'excédent est versé chez le caissier de l'État, c'est-à-dire à l'agence de la Banque nationale. Cet agent délivre un récépissé qui doit être visé par l'agent du Trésor attaché à chaque agence ; ce dernier veille à l'exacte imputation des versements et fait le dépouillement des écritures, afin d'en permettre le contrôle aux divers services.

Le service de la dépense est effectué par l'agent du Trésor qui vise les mandats, surveille l'identité de la partie prenante et reçoit les oppositions, saisies-arrêts, etc.

Il est bon de faire observer qu'en Belgique, aucune ordonnance directe, sauf le paiement des pensions, n'est délivrée par l'administration centrale sur la caisse des comptables sans avoir été préalablement visée par la Cour des comptes. Cette Chambre a en Italie une attribution identique à celle qui lui est assignée en Belgique.

La Banque nationale tient pour la comptabilité de l'État un journal de recettes, un journal de dépenses et un livre des fonds tenus à la disposition du Trésor pour cause de saisies-arrêts ou oppositions ; c'est la Cour qui paraphe ces livres.

Au mois de janvier de chaque année, la Banque soumet son compte à la caisse par l'intermédiaire du ministre des finances.

En Angleterre, le service du Trésor, dirigé par le chancelier de l'Échiquier, est confié à la Banque d'Angleterre. L'organisation de cette Banque est expliquée dans un ouvrage (1) fort intéressant de M. Thompson Hankey. Nous y voyons que pour le seul service de la dette publique (qui ne comporte en Angleterre qu'un nombre restreint de titres (2), alors qu'il en existe en France 3,195,719), il lui est attribué 200,000 livres sterling, soit 5 millions de francs.

A ce sujet nous croyons utile de citer un extrait du *Système financier de la France,* du marquis d'Audiffret (t. II, p. 419) : Le gouvernement anglais a voulu se confier à des combinaisons de banque et de négoce pour l'exécution des services publics, et c'est à l'action centrale de la Banque de Londres (Banque nationale) et de ses comptoirs provinciaux qu'il attribue la rentrée, les virements et la répartition de toutes les ressources de l'État. Le lien qui unit ainsi l'intérêt général du Trésor à celui du commerce national enchaîne souvent l'un à l'autre par des exigences qui se combattent et qui se nuisent réciproquement.

L'ordre des finances, cette première condition de l'économie, de la bonne administration et du crédit public, a souvent beaucoup à souffrir de cette impolitique association de deux services souvent incompatibles par la diversité de leur nature et de leur but. Ainsi la célérité et la brièveté des formes et des écritures d'un éta-

---

(1) *Les Principes de la Banque, son utilité et ses opérations,* par Thompson Hankey, ancien gouverneur de la Banque d'Angleterre. Londres, imprimé par Effingham Wilson, Royal Exchange.

(2) Environ 600,000.

blissement purement industriel n'ont pas pu se plier aux justifications et à la régularité rigoureuse d'une comptabilité financière, et la situation réelle de la trésorerie de l'Échiquier ne s'est pas toujours manifestée avec exactitude et avec clarté dans les comptes de la Banque. Un seul fait révélera toute l'étendue qu'a pu avoir ce désordre : 1,400,000,000 (quatorze cents millions) sont demeurés sans explications et sans preuves d'emploi dans les mouvements de fonds relatifs au service de l'amortissement. Un aussi grave mécompte suffit pour démontrer que l'Angleterre n'avait pas un contrôle suffisant pour la fortune publique et n'a pas pu longtemps parvenir à répandre la lumière sur la situation générale de l'actif et du passif de la trésorerie.

Nous voudrions bien clore ici notre étude par un coup d'œil d'ensemble jeté sur les trésoreries des autres nations de l'Europe, mais ce serait abuser de l'attention que vous avez bien voulu me prêter. Je vous remercie du fond du cœur de votre bienveillance et je laisserai de côté, pour les exposer en une autre circonstance, les travaux de législation comparée que j'ai été amené à faire et notamment ceux qui concernent le budget discuté chaque année en Russie, par le conseil de l'Empire, sur les présentations faites par chaque ministère. MM. Anatole Leroy-Beaulieu et Arthur Raffallovich ont écrit à ce sujet des articles de revue très instructifs.

En terminant cette trop longue conférence où nous avons eu à envisager ce qu'étaient les finances sous l'ancienne monarchie et quelles mesures parlementaires et administratives de contrôle ont été constituées par le nouveau régime, rappelons avec notre savant économiste, M. Paul Delombre, quel fut à ce point de vue le rôle de la Révolution française.

La liquidation qu'impliquait la faillite de l'ancien régime devait heurter trop de privilèges pour demeurer pacifique. Les conspirations et la guerre civile au dedans, la menace de l'étranger, la guerre, l'émigration au dehors, telles furent ses conditions d'existence. La force qu'elle y puisa, on le sait. Il n'avait été question au début que de refondre les budgets et les comptes. C'est la nation elle-même qui entra en fusion. Quand la lave se refroidit, une France nouvelle était née : la France moderne.

Si, à travers tant de difficultés et de luttes, la Révolution ne fit qu'une œuvre financière imparfaite, on serait mal venu à s'en étonner. On peut être surpris au contraire de tout ce qu'elle a réalisé de juste, de grand et d'utile. L'établissement du grand-livre, l'institution de la caisse d'amortissement, tant de lois excellentes sur l'administration, lois dont les principes sont restés en vigueur, attestent l'activité féconde de cette époque mémorable.

VICTOR DE SWARTE.

Le Gérant, O. BERGER-LEVRAULT.

LA THÉORIE COMPTABLE/
ACCOUNTING THEORY

B. Colasse and R. Durand

"French accounting theorists of the twentieth century,"
in J.-R. Edwards (ed.), *Twentieth Century Accounting Thinkers,*
London, Routledge, 1994,

3 French accounting theorists of the twentieth century

Bernard Colasse and Romain Durand

Abstract

During the 1940s, standardisation of enterprise accounting practices to conform to the newly issued accounting code (*Plan comptable général*) disturbed the natural evolution of French accounting theory. Although the beginning of the century had been a period of theoretical effervescence, marked by such thinkers as Jean Dumarchey, Gabriel Faure and Jean Bournisien, the 1950s and 1960s were years of stagnation, during which all but a few specialists devoted themselves to work on standardising and popularising the accounting code.

INTRODUCTION

The expression *théorie comptable*, a recent addition to the vocabulary of the French language, is a literal translation of the corresponding Anglo-Saxon term 'accounting theory'. The use of the term in French is still rather limited. When we speak of twentieth-century French theorists of accounting, we are referring to authors who, with the possible exception of the most recent among them, do not bear this title in their own country and do not, in fact, consider themselves to be such. It is thus preferable to describe them as 'thinkers'.

The simple fact that the expression *théorie comptable* is of such recent coinage is witness to the intellectual status traditionally assigned to accountancy in France – that is to say, an inferior one. Considered above all to be a discipline essentially practical in scope, accounting could only be, at best, a subject linked to technical training for bookkeepers. That is why instruction in accountancy developed outside the university, first in private professional schools and later in state-run technical institutions. Today, training in accountancy, even for public accountants, is still offered primarily outside the university setting. Among those establishments which have contributed most to the development of training in accounting, we should include the Conservatoire National des Arts et Métiers (CNAM), whose Institut des Techniques Comptables, later the Institut National des Techniques Comptables, was founded in 1931; and the Ecole Normale Supérieure de l'Enseignement Technique (ENSET), now located in Cachan and called the Ecole Normale Supérieure de Cachan. Among the private institutions, we should mention two *grandes écoles*, the Ecole Supérieure de Commerce de Paris (ESCP, 1820) and the Ecole des Hautes Etudes Commerciales (HEC, 1881).

Many of the theorists cited in this article were teachers in these institutions. It was only in 1975 that a master's programme in the science and techniques of accounting and finance, leading to a degree in public accounting, was created and offered at a small number of French universities. Thus official university recognition of accounting as an academic discipline came very late in France, which could explain the belated arrival of theoretical writing and research in the field.

The 'theorists' identified in this article were frequently rather marginal figures; they were often people whose training or work experience did not involve them directly in the accounting profession. Among them we find company directors, civil servants, engineers, members of the legal profession and economists, but very few 'pure' accountants. Unlike today, the accounting profession did not attract the best students, no doubt because of an earlier intellectual disdain towards the discipline. In addition, due to regulations dating from the Revolution forbidding professional associations, organisation within the accounting field remained at a restricted level for a considerable period of time.

The absence of solid professional organisations before the 1940s would remain a characteristic feature of the French context, as opposed to English-speaking countries, until the Second World War period. In 1942 the Ordre des Experts-Comptables et des Comptables Agréés (OECCA) was founded, gaining official recognition in an Ordinance of 1945. Many associations of accountants had existed prior to the creation of the Ordre, but their role in promoting accounting theory had been limited. One notable exception, however, was the Société de Comptabilité de France, which had organised several series of lectures, one of which dealt with the history of accounting. As for the Ordre itself, its primary function since 1945 has been to represent and advance the interests of its members and, to a lesser extent, to address matters of doctrine through its standing committee on standards and practices, the Comité Permanent des Diligences Normales, created in 1964 (later replaced, in 1991, by the Comité Professionnel de Doctrine Comptable). If this committee has played only a very modest role in the evolution of accounting theory, it is perhaps because it has no power to set officially recognised standards; power which has always been delegated to government agencies. Yet the issue of standardisation has stood at the very core of twentieth-century French theoretical ideas on accounting.

The concern with standardisation has primarily influenced French accounting thought in three ways.

1   The movement towards standardisation has drawn upon French theoretical works from the turn of the century and, to a certain extent, has emphasised their undeniable impact on accounting theory.

2   Standardisation, and especially the development of the *Plan comptable général* (General Accounting Plan), has been a focus of the attention of theorists, to this day. Such specialists would typically have been members of the successive organisations concerned with standardisation: the Commission de Normalisation des Comptabilités (1945–7); the Conseil Supérieur de la

Comptabilité (1947–57) and, thereafter, the Conseil National de la Comptabilité.

Finally, it was precisely through concentrating the efforts of theorists that the issue of standardisation would create an ongoing link between theoretical and research work – if indeed 'research' is the proper term here – and the problems involved in developing, diffusing and implementing the General Accounting Plan. It is thus not altogether surprising that, during the 1950s and 1960s, the writings of French authorities on accounting were essentially of a doctrinal or pedagogical nature, aiming primarily at publicising and explaining the content of the *Plan comptable général*.

In the light of the major role that standardisation has played in France, and its impact on the evolution of accounting theory, the chronological examination of the French theorists which follows will hinge upon this issue.

We should make it clear that we have had to make choices as to which French theorists to include, and that these choices are, of necessity, subjective in nature. We have endeavoured to select those theoreticians who, either through the originality or the widespread acceptance of their work, have exerted the greatest influence.

THEORIES AND THEORISTS: 1885–1940

No study concerning French theorists of the twentieth century could fail to mention the first convincing effort made to systematise accounting, work which was carried out by Eugène Léautey and Adolphe Guilbault.

Two pioneers: Léautey and Guilbault

When it was first published in 1885, *La science des comptes à la portée de tous* opened up new orientations in French accountancy.[1] Adolphe Guilbault was a man of extensive practical experience in both accounting and engineering who had previously published the *Traité de comptabilité et d'administration industrielle* (Guilbault 1865), seen by Léon Gomberg as a major achievement in the areas of administrative, economic and cost valuation (Gomberg 1929: 33). Ronald Edwards would later corroborate this evaluation.[2] Guilbault's colleague Eugène Léautey can be described as a theorist determined to take accounting away from practical procedures and teaching.

This well-balanced partnership would help to achieve the difficult task of editing a readable and usable manual based on bold new assertions. Accounting, a branch of mathematics, was now seen as a *science*, consisting of the rational co-ordination of accounts concerning the output of the work-force and of trans-formations of capital, i.e. the accounts of production, distribution and the consumption of private wealth. Moreover, the science of accounts would allow the individual to know, at any moment, the changes that economic or social operations would bring in the value of the wealth they possessed or managed.

Consequently, Léautey and Guilbault would forcefully claim:

- to create precise accounting language and to establish its final form;
- to support this language with rational principles and a scientific theory;
- to create a nomenclature as well as a methodical and practical classification of accounts;
- to establish a uniform format and content for the balance sheet.

On these premises, clearly expounded in *La science des comptes,* French accounting theory would later give priority to theoretical perspectives emphasising:

- standardisation, as a vector of terminology, rationality and uniformity,
- the role of the account, as a central feature of economic valuation.

Gabriel Faure and Jean Bournisien

Gabriel Faure, Professor at the Ecole des Hautes Etudes Commerciales and President of the Comité National de l'Organisation Française (CNOF),[3] wrote prolifically from 1901 to 1908. His name is associated with a certain renewal of the Personality concept, understood as a pedagogical method. His *Traité de comptabilité générale*, published in 1905, was the basis of most accounting courses offered in French business schools.

Faure cannot be considered a genuine theorist, but as a prominent individual he had considerable influence on the development of French accounting ideas. He consistently presented accounting as a *language* and was keenly interested in terminology, a position later taken up by Pierre Lassègue and several other French specialists. Acting as a consultant, Faure devised valuable accounting charts and anticipated the linking of accounting to budgetary techniques as well as to a concept of financial management implying an equilibrium of relations (ratios) between balance-sheet items. Faure considered accounting to be a technique which should be placed in the service of the economy and used as a basis for economic discussion. He and many other French theorists consistently emphasised the usefulness of accounting for management purposes, but this notion was not widely accepted until the 1960s.

Jean Bournisien is known as an advocate of the Legal Theory, or 'Theory of Values and Rights'. Behind this rather complicated term, we find an attitude which is very similar to one generally observed in English-speaking countries at the same time. Bournisien would repeatedly declare that the aim of accounting is researching and assessing the wealth legally belonging to a company, measured and presented as demanded by the directors (Penglaou 1929: 12).

In 1917, Bournisien published his *Précis de Comptabilité Industrielle appliquée à la Metallurgie*, a textbook of industrial integrated accounting and a detailed manual of costing for iron works. Bournisien was well aware of American accounting methods and was interested in the work of F. W. Taylor. He believed in the capacity of accounting procedures to control technical and financial congruence to precise standards.

Considering the performance of commercial accounting to be poor – and in this he was not alone – he would often lash out against what he saw as the weaknesses in accountancy training, the lack of recruitment standards for accountants and the lack of co-ordination within companies as far as cost accounting was concerned. In short, Bournisien was a man who was both orthodox and factual.

The 1920s: Jean Dumarchey (1874–1946)

Jean Dumarchey can be considered the most important, if not the only, French theorist from the first half of the century. He is remembered primarily for his *Théorie positive de la comptabilité* (1914), *La Comptabilité moderne: essai de constitution rationnelle d'une discipline comptable au triple point de vue philosophique, scientifique et technique* (1925) and his *Théorie scientifique du prix de revient* (1926).

For Joseph Vlaemminck,[4] Dumarchey wrote masterfully on accounting theory in the twentieth century, opening up numerous avenues of research with a view to establishing a theory of accounting. Dumarchey's influence on future French attitudes towards accountancy was also acknowledged by Jean Fourastié (1944).

Dumarchey was eager to raise accounting up to a scientific level. To his mind, the reason that no one had been able to accomplish this goal previously lay in earlier thinkers' inability to avoid pragmatic considerations and outmoded theories such as Personalism, Proprietary theory, etc. The time had come to apply up-to-date scientific approaches. For a Frenchman, the example would most logically come from Descartes and Auguste Comte. It was time for accounting to leave behind the metaphysical age and enter into the age of positivism. For Dumarchey, thinkers such as Léautey, Guilbault, Cerboni and Faure were mere metaphysicians: they had not been able to separate the scientific aspects of accounting from its more trivial practical concerns.

Dumarchey's science of accounting was a social science which made use of mathematics and was related to philosophy, economics and sociology. He believed that the future of accounting lay in sociology. Accounting was, in turn, the core of economics, since economics is the science of society's accounts. Dumarchey believed that an effective link could be made between micro- and macroeconomics by means of accounting processes. With this notion, he anticipated the work of the next two decades.

Indeed, Jean Dumarchey acknowledged a great respect for a number of well-known economists, including Jean-Baptiste Say, Léon Say, Jean G. Courcelle-Séneuil and Pierre J. Proudhon. Jean-Baptiste Say transmitted the message of Adam Smith to the Continent and taught accounting as early as 1820; his grandson, Léon Say, was Minister of Finance under the Third Republic and an enthusiastic proponent of accountancy. Jean G. Courcelle-Séneuil, a toughminded exponent of liberalism, wrote the first management book to appear in France,[5] the *Manuel des Affaires*, published in 1885. Pierre J. Proudhon, a genuine French socialist, was a former businessman and accountant whose contribution to economics should not be neglected.[6]

From J.-B. Say, Dumarchey learned that accounting was a tool for appraising fluctuations in individual wealth; from Léon Say, the use of accounting as a means of conveying information; from Courcelle-Séneuil, the goals assigned in accounting: acknowledging, following and recapitulating; from Proudhon, the relationship between accounting and economics. The goal Dumarchey himself assigned to accounting was that of recording a complex reality by means of accounts, arranged to constitute a balance sheet, in order to give concrete form to a subjective image of reality.

Dumarchey's account is a class of units of value, variable in space and time. This class is homogeneous and all-encompassing, comprehensive and extensive. It is a collection of values responding to one and only one well-defined idea. Any discourse, any thinking related to the value of things necessarily entails the creation of a class of units of value: the account.

Thus the aim of accounting should be to study and classify data, in order to develop series of increasing complexity. This approach applies to a *static* balance, transformed into a *dynamic* balance by the effect of time. Dumarchey, in fact, acknowledged two types of balance sheet:

1 A balance sheet which recapitulates the wealth of a certain number of individuals which should be envisaged as a new form of economic statistic 'to move from an anarchistic economy to a planned economy' (Dumarchey 1933).
2 A balance sheet for the private sector which combines three major factors: assets, liabilities and net worth.

Dumarchey envisaged a possible reconciliation of the two types at an unspecified future date.

The theory of values also applies to the manufactured product, which is represented in accounting by an accumulation of values. Cost is, in fact, a result of value incrementation, phased by definite milestones and hours spent. Starting from pure mathematics, Dumarchey rediscovers the classical views about assets valuation and maximising profits. He was absolutely convinced that his concepts would enable accounting to describe any possible situation accurately.

Although some eminent individuals, such as René Delaporte and Jean Fourastié, gave Dumarchey credit for much of the progress made subsequently in French accounting technique, most specialists did not. In leading business schools his theory of value is often put forth as a crucial concept by teachers who never mention Dumarchey's name. In the 1930s, he would see himself as a victim of a 'conspiracy of silence', conducted by men who regarded him as an 'abstracter of quintessences'.

In the preface to *La comptabilité moderne*, Dumarchey lambasted those whose science was limited to 'scholarly discourses about paper formats and ways of handling pens'. In the same book, Gabriel Faure was criticised in no less than fifteen pages. In July 1934, *La Comptabilité et les Affaires*, a well-known journal founded by the consultant Alfred Berran, had to forgo collaborating with Dumarchey, because 'his studies are far too erudite for the majority of our readers'. This attitude may explain why much of Dumarchey's important contribution to the field still remains, albeit unfairly, unknown.

The 1930s: René Delaporte, Charles Penglaou and Maurice Lucas

René Delaporte, a former civil servant, greatly contributed to improving *la science des comptes* in the 1920s and 1930s. In *Concepts raisonnés de la comptabilité* (1930), Delaporte defined accounting as a science whose purpose is (1) to follow economic processes, (2) to calculate costs and (3) to assess financial position, results of transactions and the valuation of assets.

Delaporte considered that an accounting system must be able to facilitate forecasting. It should be based on values of utility and exchange which are both consistent in nature and representative of facts and means, as well as collected, regrouped and classified in an expressive form. Such a system, therefore, needs to be supported by theory.

In 1936, Delaporte included the essence of Dumarchey's views in his *Méthode rationnelle de la Tenue des comptes*: 'Accounting is the science of accounts; its purpose is to fulfil practical, legal and tax goals. It orders and links continuous *series* of independent terms of increasing complexity'.

In October and November 1936, he wrote a paper entitled, 'No more uncertainty!' for *La Comptabilité*. After theoretical analysis, the author recommends dropping contingent theories and adopting uniformity and accounting charts: 'No more fiction', he said, 'but facts and accounting plans!' Delaporte became a theorist out of necessity; he preferred concrete facts and boldly supported all initiatives in this direction: uniform classification, standardised terminology and budgetary control.

Charles Penglaou was another strong observer of accounting. As Bank Inspector, he had the opportunity to criticise the deficiencies of commercial accounting in France. In 1929, he envisaged writing an entire encyclopaedia of accounting matters, but later limited his sights to a very interesting introductory work, *Introduction à la technique comptable*.

Penglaou said that:

Accounting is a set of arrangements designed to find out, assess and control facts concerning companies (*lato sensu*) and able to suggest means capable of influencing those facts. The question is no longer to find in an account what we have decided to put in it, but to know how this account is constructed, how accounts can be coordinated within a system, how such a system is possible and how it responds to users' expectations.

(Penglaou 1929: 162)

In 1933, Charles Penglaou was still concerned by the lack of any usable doctrine. Nevertheless, in 1947, he recognised that the theorists of the 1930s had, in fact, contributed ideas of some importance.

Maurice Lucas is known to only a handful of chartered accountants. He tried to reconcile theory and practice, accounting and administration. In 1927, he declared that it was necessary to establish an accounting theory; in 1931, he published his own proposals, which anticipate the characteristics of a conceptual framework:

- to set forth the goals of accounting;
- to establish common principles;
- to say how those principles should be attained;
- to specify how proper accounting methods should be implemented.

Lucas also published a useful accounting chart and an interesting attempt to combine administrative accounting charts with filing systems.

Some important contemporaries: the engineers

Many notable engineers from the Ecole Polytechnique[7] have considered accounting to be an important management aid and have criticised the lack of doctrine, the deficiencies of accountants and the insufficient awareness of most executives and directors. These engineers generally act as executives, consultants or heads of professional associations.

Among this group, Edouard Julhiet published a reputable *Cours de Finance et Comptabilité dans l'Industrie*. In 1924, Eugène de Fages wrote *Les concepts fondamentaux de la Comptabilité*. For him, 'Accounting is the science whose purpose is the numbering of units in motion'; the account is a group of identified units having a common characteristic at a given moment. Louis Rimailho was a well-known artillery engineer who had participated in preliminary studies for the famous 75mm field-gun and in mass-producing the Lebel infantry rifle. Soon after the First World War, he helped to organise the Bata shoe factories. Rimailho was also an expert in organisation and cost accounting. Auguste Detoeuf, founder of Alsthom, president of the Electric Industries Association and president of the CEGOS,[8] did much to encourage cost control and budgetary control. [9]

At the end of the 1930s, French accounting literature was relatively rich and consistent. It is remarkable that most of this thinking was inspired by the concepts of value, account and classification of accounts in a clear and comprehensive way. This is the basis of 'process accounting' that would soon expand towards accounting plans and nomenclature.

Yet this richness was not fertile. Theorists, teachers, authors, critics and propagandists were isolated and often divided. They could not gain support from public or private users. The business world, made up primarily of small companies, was not convinced of the supposed advantages of a *science des comptes* which seemed too theoretical and abstract.

In a book called *Logique et Comptabilité* another critic, Louis Sauvegrain, observed that accounting doctrines were badly presented and declared, in 1937, that modern theories offered no solutions to accountants' problems, but simply displaced the questions. Accounting was generally seen as a product of Mother Nature, antedating human developments. Sauvegrain argues to the contrary, asserting that accounting principles are derived from facts, that accounting is an instrument. Sauvegrain was speaking into the wind. In 1939, French accounting seemed to be a dead-end street. However, unexpected developments would soon change the course of events.

STANDARDISATION AND ACCOUNTING PLANS

Historical circumstances

The economic crisis and subsequent political turmoil of the 1930s had inclined many, if not most, influential people to believe that *technique et machinisme* had killed liberalism. A new breed of politicians, economists and civil servants were well aware of the 'solutions' worked out in Italy, Germany, the Soviet Union and Roosevelt's America, solutions based on nation-wide statistics, economic research, cost and price controls, and national economic plans.

French resources in this field were far from satisfactory. Too many small companies were unable to produce accurate figures, and large ones were commonly accused of hiding theirs. Since 1883, a score of technical drafts and bills concerning financial reporting alone had come before Parliament and been rejected for various reasons: breach of confidentiality, inaccuracy of accounts due to inflation, impossibility of recommending uniform methods for different kinds of businesses. No detailed profit and loss account and no production figures were required from enterprises. The official industrial statistics in 1939 were based on a pattern established in 1839. Decrees issued between 1935 and 1939 had produced no effect by 1940.

On 16 August 1940, two months after the fall of France, a new law instituted 'absolutely compulsory statistics' and gave power to the newly created *Comités d'Organisation* to create statistics for different economic sectors or 'branches'. The economist Alfred Sauvy, although politically opposed to the Vichy regime, could not resist the opportunity to launch the long-desired Institut National de la Statistique, backed by the Institut de Conjoncture.

We have seen that many French accounting theorists were attracted by a possible linkage between individual company accounts and national accounts. There was a touch of Cartesianism in this approach, and the fact that other countries, namely the Soviet Union and Germany, might be nearing success in this area made the concept credible.[10]

Jacques Chezleprêtre, from the Tax Administration, had thoroughly examined the German accounting directives promulgated by Grossreichmarschal Goering in 1937. In December 1940, he proposed a tentative plan which closely resembled the German plan.[11]

During this period, the French Tax Administration was the only structure capable of imposing practical accounting standards or procedures. Its agents were among the best-trained in France. They had a wide-ranging knowledge of accounting, finance and economics and were also aware of foreign practices. From this time on, we shall see decisive action by senior civil servants in France to modernise its accounting institutions and procedures.

The 'German Plan'

The question of the French accounting plan of 1942 has been widely discussed. Its purpose was essentially:

- to produce reliable financial reports;
- to make cost control easier;
- to facilitate the creation of professional statistics for consolidation into nation-wide statistics.

A number of additional objectives were expected, notably better training for accountants, managers, workers, shareholders and accounting teachers.

There is no doubt that the packaging of the French plan was rather 'Germanic' in appearance, but it had incorporated a number of seriously studied French concepts regarding terminology, accounting procedures and valuation norms, as well as an excellent cost concept developed by the CEGOS and published in 1937. The fact that the project to develop a national accounting code took only a few months to complete demonstrates that the actors had ready solutions for most issues.

With regard to national statistics, A. Sauvy remarked that the 1941 solutions were prepared too hastily to be satisfactory, but added that indirect German pressure had none the less been profitable, inasmuch as people had been compelled to act. This remark is in part applicable to the accounting plan. Pressure from the Germans has never been proven, but French authorities used this excuse to force a score of skilled experts to work together – something which had never happened before – and to work out clear solutions. André Brunet, the driving force behind the 1947 Plan, acknowledges that the skill developed in formulating the 1942 Plan explains why the next plan, published in 1947, could be developed quickly and efficiently.

The project leader for the 1942 Plan was without question Jacques Chezle-prêtre, but he was ably assisted by a large number of specialists. Several books have described this plan at length. In the entire history of accounting, it is difficult to imagine such a massive effort to present and explain a plan, which was, in fact, never used. A full range of tables, indices, definitions and dic-tionaries, schemes, sketches and charts was then set up, all of which are still very much alive in French accounting textbooks today.

The 1947 Plan

For several reasons, the 1942 Plan was never applied:

1 opposition from the larger firms;
2 the lack of expertise in small companies;
3 questionable technical criteria;
4 passive opposition to the policies of the Vichy government.

Starting in 1942, members of the CNOF, headed by Pierre Garnier, Professor at HEC, began to devise a counter-plan. In the last chapter of his 1940 *La Méthode Comptable*, Garnier seemed impressed by the new opportunities offered to accounting in a corporate or government-controlled economy. In 1942, he realised what could be done. He considered the various methods of classification proposed since Léautey to be unsatisfactory. For him, the Schmalenbach-style

German and French plans were also 'irrational'. The right classification should facilitate the articulation and, eventually, the separation of financial accounting, cost accounting and, later, budgetary accounting.

In France, as elsewhere, there was a strong feeling that financial accounting had little to do with cost accounting, and many specialists of each discipline would have been very pleased with a divorce granting everyone more freedom. Financial accounting was based on a simple recording of facts expressing relations with third parties and corresponding to legal definitions. Cost accounting, however, was twisted by contingent factors based on organisation, calculation and assessments of all sorts. Reason demanded a clean break. For Garnier, it would have been possible to use a balance sheet for management purposes and an 'operation account', made up of sales, expenses by type (natural expenses), and occasionally one-time inventories, all obtained from official entries. The link between financial and cost accounting was limited to period inventories and a reconciliation between natural expenses and cost, achieved through a *Tableau de Répartition*. Charles Brunet, Professor of Industrial Accounting at the Ecole des Hautes Etudes Commerciales, supported this approach.[12]

The 1942 Plan included purchase and natural expense accounts, as well as contra-accounts established according to the same breakdown and serving as control accounts for allocations to inventory and cost centres. Natural expense accounts were kept open until year end, offering the possibility of providing the overall figures required by national accounts, e.g. salaries and wages, taxes and purchased services. This was a great advantage compared with the procedures of integrated accounting, where such data were allocated and subsequently lost in the cost-calculation process.

Yet both large and small companies had strong objections concerning the administrative constraints derived from the computation and checking of this transfer from natural expense accounts to cost accounts. Large companies did not want to change procedures, deriving from integrated accounting systems, and small companies were far from being ready to bear the cost of further internal administration and control.

Other criticisms could be levelled at the 1942 Plan. First, the classification of accounts was not aligned with a satisfactory classification of balance sheet and profit and loss accounts. Second, the classification could not ensure a perfect consolidation at the branch level and on a nation-wide level to satisfy economic research requirements.

Some improvements were still possible, and they were included in the 1944 CNOF plan. But the most remarkable innovation of this final plan was its clear distinction between financial accounting and management accounting. Such an opportunity would not be neglected.

A new commission was set up in 1946 to design another accounting code.[13] As Pierre Lauzel put it in 1948 (Lauzel and Cibert 1969, II: 16), French standardised accounting practice had to produce, once and for all, a means of comparison in time and space, to be based on agreed terminology, logical classification, a standardised method for recording and procedures for dealing with evaluation.

Standardisation[14] required terms and definitions to express realities, concepts and interpretations relevant for the users of financial documents.

This was not exactly new compared with the declarations of twenty years earlier, but this time the task had to be completed. For the most part, the work had already been carried out. The only remaining questions dealt with technical choices. The government wanted a truly usable plan and was not prepared to accept excuses after such a long period of inconclusive debate.

André Brunet was appointed to co-ordinate the commission's work. He was a Finance Inspector and a teacher at the CNAM. He had reason to believe that accounting inadequacies had led to 'wrong information, insufficient in quantity, loosely collected, neglecting the qualitative aspect of phenomena, established without permanent methods'.

In *La Normalisation comptable*, written in 1951, he recalls the objectives: price control, competition control, control of the validity of government subsidies, transport policy, customs, social policy, efficiency improvements, action against the social evils expected from a technocratic civilisation.

To be more prosaic, the real goal was to produce, along Leontieff's lines, industrial input–output charts similar to those developed in the United Kingdom and the United States, by means of a *Comptabilité Nationale* able to consolidate all transfers of value absorbed by investment, public services, financial activities, domestic spending and foreign trade.

For this, it was necessary to obtain from all companies, large and small, and from all non-incorporated businesses, adherence to a uniform plan, which would properly identify sales and natural expenses. The only way to make this acceptable in the short run was to draw up a related profit and loss model favouring the eventual separation of the two.

This decisive move facilitated the adoption of the 1947 National Plan.[15] In the long run, the new plan brought numerous changes concerning national statistics, macroeconomic accounting and planning, industrial co-ordination, accounting education and tax assessment.

The only problem, and it was not a small one, was that internal accounting was supposed to live its own life and was largely underestimated, if not disregarded, by financial accountants. This circumstance has long had a negative impact on the promotion of management accounting in France.

THE 1950s AND 1960s: A PERIOD OF THEORETICAL STAGNATION

It is surprising that the post-war era gave rise to so few accounting theorists. Some of those who were well-known prior to this period continued to write and publish their work, but almost no new names emerged. Some experts attribute this phenomenon to the emphasis on standardisation itself and to the influence of the *Plan*, which was to absorb the energy and expertise of the most capable specialists. The 1950s and 1960s might be considered years of theoretical stagnation, as if the concern with standardisation had a sterilising effect on accounting theory. The literature of the period was, above all, pedagogical in orientation.

The number of accounting manuals produced during this period is considerable, but on the whole, they are of only mediocre quality. Designed to train future accounting technicians, they reduce accounting to bookkeeping. Authors limited themselves to teaching, or indeed plagiarising, the *Plan comptable général*, focusing on its most technical aspects, particularly the accounts chart and the rules for recording transactions set forth therein.

None the less, three authors are worthy of a more detailed examination: André Cibert, Pierre Lassègue and Claude Pérochon.

André Cibert

Born in 1912, André Cibert began his career as a civil servant in the Ministry of Finance, where, significantly, he carried out audits in industries doing business with the state. These audit assignments led to Cibert's interest in how firms go about calculating cost price, and it was in this way that he became a specialist in management accounting.

Cibert was able to use this experience of his work on standardisation when he became first an external examiner and later Secretary General of the Conseil National de la Comptabilité (National Accounting Council). He is thought to have been the principal author of the chapter on cost accounting found in the *Plan comptable général*.

During his tenure on the National Accounting Council, Cibert also undertook part-time teaching at the Ecole des Hautes Etudes Commerciales (1964–9). In 1968 he participated in the founding of the University of Paris-Dauphine, the first university in France where management science and the study of organisations were the focus of both teaching and research. He would subsequently devote all his time to the University, of which he was Dean in 1969 and 1970. At Paris-Dauphine, Cibert created courses in general accounting, management accounting and management control, which he directed until his retirement in 1981.

His two best-known works are manuals: one in general accounting, the other in cost accounting (both first published in 1968).

André Cibert's manual on general accounting continues in the same tradition as Jean Dumarchey. Like Dumarchey, Cibert developed a net worth approach to double-entry bookkeeping, but he attached greater importance than his predecessors to problems of valuation.

Cibert's manual on cost accounting presents a more elaborate version of the method of cost calculation developed in the 1930s by a task force under the supervision of Lieutenant-Colonel Rimailho. This method was known as the *méthode des sections homogènes*.[16] The author clearly shows that implementing this method presupposes a bipartite corporate structure, namely a techno-economic entity on the one hand, and a hierarchy of responsibilities on the other. According to Cibert, calculating costs is of no interest unless the cost can be attached to a precise responsibility; in other words, cost calculations should be seen as the special tool of management control. In his writings the author was likewise concerned with budgetary control; among his various publications in this field, we should cite his book co-authored with Pierre Lauzel in 1959: *Des ratios au tableau de bord (From ratios to management reporting)*.

André Cibert's ideas were particularly influential, inasmuch as he held several important positions: first as Secretary General of the Conseil National de la Comptabilité and then as Professor at the University of Paris-Dauphine. At the University of Dauphine, Cibert gathered together a group of young teachers, much as Pierre Lassègue did at the University of Paris (Panthéon-Sorbonne). Today, several of those brought in by Cibert are among the most prominent teachers and researchers in the accounting field. He was, moreover, a member of important commissions which, during the 1970s, revamped the course of study leading to the public accountant's diploma, giving it a more theoretical, inter-disciplinary basis.

Pierre Lassègue

Born in 1922, Pierre Lassègue was to become a university professor. This fact is worth noting since, as we underlined in our introduction, accounting had tradi-tionally been looked down upon by French universities.

University professors considered accounting to be unworthy of being included in a university-level course of study. It was only at the beginning of the 1960s that a course in accounting was made obligatory for the Master of Economics programme. Since no university lecturer was specifically trained to give such a course, the work was taken on by teachers schooled in economics. Among the latter was Pierre Lassègue who for many years, until his retirement, taught a course in financial accounting at the Sorbonne. This course was designed for first-year university students in economics, rather than for aspiring accountants.

Pierre Lassègue's best-known work, *Comptabilité et gestion de l'entreprise* corresponds to this course. As its title indicates, the book deals with both accounting and corporate management. Pierre Lassègue presents accounting through an econo-mist's eyes. For him, accounting is secondary to economics; it is a 'form' whose content is economics. Consequently, he delivers his critical assessments of account-ing concepts from an economic point of view, never hesitating to criticise anything which might endanger its relevance for economics, particularly the fiscal constraints involved. He was naturally very interested in valuation problems.

This book, as well as Lassègue's other writings, are the work of an astute observer of accounting: one of his articles, 'Esquisse d'une épistémologie de la comptabilité', brings to our discipline the discourse of a science in search of its subject, its very nature, its methods, its flaws, its affiliations and its future. In this article he refutes the notion of accounting as a science, presenting it as a technical process of modelling based on a certain number of conventions. He therefore underlines the highly contingent and controversial nature of the firm's image within accounting, which he calls the 'accounting model'.

Elsewhere in his writings Pierre Lassègue frequently criticises certain aspects of the *Plan comptable général* and, more generally, overly detailed standardisation, which he claims deprives firms of the freedom to keep their own books.

Confronted with the paucity of theoretical work on accounting available in the 1950s, it seems that Pierre Lassègue reacted by deliberately adopting a severely critical attitude to reductionist notions whereby accounting was no more than a recording mechanism. Retrospectively, this highly critical stance appears to have been the precondition necessary for a renewal of accounting theory and research in France, a renewal which would begin towards the end of the 1970s and reach its culmination during the 1980s. It is important to observe, too, that it was specifically his position within the university system, as opposed to the French *Grande Ecole* system, that enabled Lassègue to direct work on doctoral theses. Lassègue was, at this time, one of the rare university professors who would accept doctoral dissertations on accounting subjects.

Claude Pérochon

Claude Pérochon, born in 1933, was a student of the Ecole Normale Supérieure de l'Enseignement Technique (ENSET), where he received instruction essentially in law and economics. His professor of economics there was Jean Fourastié, who actively participated in the first major work on standardisation. Pérochon taught accounting in secondary schools until 1973, when he was appointed Professor at the Conservatoire National des Arts et Métiers (CNAM) in Paris.

Pérochon's 1971 doctoral thesis in economics, under the direction of Pierre Lassègue, was entitled *Comptabilité nationale et comptabilités d'entreprises* (*National accounting and corporate accounting*). In 1962, Pérochon had also qualified as a public accountant, but it would seem that he was never actually employed as such.

Pérochon's contribution to accounting theory was to introduce concepts and ways of reasoning from economics, and more especially from national accounting practices, into corporate accounting procedures. For him, accounting was 'a projection of the firm at the value level'. Pérochon thought that the primary objective of accounting was to describe the operation cycle from procurement to production, the latter being defined, as it is in (French) national accounting practice, as consisting of three elements: production sold (sales), production in stock, and production of fixed assets. This conception of accounting would lead him to abandon the net worth interpretation to double-entry bookkeeping for an approach more tightly linked to economics, seen in terms of flows. For him, the double-entry recording system fundamentally reproduced a relationship of exchange rather than the impact of this relationship on corporate net worth. This interpretation of recording methods in accounting, illustrated in diverse manuals, is the one to which the majority of French academics in accounting adhere today.

It was, above all, as the author of accounting manuals (more than twenty titles) that Pérochon exerted his greatest influence within the French accounting community. His first works, published in the early 1960s, were designed for training accountants and were especially popular among secondary-school teachers in collèges and lycées who consistently recommended them to their many students. It is estimated that, overall, Pérochon sold close to 3,000,000 copies of his works.

The most important of these, from a theoretical standpoint, is his *Comptabilité Générale*, a pedagogical presentation of material from his doctoral thesis.

Pérochon was also influential as a member of the Conseil National de la Comptabilité, the organisation in charge of standardising accounting practices in France. As a member of this body during the 1970s, Pérochon contributed to the preparation of the 1982 *Plan comptable général*, to which he published a practical guide (1979). His knowledge of French standardisation made him an international expert in developing accounting plans; as such, he participated in the design and implementation of the 1973 *Plan comptable* for the Organisation de Coopération Africaine et Malgache (OCAM) (the Organisation for African and Madagascan co-operation) and, more recently (1986), that of the Moroccan *Plan comptable*.

Finally, like André Cibert before him, Claude Pérochon was for many years President of the jury which awards the chartered accountancy diploma.[17]

Synthesis

We find in the works of André Cibert and Pierre Lassègue echoes of several major themes present in French accounting theory at the beginning of the twentieth century.

Thus, as we said earlier, André Cibert's presentation of general accounting is close to that of Dumarchey. Likewise, his ideas on cost accounting owe much to the work of Rimailho and the CEGOS engineers.

As a critical observer of the accounting scene, Pierre Lassègue closely resembles Charles Penglaou, his aim being less to perfect a tool than to improve his understanding of it. His essentially cognitive approach, like that of Penglaou, stems from a philosophy or epistemology of accounting.

The writings of Claude Pérochon are more difficult to link to authors prior to the standardisation period, yet they were profoundly marked by this period as well as by the development of a national accounting system in France.

CONCLUSION: AND NOW . . .

It was almost the end of the 1970s before new authors began to appear, developing research in France along lines pursued in the English-speaking world.

It was only in 1980 that, on the initiative of younger university and *Grande Ecole* academics, the Association Française de Comptabilité (AFC) was formed, on the model of the American Accounting Association (AAA), but some sixty years later!

During the 1970s, French accounting theory began to come out of its self-imposed isolation and to develop an interest in what was happening elsewhere, particularly in the English-speaking countries. Young researchers who were well-informed on work being carried out in other countries began to emerge. Specialised research centres were created within universities and the *Grandes Ecoles*, and for the past several years the number of doctoral theses on accounting problems has been growing.

Yet France still has no academic journal of accounting. There are but two accounting periodicals: the *Revue Française de la Comptabilité*, published by the Ordre des Experts-Comptables et des Comptables Agréés (OECCA), whose content is essentially directed towards the professional issues in accounting; and the *Revue de Droit Comptable*, now published by a firm of chartered accountants, which draws upon the fields of law and accounting.

Can the renewal of French accounting theory and research, which has co-incided with a re-examination of standardisation *à la française*, endure? We can only hope and believe that it will, but only history will tell.

Notes

The authors would like to thank Evelyn Perry of Paris-Dauphine for her translation of this article. They gratefully acknowledge the insightful comments provided by Daniel Boussard, Peter Standish and Hervé Stolowy.

1 Twenty-nine editions were to follow. In 1980, this book was reprinted by Arno Press, at the suggestion of Richard Brief. For further analysis, see Bernard Colasse (1982), *The Accounting Historians Journal* 9(1): 127–9.

2 Edwards, R. S. (1978) 'A Survey of French contributions to the study of cost accounting during the 19th century', in B. S. Yamey (ed.) *The historical development of accounting*, New York: Arno.

3 The Comité National de l'Organisation Française (CNOF) was created in 1920 to facilitate and extend rational methods and studies concerning scientific management as a factor in economic and social progress.

4 Vlaemminck, J. (1979), *Histoire et Doctrines de la Comptabilité*, Vesoul: Edition Pragnos.

5 Or the second, if we count *Le Parfait Négociant* by Jacques Savary (1675).

6 All of these influences are well presented by J. A. Schumpeter in his *History of Economic Analysis*, vol. II.

7 The most prestigious of the French *grandes écoles* for engineering, providing instruction of the highest scientific calibre. Founded in 1794, the institution has trained and continues to train a large proportion of French administrators for both the private and public sectors.

8 The Commission d'Etude Générale d'Organisation Scientifique du Travail (CEGOS) was created in 1926 to help French industrial companies in improving their methods of organisation. Particular organisation departments have been set up since then in a number of French professional associations.

9 There is much more that could be said about Rimailho and Detoeuf, both prominent figures during the 1930s, but this 'more' is not closely related to accounting.

10 French economists of the eighteenth century, such as Maréchal Sébastien de Vauban, the physiocrat François Quesnay and the scientist Antoine Lavoisier had already envisaged nation-wide statistics.

11 For a knowledgeable discussion of this subject, see Peter Standish (1990), 'Origins of the *Plan comptable général*: a study in cultural intrusion and reaction', *Accounting and Business Research* 20(80): 337–51.

12 For further details see, Romain Durand (1992) 'La séparation des comptabilités: origines et conséquences', *Revue Française de Comptabilité* 240, December 1992.

13 See Anne Fortin (1991) 'The French Accounting Plan: Origins and Influences on Subsequent Practice', *The Accounting Historians Journal* 18(2), December.

14 'To standardise [*normaliser*] is to simplify, unify, specify' – definition taken from 'Définitions des termes les plus usités en matière d'organisation et de rationalisation',

Le Chef de Comptabilité, October 1934 (monthly publication of the accounting association la Compagnie et la fédération des Chefs de Comptabilité).

15   Nevertheless, we should not forget that the new scheme was widely discussed and strongly criticised, that it was not made compulsory until 1982 – except for tax reasons – and that it contained numerous erroneous details which have been corrected one by one, due to the vigilance of such organisations as the Conseil National de la Comptabilité, the Ordre des Experts Comptables et Comptables Agréés, the Commission des Opérations de Bourse and others.

16   This method was designed to determine a product's full cost. It is based on an original way of dealing with overheads. The latter are first recorded in what are commonly called the 'sections homogènes', by which we mean divisions in an enterprise whose activity can be measured by a single homogeneous unit. The overheads of each section are then divided among products according to the number of activity units assigned to each.

17   In France, the public accounting diploma is awarded by a state-appointed jury rather than by the accounting profession. The President of the jury must be a university professor.

References and select bibliography

1855–1940

Bournisien, J. (1917) *Précis de comptabilité industrielle appliqué à la Métallurgie*, 2nd edn, Paris: Dunod et Pinat.
Courcelle-Séneuil, J.-G. (1855) *Traité théorique et pratique des entreprises industrielles, commerciales et agricoles ou Manuel des affaires*, Paris: Guillaumin.
de Fages, E. (1924, 1926, 1933) *Les concepts fondamentaux de la comptabilité*, Paris: Eyrolles.
Delaporte, R. (1928) 'La Comptabilité, science des comptes. Ses caractères et ses fonctions', *La Comptabilité et les Affaires*, November and December.
Delaporte, R. (1930) *Concepts raisonnés de la comptabilité économique*, Neuilly: Delaporte.
Delaporte, R. (1931) 'La comptabilité est-elle une science?', *La comptabilité et les Affaires*, March.
Delaporte, R. (1936) *Méthode rationnelle de la tenue des comptes*, Paris: E. Malfère.
Dumarchey, J. (1914, 1933) *La théorie positive de la comptabilité*, Lyons: Rey.
Dumarchey, J. (1925) *La comptabilité moderne: Essai de constitution rationnelle d'une discipline comptable du triple point de vue philosophique, scientifique et technique*, Paris: Gauthier-Villars.
Dumarchey, J. (1926) *Théorie scientifique du prix de revient*, Paris: Experta.
Faure, G. (1921) 'Quelques points de théorie et pratique comptable', *La comptabilité et les Affaires*, June 1921.
Garnier, P. (1940) *La méthode comptable*, Paris: Dunod.
Gomberg, L. (1929) *Histoire critique de la théorie des comptes*, Geneva: Thèse.
Léautey, E. (1897) *Traité des Inventaires et des Bilans*, Paris: Librairie comptable et administrative.
Léautey, E. and Guilbaut, A. (1885) *La science des comptes à la portée de tous*, Paris: Guillaumin. (The second edition of 1889 received the Gold medal of the Exposition Universelle de Paris. Twenty-seven subsequent editions followed. Reprinted in 1980, New York: Arno Press.)
Lefort, R. (1926) 'Essai de didactique comptable', *La comptabilité et les Affaires*, May and June 1929.
Lefort, R. (1929) 'Parallèle critique des principales théories comptables françaises'. Paper presented at the Fifth International Congress in Brussels, July 1926, *La comptabilité et les Affaires*, May and June 1931.

Lucas, M. (1931) 'Fixation d'une doctrine comptable', *La comptabilité et les Affaires*, February.

Penglaou, C. (1929) *Introduction à la technique comptable*, Paris: PUF.

Penglaou, C. (1933) 'Réflexion sur les essais "doctrinaux" en matière de comptabilité', *La comptabilité et les Affaires*, March.

1941–60

Brunet, A. Y. (1947) *Rapport général présenté au nom de la commission de normalisation des comptabilités*, Paris: Imprimerie Nationale.

Brunet, A. Y. (1951) *La normalisation comptable au service de l'entreprise*, Paris: L'économie d'entreprise.

Comité National de l'Organisation Françaises (CNOF), (1946) *Plan rationnel d'organisation des comptabilités*.

Comptabilité et les Affaires (La) (1950) 'Le Plan comptable', special edition, July–August.

Dalsace, A. (1947) *Le bilan, sa structure, ses éléments*, Paris: Bibliothèque Française.

Fourastié, J. (1944) *Comptabilité générale conforme au plan comptable*, Paris: Pichon-Durand-Auzias.

Garnier, P. (1947) *La comptabilité algèbre du droit et méthode d'observation des sciences économiques*, Paris: Dunod.

Lauzel, A. and Cibert, A. (1959) *Des ratios au tableau de bord*, Paris: Editions de l'entreprise.

Lauzel, A. and Cibert, A. (1959, 1969) *Le Plan comptable commenté*, 5 vols, Paris: Foucher.

Lutalla, G. (1950) Mise en application du Plan comptable. Rapport au Conseil Economique, mars 1949. Etudes et travaux du Conseil Economique n°17, Paris: PUF.

Penglaou, C. (1947) 'De l'incidence des doctrines sur la pratique comptable', *Revue d'Economie Politique*, May–June.

Péricaud, J. and Calandreau, A. (1943) *Le plan comptable dans les entreprises*, Paris: Le Commerce.

Projet de cadre comptable général élaboré par la Commission interministérielle instituée par le décret du 22 avril 1941 (1943), Bordeaux: Delmas.

Projet élaboré par la Commission de Normalisation des Comptabilités, approuvé par arrêté du Ministre de l'Economie Nationale en date du 18 septembre 1947 et mis à jour des modifications proposées par le Conseil Supérieur de la Comptabilité, à la date du 1er janvier 1950. Imprimerie Nationale, 1950.

Retail, L. (1951) *Etude critique du Plan comptable 1947*, Paris: Sirey.

After 1960

Cibert, A. (1968) *Comptabilité analytique*, Paris: Dunod.

Cibert, A. (1968) *Comptabilité générale*, Paris: Dunod.

Cibert, A. (1968) *Les résultats comptables*, Paris: Dunod.

Lassègue, P. (1959) Comptabilité et gestion de l'entreprise, Paris: Dalloz.

Lassègue, P. (1962) 'Esquisse d'une épistémologie de la comptabilité', *Revue d'Economie Politique*, May–June.

Penglaou, C. (1962) 'Une épistémologie de la comptabilité est-elle possible et souhaitable?' *Journal de la société de statistique de Paris* 4.

Pérochon, C. (1971) 'Comptabilité nationale et comptabilité d'entreprise', doctoral thesis (Doctorat d'Etat ès Sciences Economiques), Université de Paris I.

Pérochon, C. (1974) *Comptabilité générale*, Paris: Foucher.

Pérochon, C. (1983) Présentation du plan comptable français (PGC 1982), Paris: Foucher.

Printed and bound by CPI Group (UK) Ltd, Croydon, CR0 4YY

22/10/2024

01777611-0002